国家重点生态功能区县域生态环境质量监测评价与考核工作手册

（第二版）

生态环境部生态环境监测司　编

中国环境出版集团·北京

图书在版编目（CIP）数据

国家重点生态功能区县域生态环境质量监测评价与考核工作手册/生态环境部生态环境监测司编. —北京：中国环境出版集团，2018.12

ISBN 978-7-5111-3852-1

Ⅰ. ①国… Ⅱ. ①生… Ⅲ. ①县—区域生态环境—环境质量评价—中国—手册 Ⅳ. ①X321-62

中国版本图书馆 CIP 数据核字（2018）第 257650 号

出 版 人　武德凯
责任编辑　曲　婷
责任校对　任　丽
封面设计　宋　瑞

出版发行　**中国环境出版集团**
　　　　　（100062　北京市东城区广渠门内大街 16 号）
　　　　　网　　址：http：//www.cesp.com.cn
　　　　　电子邮箱：bjgl@cesp.com.cn
　　　　　联系电话：010-67112765（编辑管理部）
　　　　　发行热线：010-67125803，010-67113405（传真）
印　　刷　北京市联华印刷厂
经　　销　各地新华书店
版　　次　2018 年 11 月第 1 版
印　　次　2018 年 11 月第 1 次印刷
开　　本　787×1092　1/16
印　　张　21.5
字　　数　470 千字
定　　价　80.00 元

编 委 会

前　言

　　国家重点生态功能区是指在水源涵养、水土保持、防风固沙、生物多样性维护等方面具有重要作用的区域，对维护国家或地区生态安全具有重要意义。2010年，国务院发布《全国主体功能区规划》方案，将国土空间划分为优化开发区、重点开发区、限制开发区及禁止开发区四类，国家重点生态功能区作为限制开发区的重要组成部分，列出了水源涵养、水土保持、防风固沙、生物多样性维护四种生态服务功能类型的25个国家重点生态功能区，同时确定了每个重点生态功能区包括的县域名单。国家重点生态功能区的功能定位为：保障国家生态安全的重要区域，人与自然和谐相处的示范区；以保护和修复生态环境、提供生态产品为首要任务，因地制宜地发展不影响主体功能定位的产业，引导超载人口逐渐有序转移。在开发管制方面，应遵循以下原则：①对各类开发活动进行严格管制，尽可能减少对自然生态系统的干扰，不得损害生态系统的稳定性和完整性；②开发矿产资源、发展适宜产业和建设基础设施，都要控制在尽可能小的空间范围之内；③严格控制开发强度，逐步减少农村居民点占用的空间，腾出更多的空间用于维系生态系统的良性循环；④实行更加严格的产业准入环境标准，严把项目准入关；⑤在现有城镇布局基础上进一步集约开发、集中建设，重点规划和建设资源环境承载能力相对较强的县城和中心镇，提高综合承载能力；⑥加强县城和中心镇的道路、供排水、垃圾污水处理等基础设施建设。2016年，国务院印发了《国务院关于同意新增部分县（市、区、旗）纳入国家重点生态功能区的批复》（国函〔2016〕161号），新增240个县（市、区、旗）为国家重点生态功能区，并提出：地方各级人民政府、各有关部门要牢固树立绿色发展理念，加强生态保护和修复，根据国家重点生态功能区定位，合理调控工业化城镇化开发内容和边界，保持并提高生态产品供给能力；地方各级人民政府要严格实行重点生态功能区产业准入负面清单制度，新纳入的县（市、区、旗）要尽快制定产业准入负面清单，确保在享受财政转移支付等优惠政策的同时，严格按照主体功能区定位谋划经济社会发展。

　　为落实《全国主体功能区规划》，2008年，财政部开始对国家重点生态功能区实施财政转移支付，探索建立国家主体功能区中限制开发区的生态补偿制度，制定了《国家重点生态功能区转移支付办法》，用以规范转移支付资金的管理、绩效及奖惩。截至 2018 年，国家重点生态功能区转移支付涉及 29 个省（自治区、直辖市）及新疆生产建设兵团的 818 个县（市、区、旗）。该项资金对引导国家重点生态功能区内的地方政府加强生态环境保护，切实维护和提升功能区水源涵养、水土保持、防风固沙、生物多样性维护等生态功能具有重要作用。

为评估国家重点生态功能区财政转移支付资金使用效果和重点生态功能区县域生态环境质量变化，2009 年，原环境保护部、财政部启动了国家重点生态功能区县域生态环境质量监测、评价与考核工作，以生态环境质量监测、定量化评价作为衡量转移支付资金使用效果的依据，建立了国家重点生态功能区转移支付绩效评估技术方法体系和业务化运行体系。随着国家生态环境管理形势需要以及生态环境质量监测、评价与考核的不断深入，原环境保护部与财政部联合制定并印发了《关于加强"十三五"国家重点生态功能区县域生态环境质量监测评价与考核工作的通知》（环办监测函〔2017〕279 号），用于指导"十三五"期间的国家重点生态功能区县域生态环境质量监测评价与考核工作。

本书整理了国家重点生态功能区保护及县域生态环境质量监测评价与考核工作的有关文件和要求，列出了认定的考核县域内的环境空气质量、地表水水质、集中式饮用水水源地水质达标率监测点位/断面和污染源企业名单及有关信息，以方便参与国家重点生态功能区县域生态环境质量监测评价与考核工作的管理和技术人员使用。

编　者

2018 年 9 月

目 录

下篇 县域名单及环境监测点位信息

上篇
重要文件

国务院办公厅关于印发
《生态环境监测网络建设方案》的通知

（国办发〔2015〕56号）

各省、自治区、直辖市人民政府，国务院各部委、各直属机构：

《生态环境监测网络建设方案》已经党中央、国务院同意，现印发给你们，请认真贯彻执行。

国务院办公厅
2015年7月26日

生态环境监测网络建设方案

生态环境监测是生态环境保护的基础，是生态文明建设的重要支撑。目前，我国生态环境监测网络存在范围和要素覆盖不全，建设规划、标准规范与信息发布不统一，信息化水平和共享程度不高，监测与监管结合不紧密，监测数据质量有待提高等突出问题，难以满足生态文明建设需要，影响了监测的科学性、权威性和政府公信力，必须加快推进生态环境监测网络建设。

一、总体要求

（一）指导思想。全面贯彻落实党的十八大和十八届二中、三中、四中全会精神，按照党中央、国务院决策部署，落实《中华人民共和国环境保护法》和《中共中央　国务院关于加快推进生态文明建设的意见》要求，坚持全面设点、全国联网、自动预警、依法追责，形成政府主导、部门协同、社会参与、公众监督的生态环境监测新格局，为加快推进生态文明建设提供有力保障。

（二）基本原则。

明晰事权、落实责任。依法明确各方生态环境监测事权，推进部门分工合作，强化监测质量监管，落实政府、企业、社会责任和权利。

健全制度、统筹规划。健全生态环境监测法律法规、标准和技术规范体系，统一规划布局监测网络。

科学监测、创新驱动。依靠科技创新与技术进步，加强监测科研和综合分析，强化卫星遥感等高新技术、先进装备与系统的应用，提高生态环境监测立体化、自动化、智能化水平。

综合集成、测管协同。推进全国生态环境监测数据联网和共享，开展监测大数据分析，实现生态环境监测与监管有效联动。

（三）主要目标。到2020年，全国生态环境监测网络基本实现环境质量、重点污染源、生态状况监测全覆盖，各级各类监测数据系统互联共享，监测预报预警、信息化能力和保障水平明显提升，监测与监管协同联动，初步建成陆海统筹、天地一体、上下协同、信息共享的生态环境监测网络，使生态环境监测能力与生态文明建设要求相适应。

二、全面设点，完善生态环境监测网络

（四）建立统一的环境质量监测网络。环境保护部会同有关部门统一规划、整合优化环境质量监测点位，建设涵盖大气、水、土壤、噪声、辐射等要素，布局合理、功能完善的全国环境质量监测网络，按照统一的标准规范开展监测和评价，客观、准确反映环境质量状况。

（五）健全重点污染源监测制度。各级环境保护部门确定的重点排污单位必须落实污染物排放自行监测及信息公开的法定责任，严格执行排放标准和相关法律法规的监测要求。国家重点监控排污单位要建设稳定运行的污染物排放在线监测系统。各级环境保护部门要依法开展监督性监测，组织开展面源、移动源等监测与统计工作。

（六）加强生态监测系统建设。建立天地一体化的生态遥感监测系统，研制、发射系列化的大气环境监测卫星和环境卫星后续星并组网运行；加强无人机遥感监测和地面生态监测，实现对重要生态功能区、自然保护区等大范围、全天候监测。

三、全国联网，实现生态环境监测信息集成共享

（七）建立生态环境监测数据集成共享机制。各级环境保护部门以及国土资源、住房城乡建设、交通运输、水利、农业、卫生、林业、气象、海洋等部门和单位获取的环境质

量、污染源、生态状况监测数据要实现有效集成、互联共享。国家和地方建立重点污染源监测数据共享与发布机制，重点排污单位要按照环境保护部门要求将自行监测结果及时上传。

（八）构建生态环境监测大数据平台。加快生态环境监测信息传输网络与大数据平台建设，加强生态环境监测数据资源开发与应用，开展大数据关联分析，为生态环境保护决策、管理和执法提供数据支持。

（九）统一发布生态环境监测信息。依法建立统一的生态环境监测信息发布机制，规范发布内容、流程、权限、渠道等，及时准确发布全国环境质量、重点污染源及生态状况监测信息，提高政府环境信息发布的权威性和公信力，保障公众知情权。

四、自动预警，科学引导环境管理与风险防范

（十）加强环境质量监测预报预警。提高空气质量预报和污染预警水平，强化污染源追踪与解析。加强重要水体、水源地、源头区、水源涵养区等水质监测与预报预警。加强土壤中持久性、生物富集性和对人体健康危害大的污染物监测。提高辐射自动监测预警能力。

（十一）严密监控企业污染排放。完善重点排污单位污染排放自动监测与异常报警机制，提高污染物超标排放、在线监测设备运行和重要核设施流出物异常等信息追踪、捕获与报警能力以及企业排污状况智能化监控水平。增强工业园区环境风险预警与处置能力。

（十二）提升生态环境风险监测评估与预警能力。定期开展全国生态状况调查与评估，建立生态保护红线监管平台，对重要生态功能区人类干扰、生态破坏等活动进行监测、评估与预警。开展化学品、持久性有机污染物、新型特征污染物及危险废物等环境健康危害因素监测，提高环境风险防控和突发事件应急监测能力。

五、依法追责，建立生态环境监测与监管联动机制

（十三）为考核问责提供技术支撑。完善生态环境质量监测与评估指标体系，利用监测与评价结果，为考核问责地方政府落实本行政区域环境质量改善、污染防治、主要污染物排放总量控制、生态保护、核与辐射安全监管等职责任务提供科学依据和技术支撑。

（十四）实现生态环境监测与执法同步。各级环境保护部门依法履行对排污单位的环境监管职责，依托污染源监测开展监管执法，建立监测与监管执法联动快速响应机制，根据污染物排放和自动报警信息，实施现场同步监测与执法。

（十五）加强生态环境监测机构监管。各级相关部门所属生态环境监测机构、环境监

测设备运营维护机构、社会环境监测机构及其负责人要严格按照法律法规要求和技术规范开展监测，健全并落实监测数据质量控制与管理制度，对监测数据的真实性和准确性负责。环境保护部依法建立健全对不同类型生态环境监测机构及环境监测设备运营维护机构的监管制度，制定环境监测数据弄虚作假行为处理办法等规定。各级环境保护部门要加大监测质量核查巡查力度，严肃查处故意违反环境监测技术规范，篡改、伪造监测数据的行为。党政领导干部指使篡改、伪造监测数据的，按照《党政领导干部生态环境损害责任追究办法（试行）》等有关规定严肃处理。

六、健全生态环境监测制度与保障体系

（十六）健全生态环境监测法律法规及标准规范体系。研究制定环境监测条例、生态环境质量监测网络管理办法、生态环境监测信息发布管理规定等法规、规章。统一大气、地表水、地下水、土壤、海洋、生态、污染源、噪声、振动、辐射等监测布点、监测和评价技术标准规范，并根据工作需要及时修订完善。增强各部门生态环境监测数据的可比性，确保排污单位、各类监测机构的监测活动执行统一的技术标准规范。

（十七）明确生态环境监测事权。各级环境保护部门主要承担生态环境质量监测、重点污染源监督性监测、环境执法监测、环境应急监测与预报预警等职能。环境保护部适度上收生态环境质量监测事权，准确掌握、客观评价全国生态环境质量总体状况。重点污染源监督性监测和监管重心下移，加强对地方重点污染源监督性监测的管理。地方各级环境保护部门相应上收生态环境质量监测事权，逐级承担重点污染源监督性监测及环境应急监测等职能。

（十八）积极培育生态环境监测市场。开放服务性监测市场，鼓励社会环境监测机构参与排污单位污染源自行监测、污染源自动监测设施运行维护、生态环境损害评估监测、环境影响评价现状监测、清洁生产审核、企事业单位自主调查等环境监测活动。在基础公益性监测领域积极推进政府购买服务，包括环境质量自动监测站运行维护等。环境保护部要制定相关政策和办法，有序推进环境监测服务社会化、制度化、规范化。

（十九）强化监测科技创新能力。推进环境监测新技术和新方法研究，健全生态环境监测技术体系，促进和鼓励高科技产品与技术手段在环境监测领域的推广应用。鼓励国内科研部门和相关企业研发具有自主知识产权的环境监测仪器设备，推进监测仪器设备国产化；在满足需求的条件下优先使用国产设备，促进国产监测仪器产业发展。积极开展国际合作，借鉴监测科技先进经验，提升我国技术创新能力。

（二十）提升生态环境监测综合能力。研究制定环境监测机构编制标准，加强环境监测队伍建设。加快实施生态环境保护人才发展相关规划，不断提高监测人员综合素质和能力水平。完善与生态环境监测网络发展需求相适应的财政保障机制，重点加强

生态环境质量监测、监测数据质量控制、卫星和无人机遥感监测、环境应急监测、核与辐射监测等能力建设，提高样品采集、实验室测试分析及现场快速分析测试能力。完善环境保护监测岗位津贴政策。根据生态环境监测事权，将所需经费纳入各级财政预算重点保障。

地方各级人民政府要加强对生态环境监测网络建设的组织领导，制定具体工作方案，明确职责分工，落实各项任务。

中共中央办公厅 国务院办公厅印发
《关于设立统一规范的国家生态文明试验区的意见》

党的十八大把生态文明建设纳入中国特色社会主义事业"五位一体"总体布局，党中央、国务院就加快推进生态文明建设作出一系列决策部署，先后印发了《关于加快推进生态文明建设的意见》和《生态文明体制改革总体方案》。党的十八届五中全会提出，设立统一规范的国家生态文明试验区，重在开展生态文明体制改革综合试验，规范各类试点示范，为完善生态文明制度体系探索路径、积累经验。开展国家生态文明试验区建设，对于凝聚改革合力、增添绿色发展动能、探索生态文明建设有效模式，具有十分重要的意义。

一、总体要求

（一）指导思想。全面贯彻党的十八大和十八届三中、四中、五中全会精神，深入学习贯彻习近平总书记系列重要讲话精神，紧紧围绕统筹推进"五位一体"总体布局和协调推进"四个全面"战略布局，牢固树立创新、协调、绿色、开放、共享的发展理念，认真落实党中央、国务院决策部署，坚持尊重自然顺应自然保护自然、发展和保护相统一、绿水青山就是金山银山、自然价值和自然资本、空间均衡、山水林田湖是一个生命共同体等理念，遵循生态文明的系统性、完整性及其内在规律，以改善生态环境质量、推动绿色发展为目标，以体制创新、制度供给、模式探索为重点，设立统一规范的国家生态文明试验区（以下简称试验区），将中央顶层设计与地方具体实践相结合，集中开展生态文明体制改革综合试验，规范各类试点示范，完善生态文明制度体系，推进生态文明领域国家治理体系和治理能力现代化。

（二）基本原则

——坚持党的领导。落实党中央关于生态文明体制改革总体部署要求，牢固树立政治意识、大局意识、核心意识、看齐意识，实行生态文明建设党政同责，各级党委和政府对本地区生态文明建设负总责。

——坚持以人为本。着力改善生态环境质量，重点解决社会关注度高、涉及人民群众切身利益的资源环境问题，建设天蓝地绿水净的美好家园，增强人民群众对生态文明建设成效的获得感。

——坚持问题导向。勇于攻坚克难、先行先试、大胆试验，主要试验难度较大、确需先行探索、还不能马上推开的重点改革任务，把试验区建设成生态文明体制改革的"试验田"。

——坚持统筹部署。协调推进各类生态文明建设试点，协同推动关联性强的改革试验，加强部门和地方联动，聚集改革资源、形成工作合力。

——坚持改革创新。鼓励试验区因地制宜，结合本地区实际大胆探索，全方位开展生态文明体制改革创新试验，允许试错、包容失败、及时纠错，注重总结经验。

（三）主要目标。设立若干试验区，形成生态文明体制改革的国家级综合试验平台。通过试验探索，到 2017 年，推动生态文明体制改革总体方案中的重点改革任务取得重要进展，形成若干可操作、有效管用的生态文明制度成果；到 2020 年，试验区率先建成较为完善的生态文明制度体系，形成一批可在全国复制推广的重大制度成果，资源利用水平大幅提高，生态环境质量持续改善，发展质量和效益明显提升，实现经济社会发展和生态环境保护双赢，形成人与自然和谐发展的现代化建设新格局，为加快生态文明建设、实现绿色发展、建设美丽中国提供有力制度保障。

二、试验重点

（一）有利于落实生态文明体制改革要求，目前缺乏具体案例和经验借鉴，难度较大、需要试点试验的制度。建立归属清晰、权责明确、监管有效的自然资源资产产权制度，健全自然资源资产管理体制，编制自然资源资产负债表；构建协调优化的国土空间开发格局，进一步完善主体功能区制度，以主体功能区规划为基础统筹各类空间性规划，推进"多规合一"，实现自然生态空间的统一规划、有序开发、合理利用等。

（二）有利于解决关系人民群众切身利益的大气、水、土壤污染等突出资源环境问题的制度。建立统一高效、联防联控、终身追责的生态环境监管机制；建立健全体现生态环境价值、让保护者受益的资源有偿使用和生态保护补偿机制等。

（三）有利于推动供给侧结构性改革，为企业、群众提供更多更好的生态产品、绿色产品的制度。探索建立生态保护与修复投入和科技支撑保障机制，构建绿色金融体系，发展绿色产业，推行绿色消费，建立先进科学技术研究应用和推广机制等。

（四）有利于实现生态文明领域国家治理体系和治理能力现代化的制度。建立资源总量管理和节约制度，实施能源和水资源消耗、建设用地等总量和强度双控行动；厘清政府和市场边界，探索建立不同发展阶段环境外部成本内部化的绿色发展机制，促进发展方式转变；建立生态文明目标评价考核体系和奖惩机制，实行领导干部环境保护责任和自然资源资产离任审计；健全环境资源司法保护机制等。

（五）有利于体现地方首创精神的制度。试验区根据实际情况自主提出、对其他区域具有借鉴意义、试验完善后可推广到全国的相关制度，以及对生态文明建设先进理念的探索实践等。

三、试验区设立

（一）统筹布局试验区。综合考虑各地现有生态文明改革实践基础、区域差异性和发展阶段等因素，首批选择生态基础较好、资源环境承载能力较强的福建省、江西省和贵州省作为试验区。今后根据改革举措落实情况和试验任务需要，适时选择不同类型、具有代表性的地区开展试验区建设。试验区数量要从严控制，务求改革实效。

（二）合理选定试验范围。单项试验任务的试验范围视具体情况确定。具备一定基础的重大改革任务可在试验区内全面开展；对于在试验区内全面推开难度较大的试验任务，可选择部分区域开展，待条件成熟后在试验区内全面开展。

四、统一规范各类试点示范

（一）整合资源集中开展试点试验。根据《生态文明体制改革总体方案》部署开展的各类专项试点，优先放在试验区进行，统筹推进，加强衔接。对试验区内已开展的生态文明试点示范进行整合，统一规范管理，各有关部门和地区要根据工作职责加强指导支持，做好各项改革任务的协调衔接，避免交叉重复。

（二）严格规范其他各类试点示范。自本意见印发之日起，未经党中央、国务院批准，各部门不再自行设立、批复冠以"生态文明"字样的各类试点、示范、工程、基地等；已自行开展的各类生态文明试点示范到期一律结束，不再延期，最迟不晚于2020年结束。

五、组织实施

（一）制定实施方案。试验区所在地党委和政府要加强组织领导，建立工作机制，研究制定细化实施方案，明确改革试验的路线图和时间表，确定改革任务清单和分工，做好年度任务分解，明确每项任务的试验区域、目标成果、进度安排、保障措施等。各试验区实施方案按程序报中央全面深化改革领导小组批准后实施。

（二）加强指导支持。各有关部门要根据工作职责，加强对试验区各项改革试验工作的指导和支持，强化沟通协作，加大简政放权力度。涉及机构改革和职能调整的，中央编办要会同有关部门指导省级相关部门统筹部署推进。中央宣传部要会同有关部门和地区认真总结宣传生态文明体制改革试验的新进展新成效，加强法规政策解读，营造有利于生态文明建设的良好社会氛围。军队要积极参与驻地生态文明建设，加强军地互动，形成军地融合、协调发展的长效机制。试验区重大改革措施突破现有法律、行政法规、国务院文件和国务院批准的部门规章规定的，要按程序报批，取得授权后施行。

（三）做好效果评估。试验区所在地党委和政府要定期对改革任务完成情况开展自评估，向党中央、国务院报告改革进展情况，并抄送有关部门。国家发展改革委、环境保护部要会同有关部门组织开展对试验区的评估和跟踪督查，对于试行有效的重大改革举措和成功经验做法，根据成熟程度分类总结推广，成熟一条、推广一条；对于试验过程中发现的问题和实践证明不可行的，要及时提出调整建议。

（四）强化协同推进。试验区以外的其他地区要按照本意见有关精神，以试验区建设的原则、目标等为指导，加快推进生态文明制度建设，勇于创新、主动改革；通过加强与试验区的沟通交流，积极学习借鉴试验区好的经验做法；结合本地实际，不断完善相关制度，努力提高生态文明建设水平。

各有关地区和部门要充分认识试验区建设的重大意义，按照本意见要求，统一思想、密切配合，注重实效、扎实工作，切实协调解决有关困难和问题，重大问题要及时向党中央、国务院请示报告。

中共中央办公厅 国务院办公厅印发《生态文明建设目标评价考核办法》

第一章 总 则

第一条 为了贯彻落实党的十八大和十八届三中、四中、五中、六中全会精神，加快绿色发展，推进生态文明建设，规范生态文明建设目标评价考核工作，根据有关党内法规和国家法律法规，制定本办法。

第二条 本办法适用于对各省、自治区、直辖市党委和政府生态文明建设目标的评价考核。

第三条 生态文明建设目标评价考核实行党政同责，地方党委和政府领导成员生态文明建设一岗双责，按照客观公正、科学规范、突出重点、注重实效、奖惩并举的原则进行。

第四条 生态文明建设目标评价考核在资源环境生态领域有关专项考核的基础上综合开展，采取评价和考核相结合的方式，实行年度评价、五年考核。

评价重点评估各地区上一年度生态文明建设进展总体情况，引导各地区落实生态文明建设相关工作，每年开展1次。考核主要考查各地区生态文明建设重点目标任务完成情况，强化省级党委和政府生态文明建设的主体责任，督促各地区自觉推进生态文明建设，每个五年规划期结束后开展1次。

第二章 评 价

第五条 生态文明建设年度评价（以下简称年度评价）工作由国家统计局、国家发展改革委、环境保护部会同有关部门组织实施。

第六条 年度评价按照绿色发展指标体系实施，主要评估各地区资源利用、环境治理、环境质量、生态保护、增长质量、绿色生活、公众满意程度等方面的变化趋势和动态进展，生成各地区绿色发展指数。

绿色发展指标体系由国家统计局、国家发展改革委、环境保护部会同有关部门制定，可以根据国民经济和社会发展规划纲要以及生态文明建设进展情况作相应调整。

第七条 年度评价应当在每年8月底前完成。

第八条　年度评价结果应当向社会公布，并纳入生态文明建设目标考核。

第三章　考　核

第九条　生态文明建设目标考核（以下简称目标考核）工作由国家发展改革委、环境保护部、中央组织部牵头，会同财政部、国土资源部、水利部、农业部、国家统计局、国家林业局、国家海洋局等部门组织实施。

第十条　目标考核内容主要包括国民经济和社会发展规划纲要中确定的资源环境约束性指标，以及党中央、国务院部署的生态文明建设重大目标任务完成情况，突出公众的获得感。考核目标体系由国家发展改革委、环境保护部会同有关部门制定，可以根据国民经济和社会发展规划纲要以及生态文明建设进展情况作相应调整。

有关部门应当根据国家生态文明建设的总体要求，结合各地区经济社会发展水平、资源环境禀赋等因素，将考核目标科学合理分解落实到各省、自治区、直辖市。

第十一条　目标考核在五年规划期结束后的次年开展，并于9月底前完成。各省、自治区、直辖市党委和政府应当对照考核目标体系开展自查，在五年规划期结束次年的6月底前，向党中央、国务院报送生态文明建设目标任务完成情况自查报告，并抄送考核牵头部门。资源环境生态领域有关专项考核的实施部门应当在五年规划期结束次年的6月底前，将五年专项考核结果送考核牵头部门。

第十二条　目标考核采用百分制评分和约束性指标完成情况等相结合的方法，考核结果划分为优秀、良好、合格、不合格四个等级。考核牵头部门汇总各地区考核实际得分以及有关情况，提出考核等级划分、考核结果处理等建议，并结合领导干部自然资源资产离任审计、领导干部环境保护责任离任审计、环境保护督察等结果，形成考核报告。

考核等级划分规则由考核牵头部门根据实际情况另行制定。

第十三条　考核报告经党中央、国务院审定后向社会公布，考核结果作为各省、自治区、直辖市党政领导班子和领导干部综合考核评价、干部奖惩任免的重要依据。

对考核等级为优秀、生态文明建设工作成效突出的地区，给予通报表扬；对考核等级为不合格的地区，进行通报批评，并约谈其党政主要负责人，提出限期整改要求；对生态环境损害明显、责任事件多发地区的党政主要负责人和相关负责人（含已经调离、提拔、退休的），按照《党政领导干部生态环境损害责任追究办法（试行）》等规定，进行责任追究。

第四章　实　施

第十四条　国家发展改革委、环境保护部、中央组织部会同国家统计局等部门建立生态文明建设目标评价考核部际协作机制，研究评价考核工作重大问题，提出考核等级划分、考核结果处理等建议，讨论形成考核报告，报请党中央、国务院审定。

第十五条　生态文明建设目标评价考核采用有关部门组织开展专项考核认定的数据、相关统计和监测数据，以及自然资源资产负债表数据成果，必要时评价考核牵头部门可以对专项考核等数据作进一步核实。

因重大自然灾害等非人为因素导致有关考核目标未完成的，经主管部门核实后，对有关地区相关考核指标得分进行综合判定。

第十六条　有关部门和各地区应当切实加强生态文明建设领域统计和监测的人员、设备、科研、信息平台等基础能力建设，加大财政支持力度，增加指标调查频率，提高数据的科学性、准确性和一致性。

第五章　监　督

第十七条　参与评价考核工作的有关部门和机构应当严格执行工作纪律，坚持原则、实事求是，确保评价考核工作客观公正、依规有序开展。各省、自治区、直辖市不得篡改、伪造或者指使篡改、伪造相关统计和监测数据，对于存在上述问题并被查实的地区，考核等级确定为不合格。对徇私舞弊、瞒报谎报、篡改数据、伪造资料等造成评价考核结果失真失实的，由纪检监察机关和组织（人事）部门按照有关规定严肃追究有关单位和人员责任；涉嫌犯罪的，依法移送司法机关处理。

第十八条　有关地区对考核结果和责任追究决定有异议的，可以向作出考核结果和责任追究决定的机关和部门提出书面申诉，有关机关和部门应当依据相关规定受理并进行处理。

第六章　附　则

第十九条　各省、自治区、直辖市党委和政府可以参照本办法，结合本地区实际，制定针对下一级党委和政府的生态文明建设目标评价考核办法。

第二十条　本办法由国家发展改革委、环境保护部、中央组织部、国家统计局商有关部门负责解释。

第二十一条　本办法自 2016 年 12 月 2 日起施行。

中共中央办公厅 国务院办公厅印发
《关于划定并严守生态保护红线的若干意见》

生态空间是指具有自然属性、以提供生态服务或生态产品为主体功能的国土空间，包括森林、草原、湿地、河流、湖泊、滩涂、岸线、海洋、荒地、荒漠、戈壁、冰川、高山冻原、无居民海岛等。生态保护红线是指在生态空间范围内具有特殊重要生态功能、必须强制性严格保护的区域，是保障和维护国家生态安全的底线和生命线，通常包括具有重要水源涵养、生物多样性维护、水土保持、防风固沙、海岸生态稳定等功能的生态功能重要区域，以及水土流失、土地沙化、石漠化、盐渍化等生态环境敏感脆弱区域。党中央、国务院高度重视生态环境保护，作出一系列重大决策部署，推动生态环境保护工作取得明显进展。但是，我国生态环境总体仍比较脆弱，生态安全形势十分严峻。划定并严守生态保护红线，是贯彻落实主体功能区制度、实施生态空间用途管制的重要举措，是提高生态产品供给能力和生态系统服务功能、构建国家生态安全格局的有效手段，是健全生态文明制度体系、推动绿色发展的有力保障。现就划定并严守生态保护红线提出以下意见。

一、总体要求

（一）指导思想。全面贯彻党的十八大和十八届三中、四中、五中、六中全会精神，深入贯彻习近平总书记系列重要讲话精神和治国理政新理念新思想新战略，紧紧围绕统筹推进"五位一体"总体布局和协调推进"四个全面"战略布局，牢固树立新发展理念，认真落实党中央、国务院决策部署，以改善生态环境质量为核心，以保障和维护生态功能为主线，按照山水林田湖系统保护的要求，划定并严守生态保护红线，实现一条红线管控重要生态空间，确保生态功能不降低、面积不减少、性质不改变，维护国家生态安全，促进经济社会可持续发展。

（二）基本原则

——科学划定，切实落地。落实环境保护法等相关法律法规，统筹考虑自然生态整体性和系统性，开展科学评估，按生态功能重要性、生态环境敏感性与脆弱性划定生态保护红线，并落实到国土空间，系统构建国家生态安全格局。

——坚守底线，严格保护。牢固树立底线意识，将生态保护红线作为编制空间规划的基础。强化用途管制，严禁任意改变用途，杜绝不合理开发建设活动对生态保护红线的破坏。

——部门协调，上下联动。加强部门间沟通协调，国家层面做好顶层设计，出台技术规范和政策措施，地方党委和政府落实划定并严守生态保护红线的主体责任，上下联动、形成合力，确保划得实、守得住。

（三）总体目标。2017 年年底前，京津冀区域、长江经济带沿线各省（直辖市）划定生态保护红线；2018 年年底前，其他省（自治区、直辖市）划定生态保护红线；2020 年年底前，全面完成全国生态保护红线划定，勘界定标，基本建立生态保护红线制度，国土生态空间得到优化和有效保护，生态功能保持稳定，国家生态安全格局更加完善。到 2030 年，生态保护红线布局进一步优化，生态保护红线制度有效实施，生态功能显著提升，国家生态安全得到全面保障。

二、划定生态保护红线

依托"两屏三带"为主体的陆地生态安全格局和"一带一链多点"的海洋生态安全格局，采取国家指导、地方组织，自上而下和自下而上相结合，科学划定生态保护红线。

（四）明确划定范围。环境保护部、国家发展改革委会同有关部门，于 2017 年 6 月底前制定并发布生态保护红线划定技术规范，明确水源涵养、生物多样性维护、水土保持、防风固沙等生态功能重要区域，以及水土流失、土地沙化、石漠化、盐渍化等生态环境敏感脆弱区域的评价方法，识别生态功能重要区域和生态环境敏感脆弱区域的空间分布。将上述两类区域进行空间叠加，划入生态保护红线，涵盖所有国家级、省级禁止开发区域，以及有必要严格保护的其他各类保护地等。

（五）落实生态保护红线边界。按照保护需要和开发利用现状，主要结合以下几类界线将生态保护红线边界落地：自然边界，主要是依据地形地貌或生态系统完整性确定的边界，如林线、雪线、流域分界线，以及生态系统分布界线等；自然保护区、风景名胜区等各类保护地边界；江河、湖库，以及海岸等向陆域（或向海）延伸一定距离的边界；全国土地调查、地理国情普查等明确的地块边界。将生态保护红线落实到地块，明确生态系统类型、主要生态功能，通过自然资源统一确权登记明确用地性质与土地权属，形成生态保护红线全国"一张图"。在勘界基础上设立统一规范的标识标牌，确保生态保护红线落地准确、边界清晰。

（六）有序推进划定工作。环境保护部、国家发展改革委会同有关部门提出各省（自治区、直辖市）生态保护红线空间格局和分布意见，做好跨省域的衔接与协调，指导各地划定生态保护红线；明确生态保护红线可保护的湿地、草原、森林等生态系统数量，并与生态安全预警监测体系做好衔接。各省（自治区、直辖市）要按照相关要求，建立划定生态保护红线责任制和协调机制，明确责任部门，组织专门力量，制定工作方案，全面论证、广泛征求意见，有序推进划定工作，形成生态保护红线。环境保护部、国家发展改革委会同有关部门组织对各省（自治区、直辖市）生态保护红线进行技术审核并提出意见，报国务院批准后由各省（自治区、直辖市）政府发布实施。在各省（自治区、直辖市）生态保护红线基础上，环境保护部、国家发展改革委会同有关部门进行衔接、汇总，形成全国生态保护红线，并向社会发布。鉴于海洋国土空间的特殊性，国家海洋局根据本意见制定相关技术规范，组织划定并审核海洋国土空间的生态保护红线，纳入全国生态保护红线。

三、严守生态保护红线

落实地方各级党委和政府主体责任，强化生态保护红线刚性约束，形成一整套生态保护红线管控和激励措施。

（七）明确属地管理责任。地方各级党委和政府是严守生态保护红线的责任主体，要将生态保护红线作为相关综合决策的重要依据和前提条件，履行好保护责任。各有关部门要按照职责分工，加强监督管理，做好指导协调、日常巡护和执法监督，共守生态保护红线。建立目标责任制，把保护目标、任务和要求层层分解，落到实处。创新激励约束机制，对生态保护红线保护成效突出的单位和个人予以奖励；对造成破坏的，依法依规予以严肃处理。根据需要设置生态保护红线管护岗位，提高居民参与生态保护积极性。

（八）确立生态保护红线优先地位。生态保护红线划定后，相关规划要符合生态保护红线空间管控要求，不符合的要及时进行调整。空间规划编制要将生态保护红线作为重要基础，发挥生态保护红线对国土空间开发的底线作用。

（九）实行严格管控。生态保护红线原则上按禁止开发区域的要求进行管理。严禁不符合主体功能定位的各类开发活动，严禁任意改变用途。生态保护红线划定后，只能增加、不能减少，因国家重大基础设施、重大民生保障项目建设等需要调整的，由省级政府组织论证，提出调整方案，经环境保护部、国家发展改革委会同有关部门提出审核意见后，报国务院批准。因国家重大战略资源勘查需要，在不影响主体功能定位的前提下，经依法批准后予以安排勘查项目。

（十）加大生态保护补偿力度。财政部会同有关部门加大对生态保护红线的支持力度，加快健全生态保护补偿制度，完善国家重点生态功能区转移支付政策。推动生态保护红线所在地区和受益地区探索建立横向生态保护补偿机制，共同分担生态保护任务。

（十一）加强生态保护与修复。实施生态保护红线保护与修复，作为山水林田湖生态保护和修复工程的重要内容。以县级行政区为基本单元建立生态保护红线台账系统，制定实施生态系统保护与修复方案。优先保护良好生态系统和重要物种栖息地，建立和完善生态廊道，提高生态系统完整性和连通性。分区分类开展受损生态系统修复，采取以封禁为主的自然恢复措施，辅以人工修复，改善和提升生态功能。选择水源涵养和生物多样性维护为主导生态功能的生态保护红线，开展保护与修复示范。有条件的地区，可逐步推进生态移民，有序推动人口适度集中安置，降低人类活动强度，减小生态压力。按照陆海统筹、综合治理的原则，开展海洋国土空间生态保护红线的生态整治修复，切实强化生态保护红线及周边区域污染联防联治，重点加强生态保护红线内入海河流综合整治。

（十二）建立监测网络和监管平台。环境保护部、国家发展改革委、国土资源部会同有关部门建设和完善生态保护红线综合监测网络体系，充分发挥地面生态系统、环境、气象、水文水资源、水土保持、海洋等监测站点和卫星的生态监测能力，布设相对固定的生态保护红线监控点位，及时获取生态保护红线监测数据。建立国家生态保护红线监管平台。依托国务院有关部门生态环境监管平台和大数据，运用云计算、物联网等信息化手段，加强监测数据集成分析和综合应用，强化生态气象灾害监测预警能力建设，全面掌握生态系统构成、分布与动态变化，及时评估和预警生态风险，提高生态保护红线管理决策科学化水平。实时监控人类干扰活动，及时发现破坏生态保护红线的行为，对监控发现的问题，通报当地政府，由有关部门依据各自职能组织开展现场核查，依法依规进行处理。2017年年底前完成国家生态保护红线监管平台试运行。各省（自治区、直辖市）应依托国家生态保护红线监管平台，加强能力建设，建立本行政区监管体系，实施分层级监管，及时接收和反馈信息，核查和处理违法行为。

（十三）开展定期评价。环境保护部、国家发展改革委会同有关部门建立生态保护红线评价机制。从生态系统格局、质量和功能等方面，建立生态保护红线生态功能评价指标体系和方法。定期组织开展评价，及时掌握全国、重点区域、县域生态保护红线生态功能状况及动态变化，评价结果作为优化生态保护红线布局、安排县域生态保护补偿资金和实行领导干部生态环境损害责任追究的依据，并向社会公布。

（十四）强化执法监督。各级环境保护部门和有关部门要按照职责分工加强生态保护红线执法监督。建立生态保护红线常态化执法机制，定期开展执法督查，不断提高执法规范化水平。及时发现和依法处罚破坏生态保护红线的违法行为，切实做到有案必查、违法必究。有关部门要加强与司法机关的沟通协调，健全行政执法与刑事司法联动机制。

（十五）建立考核机制。环境保护部、国家发展改革委会同有关部门，根据评价结果和目标任务完成情况，对各省（自治区、直辖市）党委和政府开展生态保护红线保护成效考核，并将考核结果纳入生态文明建设目标评价考核体系，作为党政领导班子和领导干部综合评价及责任追究、离任审计的重要参考。

（十六）严格责任追究。对违反生态保护红线管控要求、造成生态破坏的部门、地方、单位和有关责任人员，按照有关法律法规和《党政领导干部生态环境损害责任追究办法（试行）》等规定实行责任追究。对推动生态保护红线工作不力的，区分情节轻重，予以诫勉、责令公开道歉、组织处理或党纪政纪处分，构成犯罪的依法追究刑事责任。对造成生态环境和资源严重破坏的，要实行终身追责，责任人不论是否已调离、提拔或者退休，都必须严格追责。

四、强化组织保障

（十七）加强组织协调。建立由环境保护部、国家发展改革委牵头的生态保护红线管理协调机制，明确地方和部门责任。各地要加强组织协调，强化监督执行，形成加快划定并严守生态保护红线的工作格局。

（十八）完善政策机制。加快制定有利于提升和保障生态功能的土地、产业、投资等配套政策。推动生态保护红线有关立法，各地要因地制宜，出台相应的生态保护红线管理地方性法规。研究市场化、社会化投融资机制，多渠道筹集保护资金，发挥资金合力。

（十九）促进共同保护。环境保护部、国家发展改革委会同有关部门定期发布生态保护红线监控、评价、处罚和考核信息，各地及时准确发布生态保护红线分布、调整、保护状况等信息，保障公众知情权、参与权和监督权。加大政策宣传力度，发挥媒体、公益组织和志愿者作用，畅通监督举报渠道。

本意见实施后，其他有关生态保护红线的政策规定要按照本意见要求进行调整或废止。各地要抓紧制定实施方案，明确目标任务、责任分工和时间要求，确保各项要求落到实处。

中共中央办公厅 国务院办公厅印发
《关于深化环境监测改革 提高环境监测数据质量的意见》

　　环境监测是保护环境的基础工作，是推进生态文明建设的重要支撑。环境监测数据是客观评价环境质量状况、反映污染治理成效、实施环境管理与决策的基本依据。当前，地方不当干预环境监测行为时有发生，相关部门环境监测数据不一致现象依然存在，排污单位监测数据弄虚作假屡禁不止，环境监测机构服务水平良莠不齐，导致环境监测数据质量问题突出，制约了环境管理水平提高。为切实提高环境监测数据质量，现提出如下意见。

一、总体要求

　　（一）指导思想。全面贯彻党的十八大和十八届三中、四中、五中、六中全会精神，深入贯彻习近平总书记系列重要讲话精神和治国理政新理念新思想新战略，紧紧围绕统筹推进"五位一体"总体布局和协调推进"四个全面"战略布局，牢固树立和贯彻落实新发展理念，认真落实党中央、国务院决策部署，立足我国生态环境保护需要，坚持依法监测、科学监测、诚信监测，深化环境监测改革，构建责任体系，创新管理制度，强化监管能力，依法依规严肃查处弄虚作假行为，切实保障环境监测数据质量，提高环境监测数据公信力和权威性，促进环境管理水平全面提升。

　　（二）基本原则

　　——创新机制，健全法规。改革环境监测质量保障机制，完善环境监测质量管理制度，健全环境监测法律法规和标准规范。

　　——多措并举，综合防范。综合运用法律、经济、技术和必要的行政手段，预防不当干预，规范监测行为，加强部门协作，推进信息公开，形成政策措施合力。

　　——明确责任，强化监管。明确地方党委和政府以及相关部门、排污单位和环境监测机构的责任，加大弄虚作假行为查处力度，严格问责，形成高压震慑态势。

　　（三）主要目标。到2020年，通过深化改革，全面建立环境监测数据质量保障责任体系，健全环境监测质量管理制度，建立环境监测数据弄虚作假防范和惩治机制，确保环境监测机构和人员独立公正开展工作，确保环境监测数据全面、准确、客观、真实。

二、坚决防范地方和部门不当干预

（四）明确领导责任和监管责任。地方各级党委和政府建立健全防范和惩治环境监测数据弄虚作假的责任体系和工作机制，并对防范和惩治环境监测数据弄虚作假负领导责任。对弄虚作假问题突出的市（地、州、盟），环境保护部或省级环境保护部门可公开约谈其政府负责人，责成当地政府查处和整改。被环境保护部约谈的市（地、州、盟），省级环境保护部门对相关责任人依照有关规定提出处分建议，交由所在地党委和政府依纪依法予以处理，并将处理结果书面报告环境保护部、省级党委和政府。

各级环境保护、质量技术监督部门依法对环境监测机构负监管责任，其他相关部门要加强对所属环境监测机构的数据质量管理。各相关部门发现对弄虚作假行为包庇纵容、监管不力，以及有其他未依法履职行为的，依照规定向有关部门移送直接负责的主管人员和其他责任人员的违规线索，依纪依法追究其责任。

（五）强化防范和惩治。研究制定防范和惩治领导干部干预环境监测活动的管理办法，明确情形认定，规范查处程序，细化处理规定，重点解决地方党政领导干部和相关部门工作人员利用职务影响，指使篡改、伪造环境监测数据，限制、阻挠环境监测数据质量监管执法，影响、干扰对环境监测数据弄虚作假行为查处和责任追究，以及给环境监测机构和人员下达环境质量改善考核目标任务等问题。

（六）实行干预留痕和记录。明确环境监测机构和人员的记录责任与义务，规范记录事项和方式，对党政领导干部与相关部门工作人员干预环境监测的批示、函文、口头意见或暗示等信息，做到全程留痕、依法提取、介质存储、归档备查。对不如实记录或隐瞒不报不当干预行为并造成严重后果的相关人员，应予以通报批评和警告。

三、大力推进部门环境监测协作

（七）依法统一监测标准规范与信息发布。环境保护部依法制定全国统一的环境监测规范，加快完善大气、水、土壤等要素的环境质量监测和排污单位自行监测标准规范，健全国家环境监测量值溯源体系。会同有关部门建设覆盖我国陆地、海洋、岛礁的国家环境质量监测网络。各级各类环境监测机构和排污单位要按照统一的环境监测标准规范开展监测活动，切实解决不同部门同类环境监测数据不一致、不可比的问题。

环境保护部门统一发布环境质量和其他重大环境信息。其他相关部门发布信息中涉及环境质量内容的，应与同级环境保护部门协商一致或采用环境保护部门依法公开发布的环境质量信息。

（八）健全行政执法与刑事司法衔接机制。环境保护部门查实的篡改伪造环境监测数据案件，尚不构成犯罪的，除依照有关法律法规进行处罚外，依法移送公安机关予以拘留；

对涉嫌犯罪的，应当制作涉嫌犯罪案件移送书、调查报告、现场勘查笔录、涉案物品清单等证据材料，及时向同级公安机关移送，并将案件移送书抄送同级检察机关。公安机关应当依法接受，并在规定期限内书面通知环境保护部门是否立案。检察机关依法履行法律监督职责。环境保护部门与公安机关及检察机关对企业超标排放污染物情况通报、环境执法督察报告等信息资源实行共享。

四、严格规范排污单位监测行为

（九）落实自行监测数据质量主体责任。排污单位要按照法律法规和相关监测标准规范开展自行监测，制定监测方案，保存完整的原始记录、监测报告，对数据的真实性负责，并按规定公开相关监测信息。对通过篡改、伪造监测数据等逃避监管方式违法排放污染物的，环境保护部门依法实施按日连续处罚。

（十）明确污染源自动监测要求。建立重点排污单位自行监测与环境质量监测原始数据全面直传上报制度。重点排污单位应当依法安装使用污染源自动监测设备，定期检定或校准，保证正常运行，并公开自动监测结果。自动监测数据要逐步实现全国联网。逐步在污染治理设施、监测站房、排放口等位置安装视频监控设施，并与地方环境保护部门联网。取消环境保护部门负责的有效性审核。重点排污单位自行开展污染源自动监测的手工比对，及时处理异常情况，确保监测数据完整有效。自动监测数据可作为环境行政处罚等监管执法的依据。

五、准确界定环境监测机构数据质量责任

（十一）建立"谁出数谁负责、谁签字谁负责"的责任追溯制度。环境监测机构及其负责人对其监测数据的真实性和准确性负责。采样与分析人员、审核与授权签字人分别对原始监测数据、监测报告的真实性终身负责。对违法违规操作或直接篡改、伪造监测数据的，依纪依法追究相关人员责任。

（十二）落实环境监测质量管理制度。环境监测机构应当依法取得检验检测机构资质认定证书。建立覆盖布点、采样、现场测试、样品制备、分析测试、数据传输、评价和综合分析报告编制等全过程的质量管理体系。专门用于在线自动监测监控的仪器设备应当符合环境保护相关标准规范要求。使用的标准物质应当是有证标准物质或具有溯源性的标准物质。

六、严厉惩处环境监测数据弄虚作假行为

（十三）严肃查处监测机构和人员弄虚作假行为。环境保护、质量技术监督部门对环境监测机构开展"双随机"检查，强化事中事后监管。环境监测机构和人员弄虚作假或参

与弄虚作假的，环境保护、质量技术监督部门及公安机关依法给予处罚；涉嫌犯罪的，移交司法机关依法追究相关责任人的刑事责任。从事环境监测设施维护、运营的人员有实施或参与篡改、伪造自动监测数据、干扰自动监测设施、破坏环境质量监测系统等行为的，依法从重处罚。

环境监测机构在提供环境服务中弄虚作假，对造成的环境污染和生态破坏负有责任的，除依法处罚外，检察机关、社会组织和其他法律规定的机关提起民事公益诉讼或者省级政府授权的行政机关依法提起生态环境损害赔偿诉讼时，可以要求环境监测机构与造成环境污染和生态破坏的其他责任者承担连带责任。

（十四）严厉打击排污单位弄虚作假行为。排污单位存在监测数据弄虚作假行为的，环境保护部门、公安机关依法予以处罚；涉嫌犯罪的，移交司法机关依法追究直接负责的主管人员和其他责任人的刑事责任，并对单位判处罚金；排污单位法定代表人强令、指使、授意、默许监测数据弄虚作假的，依纪依法追究其责任。

（十五）推进联合惩戒。各级环境保护部门应当将依法处罚的环境监测数据弄虚作假企业、机构和个人信息向社会公开，并依法纳入全国信用信息共享平台，同时将企业违法信息依法纳入国家企业信用信息公示系统，实现一处违法、处处受限。

（十六）加强社会监督。广泛开展宣传教育，鼓励公众参与，完善举报制度，将环境监测数据弄虚作假行为的监督举报纳入"12369"环境保护举报和"12365"质量技术监督举报受理范围。充分发挥环境监测行业协会的作用，推动行业自律。

七、加快提高环境监测质量监管能力

（十七）完善法规制度。研究制定环境监测条例，加大对环境监测数据弄虚作假行为的惩处力度。对侵占、损毁或擅自移动、改变环境质量监测设施和污染物排放自动监测设备的，依法处罚。制定环境监测与执法联动办法、环境监测机构监管办法等规章制度。探索建立环境监测人员数据弄虚作假从业禁止制度。研究建立排污单位环境监测数据真实性自我举证制度。推进监测数据采集、传输、存储的标准化建设。

（十八）健全质量管理体系。结合现有资源建设国家环境监测量值溯源与传递实验室、污染物计量与实物标准实验室、环境监测标准规范验证实验室、专用仪器设备适用性检测实验室，提高国家环境监测质量控制水平。提升区域环境监测质量控制和管理能力，在华北、东北、西北、华东、华南、西南等地区，委托有条件的省级环境监测机构承担区域环境监测质量控制任务，对区域内环境质量监测活动进行全过程监督。

（十九）强化高新技术应用。加强大数据、人工智能、卫星遥感等高新技术在环境监测和质量管理中的应用，通过对环境监测活动全程监控，实现对异常数据的智能识别、自动报警。开展环境监测新技术、新方法和全过程质控技术研究，加快便携、快速、自动监

测仪器设备的研发与推广应用，提升环境监测科技水平。

　　各地区各有关部门要按照党中央、国务院统一部署和要求，结合实际制定具体实施方案，明确任务分工、时间节点，扎实推进各项任务落实。地方各级党委和政府要结合环保机构监测监察执法垂直管理制度改革，加强对环境监测工作的组织领导，及时研究解决环境监测发展改革、机构队伍建设等问题，保障监测业务用房、业务用车和工作经费。环境保护部要把各地落实本意见情况作为中央环境保护督察的重要内容。中央组织部、国家发展改革委、财政部、监察部等有关部门要统筹落实责任追究、项目建设、经费保障、执纪问责等方面的事项。

中篇
管理制度

环境保护部 财政部关于加强"十三五"国家重点生态功能区县域生态环境质量监测评价与考核工作的通知

（环办监测函〔2017〕279号）

各省、自治区、直辖市环境保护厅（局）、财政厅（局），新疆生产建设兵团环境保护局、财政局：

为贯彻落实《环境保护法》和《生态环境监测网络建设方案》，"十三五"国家重点生态功能区县域生态环境质量监测、评价与考核工作，突出以生态环境质量改善为核心，坚持科学监测、综合评价、测管协同原则，为国家重点生态功能区财政转移支付提供科学依据，为国家生态文明建设成效考核提供技术支撑。现将有关事项通知如下：

一、监测评价指标体系

（一）补齐环境空气质量指标。落实《大气污染防治行动计划》，根据《环境空气质量标准》（GB 3095—2012），空气质量指标由原来的3项污染物（二氧化硫、二氧化氮、可吸入颗粒物）增加至6项污染物（二氧化硫、二氧化氮、可吸入颗粒物、细颗粒物、臭氧、一氧化碳）。

（二）完善水环境质量指标。落实《水污染防治行动计划》，按照"十三五"国家地表水环境质量监测要求，在涉水县域境内主要河流、湖库布设监测点位（含断面，下同），同时开展县城在用集中式饮用水水源地水质监测。

（三）新增土壤环境质量指标。落实《土壤污染防治行动计划》的有关要求，根据现行国家土壤环境质量标准和评价方法增加土壤环境质量指标。

（四）调整自然生态指标。紧密结合生态保护红线监管要求，在自然生态指标中增加生态保护红线内容，将原来的"受保护区域面积比"指标调整为"生态保护红线等受保护区域面积所占比例"指标。

（五）调整污染源方面的评价指标。将"污染源排放达标率""主要污染物排放强度"和"城镇污水集中处理率"3个技术指标调整为监管指标，并将"主要污染物排放强度"作为专项指标进行评价。

自本通知印发之日起，各地应按照《国家重点生态功能区县域生态环境质量监测评价与考核实施细则（试行）》（见附件 1），组织开展国家重点生态功能区县域生态考核工作。

二、监测工作模式

（一）自然生态监测工作

自然生态监测由国家统一组织实施。

（二）环境质量监测工作

环境质量监测工作包括环境空气质量监测、水环境质量（含饮用水水源地水质）监测和土壤环境质量监测。

1. 环境质量监测点位全部为国控点位或省控点位。考核县域内环境质量监测点位除国控点位外，全部设为省控点位，由省级环境保护主管部门负责管理并组织监测。

环境空气质量监测点位除目前的国控点位外，其余点位全部设为省控点位。

依据《"十三五"国家地表水环境监测网设置方案》（环监测〔2016〕30 号）进行调整的地表水水质监测点位按照国控点位管理，其余点位全部设为省控点位。县城集中式饮用水水源地水质监测点位全部设为省控点位。

土壤环境质量监测点位均为国控点位，由国家统一组织布设。

2. 环境质量监测工作组织方式。国控点位由国家组织监测。省控点位由省级环境保护主管部门组织监测，根据本地区实际情况确定监测方式，同时负责本行政区域内考核县域环境监测质量控制工作。

（三）污染源监测

省级环境保护主管部门应按照《生态环境监测网络建设方案》和《省以下环保机构监测监察执法垂直管理制度改革试点工作的指导意见》，统筹组织实施监测工作。

（四）现场核查工作

现场核查分为国家核查和省级核查两类。国家核查以现场抽查为主，由环境保护部统一组织。省级核查由省级环境保护主管部门会同省级财政主管部门组织实施，可采取问题导向核查或专项核查方式，每年开展重点核查。新增县域核查由省级组织实施，两年内完成。

自本通知印发之日起，各地应按照《国家重点生态功能区县域生态环境质量监测评价与考核现场核查指南》（见附件 2）要求，认真做好考核县域生态环境现场核查工作。

三、工作要求

（一）加强组织领导。各相关省（区、市）环境保护、财政主管部门要高度重视县域生态考核工作，建立部门联动机制，做好经费保障，确保考核工作顺利实施。同时，强化考核结果在财政转移支付、生态保护红线、国家生态文明建设示范区、国家生态文明试验区等保护绩效评估中的应用，将其作为推进国家生态文明建设的有力抓手。

（二）加强重点区域考核。根据考核县域生态功能类型、生态功能重要性实施精准考核，特别是对祁连山水源涵养功能区等"两屏三带"区域、福建省等生态文明试验区的县域要加大考核力度，严守生态保护红线，重点加强卫星巡查、无人机抽查、现场核查等日常监管工作。对自然保护区等禁止开发区监管不力、产业准入负面清单落实不到位以及主要污染物排放强度不降反升等情况，直接扣减转移支付资金，并予以查处。

（三）加强点位（断面）规范管理。省级环境保护主管部门要进一步加强对县域生态环境质量监测点位（断面）及重点污染源监测名单的管理。被考核县级人民政府不得擅自变更、调整或撤销监测点位（断面），否则监测数据视为无效。

（四）加强数据质量管理。严格按照法律法规和技术规范要求开展监测，对于故意篡改、伪造监测数据的行为，一经查实，依据《环境保护法》和《最高人民法院、最高人民检察院关于办理环境污染刑事案件适用法律若干问题的解释》严肃查处。

附件：1. 国家重点生态功能区县域生态环境质量监测评价与考核实施细则（试行）
　　　2. 国家重点生态功能区县域生态环境质量监测评价与考核现场核查指南

环境保护部办公厅
财政部办公厅
2017 年 2 月 27 日

附件 1

国家重点生态功能区县域生态环境质量
监测评价与考核实施细则（试行）

第一部分　总　则

为做好"十三五"国家重点生态功能区县域生态环境质量监测、评价与考核工作，为国家重点生态功能区财政转移支付提供科学依据，特制定《国家重点生态功能区县域生态环境质量监测评价与考核实施细则（试行）》。

国家重点生态功能区县域生态环境质量监测评价与考核指标体系包括技术指标和监管指标两部分（表1）。

技术指标由自然生态指标和环境状况指标组成，突出水源涵养、水土保持、防风固沙和生物多样性维护等四类生态功能类型的差异性。

监管指标包括生态环境保护管理指标、自然生态变化详查指标以及人为因素引发的突发环境事件指标三部分。

表 1　国家重点生态功能区县域生态环境质量监测评价与考核指标体系

指标类型		一级指标	二级指标
技术指标	防风固沙	自然生态指标	植被覆盖指数
			生态保护红线区等受保护区域面积所占比例
			林草地覆盖率
			水域湿地覆盖率
			耕地和建设用地比例
			沙化土地面积所占比例
		环境状况指标	土壤环境质量指数
			III类及优于III类水质达标率
			优良以上空气质量达标率
			集中式饮用水水源地水质达标率

指标类型		一级指标	二级指标
技术指标	水土保持	自然生态指标	植被覆盖指数
			生态保护红线区等受保护区域面积所占比例
			林草地覆盖率
			水域湿地覆盖率
			耕地和建设用地比例
			中度及以上土壤侵蚀面积所占比例
		环境状况指标	土壤环境质量指数
			III类及优于III类水质达标率
			优良以上空气质量达标率
			集中式饮用水水源地水质达标率
	生物多样性维护	自然生态指标	生物丰度指数
			林地覆盖率
			草地覆盖率
			水域湿地覆盖率
			耕地和建设用地比例
			生态保护红线区等受保护区域面积所占比例
		环境状况指标	土壤环境质量指数
			III类及优于III类水质达标率
			优良以上空气质量达标率
			集中式饮用水水源地水质达标率
	水源涵养	自然生态指标	水源涵养指数
			林地覆盖率
			草地覆盖率
			水域湿地覆盖率
			耕地和建设用地比例
			生态保护红线区等受保护区域面积所占比例
		环境状况指标	土壤环境质量指数
			III类及优于III类水质达标率
			优良以上空气质量达标率
			集中式饮用水水源地水质达标率
监管指标		生态环境保护管理	
		自然生态变化详查	
		人为因素引发的突发环境事件	

第二部分　技术指标

一、自然生态指标

（一）林地覆盖率

1．指标解释：指县域内林地（有林地、灌木林地和其他林地）面积占县域国土面积的比例。林地是指生长乔木、竹类、灌木的土地，以及沿海生长的红树林的土地，包括迹地；不包括居民点内部的绿化林木用地，铁路、公路征地范围内的林木以及河流沟渠的护堤林。有林地是指郁闭度大于 0.3 的天然林和人工林，包括用材林、经济林、防护林等成片林地；灌木林地指郁闭度大于 0.4、高度在 2 m 以下的矮林地和灌丛林地；其他林地包括郁闭度为 0.1～0.3 的疏林地以及果园、茶园、桑园等林地。

2．计算公式：林地覆盖率=（有林地面积+灌木林地面积+其他林地面积）/县域国土面积×100%

（二）草地覆盖率

1．指标解释：指县域内草地（高覆盖度草地、中覆盖度草地和低覆盖度草地）面积占县域国土面积的比例。草地是指生长草本植物为主、覆盖度在 5%以上的土地，包括以牧为主的灌丛草地和树木郁闭度小于 0.1 的疏林草地。高覆盖度草地是指植被覆盖度大于50%的天然草地、人工牧草地及树木郁闭度小于 0.1 的疏林草地。中覆盖度草地是指植被覆盖度 20%～50%的天然草地、人工牧草地。低覆盖度草地是指植被覆盖度 5%～20%的草地。

2．计算公式：草地覆盖率=（高覆盖度草地面积+中覆盖度草地面积+低覆盖度草地面积）/县域国土面积×100%

（三）林草地覆盖率

1．指标解释：指县域内林地、草地面积之和占县域国土面积的比例。

2．计算公式：林草地覆盖率=林地覆盖率+草地覆盖率

（四）水域湿地覆盖率

1．指标解释：指县域内河流（渠）、湖泊（库）、滩涂、沼泽地等湿地类型的面积占县域国土面积的比例。水域湿地是指陆地水域、滩涂、沟渠、水利设施等用地，不包括滞洪区和已垦滩涂中的耕地、园地、林地等用地。河流（渠）是指天然形成或人工开挖的线状水体，河流水面是河流常水位岸线之间的水域面积。湖泊（库）是指天然或人工形成的面状水体，包括天然湖泊和人工水库两类。滩涂包括沿海滩涂和内陆滩涂两类，其中沿海滩涂是指沿海大潮高潮位与低潮位之间的潮浸地带，内陆滩涂是指河流湖泊常水位至洪水位间的滩地；时令湖、河流洪水位以下的滩地；水库、坑塘的正常蓄水位与洪水位之间的

滩地。沼泽地是指地势平坦低洼，排水不畅，季节性积水或常年积水以生长湿生植物为主地段。

2．计算公式：水域湿地覆盖率=[河流（渠）面积+湖泊（库）面积+滩涂面积+沼泽地面积]/县域国土面积×100%

（五）耕地和建设用地比例

1．指标解释：指耕地（包括水田、旱地）和建设用地（包括城镇建设用地、农村居民点及其他建设用地）面积之和占县域国土面积的比例。耕地是指耕种农作物的土地，包括熟耕地、新开地、复垦地和休闲地（含轮歇地、轮作地）；以种植农作物（含蔬菜）为主，间有零星果树、桑树或其他树木的土地；耕种三年以上，平均每年能保证收获一季的已垦滩地和海涂；临时种植药材、草皮、花卉、苗木的耕地，以及临时改变用途的耕地。水田是指有水源保证和灌溉设施，在一般年景能正常灌溉，用于种植水稻、莲藕等水生农作物的耕地，也包括实行水生、旱生农作物轮作的耕地。旱地是指无灌溉设施，靠天然降水生长的农作物用地；以及有水源保证和灌溉设施，在一般年景能正常灌溉，种植旱生农作物的耕地；以种植蔬菜为主的耕地，正常轮作的休闲地和轮歇地。建设用地是指城乡居民地（点）及城镇以外的工矿、交通等用地。城镇建设用地是指大、中、小城市及县镇以上的建成区用地；农村居民点是指农村地区农民聚居区；其他建设用地是指独立于城镇以外的厂矿、大型工业区、油田、盐场、采石场等用地以及机场、码头、公路等用地及特殊用地。

2．计算公式：耕地和建设用地比例=（水田面积+旱地面积+城镇建设用地面积+农村居民点面积+其他建设用地面积）/县域国土面积×100%

（六）生态保护红线区等受保护区域面积所占比例

1．指标解释：指县域内生态保护红线区、自然保护区等受到严格保护的区域面积占县域国土面积的比例。受保护区域包括生态保护红线区、各级（国家、省、市或县级）自然保护区、（国家或省级）风景名胜区、（国家或省级）森林公园、国家湿地公园、国家地质公园、集中式饮用水水源地保护区。

2．计算公式：生态保护红线区等受保护区域面积所占比例=（生态保护红线区面积+自然保护区面积+风景名胜区面积+森林公园面积+湿地公园面积+地质公园面积+集中式饮用水水源地保护区面积–重复面积）/县域国土面积×100%

（七）中度及以上土壤侵蚀面积所占比例

1．指标解释：针对水土保持功能类型县域，侵蚀强度在中度及以上的土壤侵蚀面积之和占县域国土面积的比例。侵蚀强度分类按照水利部门的《土壤侵蚀分类分级标准》（SL 190—2007），分为微度、轻度、中度、强烈、极强烈和剧烈6个等级。

2．计算公式：中度及以上土壤侵蚀面积所占比例=（土壤中度侵蚀面积+土壤强烈侵

蚀面积+土壤极强烈侵蚀面积+土壤剧烈侵蚀面积）/县域国土面积×100%

（八）沙化土地面积所占比例

1．指标解释：针对防风固沙功能类型县域，除固定沙丘（地）之外的沙化土地面积之和占县域国土面积的比例。沙化土地分类按照林业部门荒漠化与沙化土地调查分类标准，分为固定沙丘（地）、半固定沙丘（地）、流动沙丘（地）、风蚀残丘、风蚀劣地、戈壁、沙化耕地、露沙地 8 种类型。

2．计算公式：沙化土地面积所占比例=[半固定沙丘（地）面积+流动沙丘（地）面积+风蚀残丘面积+风蚀劣地面积+戈壁面积+沙化耕地面积+露沙地面积]/县域国土面积×100%

（九）植被覆盖指数

1．指标解释：指县域内林地、草地、耕地、建设用地和未利用地等土地生态类型的面积占县域国土面积的综合加权比重，用于反映县域植被覆盖的程度。

2．计算公式：植被覆盖指数= A×[0.38×（0.6×有林地面积+0.25×灌木林地面积+0.15×其他林地面积）+0.34×（0.6×高盖度草地面积+0.3×中盖度草地面积+0.1×低盖度草地面积）+0.19×（0.7×水田面积+0.30×旱地面积）+0.07×（0.3×城镇建设用地面积+0.4×农村居民点面积+0.3×其他建设用地面积）+0.02×（0.2×沙地面积+0.3×盐碱地面积+0.3×裸土地面积+0.2×裸岩面积）]/县域国土面积。其中，A 为植被覆盖指数的归一化系数（值为 458.5），以县级尺度的林地、草地、耕地、建设用地等生态类型数据加权，并以 100 除以最大的加权值获得；通过归一化系数将植被覆盖指数值处理为 0～100 之间的无量纲数值。

（十）生物丰度指数

1．指标解释：指县域内不同生态系统类型生物物种的丰贫程度，根据县域内林地、草地、耕地、水域湿地等不同土地生态类型对生物物种多样性的支撑程度进行综合加权获得。

2．计算公式：生物丰度指数= A×[0.35×（0.6×有林地面积+0.25×灌木林地面积+0.15×其他林地面积）+0.21×（0.6×高盖度草地面积+0.3×中盖度草地面积+0.1×低盖度草地面积）+0.11×（0.6×水田面积+0.40×旱地面积）+0.04×（0.3×城镇建设用地面积+0.4×农村居民点面积+0.3×其他建设用地面积）+0.01×（0.2×沙地面积+0.3×盐碱地面积+0.3×裸土地面积+0.2×裸岩面积）+0.28×（0.1×河流面积+0.3×湖库面积+0.6×滩涂面积）]/县域国土面积。其中，A 为生物丰度指数的归一化系数（值为 511.3），以县级尺度的林地、草地、水域湿地、耕地、建设用地等生态类型数据加权，并以 100 除以最大的加权值获得；通过归一化系数将生物丰度指数值处理为 0～100 之间的无量纲数值。

（十一）水源涵养指数

1．指标解释：指县域内生态系统水源涵养功能的强弱程度，根据县域内林地、草地及水域湿地在水源涵养功能方面的差异进行综合加权获得。

2．计算公式：水源涵养指数=A×[0.45×（0.1×河流面积+0.3×湖库面积+0.6×沼泽面积）+0.35×（0.6×有林地面积+0.25×灌木林地面积+0.15×其他林地面积）+0.20×（0.6×高盖度草地面积+0.3×中盖度草地面积+0.1×低盖度草地面积）]/县域国土面积。其中，A为水源涵养指数的归一化系数（值为526.7），以县级尺度的林地、草地、水域湿地三种生态类型数据加权，并以100除以最大的加权值获得；通过归一化系数将水源涵养指数值处理为0～100之间的无量纲标数值。

二、环境状况指标

（一）Ⅲ类或优于Ⅲ类水质达标率

1．指标解释：指县域内所有经认证的水质监测断面中，符合Ⅰ～Ⅲ类水质的监测次数占全部认证断面全年监测总次数的比例。

2．计算公式：Ⅲ类或优于Ⅲ类水质达标率=认证断面达标频次之和/认证断面全年监测总频次×100%

（二）集中式饮用水水源地水质达标率

1．指标解释：指县域范围内在用的集中式饮用水水源地的水质监测中，符合Ⅰ～Ⅲ类水质的监测次数占全年监测总次数的比例。

2．计算公式：集中式饮用水水源地水质达标率=饮用水水源地监测达标频次/饮用水水源地全年监测总频次×100%

（三）优良以上空气质量达标率

1．指标解释：指县域范围内城镇空气质量优良以上的监测天数占全年监测总天数的比例。执行《环境空气质量标准》（GB 3095—2012）及相关技术规范。

2．计算公式：优良以上空气质量达标率=空气质量优良天数/全年监测总天数×100%

（四）土壤环境质量指数

1．指标解释：采用土壤环境质量指数（SQI）评价县域土壤环境质量状况。按照《土壤环境质量标准》（GB 15618—1995），计算每个监测点位的最大单项污染指数 P_{ipmax}，获得对应的土壤环境质量评级，并将质量评级转换为土壤环境质量指数。

2．计算公式：$$SQI=\sum_{i=1}^{n}SQI_i\Big/n$$

式中：SQI_i 为单个监测点位的土壤环境质量指数值，介于 0～100 之间；n 为县域内土壤环境质量监测点位数量。

3．计算方法：

基于单个监测点位的土壤最大单项污染指数计算公式如下：

$$P_{\text{ipmax}}=\text{MAX}（P_{\text{ip1}}，P_{\text{ip2}}，\cdots，P_{\text{ip}n}）$$

式中，P_{ip} 为单项污染指数，n 为项目数，$P_{\text{ip}}=\dfrac{\text{污染物实测值}}{\text{污染物质量标准}}$。

表 2　土壤环境质量指数 SQI 计算方法

等级	P_{ipmax}	质量评级	SQI 阈值	SQI 计算方法
I	$P_{\text{ipmax}}\leqslant 1$	无污染	80～100	$100-20* P_{\text{ipmax}}$
II	$1<\text{SQI}\leqslant 2$	轻微污染	60～80	$80-20*（P_{\text{ipmax}}-1）$
III	$2<P_{\text{ipmax}}\leqslant 3$	轻度污染	40～60	$60-20*（P_{\text{ipmax}}-2）$
IV	$3<P_{\text{ipmax}}\leqslant 5$	中度污染	20～40	$40-10*（P_{\text{ipmax}}-3）$
V	$P_{\text{ipmax}}>5$	重度污染	0～20	$25-P_{\text{ipmax}}$

三、评价方法

（一）评价模型

1. 县域生态环境质量状况值（EI）

县域生态环境质量采用综合指数法评价，以 EI 表示县域生态环境质量状况，计算公式为：

$$EI = w_{\text{eco}}EI_{\text{eco}} + w_{\text{env}}EI_{\text{env}}$$

其中：EI_{eco} 为自然生态指标值，w_{eco} 为自然生态指标权重，EI_{env} 为环境状况指标值，w_{env} 为环境状况指标权重。EI_{eco}、EI_{env} 分别由各自的二级指标加权获得。

自然生态指标值：$EI_{\text{eco}} = \sum\limits_{i=1}^{n} w_i \times X_i'$

环境状况指标值：$EI_{\text{env}} = \sum\limits_{i=1}^{n} w_i \times X_i'$

其中：w_i 为二级指标权重；X_i' 为二级指标标准化后的值。

2. 县域生态环境质量状况变化值（ΔEI′）

以 ΔEI′ 表示县域生态环境质量状况变化情况，计算公式为：

$$\Delta EI'=EI_{\text{评价考核年}} - EI_{\text{基准年}}$$

表 3 国家重点生态功能区县域生态环境质量监测评价与考核技术指标权重

功能类型	一级指标		二级指标	
	名称	权重	名称	权重
防风固沙	自然生态指标	0.70	植被覆盖指数	0.24
			生态保护红线区等受保护区域面积所占比例	0.10
			林草地覆盖率	0.22
			水域湿地覆盖率	0.20
			耕地和建设用地比例	0.14
			沙化土地面积所占比例	0.10
	环境状况指标	0.30	土壤环境质量指数	0.30
			Ⅲ类及优于Ⅲ类水质达标率	0.15
			优良以上空气质量达标率	0.30
			集中式饮用水水源地水质达标率	0.25
水土保持	自然生态指标	0.70	植被覆盖指数	0.23
			生态保护红线区等受保护区域面积所占比例	0.13
			林草地覆盖率	0.23
			水域湿地覆盖率	0.18
			耕地和建设用地比例	0.13
			中度及以上土壤侵蚀面积所占比例	0.10
	环境状况指标	0.30	土壤环境质量指数	0.30
			Ⅲ类及优于Ⅲ类水质达标率	0.15
			优良以上空气质量达标率	0.30
			集中式饮用水水源地水质达标率	0.25
生物多样性维护	自然生态指标	0.70	生物丰度指数	0.23
			林地覆盖率	0.15
			草地覆盖率	0.10
			水域湿地覆盖率	0.15
			耕地和建设用地比例	0.15
			生态保护红线区等受保护区域面积所占比例	0.22
	环境状况指标	0.30	土壤环境质量指数	0.25
			Ⅲ类及优于Ⅲ类水质达标率	0.35
			优良以上空气质量达标率	0.20
			集中式饮用水水源地水质达标率	0.20
水源涵养	自然生态指标	0.70	水源涵养指数	0.25
			林地覆盖率	0.15
			草地覆盖率	0.10
			水域湿地覆盖率	0.15
			耕地和建设用地比例	0.15
			生态保护红线区等受保护区域面积所占比例	0.20
	环境状况指标	0.30	土壤环境质量指数	0.25
			Ⅲ类及优于Ⅲ类水质达标率	0.35
			优良以上空气质量达标率	0.20
			集中式饮用水水源地水质达标率	0.20

第三部分　监管指标

监管指标包括生态环境保护管理指标、自然生态变化详查指标以及人为因素引发的突发环境事件指标三部分。

一、生态环境保护管理

（一）评分方法

从生态保护成效、环境污染防治、环境基础设施运行、县域考核工作组织四个方面进行量化评价，各项目的分值相加即为该县的生态环境保护管理得分值（EM管理）。

EM管理满分 100 分，其中生态保护成效 20 分、环境污染防治 40 分、环境基础设施运行 20 分、县域考核工作组织 20 分（表 4）。

表 4　生态环境保护管理指标分值

指标	分值
1.生态保护成效	20 分
1.1 生态环境保护创建与管理	5 分
1.2 国家级自然保护区建设	5 分
1.3 省级自然保护区建设及其他生态创建	5 分
1.4 生态环境保护与治理支出	5 分
2.环境污染防治	40 分
2.1 污染源排放达标率与监管	10 分
2.2 污染物减排	10 分
2.3 县域产业结构优化调整	10 分
2.4 农村环境综合整治	10 分
3.环境基础设施运行	20 分
3.1 城镇生活污水集中处理率与污水处理厂运行	8 分
3.2 城镇生活垃圾无害化处理率与处理设施运行	8 分
3.3 环境空气自动站运行及联网	4 分
4.县域考核工作组织	20 分
4.1 组织机构和年度实施方案	5 分
4.2 部门分工	5 分
4.3 县级自查	10 分
合　　计	100 分

1. 生态保护成效（20分）

1.1 生态环境保护创建与管理

按照国家生态文明建设示范区、环境保护模范城市、国家公园等创建要求，考核县域获得国家生态文明建设示范区、环境保护模范城市或国家公园等命名。

计分方法：5分。

计分依据：提供关于创建成功的公告等证明材料。

1.2 国家级自然保护区建设

考核县域建成国家级自然保护区，对重要生态系统或物种实施严格保护。

计分方法：5分。

计分依据：提供国务院批准的国家级自然保护区建设文件，以及国家级自然保护区概况等资料。

1.3 省级自然保护区建设及其他生态创建

在考核年，县域建成省级自然保护区或获得其他生态创建称号。

计分方法：5分。

计分依据：提供省级政府批准的省级自然保护区建设文件，以及省级自然保护区概况等资料；或其他生态创建称号的文件。

1.4 生态环境保护与治理支出

在考核年，县域在生态保护与修复、环境污染防治、资源保护方面的投入占当年全县财政支出的比例。

计分方法：5分，根据支出比例计算得分（生态环境治理与保护支出比例×5）。

计分依据：县域生态环境保护与治理的预算支出凭证、当年全县财政支出等数据。

2. 环境污染防治（40分）

2.1 污染源排放达标率与监管

县域内纳入监控的污染源排放达到相应排放标准的监测次数占全年监测总次数的比例。污染源排放执行地方或国家行业污染物排放（控制）标准，对于暂时没有针对性排放标准的企业，可执行地方或国家污染物综合排放标准。

计分方法：10分。其中污染源排放达标率满分7分，按照达标率高低计分（污染源排放达标率×7）；污染源监管3分，考核污染源企业自行监测、信息公开以及环境监察情况。

计分依据：提供纳入监控的污染源名单、监督性监测报告、自行监测报告及监测信息公开、环境监察记录等资料。

2.2 污染物减排

考核主要污染物排放强度和年度减排责任书完成情况，其中主要污染物排放强度指县域二氧化硫、氮氧化物、化学需氧量和氨氮排放量与县域国土面积的比值。

计分方法：10 分。县域年度减排任务完成情况 3 分；主要污染物排放强度降低率 7 分。与考核年的上年相比，县域主要污染物排放强度不增加，按照排放强度降低率计算得分（$\frac{x_{考核上年} - x_{考核年}}{x_{考核上年}} \times 7$）；若与考核年的上年相比，排放强度增加，则得 0 分。

计分依据：考核年和上一年度主要污染物排放量统计数据，县域年度减排责任书签订与完成情况的认定材料。

2.3　县域产业结构优化调整

县域制定并落实重点生态功能区县域产业准入负面清单情况以及第二产业所占比例变化。

计分方法：10 分。其中，产业准入负面清单落实情况 5 分，重点考核县域是否制定负面清单以及考核年负面清单落实情况（根据发改部门制定的产业准入负面清单，考核年对现有企业淘汰或升级改造情况，以及新增企业是否属于负面清单）；县域第二产业所占比例变化 5 分，与考核年的上年相比，第二产业所占比例动态变化情况，若考核年第二产业所占比例与上年相比增加，则不得分；若降低，则按照降低幅度计算得分（$\left(p_{考核上年} - p_{考核年} \right) \times 5$）。

计分依据：提供发改等部门制定的产业准入负面清单以及考核年县域对现有企业淘汰或升级改造情况，以及新增企业是否有列入负面清单的等相关材料。考核年以及上一年度第二产业增加值和县域生产总值数据。

2.4　农村环境综合整治

县域开展农村环境综合整治情况，包括农村环境综合整治率、乡镇生活垃圾集中收集率、乡镇生活污水集中收集率三个指标。

计分方法：10 分。其中，农村环境综合整治率 6 分，指完成农村环境综合整治和新农村建设的行政村占县域内所有行政村的比例，得分为农村环境综合整治率×6；乡镇生活垃圾收集率 2 分，得分为乡镇生活垃圾收集率×2；乡镇生活污水收集率 2 分，得分为乡镇生活污水收集率×2。

计分依据：提供已经完成农村环境综合整治、新农村建设项目情况；乡镇生活垃圾、生活污水收集统计数据。

3．环境基础设施运行（20 分）

3.1　城镇生活污水集中处理率与污水处理厂运行

城镇生活污水集中处理率为县域范围内城镇地区经过污水处理厂二级或二级以上处理且达到相应排放标准的污水量占城镇生活污水全年排放量的比例。

计分方法：8 分。其中，城镇生活污水处理率 5 分，按照处理率高低计分（城镇生活污水集中处理率×5）；污水处理厂运行情况 3 分。

计分依据：提供污水处理厂运行、在线监控数据、有效性监测报告等资料以及年度污水排放总量、收集量、达标排放量、污水管网建设等材料。

3.2 城镇生活垃圾无害化处理率与处理设施运行

城镇生活垃圾无害化处理率为县域范围内城镇生活垃圾无害化处理量占垃圾清运量的比例。

计分方法：8 分。其中，城镇生活垃圾无害化处理率 5 分，按照处理率高低计分（城镇生活垃圾无害化处理率×5）；城镇生活垃圾处理设施运行情况 3 分。

计分依据：提供县域生活垃圾产生量、清运量、处理量等数据以及生活垃圾处理设施运行状况资料。

3.3 环境空气自动站建设及联网情况

建成环境空气自动站，并与省或国家联网。

计分方法：4 分。其中，建成空气自动站，2 分；实现环境空气自动站与省或国家联网，2 分。

计分依据：提供空气自动站验收材料，省级部门出具的联网证明等。

4. 县域考核工作组织（20 分）

4.1 组织机构和年度实施方案

县级党委、政府重视生态环境保护工作，成立由党委、政府领导牵头的考核工作领导小组，组织协调县域考核工作。按照国家年度考核实施方案，县级政府制定本县域年度考核工作实施方案。

计分方法：5 分。

计分依据：提供县级党委、政府成立县域考核协调机构的文件，提供县政府制定的年度考核工作实施方案等材料。

4.2 部门分工

根据考核指标体系，明确各部门职责分工。

计分方法：5 分。

计分依据：提供县政府制定的考核任务部门职责分工文件材料。

4.3 县级自查情况

县级政府自查报告编制及填报数据资料完整性、规范性和有效性。

计分方法：10 分。

计分依据：自查报告能够体现政府的生态环境保护工作和成效，内容丰富数据详实；填报数据真实可靠，无填报错误，具有相关部门的证明文件。

（二）评价方法

生态环境保护管理评价以省级评分为主，国家抽查。根据每个县域生态环境保护管理得分（EM_{管理}），以省为单位将各考核县域的评分值归一化处理为–1.0～+1.0 之间的无量纲值，作为生态环境保护管理评价值，以 EM′_{管理}表示，公式如下：

$$EM'_{管理} = \begin{cases} 1 \times (EM_{管理} - EM_{avg}) / (EM_{max} - EM_{avg}) & 当EM_{管理} \geqslant EM_{avg}时 \\ 1 \times (EM_{管理} - EM_{avg}) / (EM_{avg} - EM_{min}) & 当EM_{管理} < EM_{avg}时 \end{cases}$$

其中：EM_{max} 为某省考核县域生态环境保护管理得分的最大值；EM_{min} 为某省考核县域生态环境保护管理得分的最小值；EM_{avg} 为某省考核县域生态环境保护管理得分的平均值。

二、自然生态变化详查

自然生态变化详查是通过考核年与基准年高分辨率遥感影像对比分析及无人机遥感核查，查找并验证局部生态系统发生变化的区域，根据变化面积、变化区域重要性确定自然生态变化详查评价值，自然生态变化详查的评价值介于–1.0～+1.0，根据变化面积确定（表 5）。

对于在生态重要区或极度敏感区发现的破坏（如自然保护区核心区或饮用水水源地保护区、生态保护红线区等）或者往年已发现的生态破坏仍没有好转的，对县域最终考核结果实行一票否决机制，将考核结果直接定为最差一档。

表 5　自然生态变化详查指标评价

局部自然生态地表变化面积		EM′_{无人机}
变化面积＞5 km²	破坏	–1
	恢复	+1
2 km²＜变化面积≤5 km²	破坏	–0.5
	恢复	+0.5
0＜变化面积≤2 km²	破坏	–0.3
	恢复	+0.3
未变化		0

三、人为因素引发的突发环境事件

人为因素引发的突发环境事件起负向评价作用，评价值以 EM′_{事件}表示，介于–0.5～0。但当县域发生特大、重大环境事件时，对最终考核结果实行一票否决机制，直接定为最差一档（表 6）。

表6　人为因素引发的突发环境事件评价

分　级		EM′事件	判断依据	说　明
突发环境事件	特大环境事件	一票否决	按照《国家突发环境事件应急预案》，在评价考核年被考核县域发生人为因素引发的特大、重大、较大或一般等级的突发环境事件，若发生一次以上突发环境事件则以最严重等级为准	若为同一事件引起的多项扣分，则取扣分最大项，不重复计算
	重大环境事件			
	较大环境事件	−0.5		
	一般环境事件	−0.3		
生态环境违法案件	环境保护部通报生态环境违法事件，或挂牌督办的环境违法案件、纳入区域限批范围等	−0.5	考核县域出现由环境保护部通报的环境污染或生态破坏事件、自然保护区等受保护区域生态环境违法事件，或出现由环境保护部挂牌督办的环境违法案件以及纳入区域限批范围等	
公众环境投诉	12369环保热线举报情况	−0.5	考核县域出现经12369举报并经有关部门核实的环境污染或生态破坏事件	

第四部分　综合考核

县域生态环境质量综合考核结果以ΔEI表示，由技术评价结果（即县域生态环境质量变化值ΔEI′）、生态环境保护管理评价值（EM′管理）、自然生态变化详查评价值（EM′无人机）、人为因素引发的突发环境事件评价值（EM′事件）四部分组成，计算公式如下：

$$\Delta EI = \Delta EI' + EM'_{管理} + EM'_{无人机} + EM'_{事件}$$

县域生态环境质量综合考核结果分为三级七类。三级为"变好"、"基本稳定"、"变差"；其中"变好"包括"轻微变好"、"一般变好"、"明显变好"，"变差"包括"轻微变差"、"一般变差"、"明显变差"（表7）。

表7　县域生态环境质量综合考核结果分级

变化等级	变　好			基本稳定	变　差		
	轻微变好	一般变好	明显变好		轻微变差	一般变差	明显变差
ΔEI阈值	$1 \leq \Delta EI \leq 2$	$2 < \Delta EI < 4$	$\Delta EI \geq 4$	$-1 < \Delta EI < 1$	$-2 \leq \Delta EI \leq -1$	$-4 < \Delta EI < -2$	$\Delta EI \leq -4$

附件 2

国家重点生态功能区县域生态环境质量
监测评价与考核现场核查指南

二〇一七年一月

为做好国家重点生态功能区县域生态环境质量监测、评价与考核工作，依据《环境保护法》、《关于加快推进生态文明建设的意见》（中发〔2015〕12 号）、《关于印发生态环境监测网络建设方案的通知》（国办发〔2015〕56 号）、《党政领导干部生态环境损害责任追究办法（试行）》（中办发〔2015〕45 号）等文件，制定《国家重点生态功能区县域生态环境质量监测评价与考核现场核查指南》，用于指导国家重点生态功能区县域生态环境质量监测、评价与考核现场核查（以下简称现场核查）工作。

一、核查目的

落实《国家主体功能区规划》，加强国家重点生态功能区建设，掌握国家重点生态功能区县域生态环境保护状况；督促国家重点生态功能区县级党委、政府切实履行生态环境保护主体责任，加大生态环境保护投入，不断改善县域生态环境质量，推动生态文明建设。

二、核查主体与对象

2.1 核查主体

现场核查分为国家核查和省级核查两类，作为每年县域考核的一项常态化工作纳入年度工作计划。

国家核查以抽查为主，重点核查考核结果变好和变差的县域，由环境保护部、财政部共同组织，实施主体为各区域环境保护督查中心、中国环境监测总站、环境保护部卫星环境应用中心等。

省级核查由省级环境保护主管部门联合省级财政主管部门共同开展，根据现场核查指南制定省级现场核查方案，可采取问题导向核查或专项核查方式。

2.2 核查对象

核查对象为纳入国家重点生态功能区财政转移支付的县（市、区）人民政府，具体名单根据财政部最新的国家重点生态功能区转移支付县域确定。

"十三五"期间，相关省份要对本省范围内所有转移支付县域开展至少一次现场核查，新增转移支付县域要在当年全部完成现场核查。

三、核查内容

3.1　生态环境保护责任落实情况

县级党委、政府建立生态环境保护"党政同责、一岗双责"机制。按照国家生态文明建设制度体系，落实国家主体功能区规划，加强国家重点生态功能区建设，建立相应的环境保护工作机制和规章制度，实行环境保护目标责任制，明确相关部门的环保责任，不断改善县域生态环境质量。加强县域考核工作组织和领导，建立县域考核工作长效机制。

3.2　生态保护成效

（1）生态保护工程

为提升县域生态系统功能及生态产品供给能力，县级政府实施的生态系统保护与恢复工程，诸如防护林建设、退耕还林、退牧还草、湿地恢复与治理、水土流失治理、石漠化治理和矿山生态修复等能够改善县域整体生态质量的工程。

（2）生态保护创建

县级政府在生态保护方面取得的成效，包括创建生态文明示范区、环保模范城市、国家公园等。建立国家级（省级）自然保护区、森林公园、湿地公园等各类受保护区；划定生态保护红线，制定管控措施，对重要生态区域进行严格保护和管理。

3.3　环境保护及治理情况

（1）环境基础设施建设与运行

县域环境空气自动监测站建设、运行维护及联网状况；县域城镇生活污水集中处理设施、生活垃圾处理设施建设运行及监管、污水管网建设情况等。

（2）环境质量监测规范性

调研县域环境质量监测组织模式是否适应国家环境监测体制机制改革要求。核查县域水、空气、土等环境质量监测项目、频次规范性，以及采样、分析等监测过程规范性，实地核查地表水断面、集中式饮用水水源地等。

（3）重点污染源监管

调研"十小"污染企业取缔与重点行业治污减排情况，抽查一定数量重点污染源企业，检查污染源达标排放情况、环保在线监控设施安装与运行、企业自行监测及信息公开、环境监察等。对照年度主要污染物减排任务，抽查部分污染减排重点项目、重点工程完成情况及效果。

3.4　生态环保投入与产业结构调整

核查县域在生态保护与修复、环境污染治理、资源保护方面的投入，核算生态环境保护与治理支出占全县财政支出的比例。调研县域转移支付额度及用途。核查县域产业准入负面清单的制定和落实情况，推动产业结构优化调整。

3.5　县域突发环境案件等情况

了解县域突发环境事件、生态破坏案件处理情况，以及"12369"环保热线群众举报的环保问题处理及整改情况。

四、核查程序

现场核查程序主要包括座谈交流、资料查阅与部门沟通、实地查看等环节。

4.1　座谈交流

核查组与县级政府就生态环境保护与治理工作及取得成效进行座谈。主要内容包括：县域社会经济发展基本情况、县域推进国家重点生态功能区建设方面的措施，建立的制度、开展的工作、取得实效，存在问题和困难等。

4.2　资料查阅与部门沟通

核查组查阅县域考核工作组织机构和实施方案及部门分工文件，县政府制定或批准实施的生态环境保护制度和规划材料，本行政区域内自然保护区建设及其他生态创建材料，生态环境保护与治理支出明细，县域产业结构优化及产业准入负面清单落实材料，农村环境综合整治措施及成效，并与提供数据的县级政府相关部门进行交流，了解国家有关规划、政策的落实情况。

4.3　实地查看

实地查看内容主要包括两方面：一是县域自然生态保护与恢复情况，可结合县域不同时期遥感影像比对结果，对自然生态变化区域、生态建设工程、自然保护区等受保护区域、矿山生态环境整治等进行检查，并调研自然生态变化的合理合法性；二是县域环境保护、治理和监管能力等情况，查看环境空气自动站运行维护、环境基础设施运行（生活污水处理厂、垃圾填埋场建设及运行情况）、环境整治重点（工业园区、城乡结合部、农村环境综合整治、畜禽养殖场、城镇集中式饮用水水源地）和重点行业污染治理情况。

五、核查结果

现场核查结果主要以打分表（见附）形式体现，也可将核查情况编制成现场核查报告。现场核查打分表作为对县域考核指标体系中"生态环境保护管理"监管指标的参考依据和佐证材料，用作对生态环境保护管理相关指标评分值的修正。

附

现场核查打分表

核查内容	核查要点	评分标准	得分
一、生态环境保护责任机制（14分）			
1.生态环境保护责任落实（4分）	县级党委政府实行生态环境保护党政同责、一岗双责，落实主体功能区规划，推进县域生态文明建设	生态环境保护制度与落实情况（0-4分）	
2.县域考核工作组织（10分）	县域考核工作组织情况，建立长效机制，明确部门分工及职责，保障工作经费	①建立考核领导小组（3分）；②制定年度考核实施方案（2分）；③明确部门分工及职责（5分）。得分：①+②+③	
二、生态保护成效（30分）			
1.生态环境保护创建（5分）	国家级生态文明示范区、环保模范城市、国家公园等创建规划、批复等	创建成功（5分）；创建中（3分）；未创建（0分）	
2.生态保护红线等受保护区建设（15分）	划定保护红线，完成勘界定标，并有管控措施	全部完成（5分）；部分完成（3分）；未完成（0分）	
	国家级自然保护区建设情况	已建成（5分）；建设中（3分）；无（0分）	
	考核年，省级自然保护区、国家风景名胜区、森林公园等创建情况	已建成（5分）；建设中（3分）；无（0分）	
3.生态保护与修复工程实施（5分）	考核年，县域开展生态保护与修复工程情况，如退耕还林、退牧还草、防护林建设、水土流失治理、石漠化治理、矿山生态修复等，核查工程批复、设计等资料，现场查看实施效果	保护与修复成效显著（4-5分）；保护与修复成效一般（1-3分）；未开展相关工作（0分）	
4.生态环境保护与治理支出（5分）	考核年，县域获得的转移支付资金总额及主要用途	资金____万元；主要用途：	调查指标
	生态环保支出占县域财政支出比例	支出比例×5分，最高5分	
三、环境污染防治（21分）			
1.重点污染源监管（3分）	抽查1~2家主要污染源企业，核查环保设施运行、企业自行监测及环境监察记录等	①在线监控设施无异常（1分）；②定期开展自行监测（1分）；③有监管部门定期监察记录（1分）。得分：①+②+③	
2.污染物减排任务（3分）	主要污染物减排责任书签订及完成情况	①县级政府签订减排任务书（2分）；②减排任务完成情况（0-1分）。得分：①+②	

核查内容	核查要点	评分标准	得分
3.农村环境综合整治（10分）	查阅考核年农村环境综合整治的台账和统计资料	6分，农村综合整治率×6分	
	查阅考核年乡镇生活垃圾收集转运台账资料	2分，乡镇生活垃圾收集率×2分	
	查阅考核年各乡镇生活污水收集处理台账以及统计资料	2分，乡镇生活污水收集处理率×2分	
4.县域产业结构优化调整（5分）	是否制定并印发产业准入负面清单；考核年，发改、经信等部门落实负面清单情况	①制定并印发实施产业准入负面清单（3分）；②考核年，负面清单落实情况（0-2分）。得分：①+②	
四、环境基础设施建设与运行（25分）			
1.城镇生活污水处理设施（10分）	县域污水管网分布、污水收集处理台账、城镇年度污水排放量统计资料；污水处理厂督监测、企业自测、在线监控设备运行情况	①污水集中处理率×7分；②运行状况（0-3分）。得分：①+②	
2.城镇生活垃圾处理设施（10分）	县城生活垃圾收集处理台账，城镇生活垃圾统计资料；生活垃圾处理设施运行情况，渗滤液处理、周边环境定期监测等	①生活垃圾无害化处理率×7分；②运行状况（0-3分）。得分：①+②	
3.空气自动站运行与联网（5分）	环境空气自动站是否正常运行，是否与省级环保部门联网	①空气自动站运行情况（0-2分）；②与省级联网（3分）。得分：①+②	
五、生态环境监管（10分）			
1.突发环境事件或生态破坏案件情况	考核年，县域突发环境事件或生态破坏案件发生情况	扣分项。发生人为因素引发的突发环境事件或生态破坏案件（扣5分）	
2.群众举报及处理情况	"12369"环保热线群众举报环境问题均得到妥善处理，件件有落实	扣分项。若发现群众举报问题未处理（扣5分）	
3.环境质量监测规范性（10分）	环境质量监测规范性	环境质量监测频次、项目符合考核要求，监测报告规范（发现一处不规范之处扣1分，扣完为止）	
总体结论			

核查专家：　　　　　　　　核查时间：＿＿年＿＿月＿＿日

财政部关于印发
《中央对地方重点生态功能区转移支付办法》的通知

（财预〔2018〕86号）

各省、自治区、直辖市、计划单列市财政厅（局）：

为规范转移支付分配、使用和管理，发挥财政资金在维护国家生态安全、推进生态文明建设中的重要作用，我们制定了《中央对地方重点生态功能区转移支付办法》，现予印发。

附件：中央对地方重点生态功能区转移支付办法

财政部

2018年6月25日

附件

中央对地方重点生态功能区转移支付办法

第一条　为贯彻党中央、国务院要求，落实绿色发展理念，推进生态文明建设，引导地方政府加强生态环境保护，提高国家重点生态功能区等生态功能重要地区所在地政府的基本公共服务保障能力，中央财政设立重点生态功能区转移支付（以下简称转移支付）。

第二条　转移支付支持范围包括：

（一）限制开发的国家重点生态功能区所属县（县级市、市辖区、旗）和国家级禁止开发区域。

（二）京津冀协同发展、"两屏三带"、海南国际旅游岛等生态功能重要区域所属重点生态县域，长江经济带沿线省市，"三区三州"等深度贫困地区。

（三）国家生态文明试验区、国家公园体制试点地区等试点示范和重大生态工程建设地区。

（四）选聘建档立卡人员为生态护林员的地区。

第三条　转移支付资金按照以下原则进行分配：

（一）公平公正，公开透明。选取客观因素进行公式化分配，转移支付办法和分配结果公开。

（二）分类处理，突出重点。根据生态类型、财力水平、贫困状况等因素对转移支付对象实施分档分类的补助，体现差异、突出重点。

（三）注重激励，强化约束。建立健全生态环境保护综合评价和奖惩机制，激励地方加大生态环境保护力度，提高资金使用效率。

第四条　转移支付资金选取影响财政收支的客观因素测算，下达到省、自治区、直辖市、计划单列市（以下统称省）。具体计算公式为：

某省转移支付应补助额=重点补助+禁止开发补助+引导性补助+生态护林员补助±奖惩资金

测算的转移支付应补助额少于该省上一年转移支付预算执行数的，中央财政按照上一年转移支付预算执行数下达。

第五条　重点补助对象为重点生态县域，长江经济带沿线省市，"三区三州"等深度贫困地区。

对重点生态县域补助按照标准财政收支缺口并考虑补助系数测算。其中，标准财政收支缺口参照均衡性转移支付测算办法，结合中央与地方生态环境保护治理财政事权和支出责任划分，将各地生态环境保护方面的减收增支情况作为转移支付测算的重要因素，补助系数根据标准财政收支缺口情况、生态保护区域面积、产业发展受限对财力的影响情况和贫困情况等因素分档分类测算。

对长江经济带补助根据生态保护红线、森林面积、人口等因素测算。

对"三区三州"补助根据贫困人口、人均转移支付等因素测算。

第六条　禁止开发补助对象为禁止开发区域。根据各省禁止开发区域的面积和个数等因素分省测算，向国家自然保护区和国家森林公园两类禁止开发区倾斜。

第七条　引导性补助对象为国家生态文明试验区、国家公园体制试点地区等试点示范和重大生态工程建设地区，分类实施补助。

第八条　生态护林员补助对象为选聘建档立卡人员为生态护林员的地区。中央财政根据森林管护和脱贫攻坚需要，以及地方选聘建档立卡人员为生态护林员情况，安排生态护林员补助。

第九条　奖惩资金对象为重点生态县域。根据考核评价情况实施奖惩，对考核评价结果优秀的地区给予奖励。对生态环境质量变差、发生重大环境污染事件、实行产业准入负面清单不力和生态扶贫工作成效不佳的地区，根据实际情况对转移支付资金予以扣减。

第十条　省级财政部门应当根据本地实际情况，制定省对下重点生态功能区转移支付办法，规范资金分配，加强资金管理，将各项补助资金落实到位。各省下达的转移支付资金总额不得低于中央财政下达给该省的转移支付资金数额。

第十一条　享受转移支付的地区应当切实增强生态环境保护意识，将转移支付资金用于保护生态环境和改善民生，加大生态扶贫投入，不得用于楼堂馆所及形象工程建设和竞争性领域，同时加强对生态环境质量的考核和资金的绩效管理。

第十二条　各级财政部门在转移支付管理中存在违法行为的，应当按照预算法及其实施条例、财政违法行为处罚处分条例等国家有关规定予以处理。涉嫌犯罪的，应当移送有关部门。

第十三条　本办法由财政部负责解释。

第十四条　本办法自 2018 年 6 月 25 日起施行。《中央对地方重点生态功能区转移支付办法》（财预〔2017〕126）号）同时废止。

环境保护部 国家发展改革委 财政部关于加强国家重点生态功能区环境保护与管理的意见

（环发〔2013〕16）

各省、自治区、直辖市、新疆生产建设兵团环境保护厅（局）、发展改革委、财政厅（局）：

为贯彻落实党的十八大关于建设生态文明和美丽中国的理念与精神，推进《全国主体功能区规划》、《国务院关于加强环境保护重点工作的意见》实施，加强国家重点生态功能区环境保护和管理，增强区域整体生态功能，保障国家和区域生态安全，促进经济社会可持续发展，提出如下意见：

一、总体要求

（一）重要意义。国家重点生态功能区是指承担水源涵养、水土保持、防风固沙和生物多样性维护等重要生态功能，关系全国或较大范围区域的生态安全，需要在国土空间开发中限制进行大规模高强度工业化城镇化开发，以保持并提高生态产品供给能力的区域。加强国家重点生态功能区环境保护和管理，是增强生态服务功能，构建国家生态安全屏障的重要支撑；是促进人与自然和谐，推动生态文明建设的重要举措；是促进区域协调发展，全面建设小康社会的重要基础；是推进主体功能区建设，优化国土开发空间格局、建设美丽中国的重要任务。

（二）基本原则。坚持以科学发展观为指导，加快实施主体功能区战略，树立尊重自然、顺应自然、保护自然的生态文明理念，以保障国家生态安全、促进人与自然和谐相处为目标，以增强区域生态服务功能、改善生态环境质量为重点，切实加强国家重点生态功能区环境保护和管理。

坚持生态主导、保护优先。把保护和修复生态环境、增强生态产品生产能力作为首要任务，坚持保护优先、自然恢复为主的方针，实施生态系统综合管理，严格管制各类开发活动，加强生态环境监管和评估，减少和防止对生态系统的干扰和破坏。

坚持严格准入、限制开发。按照生态功能恢复和保育原则，实行更有针对性的产业准入和环境准入政策与标准，提高各类开发项目的产业和环境门槛。根据区域资源环境承载能力，坚持面上保护、点状开发，严格控制开发强度和开发范围，禁止成片蔓延式开发扩张，保持并逐步扩大自然生态空间。

坚持示范先行、分步推进。选择有典型代表性的不同类型国家重点生态功能区进行试点，探索限制开发区域科学发展的新模式，探索区域生态功能综合管理的新途径，创新区域保护和管理的新机制。

二、主要任务

（一）严格控制开发强度。要按照《全国主体功能区规划》要求，对国家重点生态功能区范围内各类开发活动进行严格管制，使人类活动占用的空间控制在目前水平并逐步缩小，以腾出更多的空间用于维系生态系统的良性循环。要依托资源环境承载能力相对较强的城镇，引导城镇建设与工业开发集中布局、点状开发，禁止成片蔓延式开发扩张。要严格开发区管理，原则上不再新建各类开发区和扩大现有工业开发区的面积，已有的工业开发区要逐步改造成低消耗、可循环、少排放、"零污染"的生态型工业区。国家发展改革委要组织地方发展改革委进一步明确国家重点生态功能区的开发强度等约束性指标。

（二）加强产业发展引导。在不影响主体功能定位、不损害生态功能的前提下，支持重点生态功能区适度开发利用特色资源，合理发展适宜性产业。根据不同类型重点生态功能区的要求，按照生态功能恢复和保育原则，国家发展改革委、环境保护部牵头制定实施更加严格的产业准入和环境要求，制定实施限制和禁止发展产业名录，提高生态环境准入门槛，严禁不符合主体功能定位的项目进入。对于不适合主体功能定位的现有产业，相关经济综合管理部门要通过设备折旧、设备贷款、土地置换等手段，促进产业梯度转移或淘汰。各级发展改革部门在产业发展规划、生产力布局、项目审批等方面，都要严格按照国家重点生态功能区的定位要求加强管理，合理引导资源要素的配置。编制产业专项规划、布局重大项目，须开展主体功能适应性评价，使之成为产业调控和项目布局的重要依据。

（三）全面划定生态红线。根据《国务院关于加强环境保护重点工作的意见》和《国家环境保护"十二五"规划》要求，环境保护部要会同有关部门出台生态红线划定技术规范，在国家重要（重点）生态功能区、陆地和海洋生态环境敏感区、脆弱区等区域划定生态红线，并会同国家发展改革委、财政部等制定生态红线管制要求和环境经济政策。地方各级政府要根据国家划定的生态红线，依照各自职责和相关管制要求严格监管，对生态红线管制区内易对生态环境产生破坏或污染的企业尽快实施关闭、搬迁等措施，并对受损企业提供合理的补偿或转移安置费用。

（四）加强生态功能评估。国家和省级环境保护部门要会同有关部门加强国家重点生态功能区生态功能调查与评估工作，制定国家重点生态功能区生态功能调查与评价指标体系及生态功能评估技术规程，建立健全区域生态功能综合评估长效机制，强化对区域生态功能稳定性和生态产品提供能力的评价和考核，定期评估区域主要生态功能及其动态变化情况。环境保护和财政部门要加大对国家重点生态功能区县域生态环境质量考核力度，完善考核机制，考核结果作为中央对地方国家重点生态功能区转移支付资金分配的重要依据。区域生态功能评估结果要及时送发展改革、财政和环境保护部门，作为评估当地经济社会发展质量和生态文明建设水平的重要依据，纳入政府绩效考核；同时作为产业布局、项目审批、财政转移支付和环境保护监管的重要依据。

（五）强化生态环境监管。地方各级环境保护部门要从严控制排污许可证发放，严格落实国家节能减排政策措施，保证区域内污染物排放总量持续下降。专项规划以及建设项目环境影响评价等文件，要设立生态环境评估专门章节，并提出可行的预防措施。要强化监督检查，建立专门针对国家重点生态功能区和生态红线管制区的协调监管机制。各级环境保护部门要对重点生态功能区和生态红线管制区内的各类资源开发、生态建设和恢复等项目进行分类管理，依据其不同的生态影响特点和程度实行严格的生态环境监管，建立天地一体化的生态环境监管体系，完善区域内整体联动监管机制。地方各级政府要全面实行矿山环境治理恢复保证金制度，严格按照提取标准收提并纳入税前生产成本，专户管理和使用，全面落实企业和政府生态保护与恢复治理责任。严禁盲目引入外来物种，严格控制转基因生物环境释放活动，减少对自然生态系统的人为干扰，防止发生不可逆的生态破坏。要健全生态环境保护责任追究制度，加大惩罚力度。对于未按重点生态功能区环境保护和管理要求执行的地区和建设单位，上级有关部门要暂停审批新建项目可行性研究报告或规划，适当扣减国家重点生态功能区转移支付等资金，环境保护部门暂停评审或审批其规划或新建项目环境影响评价文件。对生态环境造成严重后果的，除责令其修复和损害赔偿外，将依法追究相关责任人的责任。

（六）健全生态补偿机制。加快制定出台生态补偿政策法规，建立动态调整、奖惩分明、导向明确的生态补偿长效机制。中央财政要继续加大对国家重点生态功能区的财政转移支付力度，并会同发展改革和环境保护部门明确和强化地方政府生态保护责任。地方各级政府要依据财政部印发的国家重点生态功能区转移支付办法，制定本区域重点生态功能区转移支付的相关标准和实施细则，推进国家重点生态功能区政绩考核体系的配套改革。地方各级政府要以保障国家生态安全格局为目标，严格按照要求把财政转移支付资金主要用于保护生态环境和提高基本公共服务水平等。鼓励探索建立地区间横向援助机制，生态环境受益地区要采取资金补助、定向援助、对口支援等多种形式，对相应的重点生态功能区进行补偿。

三、保障措施

（一）切实加强组织领导。各部门要加强组织管理和协调，编制重点生态功能区区域规划和生态保护规划，明确相应的政策措施、资金投入等要求。地方各级政府要加强组织领导，强化协调沟通，切实建立和完善生态保护优先的绩效考核评价体系，落实对辖区内重点生态功能区环境保护和管理的目标责任。

（二）完善配套政策体系。地方各级政府要建立健全有利于国家重点生态功能区环境保护和管理的各项政策措施及法律法规，统筹协调各类生态环境保护与建设资金的分配和使用，发挥各项政策和资金的合力，促进区域整体生态功能改善。地方各级发展改革、财政和环境保护部门要制定实施有利于重点生态功能区保护的财政、投资、产业和环境保护等配套政策，支持开展有利于重点生态功能区生态功能保护和恢复的基础理论和应用技术研究，推广适宜重点生态功能区的生态保护和恢复治理技术，加强国家重点生态功能区建设。

（三）加强监督评估工作。发展改革部门要加强对国家重点生态功能区建设整体进展成效的监督检查和综合评估工作。环境保护部门要建立健全专业队伍和技术手段，强化国家重点生态功能区生态功能专项评估和监管工作，并将评估与监管结果向全社会公布。有关部门要加强相互配合，相互支撑，形成合力。

（四）鼓励开展试点示范。国家发展改革委会同财政部、环境保护部等部门在不同类型的国家重点生态功能区中，选择一些具有典型代表性地区进行试点示范，指导地方政府研究制定试点示范方案，引导限制开发区域探索科学发展的新模式。国家从政策、资金和技术上对试点示范地区给予支持和倾斜，并及时总结经验，促进交流和推广，发挥试点示范地区在重点生态功能区建设方面的先行和导向作用。

国家发展改革、财政和环境保护等有关部门以及地方各级政府，要加强衔接协调，切实把实施主体功能战略、加强国家重点生态功能区保护和建设作为推进科学发展、加快转变经济发展方式的重大战略举措，进一步转变观念、提高认识、强化责任，贯彻落实好相关政策举措，提升区域整体生态功能水平，全面建设生态文明。

附件：国家重点生态功能区示意图（略）

环境保护部
国家发展改革委
财政部
2013 年 1 月 22 日

环境保护部 财政部关于印发
《2017 年国家重点生态功能区县域生态环境质量监测、
评价与考核工作实施方案》的通知

（环办监测函〔2016〕1578 号）

各有关省、自治区、直辖市环境保护厅（局）、财政厅（局），新疆生产建设兵团环境保护局、财务局：

为确保 2017 年国家重点生态功能区县域生态环境质量监测、评价与考核工作顺利完成，根据《国家重点生态功能区县域生态环境质量考核办法》（环发〔2011〕18 号），环境保护部、财政部联合制定了《2017 年国家重点生态功能区县域生态环境质量监测、评价与考核工作实施方案》（见附件）。现印发给你们，请遵照执行。

附件：2017 年国家重点生态功能区县域生态环境质量监测、评价与考核工作实施方案

环境保护部办公厅
财政部办公厅
2016 年 8 月 27 日

附件

2017 年国家重点生态功能区县域生态环境质量监测、评价与考核工作实施方案

为确保 2017 年国家重点生态功能区县域生态环境质量监测、评价与考核工作顺利完成，根据《国家重点生态功能区县域生态环境质量考核办法》（环发〔2011〕18 号），特制定本实施方案。

一、适用范围

本实施方案适用于限制开发等国家重点生态功能区所属县（包括县级市、市辖区、旗等，以下统称县），具体考核县名单由财政部另行制定。

二、指标体系

按照《国家重点生态功能区县域生态环境质量监测评价与考核指标体系》（环发〔2014〕32 号）、《国家重点生态功能区县域生态环境质量监测评价与考核指标体系实施细则》（环办〔2014〕96 号）有关要求组织实施。

三、职责分工

财政部：负责考核工作的总体指导，与环境保护部联合印发实施方案、组织现场抽查、通报考核结果；并将考核结果应用于国家重点生态功能区转移支付。

环境保护部：负责考核工作的组织实施，与财政部联合印发实施方案、通报考核结果。组织制定县域生态环境质量监测、评价技术方案；汇总、分析各相关省（区、市）考核县域生态环境数据资料，编写技术评价报告；向财政部提交国家重点生态功能区县域生态环境质量考核报告；适时对相关省份考核工作组织情况进行抽查。

省级财政主管部门：指导行政区内考核工作，与省级环境保护主管部门联合印发实施方案、开展数据审核和现场核查等工作。研究制定省对下重点生态功能区转移支付办法，落实考核结果的应用。

省级环境保护主管部门：组织实施行政区内监测、评价与考核工作，与省级财政主管部门联合印发实施方案，组织完成考核县域的生态环境监测任务；负责考核县域生态环境

监测数据质量控制和现场核查，开展工作培训、业务指导、数据汇总（审核）等；向环境保护部提交本省（区、市）县域生态环境质量考核工作报告。

被考核县级人民政府：按照国家、省级财政和环境保护主管部门的有关要求，负责本县域自查工作。按考核要求及时开展环境监测工作，填报相关数据、资料，编写自查报告，保障相关工作经费，并对监测数据的准确性和自查报告的规范性、完整性负责。

四、工作安排

（一）县级自查

2016 年 10 月 31 日前，被考核县级人民政府认真开展自查工作，编写自查报告。按时将自查报告、资料光盘、相关证明材料等以正式文件（含电子版）报送所属省级环境保护主管部门。委托社会环境监测机构承担监测任务的，需制定实施监测数据质量控制工作方案并报省级环境保护部门备案。

县域地表水水质、集中式饮用水水源地水质、环境空气质量和污染源监测执行《2017年国家重点生态功能区县域环境监测方案》（附后）。从 2017 年考核工作开始，监测数据按季度直报（包括第三方直报），具体要求是：2016 年 10 月 10 日前报送 2015 年第四季度和 2016 年前三季度监测数据；2017 年 1 月 10 日前报送 2016 年第四季度监测数据。从 2017年第一季度开始，分别在每个季度结束的下个月 10 日前，向所属省级环境保护主管部门报送该季度监测数据及报告。

"生态环境保护与管理"指标中，增加"第一、二、三产业产值及比例"和"每年生态环境保护与治理的支出"两项指标。数据来源为部门统计数据。

自然生态数据、统计调查数据，以 2015 年度数据为准。

（二）省级审核（汇总）

2016 年 12 月 10 日前，省级环境保护主管部门会同省级财政主管部门完成行政区内所有考核县域自查报告及数据审核、现场核查等工作，按时将考核工作报告、资料光盘等以正式文件报送环境保护部。

从 2016 年起，利用县域考核软件按季度汇总考核县域环境监测数据并报送环境保护部，具体要求是：2016 年 10 月 20 日前完成 2015 年第四季度和 2016 年前三季度监测数据汇总和报送；2017 年 1 月 20 日前完成 2016 年第四季度监测数据汇总和报送。从 2017 年第一季度起，每个季度结束的下个月 20 日前，汇总该季度环境监测数据，并报送环境保护部。

（三）国家考核

2016 年 8—9 月，环境保护部联合财政部制定并印发实施方案，举办培训班，部署 2017年县域考核工作；2017 年 3 月 31 日前，组织完成所有考核县域的生态环境数据资料集中审核与分析评价工作，组织开展无人机核查和现场抽查工作，编写国家重点生态功能区县域生态环境质量监测、评价与考核综合报告。

五、有关要求

（一）各相关省（区、市）环境保护、财政主管部门和被考核县级人民政府要高度重视，加强组织领导，制定考核工作方案，建立部门联动工作机制，落实责任分工，确保考核工作顺利实施。

（二）按照环境质量监测事权上收要求，原则上县域环境质量和污染源监测工作由省级环保部门组织实施，可采用多种方式，由第三方或地市级环境监测机构承担监测任务。第三方或地市级环境监测机构完成的水质监测数据、土壤监测数据及污染源监测数据要求直接报中国环境监测总站，并同时报省站。省级环保部门要加强对环境监测机构的监督检查，健全并落实数据质量控制与管理制度，并将环境监测质控情况纳入省级年度考核工作报告。

（三）县域生态环境质量监测点位（断面）和污染源监测名单不得擅自变更、调整或撤销。如确需变更、调整或撤销的，应经论证后由省级环境保护主管部门及时报环境保护部批准。地表水监测国控点位（断面）以《"十三五"国家地表水环境质量监测网设置方案》（环监测〔2016〕30号）为准，其余点位（断面）纳入省控点位管理。2017年底前，所有考核县域完成土壤环境质量监测国控点位设置。

（四）已建成并运行的环境空气自动监测站，应于2016年12月31日前完成与省和国家联网，数据直接报中国环境监测总站。尚未建成空气自动监测站的县域，要求于2017年12月31日前按照《环境空气质量标准》（GB 3095—2012）及相关技术要求建成环境空气自动监测站，并与省和国家联网。

（五）对于故意篡改、伪造监测数据的行为，一经查实，根据《环境保护法》《生态环境监测网络建设方案》（国办发〔2015〕56号）、《党政领导干部生态环境损害责任追究办法（试行）》（中办发〔2015〕45号）及《环境监测数据弄虚作假行为判定及处理办法》（环发〔2015〕175号）等有关规定严肃处理。

附：2017年国家重点生态功能区县域环境监测方案

附

2017 年国家重点生态功能区县域环境监测方案

国家重点生态功能区县域生态环境监测包括地表水水质、集中式饮用水水源地水质、环境空气质量及污染源监测，根据不同要素的特征，特制订本监测方案。

一、地表水水质监测

1．监测断面

按照经环境保护部批准或核实认定的断面开展监测。

2．监测指标

按照《地表水环境质量标准》（GB 3838—2002）表 1 中除粪大肠菌群以外的 23 项指标。

3．监测频次与时间

按月监测，在每月上旬（1—10 日）完成水质监测的采样及实验室分析，编制地表水水质监测报告。对于只有季节性河流或无地表径流而无法正常采样的县域，经报请省级环境保护主管部门审批并征得环境保护部同意后，可以不开展地表水水质监测。

4．监测质量控制

地表水水质监测严格执行《地表水环境质量标准》（GB 3838—2002）、《地表水和污水监测技术规范》（HJ/T 91—2002）、《环境水质监测质量保证手册（第二版）》及《水和废水监测分析方法（第四版）》等相关标准和规范，加强实验室质量控制。

二、集中式饮用水水源地水质监测

1．监测对象

经环境保护部核实认定的服务于县城的在用集中式饮用水水源地，包括地表水饮用水水源地和地下水饮用水水源地。

2．监测指标

地表水饮用水水源地常规监测指标包括《地表水环境质量标准》（GB 3838—2002）表 1 中除化学需氧量以外的 23 项指标、表 2 的补充指标（5 项）和表 3 的优选特定指标（33 项），共 61 项；全分析指标包括《地表水环境质量标准》（GB 3838—2002）中的 109 项。地下水饮用水水源地常规监测指标包括《地下水质量标准》（GB/T 14848—1993）中的 23

项；全分析指标包括《地下水质量标准》（GB/T 14848—1993）中的 39 项。

3．监测频次

地表水饮用水水源地每季度监测 1 次，每年 4 次，每两年开展 1 次水质全分析监测；地下水饮用水水源地每半年监测 1 次，每年监测 2 次，每两年开展 1 次水质全分析监测。

4．监测质量控制

严格执行《地表水环境质量标准》（GB 3838—2002）、《地下水质量标准》（GB/T 14848—1993）、《地表水和污水监测技术规范》（HJ/T 91—2002）、《环境水质监测质量保证手册（第二版）》及《水和废水监测分析方法（第四版）》等相关标准和规范，加强实验室质量控制。

三、环境空气质量监测

1．监测点位

按照经环境保护部批准或核实认定的点位开展监测。

2．监测指标

自动监测项目为可吸入颗粒物（PM_{10}）、细颗粒物（$PM_{2.5}$）、二氧化硫（SO_2）、二氧化氮（NO_2）、一氧化碳（CO）和臭氧（O_3）6 项指标。

手工监测项目为可吸入颗粒物（PM_{10}）、二氧化硫（SO_2）和二氧化氮（NO_2）3 项指标。

3．监测频次

采用自动监测的，每月至少有 27 个日平均浓度值（二月至少有 25 个日平均浓度值）；采用手工监测的，按照五日法开展监测，每季度至少监测 1 次，每年至少监测 4 次。

4．监测质量控制

在县城建成区开展环境空气质量监测，严格执行《环境空气质量标准》（GB 3095—2012）、《环境空气质量手工监测技术规范》（HJ/T 194—2005）、《环境空气质量自动监测技术规范》（HJ/T 193—2005）及《空气和废气监测分析方法（第四版）》等相关标准和规范，加强监测过程的质量控制。

四、污染源监测

1．监测对象

按照经环境保护部批准或核实认定的污染源名单开展监测。

2．监测指标

根据污染源类型执行的相关标准确定监测项目，其中污水处理厂需监测 19 项基本控制项目。

3．监测频次

每季度监测 1 次，全年监测 4 次；对于季节性生产企业，在生产季节监测 4 次。

4．监测质量控制

根据污染源类型执行相关的行业标准、综合排放标准或监测技术规范，同时做好监测过程及分析测试记录，并编制污染源监测报告，加强监测过程的质量控制。

环境保护部关于开展 2017 年国家重点生态功能区新增转移支付县域地表水水质、集中式饮用水水源地水质、环境空气质量监测断面（点位）布设及污染源监测名单认定工作的通知

（环办监测函〔2017〕1241 号）

河北省、内蒙古自治区、辽宁省、吉林省、浙江省、安徽省、福建省、江西省、山东省、河南省、湖北省、湖南省、四川省、广东省、云南省、陕西省、甘肃省、青海省、新疆维吾尔自治区环境保护厅：

按照我部和财政部联合印发的《关于加强"十三五"国家重点生态功能区县域生态环境质量监测评价与考核工作的通知》（环办监测函〔2017〕279 号）有关要求，每年需对新增转移支付县域进行生态环境质量监测点位布设和认定。现请对行政区域内 2017 年国家重点生态功能区新增转移支付县域（名单见附件 1）开展地表水水质、集中式饮用水水源地水质、环境空气质量监测断面（点位）布设和污染源监测名单认定工作。有关事项通知如下：

一、地表水水质监测断面（点位），应覆盖县域主要地表水水体，能够反映县域地表水环境质量状况。县域内国控和省控断面（点位）全部纳入考核。如现有断面（点位）仍不能反映县域地表水环境质量状况，应按相关技术要求新增断面（点位），新增断面（点位）按照省控断面（点位）管理。如县域内无地表径流或河流常年断流，可不设监测断面（点位）。

二、集中式饮用水水源地水质监测，针对服务于县城的在用水源地，监测断面（点位）分为地表水水源地监测断面（点位）和地下水水源地监测点位，按照省控断面（点位）管理。

三、环境空气质量监测，针对县城建成区，按照《环境空气质量监测点位布设技术规范（试行）》（HJ 664—2013）要求布设点位，采用自动监测，按照省控点位管理。已建成并运行的环境空气自动监测站，应于 2017 年 12 月 31 日前完成与省（区）和国家联网，

尚未建成空气自动监测站的县域，应于 2018 年 8 月 31 日前按照《环境空气质量标准》（GB 3095—2012）及相关技术要求建成环境空气自动监测站，并与省（区）和国家联网。

四、根据污染源数量、种类、行业特征、污染物排放量等综合确定县域污染源监测名单。其中，设计处理能力大于或等于 5 000 吨/日的城镇生活污水处理厂和设计处理能力大于或等于 2 000 吨/日的工业废水集中处理厂应纳入监测名单。

各有关省（区）环境保护厅应按照上述要求，做好本行政区域内相关监测断面（点位）布设及污染源监测名单认定工作。2017 年 8 月 31 日前将相关信息（见附件 2）统一报我部备案，同时将电子版发送中国环境监测总站（电子邮箱：eco@cnemc.cn），并于 2018 年 1 月起组织开展监测。

环境保护部环境监测司　王昌佐
电话：（010）66556825
中国环境监测总站　孙聪　刘海江
电话：（010）84943280，84943192

附件：1. 2017 年国家重点生态功能区新增转移支付县域名单（略）
　　　2. 监测断面（点位）与污染源监测名单信息表

环境保护部办公厅
2017 年 8 月 3 日

附件 2

监测断面（点位）与污染源监测名单信息表

表 1 县域地表水环境质量监测断面（点位）信息表

省（区）名称	县（市、区）名称	县（市、区）代码	断面（点位）名称	所在河流/湖泊名称	断面性质（国控/省控）	经度（度/分/秒）	纬度（度/分/秒）	建立时间	是否湖库

表 2 县域集中式饮用水水源地水质监测断面（点位）信息表

省（区）名称	县（市、区）名称	县（市、区）代码	水源地名称	服务人口数量（万人）	是否划定水源保护区	水源保护区面积（km²）	政府批准实施时间（年/月）	断面（点位）名称	经度（度/分/秒）

纬度（度/分/秒）	是否开展水质监测	水质监测开始时间	水源地类型（地表水/地下水）	是否湖库					

表 3 县域环境空气质量监测点位信息表

省（区）名称	县（市、区）名称	县(市、区)代码	点位名称	监测方式（自动/手工）	经度（度/分/秒）	纬度（度/分/秒）	建立时间	是否与省（区）联网

表 4 县域污染源监测名单信息表

省（区）名称	县（市）名称	县（市）代码	污染源（企业）名称	污染源类型（废水/废气/污水处理厂）	排放去向（大气或河湖）	监测项目	经度（度/分/秒）	纬度（度/分/秒）

生态环境部 市场监管总局
关于加强生态环境监测机构监督管理工作的通知

（环监测〔2018〕45号）

各省、自治区、直辖市环境保护厅（局）、质量技术监督局（市场监督管理部门），新疆生产建设兵团环境保护局、质量技术监督局：

为贯彻落实中共中央办公厅、国务院办公厅《关于深化环境监测改革提高环境监测数据质量的意见》（厅字〔2017〕35号）、《生态环境监测网络建设方案》（国办发〔2015〕56号）、《国务院关于加强质量认证体系建设促进全面质量管理的意见》（国发〔2018〕3号）精神，创新管理方式，规范监测行为，促进我国生态环境监测工作健康发展，现将有关事项通知如下：

一、加强制度建设

（一）完善资质认定制度。凡向社会出具具有证明作用的数据和结果的生态环境监测机构均应依法取得检验检测机构资质认定。国家认证认可监督管理委员会（以下简称国家认监委）和生态环境部联合制定《检验检测机构资质认定 生态环境监测机构评审补充要求》。国家认监委和各省级市场监督管理部门（以下统称资质认定部门）依法实施生态环境监测机构资质认定工作，建立生态环境监测机构资质认定评审员数据库，加强评审员队伍建设，发挥生态环境行业评审组作用，规范资质认定评审行为。

（二）加快完善监管制度。资质认定部门依据《检验检测机构资质认定管理办法》（原质检总局令第163号）对获得检验检测机构资质认定的生态环境监测机构实施分类监管。生态环境部修订《环境监测质量管理技术导则》（HJ 630—2011），完善生态环境监测机构质量体系建设，强化对人员、仪器设备、监测方法、手工和自动监测等重要环节的质量管理。各类生态环境监测机构应按照国家有关规定不断健全完善内部管理的规章制度，提高管理水平。

（三）建立责任追溯制度。生态环境监测机构要严格执行国家和地方的法律法规、标准和技术规范。建立覆盖方案制定、布点与采样、现场测试、样品流转、分析测试、数据审核与传输、综合评价、报告编制与审核签发等全过程的质量管理体系。采样人员、分析人员、审核与授权签字人对监测原始数据、监测报告的真实性终身负责。生态环境监测机构负责人对监测数据的真实性和准确性负责。生态环境监测机构应对监测原始记录和报告归档留存，保证其具有可追溯性。

二、加强事中事后监管

（四）综合运用多种监管手段。生态环境部门和资质认定部门重点对管理体系不健全、监测活动不规范、存在违规违法行为的生态环境监测机构进行监管。健全对生态环境监测机构的"双随机"抽查机制，建立生态环境监测机构名录库、检查人员名录库。联合或根据各自职责定期组织开展监督检查，通过统计调查、监督检查、能力验证、比对核查、投诉处理、审核年度报告、核查资质认定信息、评价管理体系运行、审核原始记录和监测报告等方式加强监管。

（五）严肃处理违法违规行为。生态环境部门和资质认定部门应根据法律法规，对生态环境监测机构和人员监测行为存在不规范或违法违规情况的，视情形给予告诫、责令改正、责令整改、罚款或撤销资质认定证书等处理，并公开通报。涉嫌犯罪的移交公安机关予以处理。生态环境监测机构申请资质认定提供虚假材料或者隐瞒有关情况的，资质认定部门依法不予受理或者不予许可，一年内不得再次申请资质认定；撤销资质认定证书的生态环境监测机构，三年内不得再次申请资质认定。

（六）建立联合惩戒和信息共享机制。生态环境部门和资质认定部门应建立信息共享机制，加强部门合作和信息沟通，及时将生态环境监测机构资质认定和违法违规行为及处罚结果等监管信息在各自门户网站向社会公开。根据《国务院办公厅关于加强个人诚信体系建设的指导意见》相关要求，对信用优良的生态环境监测机构和人员提供更多服务便利，对严重失信的生态环境监测机构和人员，将违规违法等信息纳入"全国信用信息共享平台"。

（七）加强社会监督。创新社会监督方式，畅通社会监督渠道，积极鼓励公众广泛参与。生态环境部门举报电话"12369"和市场监督管理部门举报电话"12365"受理生态环境监测数据弄虚作假行为的举报。行业协会应制定行业自律公约、团体标准等自律规范，组织开展行业信用等级评价，建立健全信用档案，推动行业自律结果的采信，努力形成良好的环境和氛围。

三、提高监管能力和水平

（八）加强队伍建设，创新监管手段。生态环境部门和资质认定部门应加强监管人员队伍建设，强化监管人员培训，不断提高监管人员综合素质和能力水平。相关人员在工作中滥用职权、玩忽职守、徇私舞弊的，依规依法予以处理；构成犯罪的，依法追究刑事责任。充分发挥大数据、信息化等技术在监督管理中的作用，不断提高监管效能。

（九）强化部门联动，形成工作合力。生态环境部门和资质认定部门应切实统一思想，提高认识，加强组织领导和工作协调，按照本通知要求制定联合监管和信息共享的实施方案，建立畅通、高效、科学的联合监管机制，有效保障生态环境监测数据质量，提高监测数据公信力和权威性，促进生态环境管理水平全面提升。

生态环境部

市场监管总局

2018 年 5 月 28 日

环境保护部关于印发
《环境监测数据弄虚作假行为判定及处理办法》的通知

（环发〔2015〕175号）

各省、自治区、直辖市环境保护厅（局），新疆生产建设兵团环境保护局，解放军环境保护局，辽河凌河保护区管理局，机关各部门，各派出机构、直属单位：

为保障环境监测数据真实准确，依法查处环境监测数据弄虚作假行为，依据《中华人民共和国环境保护法》和《生态环境监测网络建设方案》（国办发〔2015〕56号）等有关法律法规和文件，我部组织制定了《环境监测数据弄虚作假行为判定及处理办法》，现予以印发，请遵照执行。

附件：环境监测数据弄虚作假行为判定及处理办法

环境保护部

2015年12月28日

附件

环境监测数据弄虚作假行为判定及处理办法

第一条　为保障环境监测数据真实准确，依法查处环境监测数据弄虚作假行为，依据《中华人民共和国环境保护法》和《生态环境监测网络建设方案》（国办发〔2015〕56号）等有关法律法规和文件，结合工作实际，制定本办法。

第二条　本办法所称环境监测数据弄虚作假行为，系指故意违反国家法律法规、规章等以及环境监测技术规范，篡改、伪造或者指使篡改、伪造环境监测数据等行为。

本办法所称环境监测数据，系指按照相关技术规范和规定，通过手工或者自动监测方式取得的环境监测原始记录、分析数据、监测报告等信息。

本办法所称环境监测机构，系指县级以上环境保护主管部门所属环境监测机构、其他负有环境保护监督管理职责的部门所属环境监测机构以及承担环境监测工作的实验室与从事环境监测业务的企事业单位等其他社会环境监测机构。

第三条　本办法适用于以下活动中涉及的环境监测数据弄虚作假行为：

（一）依法开展的环境质量监测、污染源监测、应急监测；

（二）监管执法涉及的环境监测；

（三）政府购买的环境监测服务或者委托开展的环境监测；

（四）企事业单位依法开展或者委托开展的自行监测；

（五）依照法律、法规开展的其他环境监测行为。

第四条　篡改监测数据，系指利用某种职务或者工作上的便利条件，故意干预环境监测活动的正常开展，导致监测数据失真的行为，包括以下情形：

（一）未经批准部门同意，擅自停运、变更、增减环境监测点位或者故意改变环境监测点位属性的；

（二）采取人工遮挡、堵塞和喷淋等方式，干扰采样口或周围局部环境的；

（三）人为操纵、干预或者破坏排污单位生产工况、污染源净化设施，使生产或污染状况不符合实际情况的；

（四）稀释排放或者旁路排放，或者将部分或全部污染物不经规范的排污口排放，逃避自动监控设施监控的；

（五）破坏、损毁监测设备站房、通讯线路、信息采集传输设备、视频设备、电力设备、空调、风机、采样泵、采样管线、监控仪器或仪表以及其他监测监控或辅助设施的；

（六）故意更换、隐匿、遗弃监测样品或者通过稀释、吸附、吸收、过滤、改变样品保存条件等方式改变监测样品性质的；

（七）故意漏检关键项目或者无正当理由故意改动关键项目的监测方法的；

（八）故意改动、干扰仪器设备的环境条件或运行状态或者删除、修改、增加、干扰监测设备中存储、处理、传输的数据和应用程序，或者人为使用试剂、标样干扰仪器的；

（九）未向环境保护主管部门备案，自动监测设备暗藏可通过特殊代码、组合按键、远程登录、遥控、模拟等方式进入不公开的操作界面对自动监测设备的参数和监测数据进行秘密修改的；

（十）故意不真实记录或者选择性记录原始数据的；

（十一）篡改、销毁原始记录，或者不按规范传输原始数据的；

（十二）对原始数据进行不合理修约、取舍，或者有选择性评价监测数据、出具监测报告或者发布结果，以至评价结论失真的；

（十三）擅自修改数据的；

（十四）其他涉嫌篡改监测数据的情形。

第五条　伪造监测数据，系指没有实施实质性的环境监测活动，凭空编造虚假监测数据的行为，包括以下情形：

（一）纸质原始记录与电子存储记录不一致，或者谱图与分析结果不对应，或者用其他样品的分析结果和图谱替代的；

（二）监测报告与原始记录信息不一致，或者没有相应原始数据的；

（三）监测报告的副本与正本不一致的；

（四）伪造监测时间或者签名的；

（五）通过仪器数据模拟功能，或者植入模拟软件，凭空生成监测数据的；

（六）未开展采样、分析，直接出具监测数据或者到现场采样、但未开设烟道采样口，出具监测报告的；

（七）未按规定对样品留样或保存，导致无法对监测结果进行复核的；

（八）其他涉嫌伪造监测数据的情形。

第六条　涉嫌指使篡改、伪造监测数据的行为，包括以下情形：

（一）强令、授意有关人员篡改、伪造监测数据的；

（二）将考核达标或者评比排名情况列为下属监测机构、监测人员的工作考核要求，意图干预监测数据的；

（三）无正当理由，强制要求监测机构多次监测并从中挑选数据，或者无正当理由拒签上报监测数据的；

（四）委托方人员授意监测机构工作人员篡改、伪造监测数据或者在未作整改的前提下，进行多家或多次监测委托，挑选其中"合格"监测报告的；

（五）其他涉嫌指使篡改、伪造监测数据的情形。

第七条　环境监测机构及其负责人对监测数据的真实性和准确性负责。

负责环境自动监测设备日常运行维护的机构及其负责人按照运行维护合同对监测数据承担责任。

第八条　地市级以上人民政府环境保护主管部门负责调查环境监测数据弄虚作假行为。地市级以上人民政府环境保护主管部门应定期或者不定期组织开展环境监测质量监督检查，发现环境监测数据弄虚作假行为的，应当依法查处，并向上级环境保护主管部门报告。

第九条　对干预环境监测活动，指使篡改、伪造监测数据的行为，相关人员应如实记录。任何单位和个人有权举报环境监测数据弄虚作假行为，接受举报的环境保护主管部门应当为举报人保密，对能提供基本事实线索或相关证明材料的举报，应当予以受理。

第十条　负责调查的环境保护主管部门应当通报环境监测数据弄虚作假行为及相关责任人，记入社会诚信档案，及时向社会公布。

第十一条　环境保护主管部门发现篡改、伪造监测数据，涉及目标考核的，视情节严重程度将考核结果降低等级或者确定为不合格，情节严重的，取消授予的环境保护荣誉称号；涉及县域生态考核的，视情节严重程度，建议国务院财政主管部门减少或者取消当年中央财政资金转移支付；涉及《大气污染防治行动计划》《水污染防治行动计划》排名的，分别以当日或当月监测数据的历史最高浓度值计算排名。

第十二条　社会环境监测机构以及从事环境监测设备维护、运营的机构篡改、伪造监测数据或出具虚假监测报告的，由负责调查的环境保护主管部门将该机构和涉及弄虚作假行为的人员列入不良记录名单，并报上级环境保护主管部门，禁止其参与政府购买环境监测服务或政府委托项目。

第十三条　监测仪器设备应当具备防止修改、伪造监测数据的功能，监测仪器设备生产及销售单位配合环境监测数据造假的，由负责调查的环境保护部主管部门通报公示生产厂家、销售单位及其产品名录，并上报环境保护部，将涉嫌弄虚作假的单位列入不良记录名单，禁止其参与政府购买环境监测服务或政府委托项目，对安装在企业的设备不予验收、联网。

第十四条　国家机关工作人员篡改、伪造或指使篡改、伪造监测数据的，由负责调查的环境保护主管部门提出建议，移送有关任免机关或监察机关依据《行政机关公务员处分条例》和《事业单位工作人员处分暂行规定》的有关规定予以处理。

第十五条　党政领导干部指使篡改、伪造监测数据的，由负责调查的环境保护主管部门提出建议，移送有关任免机关或监察机关依据《党政领导干部生态环境损害责任追究办法（试行）》的有关规定予以处理。

第十六条　环境监测数据弄虚作假行为构成违法的，按照有关法律法规的规定处理。

第十七条　本办法由国务院环境保护主管部门负责解释。

第十八条　本办法自 2016 年 1 月 1 日起实施。

下篇
县域名单及环境监测点位信息

2018 年国家重点生态功能区县域生态环境质量考核名单

序号	省份	地市名称	县域名称	区划代码	国家重点生态功能区	主导生态功能类型
1	北京市		密云区	110118	京津水源地水源涵养重要区	水源涵养
2	北京市		延庆区	110119	京津水源地水源涵养重要区	水源涵养
3	天津市		蓟州区	120119	京津水源地水源涵养重要区	水源涵养
4	河北省	石家庄市	井陉县	130121	太行山地水土保持功能区	水土保持
5	河北省	石家庄市	正定县	130123	太行山地水土保持功能区	水土保持
6	河北省	石家庄市	行唐县	130125	太行山地水土保持功能区	水土保持
7	河北省	石家庄市	灵寿县	130126	太行山地水土保持功能区	水土保持
8	河北省	石家庄市	赞皇县	130129	太行山地水土保持功能区	水土保持
9	河北省	石家庄市	平山县	130131	太行山地水土保持功能区	水土保持
10	河北省	秦皇岛市	北戴河区	130304	冀北及燕山水土保持生态功能区	水土保持
11	河北省	秦皇岛市	抚宁区	130306	冀北及燕山水土保持生态功能区	水土保持
12	河北省	秦皇岛市	青龙满族自治县	130321	冀北及燕山水土保持生态功能区	水土保持
13	河北省	邢台市	邢台县	130521	太行山地水土保持功能区	水土保持
14	河北省	保定市	阜平县	130624	太行山地水土保持功能区	水土保持
15	河北省	保定市	涞源县	130630	太行山地水土保持功能区	水土保持
16	河北省	保定市	安新县	130632	白洋淀水源涵养生态功能区	水源涵养
17	河北省	保定市	易县	130633	太行山地水土保持功能区	水土保持
18	河北省	保定市	曲阳县	130634	太行山地水土保持功能区	水土保持
19	河北省	保定市	顺平县	130636	太行山地水土保持功能区	水土保持
20	河北省	保定市	雄县	130638	白洋淀水源涵养生态功能区	水源涵养
21	河北省	张家口市	桥东区	130702	浑善达克沙漠化防治生态功能区	防风固沙
22	河北省	张家口市	桥西区	130703	浑善达克沙漠化防治生态功能区	防风固沙
23	河北省	张家口市	宣化区	130705	浑善达克沙漠化防治生态功能区	防风固沙
24	河北省	张家口市	下花园区	130706	浑善达克沙漠化防治生态功能区	防风固沙
25	河北省	张家口市	万全区	130708	浑善达克沙漠化防治生态功能区	防风固沙

序号	省份	地市名称	县域名称	区划代码	国家重点生态功能区	主导生态功能类型
26	河北省	张家口市	崇礼区	130709	浑善达克沙漠化防治生态功能区	防风固沙
27	河北省	张家口市	张北县	130722	浑善达克沙漠化防治生态功能区	防风固沙
28	河北省	张家口市	康保县	130723	浑善达克沙漠化防治生态功能区	防风固沙
29	河北省	张家口市	沽源县	130724	浑善达克沙漠化防治生态功能区	防风固沙
30	河北省	张家口市	尚义县	130725	浑善达克沙漠化防治生态功能区	防风固沙
31	河北省	张家口市	蔚县	130726	京津水源地水源涵养生态功能区	水源涵养
32	河北省	张家口市	阳原县	130727	京津水源地水源涵养生态功能区	水源涵养
33	河北省	张家口市	怀安县	130728	浑善达克沙漠化防治生态功能区	防风固沙
34	河北省	张家口市	怀来县	130730	京津水源地水源涵养生态功能区	水源涵养
35	河北省	张家口市	涿鹿县	130731	京津水源地水源涵养生态功能区	水源涵养
36	河北省	张家口市	赤城县	130732	浑善达克沙漠化防治生态功能区	防风固沙
37	河北省	承德市	双桥区	130802	京津水源地水源涵养生态功能区	水源涵养
38	河北省	承德市	双滦区	130803	京津水源地水源涵养生态功能区	水源涵养
39	河北省	承德市	鹰手营子矿区	130804	京津水源地水源涵养生态功能区	水源涵养
40	河北省	承德市	承德县	130821	京津水源地水源涵养生态功能区	水源涵养
41	河北省	承德市	兴隆县	130822	京津水源地水源涵养生态功能区	水源涵养
42	河北省	承德市	平泉市	130881	京津水源地水源涵养生态功能区	水源涵养
43	河北省	承德市	滦平县	130824	京津水源地水源涵养生态功能区	水源涵养
44	河北省	承德市	隆化县	130825	京津水源地水源涵养生态功能区	水源涵养
45	河北省	承德市	丰宁满族自治县	130826	浑善达克沙漠化防治生态功能区	防风固沙
46	河北省	承德市	宽城满族自治县	130827	京津水源地水源涵养生态功能区	水源涵养

序号	省份	地市名称	县域名称	区划代码	国家重点生态功能区	主导生态功能类型
47	河北省	承德市	围场满族蒙古族自治县	130828	浑善达克沙漠化防治生态功能区	防风固沙
48	河北省	衡水市	桃城区	131102	衡水湖水源涵养生态功能区	水源涵养
49	河北省	衡水市	冀州区	131103	衡水湖水源涵养生态功能区	水源涵养
50	河北省	衡水市	枣强县	131121	衡水湖水源涵养生态功能区	水源涵养
51	山西省	忻州市	神池县	140927	黄土高原凌沟壑水土保持生态功能区	水土保持
52	山西省	忻州市	五寨县	140928	黄土高原凌沟壑水土保持生态功能区	水土保持
53	山西省	忻州市	岢岚县	140929	黄土高原凌沟壑水土保持生态功能区	水土保持
54	山西省	忻州市	河曲县	140930	黄土高原凌沟壑水土保持生态功能区	水土保持
55	山西省	忻州市	保德县	140931	黄土高原凌沟壑水土保持生态功能区	水土保持
56	山西省	忻州市	偏关县	140932	黄土高原凌沟壑水土保持生态功能区	水土保持
57	山西省	临汾市	吉县	141028	黄土高原凌沟壑水土保持生态功能区	水土保持
58	山西省	临汾市	乡宁县	141029	黄土高原凌沟壑水土保持生态功能区	水土保持
59	山西省	临汾市	大宁县	141030	黄土高原凌沟壑水土保持生态功能区	水土保持
60	山西省	临汾市	隰县	141031	黄土高原凌沟壑水土保持生态功能区	水土保持
61	山西省	临汾市	永和县	141032	黄土高原凌沟壑水土保持生态功能区	水土保持
62	山西省	临汾市	蒲县	141033	黄土高原凌沟壑水土保持生态功能区	水土保持
63	山西省	临汾市	汾西县	141034	黄土高原凌沟壑水土保持生态功能区	水土保持
64	山西省	吕梁市	兴县	141123	黄土高原凌沟壑水土保持生态功能区	水土保持
65	山西省	吕梁市	临县	141124	黄土高原凌沟壑水土保持生态功能区	水土保持
66	山西省	吕梁市	柳林县	141125	黄土高原凌沟壑水土保持生态功能区	水土保持
67	山西省	吕梁市	石楼县	141126	黄土高原凌沟壑水土保持生态功能区	水土保持
68	山西省	吕梁市	中阳县	141129	黄土高原凌沟壑水土保持生态功能区	水土保持

序号	省份	地市名称	县域名称	区划代码	国家重点生态功能区	主导生态功能类型
69	内蒙古自治区	呼和浩特市	清水河县	150124	黄土高原凌沟壑水土保持生态功能区	水土保持
70	内蒙古自治区	包头市	固阳县	150222	阴山北麓草原生态功能区	防风固沙
71	内蒙古自治区	包头市	达尔罕茂明安联合旗	150223	阴山北麓草原生态功能区	防风固沙
72	内蒙古自治区	赤峰市	阿鲁科尔沁旗	150421	科尔沁草原生态功能区	防风固沙
73	内蒙古自治区	赤峰市	巴林右旗	150423	科尔沁草原生态功能区	防风固沙
74	内蒙古自治区	赤峰市	克什克腾旗	150425	浑善达克沙漠化防治生态功能区	防风固沙
75	内蒙古自治区	赤峰市	翁牛特旗	150426	科尔沁草原生态功能区	防风固沙
76	内蒙古自治区	通辽市	科尔沁左翼中旗	150521	科尔沁草原生态功能区	防风固沙
77	内蒙古自治区	通辽市	科尔沁左翼后旗	150522	科尔沁草原生态功能区	防风固沙
78	内蒙古自治区	通辽市	开鲁县	150523	科尔沁草原生态功能区	防风固沙
79	内蒙古自治区	通辽市	库伦旗	150524	科尔沁草原生态功能区	防风固沙
80	内蒙古自治区	通辽市	奈曼旗	150525	科尔沁草原生态功能区	防风固沙
81	内蒙古自治区	通辽市	扎鲁特旗	150526	科尔沁草原生态功能区	防风固沙
82	内蒙古自治区	呼伦贝尔市	阿荣旗	150721	大小兴安岭森林生态功能区	水源涵养
83	内蒙古自治区	呼伦贝尔市	莫力达瓦达斡尔族自治旗	150722	大小兴安岭森林生态功能区	水源涵养
84	内蒙古自治区	呼伦贝尔市	鄂伦春自治旗	150723	大小兴安岭森林生态功能区	水源涵养
85	内蒙古自治区	呼伦贝尔市	新巴尔虎左旗	150726	呼伦贝尔草原草甸生态功能区	防风固沙
86	内蒙古自治区	呼伦贝尔市	新巴尔虎右旗	150727	呼伦贝尔草原草甸生态功能区	防风固沙
87	内蒙古自治区	呼伦贝尔市	牙克石市	150782	大小兴安岭森林生态功能区	水源涵养
88	内蒙古自治区	呼伦贝尔市	扎兰屯市	150783	大小兴安岭森林生态功能区	水源涵养
89	内蒙古自治区	呼伦贝尔市	额尔古纳市	150784	大小兴安岭森林生态功能区	水源涵养
90	内蒙古自治区	呼伦贝尔市	根河市	150785	大小兴安岭森林生态功能区	水源涵养
91	内蒙古自治区	巴彦淖尔市	乌拉特中旗	150824	阴山北麓草原生态功能区	防风固沙
92	内蒙古自治区	巴彦淖尔市	乌拉特后旗	150825	阴山北麓草原生态功能区	防风固沙
93	内蒙古自治区	乌兰察布市	化德县	150922	阴山北麓草原生态功能区	防风固沙
94	内蒙古自治区	乌兰察布市	察哈尔右翼中旗	150927	阴山北麓草原生态功能区	防风固沙
95	内蒙古自治区	乌兰察布市	察哈尔右翼后旗	150928	阴山北麓草原生态功能区	防风固沙
96	内蒙古自治区	乌兰察布市	四子王旗	150929	阴山北麓草原生态功能区	防风固沙
97	内蒙古自治区	兴安盟	阿尔山市	152202	大小兴安岭森林生态功能区	水源涵养
98	内蒙古自治区	兴安盟	科尔沁右翼中旗	152222	科尔沁草原生态功能区	防风固沙
99	内蒙古自治区	锡林郭勒盟	阿巴嘎旗	152522	浑善达克沙漠化防治生态功能区	防风固沙
100	内蒙古自治区	锡林郭勒盟	苏尼特左旗	152523	浑善达克沙漠化防治生态功能区	防风固沙

序号	省份	地市名称	县域名称	区划代码	国家重点生态功能区	主导生态功能类型
101	内蒙古自治区	锡林郭勒盟	苏尼特右旗	152524	浑善达克沙漠化防治生态功能区	防风固沙
102	内蒙古自治区	锡林郭勒盟	东乌珠穆沁旗	152525	浑善达克沙漠化防治生态功能区	防风固沙
103	内蒙古自治区	锡林郭勒盟	西乌珠穆沁旗	152526	浑善达克沙漠化防治生态功能区	防风固沙
104	内蒙古自治区	锡林郭勒盟	太仆寺旗	152527	浑善达克沙漠化防治生态功能区	防风固沙
105	内蒙古自治区	锡林郭勒盟	镶黄旗	152528	浑善达克沙漠化防治生态功能区	防风固沙
106	内蒙古自治区	锡林郭勒盟	正镶白旗	152529	浑善达克沙漠化防治生态功能区	防风固沙
107	内蒙古自治区	锡林郭勒盟	正蓝旗	152530	浑善达克沙漠化防治生态功能区	防风固沙
108	内蒙古自治区	锡林郭勒盟	多伦县	152531	浑善达克沙漠化防治生态功能区	防风固沙
109	内蒙古自治区	阿拉善盟	阿拉善左旗	152921	腾格里沙漠防风固沙区	防风固沙
110	内蒙古自治区	阿拉善盟	阿拉善右旗	152922	腾格里沙漠防风固沙区	防风固沙
111	内蒙古自治区	阿拉善盟	额济纳旗	152923	腾格里沙漠防风固沙区	防风固沙
112	辽宁省	抚顺市	新宾满族自治县	210422	长白山森林生态功能区	水源涵养
113	辽宁省	本溪市	本溪满族自治县	210521	长白山森林生态功能区	水源涵养
114	辽宁省	本溪市	桓仁满族自治县	210522	长白山森林生态功能区	水源涵养
115	辽宁省	丹东市	宽甸满族自治县	210624	长白山森林生态功能区	水源涵养
116	吉林省	通化市	东昌区	220502	长白山森林生态功能区	水源涵养
117	吉林省	通化市	集安市	220582	长白山森林生态功能区	水源涵养
118	吉林省	白山市	浑江区	220602	长白山森林生态功能区	水源涵养
119	吉林省	白山市	江源区	220605	长白山森林生态功能区	水源涵养
120	吉林省	白山市	抚松县	220621	长白山森林生态功能区	水源涵养
121	吉林省	白山市	靖宇县	220622	长白山森林生态功能区	水源涵养
122	吉林省	白山市	长白朝鲜族自治县	220623	长白山森林生态功能区	水源涵养
123	吉林省	白山市	临江市	220681	长白山森林生态功能区	水源涵养
124	吉林省	白城市	通榆县	220822	科尔沁草原生态功能区	防风固沙
125	吉林省	延边朝鲜族自治州	敦化市	222403	长白山森林生态功能区	水源涵养
126	吉林省	延边朝鲜族自治州	和龙市	222406	长白山森林生态功能区	水源涵养
127	吉林省	延边朝鲜族自治州	汪清县	222424	长白山森林生态功能区	水源涵养
128	吉林省	延边朝鲜族自治州	安图县	222426	长白山森林生态功能区	水源涵养

序号	省份	地市名称	县域名称	区划代码	国家重点生态功能区	主导生态功能类型
129	黑龙江省	哈尔滨市	方正县	230124	大小兴安岭森林生态功能区	水源涵养
130	黑龙江省	哈尔滨市	木兰县	230127	大小兴安岭森林生态功能区	水源涵养
131	黑龙江省	哈尔滨市	通河县	230128	大小兴安岭森林生态功能区	水源涵养
132	黑龙江省	哈尔滨市	延寿县	230129	大小兴安岭森林生态功能区	水源涵养
133	黑龙江省	哈尔滨市	尚志市	230183	大小兴安岭森林生态功能区	水源涵养
134	黑龙江省	哈尔滨市	五常市	230184	大小兴安岭森林生态功能区	水源涵养
135	黑龙江省	齐齐哈尔市	甘南县	230225	大小兴安岭森林生态功能区	水源涵养
136	黑龙江省	鸡西市	虎林市	230381	三江平原湿地生态功能区	生物多样性维护
137	黑龙江省	鸡西市	密山市	230382	三江平原湿地生态功能区	生物多样性维护
138	黑龙江省	鹤岗市	绥滨县	230422	三江平原湿地生态功能区	生物多样性维护
139	黑龙江省	双鸭山市	饶河县	230524	三江平原湿地生态功能区	生物多样性维护
140	黑龙江省	伊春市	伊春区	230702	大小兴安岭森林生态功能区	水源涵养
141	黑龙江省	伊春市	南岔区	230703	大小兴安岭森林生态功能区	水源涵养
142	黑龙江省	伊春市	友好区	230704	大小兴安岭森林生态功能区	水源涵养
143	黑龙江省	伊春市	西林区	230705	大小兴安岭森林生态功能区	水源涵养
144	黑龙江省	伊春市	翠峦区	230706	大小兴安岭森林生态功能区	水源涵养
145	黑龙江省	伊春市	新青区	230707	大小兴安岭森林生态功能区	水源涵养
146	黑龙江省	伊春市	美溪区	230708	大小兴安岭森林生态功能区	水源涵养
147	黑龙江省	伊春市	金山屯区	230709	大小兴安岭森林生态功能区	水源涵养
148	黑龙江省	伊春市	五营区	230710	大小兴安岭森林生态功能区	水源涵养
149	黑龙江省	伊春市	乌马河区	230711	大小兴安岭森林生态功能区	水源涵养
150	黑龙江省	伊春市	汤旺河区	230712	大小兴安岭森林生态功能区	水源涵养
151	黑龙江省	伊春市	带岭区	230713	大小兴安岭森林生态功能区	水源涵养
152	黑龙江省	伊春市	乌伊岭区	230714	大小兴安岭森林生态功能区	水源涵养
153	黑龙江省	伊春市	红星区	230715	大小兴安岭森林生态功能区	水源涵养
154	黑龙江省	伊春市	上甘岭区	230716	大小兴安岭森林生态功能区	水源涵养
155	黑龙江省	伊春市	嘉荫县	230722	大小兴安岭森林生态功能区	水源涵养
156	黑龙江省	伊春市	铁力市	230781	大小兴安岭森林生态功能区	水源涵养
157	黑龙江省	佳木斯市	同江市	230881	三江平原湿地生态功能区	生物多样性维护
158	黑龙江省	佳木斯市	富锦市	230882	三江平原湿地生态功能区	生物多样性维护
159	黑龙江省	佳木斯市	抚远市	230883	三江平原湿地生态功能区	生物多样性维护
160	黑龙江省	牡丹江市	林口县	231025	长白山森林生态功能区	水源涵养
161	黑龙江省	牡丹江市	海林市	231083	长白山森林生态功能区	水源涵养

序号	省份	地市名称	县域名称	区划代码	国家重点生态功能区	主导生态功能类型
162	黑龙江省	牡丹江市	宁安市	231084	长白山森林生态功能区	水源涵养
163	黑龙江省	牡丹江市	穆棱市	231085	长白山森林生态功能区	水源涵养
164	黑龙江省	牡丹江市	东宁市	231086	长白山森林生态功能区	水源涵养
165	黑龙江省	黑河市	爱辉区	231102	大小兴安岭森林生态功能区	水源涵养
166	黑龙江省	黑河市	嫩江县	231121	大小兴安岭森林生态功能区	水源涵养
167	黑龙江省	黑河市	逊克县	231123	大小兴安岭森林生态功能区	水源涵养
168	黑龙江省	黑河市	孙吴县	231124	大小兴安岭森林生态功能区	水源涵养
169	黑龙江省	黑河市	北安市	231181	大小兴安岭森林生态功能区	水源涵养
170	黑龙江省	黑河市	五大连池市	231182	大小兴安岭森林生态功能区	水源涵养
171	黑龙江省	绥化市	庆安县	231224	大小兴安岭森林生态功能区	水源涵养
172	黑龙江省	绥化市	绥棱县	231226	大小兴安岭森林生态功能区	水源涵养
173	黑龙江省	大兴安岭地区	加格达奇区	232701	大小兴安岭森林生态功能区	水源涵养
174	黑龙江省	大兴安岭地区	松岭区	232702	大小兴安岭森林生态功能区	水源涵养
175	黑龙江省	大兴安岭地区	新林区	232703	大小兴安岭森林生态功能区	水源涵养
176	黑龙江省	大兴安岭地区	呼中区	232704	大小兴安岭森林生态功能区	水源涵养
177	黑龙江省	大兴安岭地区	呼玛县	232721	大小兴安岭森林生态功能区	水源涵养
178	黑龙江省	大兴安岭地区	塔河县	232722	大小兴安岭森林生态功能区	水源涵养
179	黑龙江省	大兴安岭地区	漠河县	232723	大小兴安岭森林生态功能区	水源涵养
180	浙江省	杭州市	淳安县	330127	天目山区水源涵养生态功能区	水源涵养
181	浙江省	温州市	文成县	330328	浙闽山地生物多样性保护区	生物多样性维护
182	浙江省	温州市	泰顺县	330329	浙闽山地生物多样性保护区	生物多样性维护
183	浙江省	金华市	磐安县	330727	浙闽山地生物多样性保护区	生物多样性维护
184	浙江省	衢州市	常山县	330822	浙闽山地生物多样性保护区	生物多样性维护
185	浙江省	衢州市	开化县	330824	浙闽山地生物多样性保护区	生物多样性维护
186	浙江省	丽水市	遂昌县	331123	浙闽山地生物多样性保护区	生物多样性维护
187	浙江省	丽水市	云和县	331125	浙闽山地生物多样性保护区	生物多样性维护
188	浙江省	丽水市	庆元县	331126	浙闽山地生物多样性保护区	生物多样性维护
189	浙江省	丽水市	景宁畲族自治县	331127	浙闽山地生物多样性保护区	生物多样性维护
190	浙江省	丽水市	龙泉市	331181	浙闽山地生物多样性保护区	生物多样性维护
191	安徽省	安庆市	潜山县	340824	大别山水土保持生态功能区	水土保持

序号	省份	地市名称	县域名称	区划代码	国家重点生态功能区	主导生态功能类型
192	安徽省	安庆市	太湖县	340825	大别山水土保持生态功能区	水土保持
193	安徽省	安庆市	岳西县	340828	大别山水土保持生态功能区	水土保持
194	安徽省	黄山市	黄山区	341003	黄山水源涵养生态功能区	水源涵养
195	安徽省	黄山市	歙县	341021	黄山水源涵养生态功能区	水源涵养
196	安徽省	黄山市	休宁县	341022	黄山水源涵养生态功能区	水源涵养
197	安徽省	黄山市	黟县	341023	黄山水源涵养生态功能区	水源涵养
198	安徽省	黄山市	祁门县	341024	黄山水源涵养生态功能区	水源涵养
199	安徽省	六安市	金寨县	341524	大别山水土保持生态功能区	水土保持
200	安徽省	六安市	霍山县	341525	大别山水土保持生态功能区	水土保持
201	安徽省	池州市	石台县	341722	大别山水土保持生态功能区	水土保持
202	安徽省	池州市	青阳县	341723	黄山水源涵养生态功能区	水源涵养
203	安徽省	宣城市	泾县	341823	黄山水源涵养生态功能区	水源涵养
204	安徽省	宣城市	绩溪县	341824	九华山–天目山水源涵养生态功能区	水源涵养
205	安徽省	宣城市	旌德县	341825	九华山–天目山水源涵养生态功能区	水源涵养
206	福建省	福州市	永泰县	350125	东南沿海红树林生物多样性生态功能区	生物多样性维护
207	福建省	三明市	明溪县	350421	武夷山水土保持生态功能区	水土保持
208	福建省	三明市	清流县	350423	武夷山水土保持生态功能区	水土保持
209	福建省	三明市	宁化县	350424	武夷山水土保持生态功能区	水土保持
210	福建省	三明市	将乐县	350428	武夷山水土保持生态功能区	水土保持
211	福建省	三明市	泰宁县	350429	武夷山水土保持生态功能区	水土保持
212	福建省	三明市	建宁县	350430	武夷山水土保持生态功能区	水土保持
213	福建省	泉州市	永春县	350525	戴云山生物多样性生态功能区	生物多样性维护
214	福建省	漳州市	华安县	350629	南岭山地森林及生物多样性生态功能区	水源涵养
215	福建省	南平市	浦城县	350722	武夷山水土保持生态功能区	水土保持
216	福建省	南平市	光泽县	350723	武夷山水土保持生态功能区	水土保持
217	福建省	南平市	武夷山市	350782	武夷山水土保持生态功能区	水土保持
218	福建省	龙岩市	长汀县	350821	南岭山地森林及生物多样性生态功能区	水源涵养
219	福建省	龙岩市	上杭县	350823	南岭山地森林及生物多样性生态功能区	水源涵养
220	福建省	龙岩市	武平县	350824	南岭山地森林及生物多样性生态功能区	水源涵养
221	福建省	龙岩市	连城县	350825	南岭山地森林及生物多样性生态功能区	水源涵养
222	福建省	宁德市	屏南县	350923	浙闽山地生物多样性生态功能区	生物多样性维护

序号	省份	地市名称	县域名称	区划代码	国家重点生态功能区	主导生态功能类型
223	福建省	宁德市	寿宁县	350924	浙闽山地生物多样性生态功能区	生物多样性维护
224	福建省	宁德市	周宁县	350925	浙闽山地生物多样性生态功能区	生物多样性维护
225	福建省	宁德市	柘荣县	350926	浙闽山地生物多样性生态功能区	生物多样性维护
226	江西省	景德镇市	浮梁县	360222	黄山水源涵养生态功能区	水源涵养
227	江西省	萍乡市	莲花县	360321	罗霄山水源涵养生态功能区	水源涵养
228	江西省	萍乡市	芦溪县	360323	罗霄山水源涵养生态功能区	水源涵养
229	江西省	九江市	修水县	360424	九岭山水源涵养生态功能区	水源涵养
230	江西省	赣州市	南康区	360703	南岭山地森林及生物多样性生态功能区	水源涵养
231	江西省	赣州市	赣县区	360704	南岭山地森林及生物多样性生态功能区	水源涵养
232	江西省	赣州市	信丰县	360722	南岭山地森林及生物多样性生态功能区	水源涵养
233	江西省	赣州市	大余县	360723	南岭山地森林及生物多样性生态功能区	水源涵养
234	江西省	赣州市	上犹县	360724	南岭山地森林及生物多样性生态功能区	水源涵养
235	江西省	赣州市	崇义县	360725	南岭山地森林及生物多样性生态功能区	水源涵养
236	江西省	赣州市	安远县	360726	南岭山地森林及生物多样性生态功能区	水源涵养
237	江西省	赣州市	龙南县	360727	南岭山地森林及生物多样性生态功能区	水源涵养
238	江西省	赣州市	定南县	360728	南岭山地森林及生物多样性生态功能区	水源涵养
239	江西省	赣州市	全南县	360729	南岭山地森林及生物多样性生态功能区	水源涵养
240	江西省	赣州市	宁都县	360730	南岭山地森林及生物多样性生态功能区	水源涵养
241	江西省	赣州市	于都县	360731	南岭山地森林及生物多样性生态功能区	水源涵养
242	江西省	赣州市	兴国县	360732	南岭山地森林及生物多样性生态功能区	水源涵养
243	江西省	赣州市	会昌县	360733	南岭山地森林及生物多样性生态功能区	水源涵养
244	江西省	赣州市	寻乌县	360734	南岭山地森林及生物多样性生态功能区	水源涵养
245	江西省	赣州市	石城县	360735	南岭山地森林及生物多样性生态功能区	水源涵养

序号	省份	地市名称	县域名称	区划代码	国家重点生态功能区	主导生态功能类型
246	江西省	赣州市	瑞金市	360781	南岭山地森林及生物多样性生态功能区	水源涵养
247	江西省	吉安市	遂川县	360827	罗霄山水源涵养生态功能区	水源涵养
248	江西省	吉安市	万安县	360828	罗霄山水源涵养生态功能区	水源涵养
249	江西省	吉安市	安福县	360829	罗霄山水源涵养生态功能区	水源涵养
250	江西省	吉安市	永新县	360830	罗霄山水源涵养生态功能区	水源涵养
251	江西省	吉安市	井冈山市	360881	南岭山地森林及生物多样性生态功能区	水源涵养
252	江西省	宜春市	靖安县	360925	罗霄山水源涵养生态功能区	水源涵养
253	江西省	宜春市	铜鼓县	360926	罗霄山水源涵养生态功能区	水源涵养
254	江西省	抚州市	黎川县	361022	武夷山水源涵养生态功能区	水源涵养
255	江西省	抚州市	南丰县	361023	武夷山水源涵养生态功能区	水源涵养
256	江西省	抚州市	宜黄县	361026	武夷山水源涵养生态功能区	水源涵养
257	江西省	抚州市	资溪县	361028	武夷山水源涵养生态功能区	水源涵养
258	江西省	抚州市	广昌县	361030	武夷山水源涵养生态功能区	水源涵养
259	江西省	上饶市	婺源县	361130	怀玉山水源涵养生态功能区	水源涵养
260	山东省	淄博市	博山区	370304	鲁中山地水土保持生态功能区	水土保持
261	山东省	淄博市	沂源县	370323	鲁中山地水土保持生态功能区	水土保持
262	山东省	枣庄市	台儿庄区	370405	鲁中南山地水土保持生态功能区	水土保持
263	山东省	枣庄市	山亭区	370406	鲁中山地水土保持生态功能区	水土保持
264	山东省	烟台市	长岛县	370634	长岛海岛生物多样性保护功能区	生物多样性维护
265	山东省	潍坊市	临朐县	370724	鲁中山地水土保持生态功能区	水土保持
266	山东省	济宁市	曲阜市	370881	鲁中山地水土保持生态功能区	水土保持
267	山东省	泰安市	泰山区	370902	鲁中山地水土保持生态功能区	水土保持
268	山东省	日照市	五莲县	371121	鲁中山地水土保持生态功能区	水土保持
269	山东省	临沂市	沂水县	371323	鲁中山地水土保持生态功能区	水土保持
270	山东省	临沂市	费县	371325	鲁中山地水土保持生态功能区	水土保持
271	山东省	临沂市	平邑县	371326	鲁中山地水土保持生态功能区	水土保持
272	山东省	临沂市	蒙阴县	371328	鲁中山地水土保持生态功能区	水土保持

序号	省份	地市名称	县域名称	区划代码	国家重点生态功能区	主导生态功能类型
273	河南省	洛阳市	栾川县	410324	南水北调水源涵养生态功能区	水源涵养
274	河南省	三门峡市	卢氏县	411224	南水北调水源涵养生态功能区	水源涵养
275	河南省	南阳市	西峡县	411323	南水北调水源涵养生态功能区	水源涵养
276	河南省	南阳市	内乡县	411325	南水北调水源涵养生态功能区	水源涵养
277	河南省	南阳市	淅川县	411326	南水北调水源涵养生态功能区	水源涵养
278	河南省	南阳市	桐柏县	411330	大别山水源涵养生态功能区	水源涵养
279	河南省	南阳市	邓州市	411381	南水北调水源涵养生态功能区	水源涵养
280	河南省	信阳市	浉河区	411502	大别山水源涵养生态功能区	水源涵养
281	河南省	信阳市	罗山县	411521	大别山水源涵养生态功能区	水源涵养
282	河南省	信阳市	光山县	411522	大别山水源涵养生态功能区	水源涵养
283	河南省	信阳市	新县	411523	大别山水土保持生态功能区	水土保持
284	河南省	信阳市	商城县	411524	大别山水土保持生态功能区	水土保持
285	湖北省	十堰市	茅箭区	420302	南水北调水源涵养生态功能区	水源涵养
286	湖北省	十堰市	张湾区	420303	南水北调水源涵养生态功能区	水源涵养
287	湖北省	十堰市	郧阳区	420304	南水北调水源涵养生态功能区	水源涵养
288	湖北省	十堰市	郧西县	420322	南水北调水源涵养生态功能区	水源涵养
289	湖北省	十堰市	竹山县	420323	南水北调水源涵养生态功能区	水源涵养
290	湖北省	十堰市	竹溪县	420324	南水北调水源涵养生态功能区	水源涵养
291	湖北省	十堰市	房县	420325	南水北调水源涵养生态功能区	水源涵养
292	湖北省	十堰市	丹江口市	420381	南水北调水源涵养生态功能区	水源涵养
293	湖北省	宜昌市	夷陵区	420506	三峡库区水土保持生态功能区	水土保持
294	湖北省	宜昌市	兴山县	420526	三峡库区水土保持生态功能区	水土保持
295	湖北省	宜昌市	秭归县	420527	三峡库区水土保持生态功能区	水土保持

序号	省份	地市名称	县域名称	区划代码	国家重点生态功能区	主导生态功能类型
296	湖北省	宜昌市	长阳土家族自治县	420528	三峡库区水土保持生态功能区	水土保持
297	湖北省	宜昌市	五峰土家族自治县	420529	三峡库区水土保持生态功能区	水土保持
298	湖北省	襄樊市	南漳县	420624	秦巴生物多样性生态功能区	生物多样性维护
299	湖北省	襄樊市	保康县	420626	秦巴生物多样性生态功能区	生物多样性维护
300	湖北省	孝感市	孝昌县	420921	秦巴生物多样性生态功能区	生物多样性维护
301	湖北省	孝感市	大悟县	420922	大别山水土保持生态功能区	水土保持
302	湖北省	黄冈市	红安县	421122	大别山水土保持生态功能区	水土保持
303	湖北省	黄冈市	罗田县	421123	大别山水土保持生态功能区	水土保持
304	湖北省	黄冈市	英山县	421124	大别山水土保持生态功能区	水土保持
305	湖北省	黄冈市	浠水县	421125	大别山水土保持生态功能区	水土保持
306	湖北省	黄冈市	麻城市	421181	大别山水土保持生态功能区	水土保持
307	湖北省	咸宁市	通城县	421222	九岭山水源涵养生态功能区	水源涵养
308	湖北省	咸宁市	通山县	421224	九岭山水源涵养生态功能区	水源涵养
309	湖北省	恩施土家族苗族自治州	利川市	422802	武陵山区生物多样性与水土保持生态功能区	生物多样性维护
310	湖北省	恩施土家族苗族自治州	建始县	422822	武陵山区生物多样性与水土保持生态功能区	生物多样性维护
311	湖北省	恩施土家族苗族自治州	巴东县	422823	三峡库区水土保持生态功能区	水土保持
312	湖北省	恩施土家族苗族自治州	宣恩县	422825	武陵山区生物多样性与水土保持生态功能区	生物多样性维护
313	湖北省	恩施土家族苗族自治州	咸丰县	422826	武陵山区生物多样性与水土保持生态功能区	生物多样性维护
314	湖北省	恩施土家族苗族自治州	来凤县	422827	武陵山区生物多样性与水土保持生态功能区	生物多样性维护
315	湖北省	恩施土家族苗族自治州	鹤峰县	422828	武陵山区生物多样性与水土保持生态功能区	生物多样性维护
316	湖北省		神农架林区	429021	秦巴生物多样性生态功能区	水源涵养
317	湖南省	株洲市	茶陵县	430224	南岭山地森林及生物多样性生态功能区	水源涵养
318	湖南省	株洲市	炎陵县	430225	南岭山地森林及生物多样性生态功能区	水源涵养
319	湖南省	衡阳市	南岳区	430412	衡山水源涵养生态功能区	水源涵养
320	湖南省	邵阳市	新邵县	430522	雪峰山水源涵养生态功能区	水源涵养
321	湖南省	邵阳市	隆回县	430524	雪峰山水源涵养生态功能区	水源涵养
322	湖南省	邵阳市	洞口县	430525	雪峰山水源涵养生态功能区	水源涵养

序号	省份	地市名称	县域名称	区划代码	国家重点生态功能区	主导生态功能类型
323	湖南省	邵阳市	绥宁县	430527	雪峰山水源涵养生态功能区	水源涵养
324	湖南省	邵阳市	新宁县	430528	雪峰山水源涵养生态功能区	水源涵养
325	湖南省	邵阳市	城步苗族自治县	430529	雪峰山水源涵养生态功能区	水源涵养
326	湖南省	岳阳市	君山区	430611	洞庭湖生物多样性维护功能区	生物多样性维护
327	湖南省	岳阳市	平江县	430626	九岭山水源涵养生态功能区	水源涵养
328	湖南省	常德市	桃源县	430725	武陵山区生物多样性与水土保持生态功能区	生物多样性维护
329	湖南省	常德市	石门县	430726	武陵山区生物多样性与水土保持生态功能区	生物多样性维护
330	湖南省	张家界市	永定区	430802	武陵山区生物多样性与水土保持生态功能区	生物多样性维护
331	湖南省	张家界市	武陵源区	430811	武陵山区生物多样性与水土保持生态功能区	生物多样性维护
332	湖南省	张家界市	慈利县	430821	武陵山区生物多样性与水土保持生态功能区	生物多样性维护
333	湖南省	张家界市	桑植县	430822	武陵山区生物多样性与水土保持生态功能区	生物多样性维护
334	湖南省	益阳市	桃江县	430922	雪峰山水源涵养生态功能区	水源涵养
335	湖南省	益阳市	安化县	430923	雪峰山水源涵养生态功能区	水源涵养
336	湖南省	郴州市	宜章县	431022	南岭山地森林及生物多样性生态功能区	水源涵养
337	湖南省	郴州市	嘉禾县	431024	南岭山地森林及生物多样性生态功能区	水源涵养
338	湖南省	郴州市	临武县	431025	南岭山地森林及生物多样性生态功能区	水源涵养
339	湖南省	郴州市	汝城县	431026	南岭山地森林及生物多样性生态功能区	水源涵养
340	湖南省	郴州市	桂东县	431027	南岭山地森林及生物多样性生态功能区	水源涵养
341	湖南省	郴州市	安仁县	431028	南岭山地森林及生物多样性生态功能区	水源涵养
342	湖南省	郴州市	资兴市	431081	南岭山地森林及生物多样性生态功能区	水源涵养
343	湖南省	永州市	东安县	431122	南岭山地森林及生物多样性生态功能区	水源涵养
344	湖南省	永州市	双牌县	431123	南岭山地森林及生物多样性生态功能区	水源涵养
345	湖南省	永州市	道县	431124	南岭山地森林及生物多样性生态功能区	水源涵养

序号	省份	地市名称	县域名称	区划代码	国家重点生态功能区	主导生态功能类型
346	湖南省	永州市	江永县	431125	南岭山地森林及生物多样性生态功能区	水源涵养
347	湖南省	永州市	宁远县	431126	南岭山地森林及生物多样性生态功能区	水源涵养
348	湖南省	永州市	蓝山县	431127	南岭山地森林及生物多样性生态功能区	水源涵养
349	湖南省	永州市	新田县	431128	南岭山地森林及生物多样性生态功能区	水源涵养
350	湖南省	永州市	江华瑶族自治县	431129	南岭山地森林及生物多样性生态功能区	水源涵养
351	湖南省	怀化市	鹤城区	431202	雪峰山水源涵养生态功能区	水源涵养
352	湖南省	怀化市	中方县	431221	雪峰山水源涵养生态功能区	水源涵养
353	湖南省	怀化市	沅陵县	431222	雪峰山水源涵养生态功能区	水源涵养
354	湖南省	怀化市	辰溪县	431223	武陵山区生物多样性与水土保持生态功能区	生物多样性维护
355	湖南省	怀化市	溆浦县	431224	雪峰山水源涵养生态功能区	水源涵养
356	湖南省	怀化市	会同县	431225	雪峰山水源涵养生态功能区	水源涵养
357	湖南省	怀化市	麻阳苗族自治县	431226	武陵山区生物多样性与水土保持生态功能区	生物多样性维护
358	湖南省	怀化市	新晃侗族自治县	431227	雪峰山水源涵养生态功能区	水源涵养
359	湖南省	怀化市	芷江侗族自治县	431228	雪峰山水源涵养生态功能区	水源涵养
360	湖南省	怀化市	靖州苗族侗族自治县	431229	雪峰山水源涵养生态功能区	水源涵养
361	湖南省	怀化市	通道侗族自治县	431230	雪峰山水源涵养生态功能区	水源涵养
362	湖南省	怀化市	洪江市	431281	雪峰山水源涵养生态功能区	水源涵养
363	湖南省	娄底市	新化县	431322	雪峰山水源涵养生态功能区	水源涵养
364	湖南省	湘西土家族苗族自治州	吉首市	433101	武陵山区生物多样性与水土保持生态功能区	生物多样性维护
365	湖南省	湘西土家族苗族自治州	泸溪县	433122	武陵山区生物多样性与水土保持生态功能区	生物多样性维护
366	湖南省	湘西土家族苗族自治州	凤凰县	433123	武陵山区生物多样性与水土保持生态功能区	生物多样性维护
367	湖南省	湘西土家族苗族自治州	花垣县	433124	武陵山区生物多样性与水土保持生态功能区	生物多样性维护
368	湖南省	湘西土家族苗族自治州	保靖县	433125	武陵山区生物多样性与水土保持生态功能区	生物多样性维护
369	湖南省	湘西土家族苗族自治州	古丈县	433126	武陵山区生物多样性与水土保持生态功能区	生物多样性维护
370	湖南省	湘西土家族苗族自治州	永顺县	433127	武陵山区生物多样性与水土保持生态功能区	生物多样性维护

序号	省份	地市名称	县域名称	区划代码	国家重点生态功能区	主导生态功能类型
371	湖南省	湘西土家族苗族自治州	龙山县	433130	武陵山区生物多样性与水土保持生态功能区	生物多样性维护
372	广东省	韶关市	始兴县	440222	南岭山地森林及生物多样性生态功能区	水源涵养
373	广东省	韶关市	仁化县	440224	南岭山地森林及生物多样性生态功能区	水源涵养
374	广东省	韶关市	翁源县	440229	南岭山地森林及生物多样性生态功能区	水源涵养
375	广东省	韶关市	乳源瑶族自治县	440232	南岭山地森林及生物多样性生态功能区	水源涵养
376	广东省	韶关市	新丰县	440233	南岭山地森林及生物多样性生态功能区	水源涵养
377	广东省	韶关市	乐昌市	440281	南岭山地森林及生物多样性生态功能区	水源涵养
378	广东省	韶关市	南雄市	440282	南岭山地森林及生物多样性生态功能区	水源涵养
379	广东省	茂名市	信宜市	440983	南岭山地森林及生物多样性生态功能区	水源涵养
380	广东省	梅州市	大埔县	441422	南岭山地森林及生物多样性生态功能区	水源涵养
381	广东省	梅州市	丰顺县	441423	南岭山地森林及生物多样性生态功能区	水源涵养
382	广东省	梅州市	平远县	441426	南岭山地森林及生物多样性生态功能区	水源涵养
383	广东省	梅州市	蕉岭县	441427	南岭山地森林及生物多样性生态功能区	水源涵养
384	广东省	梅州市	兴宁市	441481	南岭山地森林及生物多样性生态功能区	水源涵养
385	广东省	汕尾市	陆河县	441523	南岭山地森林及生物多样性生态功能区	水源涵养
386	广东省	河源市	龙川县	441622	南岭山地森林及生物多样性生态功能区	水源涵养
387	广东省	河源市	连平县	441623	南岭山地森林及生物多样性生态功能区	水源涵养
388	广东省	河源市	和平县	441624	南岭山地森林及生物多样性生态功能区	水源涵养
389	广东省	清远市	阳山县	441823	南岭山地森林及生物多样性生态功能区	水源涵养
390	广东省	清远市	连山壮族瑶族自治县	441825	南岭山地森林及生物多样性生态功能区	水源涵养

序号	省份	地市名称	县域名称	区划代码	国家重点生态功能区	主导生态功能类型
391	广东省	清远市	连南瑶族自治县	441826	南岭山地森林及生物多样性生态功能区	水源涵养
392	广东省	清远市	连州市	441882	南岭山地森林及生物多样性生态功能区	水源涵养
393	广西壮族自治区	南宁市	马山县	450124	桂黔滇喀斯特石漠化防治生态功能区	水土保持
394	广西壮族自治区	南宁市	上林县	450125	桂黔滇喀斯特石漠化防治生态功能区	水土保持
395	广西壮族自治区	柳州市	融水苗族自治县	450225	南岭山地森林及生物多样性生态功能区	水源涵养
396	广西壮族自治区	柳州市	三江侗族自治县	450226	南岭山地森林及生物多样性生态功能区	水源涵养
397	广西壮族自治区	桂林市	阳朔县	450321	桂黔滇喀斯特石漠化防治生态功能区	水土保持
398	广西壮族自治区	桂林市	灌阳县	450327	桂黔滇喀斯特石漠化防治生态功能区	水土保持
399	广西壮族自治区	桂林市	龙胜各族自治县	450328	南岭山地森林及生物多样性生态功能区	水源涵养
400	广西壮族自治区	桂林市	资源县	450329	南岭山地森林及生物多样性生态功能区	水源涵养
401	广西壮族自治区	桂林市	恭城瑶族自治县	450332	桂黔滇喀斯特石漠化防治生态功能区	水土保持
402	广西壮族自治区	梧州市	蒙山县	450423	桂黔滇喀斯特石漠化防治生态功能区	水土保持
403	广西壮族自治区	百色市	德保县	451024	桂黔滇喀斯特石漠化防治生态功能区	水土保持
404	广西壮族自治区	百色市	那坡县	451026	桂黔滇喀斯特石漠化防治生态功能区	水土保持
405	广西壮族自治区	百色市	凌云县	451027	桂黔滇喀斯特石漠化防治生态功能区	水土保持
406	广西壮族自治区	百色市	乐业县	451028	桂黔滇喀斯特石漠化防治生态功能区	水土保持
407	广西壮族自治区	百色市	西林县	451030	桂黔滇喀斯特石漠化防治生态功能区	水土保持
408	广西壮族自治区	贺州市	富川瑶族自治县	451123	桂黔滇喀斯特石漠化防治生态功能区	水土保持
409	广西壮族自治区	河池市	天峨县	451222	桂黔滇喀斯特石漠化防治生态功能区	水土保持
410	广西壮族自治区	河池市	凤山县	451223	桂黔滇喀斯特石漠化防治生态功能区	水土保持

序号	省份	地市名称	县域名称	区划代码	国家重点生态功能区	主导生态功能类型
411	广西壮族自治区	河池市	东兰县	451224	桂黔滇喀斯特石漠化防治生态功能区	水土保持
412	广西壮族自治区	河池市	罗城仫佬族自治县	451225	南岭山地森林及生物多样性生态功能区	水源涵养
413	广西壮族自治区	河池市	环江毛南族自治县	451226	南岭山地森林及生物多样性生态功能区	水源涵养
414	广西壮族自治区	河池市	巴马瑶族自治县	451227	桂黔滇喀斯特石漠化防治生态功能区	水土保持
415	广西壮族自治区	河池市	都安瑶族自治县	451228	桂黔滇喀斯特石漠化防治生态功能区	水土保持
416	广西壮族自治区	河池市	大化瑶族自治县	451229	桂黔滇喀斯特石漠化防治生态功能区	水土保持
417	广西壮族自治区	来宾市	忻城县	451321	桂黔滇喀斯特石漠化防治生态功能区	水土保持
418	广西壮族自治区	来宾市	金秀瑶族自治县	451324	桂东北丘陵山地水源涵养区	水源涵养
419	广西壮族自治区	崇左市	天等县	451425	桂黔滇喀斯特石漠化防治生态功能区	水土保持
420	海南省	海口市	秀英区	460105	海南岛热带岛屿生态功能区	生物多样性维护
421	海南省	海口市	龙华区	460106	海南岛热带岛屿生态功能区	生物多样性维护
422	海南省	海口市	琼山区	460107	海南岛热带岛屿生态功能区	生物多样性维护
423	海南省	海口市	美兰区	460108	海南岛热带岛屿生态功能区	生物多样性维护
424	海南省		三亚市	460200	海南岛热带岛屿生态功能区	生物多样性维护
425	海南省		三沙市	460300	海南岛热带岛屿生态功能区	生物多样性维护
426	海南省		儋州市	460400	海南岛热带岛屿生态功能区	生物多样性维护
427	海南省		五指山市	469001	海南岛热带岛屿生态功能区	生物多样性维护
428	海南省		琼海市	469002	海南岛热带岛屿生态功能区	生物多样性维护
429	海南省		文昌市	469005	海南岛热带岛屿生态功能区	生物多样性维护
430	海南省		万宁市	469006	海南岛热带岛屿生态功能区	生物多样性维护

序号	省份	地市名称	县域名称	区划代码	国家重点生态功能区	主导生态功能类型
431	海南省		东方市	469007	海南岛热带岛屿生态功能区	生物多样性维护
432	海南省		定安县	469021	海南岛热带岛屿生态功能区	生物多样性维护
433	海南省		屯昌县	469022	海南岛热带岛屿生态功能区	生物多样性维护
434	海南省		澄迈县	469023	海南岛热带岛屿生态功能区	生物多样性维护
435	海南省		临高县	469024	海南岛热带岛屿生态功能区	生物多样性维护
436	海南省		白沙黎族自治县	469025	海南岛热带岛屿生态功能区	生物多样性维护
437	海南省		昌江黎族自治县	469026	海南岛热带岛屿生态功能区	生物多样性维护
438	海南省		乐东黎族自治县	469027	海南岛热带岛屿生态功能区	生物多样性维护
439	海南省		陵水黎族自治县	469028	海南岛热带岛屿生态功能区	生物多样性维护
440	海南省		保亭黎族苗族自治县	469029	海南岛热带岛屿生态功能区	生物多样性维护
441	海南省		琼中黎族苗族自治县	469030	海南岛热带岛屿生态功能区	生物多样性维护
442	重庆市		城口县	500229	秦巴生物多样性生态功能区	生物多样性维护
443	重庆市		武隆区	500156	武陵山区生物多样性与水土保持生态功能区	生物多样性维护
444	重庆市		云阳县	500235	三峡库区水土保持生态功能区	水土保持
445	重庆市		奉节县	500236	三峡库区水土保持生态功能区	水土保持
446	重庆市		巫山县	500237	三峡库区水土保持生态功能区	水土保持
447	重庆市		巫溪县	500238	秦巴生物多样性生态功能区	生物多样性维护
448	重庆市		石柱土家族自治县	500240	武陵山区生物多样性与水土保持生态功能区	生物多样性维护
449	重庆市		秀山土家族苗族自治县	500241	武陵山区生物多样性与水土保持生态功能区	生物多样性维护
450	重庆市		酉阳土家族苗族自治县	500242	武陵山区生物多样性与水土保持生态功能区	生物多样性维护

序号	省份	地市名称	县域名称	区划代码	国家重点生态功能区	主导生态功能类型
451	重庆市		彭水苗族土家族自治县	500243	武陵山区生物多样性与水土保持生态功能区	生物多样性维护
452	四川省	绵阳市	北川羌族自治县	510726	川滇森林及生物多样性生态功能区	生物多样性维护
453	四川省	绵阳市	平武县	510727	川滇森林及生物多样性生态功能区	生物多样性维护
454	四川省	广元市	旺苍县	510821	秦巴生物多样性生态功能区	生物多样性维护
455	四川省	广元市	青川县	510822	秦巴生物多样性生态功能区	生物多样性维护
456	四川省	达州市	沐川县	511129	川西南山地生物多样性功能区	生物多样性维护
457	四川省	乐山市	峨边彝族自治县	511132	川西南山地生物多样性功能区	生物多样性维护
458	四川省	达州市	马边彝族自治县	511133	川西南山地生物多样性功能区	生物多样性维护
459	四川省	达州市	万源市	511781	秦巴生物多样性生态功能区	生物多样性维护
460	四川省	雅安市	石棉县	511824	川西南山地生物多样性功能区	生物多样性维护
461	四川省	雅安市	天全县	511825	川滇森林及生物多样性生态功能区	生物多样性维护
462	四川省	雅安市	宝兴县	511827	川滇森林及生物多样性生态功能区	生物多样性维护
463	四川省	巴中市	通江县	511921	秦巴生物多样性生态功能区	生物多样性维护
464	四川省	巴中市	南江县	511922	秦巴生物多样性生态功能区	生物多样性维护
465	四川省	阿坝藏族羌族自治州	马尔康市	513201	川滇森林及生物多样性生态功能区	生物多样性维护
466	四川省	阿坝藏族羌族自治州	汶川县	513221	川滇森林及生物多样性生态功能区	生物多样性维护
467	四川省	阿坝藏族羌族自治州	理县	513222	川滇森林及生物多样性生态功能区	生物多样性维护
468	四川省	阿坝藏族羌族自治州	茂县	513223	川滇森林及生物多样性生态功能区	生物多样性维护
469	四川省	阿坝藏族羌族自治州	松潘县	513224	川滇森林及生物多样性生态功能区	生物多样性维护
470	四川省	阿坝藏族羌族自治州	九寨沟县	513225	川滇森林及生物多样性生态功能区	生物多样性维护

序号	省份	地市名称	县域名称	区划代码	国家重点生态功能区	主导生态功能类型
471	四川省	阿坝藏族羌族自治州	金川县	513226	川滇森林及生物多样性生态功能区	生物多样性维护
472	四川省	阿坝藏族羌族自治州	小金县	513227	川滇森林及生物多样性生态功能区	生物多样性维护
473	四川省	阿坝藏族羌族自治州	黑水县	513228	川滇森林及生物多样性生态功能区	生物多样性维护
474	四川省	阿坝藏族羌族自治州	壤塘县	513230	川滇森林及生物多样性生态功能区	生物多样性维护
475	四川省	阿坝藏族羌族自治州	阿坝县	513231	若尔盖草原湿地生态功能区	水源涵养
476	四川省	阿坝藏族羌族自治州	若尔盖县	513232	若尔盖草原湿地生态功能区	水源涵养
477	四川省	阿坝藏族羌族自治州	红原县	513233	若尔盖草原湿地生态功能区	水源涵养
478	四川省	甘孜藏族自治州	康定市	513301	川滇森林及生物多样性生态功能区	生物多样性维护
479	四川省	甘孜藏族自治州	泸定县	513322	川滇森林及生物多样性生态功能区	生物多样性维护
480	四川省	甘孜藏族自治州	丹巴县	513323	川滇森林及生物多样性生态功能区	生物多样性维护
481	四川省	甘孜藏族自治州	九龙县	513324	川滇森林及生物多样性生态功能区	生物多样性维护
482	四川省	甘孜藏族自治州	雅江县	513325	川滇森林及生物多样性生态功能区	生物多样性维护
483	四川省	甘孜藏族自治州	道孚县	513326	川滇森林及生物多样性生态功能区	生物多样性维护
484	四川省	甘孜藏族自治州	炉霍县	513327	川滇森林及生物多样性生态功能区	生物多样性维护
485	四川省	甘孜藏族自治州	甘孜县	513328	川滇森林及生物多样性生态功能区	生物多样性维护
486	四川省	甘孜藏族自治州	新龙县	513329	川滇森林及生物多样性生态功能区	生物多样性维护
487	四川省	甘孜藏族自治州	德格县	513330	川滇森林及生物多样性生态功能区	生物多样性维护
488	四川省	甘孜藏族自治州	白玉县	513331	川滇森林及生物多样性生态功能区	生物多样性维护
489	四川省	甘孜藏族自治州	石渠县	513332	川滇森林及生物多样性生态功能区	生物多样性维护
490	四川省	甘孜藏族自治州	色达县	513333	川滇森林及生物多样性生态功能区	生物多样性维护

序号	省份	地市名称	县域名称	区划代码	国家重点生态功能区	主导生态功能类型
491	四川省	甘孜藏族自治州	理塘县	513334	川滇森林及生物多样性生态功能区	生物多样性维护
492	四川省	甘孜藏族自治州	巴塘县	513335	川滇森林及生物多样性生态功能区	生物多样性维护
493	四川省	甘孜藏族自治州	乡城县	513336	川滇森林及生物多样性生态功能区	生物多样性维护
494	四川省	甘孜藏族自治州	稻城县	513337	川滇森林及生物多样性生态功能区	生物多样性维护
495	四川省	甘孜藏族自治州	得荣县	513338	川滇森林及生物多样性生态功能区	生物多样性维护
496	四川省	凉山彝族自治州	木里藏族自治县	513422	川滇森林及生物多样性生态功能区	生物多样性维护
497	四川省	凉山彝族自治州	盐源县	513423	川滇森林及生物多样性生态功能区	生物多样性维护
498	四川省	凉山彝族自治州	宁南县	513427	川西南山地生物多样性功能区	生物多样性维护
499	四川省	凉山彝族自治州	普格县	513428	川西南山地生物多样性功能区	生物多样性维护
500	四川省	凉山彝族自治州	布拖县	513429	川西南山地生物多样性功能区	生物多样性维护
501	四川省	凉山彝族自治州	金阳县	513430	川西南山地生物多样性功能区	生物多样性维护
502	四川省	凉山彝族自治州	昭觉县	513431	川西南山地生物多样性功能区	生物多样性维护
503	四川省	凉山彝族自治州	喜德县	513432	川西南山地生物多样性功能区	生物多样性维护
504	四川省	凉山彝族自治州	越西县	513434	川西南山地生物多样性功能区	生物多样性维护
505	四川省	凉山彝族自治州	甘洛县	513435	川西南山地生物多样性功能区	生物多样性维护
506	四川省	凉山彝族自治州	美姑县	513436	川西南山地生物多样性功能区	生物多样性维护
507	四川省	凉山彝族自治州	雷波县	513437	川西南山地生物多样性功能区	生物多样性维护
508	贵州省	六盘水市	六枝特区	520203	桂黔滇喀斯特石漠化防治生态功能区	水土保持
509	贵州省	六盘水市	水城县	520221	桂黔滇喀斯特石漠化防治生态功能区	水土保持
510	贵州省	遵义市	习水县	520330	桂黔滇喀斯特石漠化防治生态功能区	水土保持

序号	省份	地市名称	县域名称	区划代码	国家重点生态功能区	主导生态功能类型
511	贵州省	遵义市	赤水市	520381	桂黔滇喀斯特石漠化防治生态功能区	水土保持
512	贵州省	安顺市	镇宁布依族苗族自治县	520423	桂黔滇喀斯特石漠化防治生态功能区	水土保持
513	贵州省	安顺市	关岭布依族苗族自治县	520424	桂黔滇喀斯特石漠化防治生态功能区	水土保持
514	贵州省	安顺市	紫云苗族布依族自治县	520425	桂黔滇喀斯特石漠化防治生态功能区	水土保持
515	贵州省	毕节地区	七星关区	520502	桂黔滇喀斯特石漠化防治生态功能区	水土保持
516	贵州省	毕节地区	大方县	520521	桂黔滇喀斯特石漠化防治生态功能区	水土保持
517	贵州省	毕节地区	黔西县	520522	桂黔滇喀斯特石漠化防治生态功能区	水土保持
518	贵州省	毕节地区	金沙县	520523	桂黔滇喀斯特石漠化防治生态功能区	水土保持
519	贵州省	毕节地区	织金县	520524	桂黔滇喀斯特石漠化防治生态功能区	水土保持
520	贵州省	毕节地区	纳雍县	520525	桂黔滇喀斯特石漠化防治生态功能区	水土保持
521	贵州省	毕节地区	威宁彝族回族苗族自治县	520526	桂黔滇喀斯特石漠化防治生态功能区	水土保持
522	贵州省	毕节地区	赫章县	520527	桂黔滇喀斯特石漠化防治生态功能区	水土保持
523	贵州省	铜仁市	江口县	520621	桂黔滇喀斯特石漠化防治生态功能区	水土保持
524	贵州省	铜仁市	石阡县	520623	桂黔滇喀斯特石漠化防治生态功能区	水土保持
525	贵州省	铜仁市	思南县	520624	桂黔滇喀斯特石漠化防治生态功能区	水土保持
526	贵州省	铜仁市	印江土家族苗族自治县	520625	桂黔滇喀斯特石漠化防治生态功能区	水土保持
527	贵州省	铜仁市	德江县	520626	桂黔滇喀斯特石漠化防治生态功能区	水土保持
528	贵州省	铜仁市	沿河土家族自治县	520627	桂黔滇喀斯特石漠化防治生态功能区	水土保持
529	贵州省	黔西南布依族苗族自治州	望谟县	522326	桂黔滇喀斯特石漠化防治生态功能区	水土保持
530	贵州省	黔西南布依族苗族自治州	册亨县	522327	桂黔滇喀斯特石漠化防治生态功能区	水土保持

序号	省份	地市名称	县域名称	区划代码	国家重点生态功能区	主导生态功能类型
531	贵州省	黔东南苗族侗族自治州	黄平县	522622	桂黔滇喀斯特石漠化防治生态功能区	水土保持
532	贵州省	黔东南苗族侗族自治州	施秉县	522623	桂黔滇喀斯特石漠化防治生态功能区	水土保持
533	贵州省	黔东南苗族侗族自治州	锦屏县	522628	桂黔滇喀斯特石漠化防治生态功能区	水土保持
534	贵州省	黔东南苗族侗族自治州	剑河县	522629	桂黔滇喀斯特石漠化防治生态功能区	水土保持
535	贵州省	黔东南苗族侗族自治州	台江县	522630	桂黔滇喀斯特石漠化防治生态功能区	水土保持
536	贵州省	黔东南苗族侗族自治州	榕江县	522632	桂黔滇喀斯特石漠化防治生态功能区	水土保持
537	贵州省	黔东南苗族侗族自治州	从江县	522633	桂黔滇喀斯特石漠化防治生态功能区	水土保持
538	贵州省	黔东南苗族侗族自治州	雷山县	522634	桂黔滇喀斯特石漠化防治生态功能区	水土保持
539	贵州省	黔东南苗族侗族自治州	丹寨县	522636	桂黔滇喀斯特石漠化防治生态功能区	水土保持
540	贵州省	黔南布依族苗族自治州	荔波县	522722	桂黔滇喀斯特石漠化防治生态功能区	水土保持
541	贵州省	黔南布依族苗族自治州	平塘县	522727	桂黔滇喀斯特石漠化防治生态功能区	水土保持
542	贵州省	黔南布依族苗族自治州	罗甸县	522728	桂黔滇喀斯特石漠化防治生态功能区	水土保持
543	贵州省	黔南布依族苗族自治州	三都水族自治县	522732	桂黔滇喀斯特石漠化防治生态功能区	水土保持
544	云南省	昆明市	东川区	530113	乌蒙山生物多样性生态功能区	生物多样性维护
545	云南省	玉溪市	江川区	530403	川滇森林及生物多样性生态功能区	生物多样性维护
546	云南省	玉溪市	澄江县	530422	川滇森林及生物多样性生态功能区	生物多样性维护
547	云南省	玉溪市	通海县	530423	川滇森林及生物多样性生态功能区	生物多样性维护
548	云南省	玉溪市	华宁县	530424	川滇森林及生物多样性生态功能区	生物多样性维护
549	云南省	昭通市	巧家县	530622	乌蒙山生物多样性生态功能区	生物多样性维护
550	云南省	昭通市	盐津县	530623	乌蒙山生物多样性生态功能区	生物多样性维护

序号	省份	地市名称	县域名称	区划代码	国家重点生态功能区	主导生态功能类型
551	云南省	昭通市	大关县	530624	乌蒙山生物多样性生态功能区	生物多样性维护
552	云南省	昭通市	永善县	530625	乌蒙山生物多样性生态功能区	生物多样性维护
553	云南省	昭通市	绥江县	530626	乌蒙山生物多样性生态功能区	生物多样性维护
554	云南省	丽江市	玉龙纳西族自治县	530721	川滇森林及生物多样性生态功能区	生物多样性维护
555	云南省	丽江市	永胜县	530722	高原湖泊水源涵养生态功能区	水源涵养
556	云南省	丽江市	宁蒗彝族自治县	530724	川滇森林及生物多样性生态功能区	生物多样性维护
557	云南省	普洱市	景东彝族自治县	530823	川滇森林及生物多样性生态功能区	生物多样性维护
558	云南省	普洱市	镇沅彝族哈尼族拉祜族自治县	530825	川滇森林及生物多样性生态功能区	生物多样性维护
559	云南省	普洱市	孟连傣族拉祜族佤族自治县	530827	川滇森林及生物多样性生态功能区	生物多样性维护
560	云南省	普洱市	澜沧拉祜族自治县	530828	川滇森林及生物多样性生态功能区	生物多样性维护
561	云南省	普洱市	西盟佤族自治县	530829	川滇森林及生物多样性生态功能区	生物多样性维护
562	云南省	楚雄彝族自治州	双柏县	532322	川滇森林及生物多样性生态功能区	生物多样性维护
563	云南省	楚雄彝族自治州	大姚县	532326	川滇干热河谷水土保持生态功能区	水土保持
564	云南省	楚雄彝族自治州	永仁县	532327	川滇干热河谷水土保持生态功能区	水土保持
565	云南省	红河哈尼族彝族自治州	屏边苗族自治县	532523	川滇森林及生物多样性生态功能区	生物多样性维护
566	云南省	红河哈尼族彝族自治州	石屏县	532525	高原湖泊水源涵养生态功能区	水源涵养
567	云南省	红河哈尼族彝族自治州	金平苗族瑶族傣族自治县	532530	川滇森林及生物多样性生态功能区	生物多样性维护
568	云南省	文山壮族苗族自治州	文山市	532601	桂黔滇喀斯特石漠化防治生态功能区	水土保持
569	云南省	文山壮族苗族自治州	西畴县	532623	桂黔滇喀斯特石漠化防治生态功能区	水土保持
570	云南省	文山壮族苗族自治州	麻栗坡县	532624	桂黔滇喀斯特石漠化防治生态功能区	水土保持

序号	省份	地市名称	县域名称	区划代码	国家重点生态功能区	主导生态功能类型
571	云南省	文山壮族苗族自治州	马关县	532625	桂黔滇喀斯特石漠化防治生态功能区	水土保持
572	云南省	文山壮族苗族自治州	广南县	532627	桂黔滇喀斯特石漠化防治生态功能区	水土保持
573	云南省	文山壮族苗族自治州	富宁县	532628	桂黔滇喀斯特石漠化防治生态功能区	水土保持
574	云南省	西双版纳傣族自治州	景洪市	532801	川滇森林及生物多样性生态功能区	生物多样性维护
575	云南省	西双版纳傣族自治州	勐海县	532822	川滇森林及生物多样性生态功能区	生物多样性维护
576	云南省	西双版纳傣族自治州	勐腊县	532823	川滇森林及生物多样性生态功能区	生物多样性维护
577	云南省	大理白族自治州	漾濞彝族自治县	532922	滇西山地生物多样性生态功能区	生物多样性维护
578	云南省	大理白族自治州	南涧彝族自治县	532926	滇西山地生物多样性生态功能区	生物多样性维护
579	云南省	大理白族自治州	巍山彝族回族自治县	532927	滇西山地生物多样性生态功能区	生物多样性维护
580	云南省	大理白族自治州	永平县	532928	滇西山地生物多样性生态功能区	生物多样性维护
581	云南省	大理白族自治州	洱源县	532930	高原湖泊水源涵养生态功能区	水源涵养
582	云南省	大理白族自治州	剑川县	532931	川滇森林及生物多样性生态功能区	生物多样性维护
583	云南省	怒江傈僳族自治州	泸水市	533301	川滇森林及生物多样性生态功能区	生物多样性维护
584	云南省	怒江傈僳族自治州	福贡县	533323	川滇森林及生物多样性生态功能区	生物多样性维护
585	云南省	怒江傈僳族自治州	贡山独龙族怒族自治县	533324	川滇森林及生物多样性生态功能区	生物多样性维护
586	云南省	怒江傈僳族自治州	兰坪白族普米族自治县	533325	川滇森林及生物多样性生态功能区	生物多样性维护
587	云南省	迪庆藏族自治州	香格里拉市	533401	川滇森林及生物多样性生态功能区	生物多样性维护
588	云南省	迪庆藏族自治州	德钦县	533422	川滇森林及生物多样性生态功能区	生物多样性维护
589	云南省	迪庆藏族自治州	维西傈僳族自治县	533423	川滇森林及生物多样性生态功能区	生物多样性维护
590	西藏自治区	拉萨市	当雄县	540122	雅江中游谷地水源涵养区	水源涵养
591	西藏自治区	日喀则地区	定日县	540223	中喜马拉雅山北翼高寒草原水源涵养区	水源涵养

序号	省份	地市名称	县域名称	区划代码	国家重点生态功能区	主导生态功能类型
592	西藏自治区	日喀则地区	康马县	540230	中喜马拉雅山北翼高寒草原水源涵养区	水源涵养
593	西藏自治区	日喀则地区	定结县	540231	中喜马拉雅山北翼高寒草原水源涵养区	水源涵养
594	西藏自治区	日喀则地区	仲巴县	540232	雅江上游高寒草甸草原水源涵养区	水源涵养
595	西藏自治区	日喀则地区	亚东县	540233	中喜马拉雅山北翼高寒草原水源涵养区	水源涵养
596	西藏自治区	日喀则地区	吉隆县	540234	中喜马拉雅山北翼高寒草原水源涵养区	水源涵养
597	西藏自治区	日喀则地区	聂拉木县	540235	中喜马拉雅山北翼高寒草原水源涵养区	水源涵养
598	西藏自治区	日喀则地区	萨嘎县	540236	雅江上游高寒草甸草原水源涵养区	水源涵养
599	西藏自治区	日喀则地区	岗巴县	540237	中喜马拉雅山北翼高寒草原水源涵养区	水源涵养
600	西藏自治区	昌都地区	江达县	540321	藏东生物多样性生态功能区	生物多样性维护
601	西藏自治区	昌都地区	贡觉县	540322	藏东生物多样性生态功能区	生物多样性维护
602	西藏自治区	昌都地区	类乌齐县	540323	藏东生物多样性生态功能区	生物多样性维护
603	西藏自治区	昌都地区	丁青县	540324	藏东生物多样性生态功能区	生物多样性维护
604	西藏自治区	林芝地区	巴宜区	540402	藏东南高原边缘森林生态功能区	生物多样性维护
605	西藏自治区	林芝地区	米林县	540422	藏东南高原边缘森林生态功能区	生物多样性维护
606	西藏自治区	林芝地区	墨脱县	540423	藏东南高原边缘森林生态功能区	生物多样性维护
607	西藏自治区	林芝地区	波密县	540424	藏东南高原边缘森林生态功能区	生物多样性维护
608	西藏自治区	林芝地区	察隅县	540425	藏东南高原边缘森林生态功能区	生物多样性维护
609	西藏自治区	山南地区	措美县	540526	中喜马拉雅山北翼高寒草原水源涵养区	水源涵养
610	西藏自治区	山南地区	洛扎县	540527	中喜马拉雅山北翼高寒草原水源涵养区	水源涵养
611	西藏自治区	山南地区	隆子县	540529	中喜马拉雅山北翼高寒草原水源涵养区	水源涵养

序号	省份	地市名称	县域名称	区划代码	国家重点生态功能区	主导生态功能类型
612	西藏自治区	山南地区	错那县	540530	藏东南高原边缘森林生态功能区	生物多样性维护
613	西藏自治区	山南地区	浪卡子县	540531	中喜马拉雅山北翼高寒草原水源涵养区	水源涵养
614	西藏自治区	那曲地区	嘉黎县	542422	藏西北羌塘高原荒漠生态功能区	生物多样性维护
615	西藏自治区	那曲地区	安多县	542425	藏西北羌塘高原荒漠生态功能区	生物多样性维护
616	西藏自治区	那曲地区	班戈县	542428	藏西北羌塘高原荒漠生态功能区	生物多样性维护
617	西藏自治区	那曲地区	尼玛县	542430	藏西北羌塘高原荒漠生态功能区	生物多样性维护
618	西藏自治区	那曲地区	双湖县	542431	藏西北羌塘高原荒漠生态功能区	生物多样性维护
619	西藏自治区	阿里地区	普兰县	542521	藏西北羌塘高原荒漠生态功能区	生物多样性维护
620	西藏自治区	阿里地区	札达县	542522	藏西北羌塘高原荒漠生态功能区	生物多样性维护
621	西藏自治区	阿里地区	噶尔县	542523	藏西北羌塘高原荒漠生态功能区	生物多样性维护
622	西藏自治区	阿里地区	日土县	542524	藏西北羌塘高原荒漠生态功能区	生物多样性维护
623	西藏自治区	阿里地区	革吉县	542525	藏西北羌塘高原荒漠生态功能区	生物多样性维护
624	西藏自治区	阿里地区	改则县	542526	藏西北羌塘高原荒漠生态功能区	生物多样性维护
625	西藏自治区	阿里地区	措勤县	542527	藏西北羌塘高原荒漠生态功能区	生物多样性维护
626	陕西省	西安市	周至县	610124	秦巴生物多样性生态功能区	生物多样性维护
627	陕西省	宝鸡市	凤县	610330	秦巴生物多样性生态功能区	生物多样性维护
628	陕西省	宝鸡市	太白县	610331	秦巴生物多样性生态功能区	生物多样性维护
629	陕西省	延安市	安塞区	610603	黄土高原丘陵沟壑水土保持生态功能区	水土保持
630	陕西省	延安市	子长县	610623	黄土高原丘陵沟壑水土保持生态功能区	水土保持
631	陕西省	延安市	志丹县	610625	黄土高原丘陵沟壑水土保持生态功能区	水土保持

序号	省份	地市名称	县域名称	区划代码	国家重点生态功能区	主导生态功能类型
632	陕西省	延安市	吴起县	610626	黄土高原丘陵沟壑水土保持生态功能区	水土保持
633	陕西省	延安市	宜川县	610630	黄土高原丘陵沟壑水土保持生态功能区	水土保持
634	陕西省	延安市	黄龙县	610631	黄土高原丘陵沟壑水土保持生态功能区	水土保持
635	陕西省	汉中市	汉台区	610702	南水北调水源涵养生态功能区	水源涵养
636	陕西省	汉中市	南郑县	610721	南水北调水源涵养生态功能区	水源涵养
637	陕西省	汉中市	城固县	610722	南水北调水源涵养生态功能区	水源涵养
638	陕西省	汉中市	洋县	610723	南水北调水源涵养生态功能区	水源涵养
639	陕西省	汉中市	西乡县	610724	南水北调水源涵养生态功能区	水源涵养
640	陕西省	汉中市	勉县	610725	南水北调水源涵养生态功能区	水源涵养
641	陕西省	汉中市	宁强县	610726	南水北调水源涵养生态功能区	水源涵养
642	陕西省	汉中市	略阳县	610727	南水北调水源涵养生态功能区	水源涵养
643	陕西省	汉中市	镇巴县	610728	南水北调水源涵养生态功能区	水源涵养
644	陕西省	汉中市	留坝县	610729	南水北调水源涵养生态功能区	水源涵养
645	陕西省	汉中市	佛坪县	610730	南水北调水源涵养生态功能区	水源涵养
646	陕西省	榆林市	绥德县	610826	黄土高原丘陵沟壑水土保持生态功能区	水土保持
647	陕西省	榆林市	米脂县	610827	黄土高原丘陵沟壑水土保持生态功能区	水土保持
648	陕西省	榆林市	佳县	610828	黄土高原丘陵沟壑水土保持生态功能区	水土保持
649	陕西省	榆林市	吴堡县	610829	黄土高原丘陵沟壑水土保持生态功能区	水土保持
650	陕西省	榆林市	清涧县	610830	黄土高原丘陵沟壑水土保持生态功能区	水土保持
651	陕西省	榆林市	子洲县	610831	黄土高原丘陵沟壑水土保持生态功能区	水土保持

序号	省份	地市名称	县域名称	区划代码	国家重点生态功能区	主导生态功能类型
652	陕西省	安康市	汉滨区	610902	南水北调水源涵养生态功能区	水源涵养
653	陕西省	安康市	汉阴县	610921	南水北调水源涵养生态功能区	水源涵养
654	陕西省	安康市	石泉县	610922	南水北调水源涵养生态功能区	水源涵养
655	陕西省	安康市	宁陕县	610923	南水北调水源涵养生态功能区	水源涵养
656	陕西省	安康市	紫阳县	610924	南水北调水源涵养生态功能区	水源涵养
657	陕西省	安康市	岚皋县	610925	南水北调水源涵养生态功能区	水源涵养
658	陕西省	安康市	平利县	610926	南水北调水源涵养生态功能区	水源涵养
659	陕西省	安康市	镇坪县	610927	南水北调水源涵养生态功能区	水源涵养
660	陕西省	安康市	旬阳县	610928	南水北调水源涵养生态功能区	水源涵养
661	陕西省	安康市	白河县	610929	南水北调水源涵养生态功能区	水源涵养
662	陕西省	商洛市	商州区	611002	南水北调水源涵养生态功能区	水源涵养
663	陕西省	商洛市	洛南县	611021	南水北调水源涵养生态功能区	水源涵养
664	陕西省	商洛市	丹凤县	611022	南水北调水源涵养生态功能区	水源涵养
665	陕西省	商洛市	商南县	611023	南水北调水源涵养生态功能区	水源涵养
666	陕西省	商洛市	山阳县	611024	南水北调水源涵养生态功能区	水源涵养
667	陕西省	商洛市	镇安县	611025	南水北调水源涵养生态功能区	水源涵养
668	陕西省	商洛市	柞水县	611026	南水北调水源涵养生态功能区	水源涵养
669	甘肃省	兰州市	永登县	620121	祁连山冰川与水源涵养生态功能区	水源涵养
670	甘肃省	金昌市	永昌县	620321	祁连山冰川与水源涵养生态功能区	水源涵养
671	甘肃省	白银市	会宁县	620422	黄土高原丘陵沟壑水土保持生态功能区	水土保持

序号	省份	地市名称	县域名称	区划代码	国家重点生态功能区	主导生态功能类型
672	甘肃省	天水市	张家川回族自治县	620525	黄土高原丘陵沟壑水土保持生态功能区	水土保持
673	甘肃省	武威市	凉州区	620602	祁连山冰川与水源涵养生态功能区	水源涵养
674	甘肃省	武威市	民勤县	620621	祁连山冰川与水源涵养生态功能区	水源涵养
675	甘肃省	武威市	古浪县	620622	祁连山冰川与水源涵养生态功能区	水源涵养
676	甘肃省	武威市	天祝藏族自治县	620623	祁连山冰川与水源涵养生态功能区	水源涵养
677	甘肃省	张掖市	甘州区	620702	祁连山冰川与水源涵养生态功能区	水源涵养
678	甘肃省	张掖市	肃南裕固族自治县	620721	祁连山冰川与水源涵养生态功能区	水源涵养
679	甘肃省	张掖市	民乐县	620722	祁连山冰川与水源涵养生态功能区	水源涵养
680	甘肃省	张掖市	临泽县	620723	祁连山冰川与水源涵养生态功能区	水源涵养
681	甘肃省	张掖市	高台县	620724	祁连山冰川与水源涵养生态功能区	水源涵养
682	甘肃省	张掖市	山丹县	620725	祁连山冰川与水源涵养生态功能区	水源涵养
683	甘肃省	张掖市	山丹马场（山丹县内）	620790	祁连山冰川与水源涵养生态功能区	水源涵养
684	甘肃省	平凉市	庄浪县	620825	黄土高原丘陵沟壑水土保持生态功能区	水土保持
685	甘肃省	平凉市	静宁县	620826	黄土高原丘陵沟壑水土保持生态功能区	水土保持
686	甘肃省	酒泉市	肃北蒙古族自治县	620923	祁连山冰川与水源涵养生态功能区	水源涵养
687	甘肃省	酒泉市	阿克塞哈萨克族自治县	620924	祁连山冰川与水源涵养生态功能区	水源涵养
688	甘肃省	庆阳市	庆城县	621021	黄土高原丘陵沟壑水土保持生态功能区	水土保持
689	甘肃省	庆阳市	环县	621022	黄土高原丘陵沟壑水土保持生态功能区	水土保持
690	甘肃省	庆阳市	华池县	621023	黄土高原丘陵沟壑水土保持生态功能区	水土保持
691	甘肃省	庆阳市	镇原县	621027	黄土高原丘陵沟壑水土保持生态功能区	水土保持

序号	省份	地市名称	县域名称	区划代码	国家重点生态功能区	主导生态功能类型
692	甘肃省	定西市	通渭县	621121	黄土高原丘陵沟壑水土保持生态功能区	水土保持
693	甘肃省	定西市	渭源县	621123	甘南盆地水源涵养生态功能区	水源涵养
694	甘肃省	定西市	漳县	621125	甘南盆地水源涵养生态功能区	水源涵养
695	甘肃省	定西市	岷县	621126	甘南盆地水源涵养生态功能区	水源涵养
696	甘肃省	陇南市	武都区	621202	秦巴生物多样性生态功能区	生物多样性维护
697	甘肃省	陇南市	文县	621222	秦巴生物多样性生态功能区	生物多样性维护
698	甘肃省	陇南市	宕昌县	621223	秦巴生物多样性生态功能区	生物多样性维护
699	甘肃省	陇南市	康县	621224	秦巴生物多样性生态功能区	生物多样性维护
700	甘肃省	陇南市	西和县	621225	秦巴生物多样性生态功能区	生物多样性维护
701	甘肃省	陇南市	礼县	621226	秦巴生物多样性生态功能区	生物多样性维护
702	甘肃省	陇南市	两当县	621228	秦巴生物多样性生态功能区	生物多样性维护
703	甘肃省	临夏回族自治州	临夏县	622921	甘南黄河重要水源补给生态功能区	水源涵养
704	甘肃省	临夏回族自治州	康乐县	622922	甘南黄河重要水源补给生态功能区	水源涵养
705	甘肃省	临夏回族自治州	永靖县	622923	甘南黄河水源涵养生态功能区	水源涵养
706	甘肃省	临夏回族自治州	和政县	622925	甘南黄河重要水源补给生态功能区	水源涵养
707	甘肃省	临夏回族自治州	东乡族自治县	622926	黄土高原丘陵沟壑水土保持生态功能区	水土保持
708	甘肃省	临夏回族自治州	积石山保安族东乡族撒拉族自治县	622927	甘南黄河重要水源补给生态功能区	水源涵养
709	甘肃省	甘南藏族自治州	合作市	623001	甘南黄河重要水源补给生态功能区	水源涵养
710	甘肃省	甘南藏族自治州	临潭县	623021	甘南黄河重要水源补给生态功能区	水源涵养
711	甘肃省	甘南藏族自治州	卓尼县	623022	甘南黄河重要水源补给生态功能区	水源涵养

序号	省份	地市名称	县域名称	区划代码	国家重点生态功能区	主导生态功能类型
712	甘肃省	甘南藏族自治州	舟曲县	623023	秦巴生物多样性生态功能区	生物多样性维护
713	甘肃省	甘南藏族自治州	迭部县	623024	秦巴生物多样性生态功能区	生物多样性维护
714	甘肃省	甘南藏族自治州	玛曲县	623025	甘南黄河重要水源补给生态功能区	水源涵养
715	甘肃省	甘南藏族自治州	碌曲县	623026	甘南黄河重要水源补给生态功能区	水源涵养
716	甘肃省	甘南藏族自治州	夏河县	623027	甘南黄河重要水源补给生态功能区	水源涵养
717	青海省	西宁市	大通回族土族自治县	630121	湟水谷地水土保持生态功能区	水土保持
718	青海省	西宁市	湟中县	630122	湟水谷地水土保持生态功能区	水土保持
719	青海省	西宁市	湟源县	630123	湟水谷地水土保持生态功能区	水土保持
720	青海省	海东市	乐都区	630202	湟水谷地水土保持生态功能区	水土保持
721	青海省	海东市	平安区	630203	湟水谷地水土保持生态功能区	水土保持
722	青海省	海东市	民和回族土族自治县	630222	湟水谷地水土保持生态功能区	水土保持
723	青海省	海东市	互助土族自治县	630223	湟水谷地水土保持生态功能区	水土保持
724	青海省	海东市	化隆回族自治县	630224	海东–甘南高寒草甸草原水源涵养功能区	水源涵养
725	青海省	海东市	循化撒拉族自治县	630225	海东–甘南高寒草甸草原水源涵养功能区	水源涵养
726	青海省	海北藏族自治州	门源回族自治县	632221	祁连山冰川与水源涵养生态功能区	水源涵养
727	青海省	海北藏族自治州	祁连县	632222	祁连山冰川与水源涵养生态功能区	水源涵养
728	青海省	海北藏族自治州	海晏县	632223	祁连山冰川与水源涵养生态功能区	水源涵养
729	青海省	海北藏族自治州	刚察县	632224	祁连山冰川与水源涵养生态功能区	水源涵养
730	青海省	黄南藏族自治州	同仁县	632321	三江源草原草甸湿地生态功能区	水源涵养
731	青海省	黄南藏族自治州	尖扎县	632322	三江源草原草甸湿地生态功能区	水源涵养

序号	省份	地市名称	县域名称	区划代码	国家重点生态功能区	主导生态功能类型
732	青海省	黄南藏族自治州	泽库县	632323	三江源草原草甸湿地生态功能区	水源涵养
733	青海省	黄南藏族自治州	河南蒙古族自治县	632324	三江源草原草甸湿地生态功能区	水源涵养
734	青海省	海南藏族自治州	共和县	632521	三江源草原草甸湿地生态功能区	水源涵养
735	青海省	海南藏族自治州	同德县	632522	三江源草原草甸湿地生态功能区	水源涵养
736	青海省	海南藏族自治州	贵德县	632523	三江源草原草甸湿地生态功能区	水源涵养
737	青海省	海南藏族自治州	兴海县	632524	三江源草原草甸湿地生态功能区	水源涵养
738	青海省	海南藏族自治州	贵南县	632525	三江源草原草甸湿地生态功能区	水源涵养
739	青海省	果洛藏族自治州	玛沁县	632621	三江源草原草甸湿地生态功能区	水源涵养
740	青海省	果洛藏族自治州	班玛县	632622	三江源草原草甸湿地生态功能区	水源涵养
741	青海省	果洛藏族自治州	甘德县	632623	三江源草原草甸湿地生态功能区	水源涵养
742	青海省	果洛藏族自治州	达日县	632624	三江源草原草甸湿地生态功能区	水源涵养
743	青海省	果洛藏族自治州	久治县	632625	三江源草原草甸湿地生态功能区	水源涵养
744	青海省	果洛藏族自治州	玛多县	632626	三江源草原草甸湿地生态功能区	水源涵养
745	青海省	玉树藏族自治州	玉树市	632701	三江源草原草甸湿地生态功能区	水源涵养
746	青海省	玉树藏族自治州	杂多县	632722	三江源草原草甸湿地生态功能区	水源涵养
747	青海省	玉树藏族自治州	称多县	632723	三江源草原草甸湿地生态功能区	水源涵养
748	青海省	玉树藏族自治州	治多县	632724	三江源草原草甸湿地生态功能区	水源涵养
749	青海省	玉树藏族自治州	囊谦县	632725	三江源草原草甸湿地生态功能区	水源涵养
750	青海省	玉树藏族自治州	曲麻莱县	632726	三江源草原草甸湿地生态功能区	水源涵养
751	青海省	海西蒙古族藏族自治州	格尔木市	632801	三江源草原草甸湿地生态功能区	水源涵养

序号	省份	地市名称	县域名称	区划代码	国家重点生态功能区	主导生态功能类型
752	青海省	海西蒙古族藏族自治州	德令哈市	632802	三江源草原草甸湿地生态功能区	水源涵养
753	青海省	海西蒙古族藏族自治州	都兰县	632822	柴达木盆地防风固沙生态功能区	防风固沙
754	青海省	海西蒙古族藏族自治州	天峻县	632823	祁连山冰川与水源涵养生态功能区	水源涵养
755	青海省	海西蒙古族藏族自治州	冷湖行政委员会	632824	柴达木盆地防风固沙生态功能区	防风固沙
756	青海省	海西蒙古族藏族自治州	大柴旦行政委员会	632825	柴达木盆地防风固沙生态功能区	防风固沙
757	青海省	海西蒙古族藏族自治州	茫崖行政委员会	632826	柴达木盆地防风固沙生态功能区	防风固沙
758	宁夏回族自治区	石嘴山市	大武口区	640202	腾格里沙漠草原荒漠化防治功能区	防风固沙
759	宁夏回族自治区	吴忠市	红寺堡区	640303	黄土高原丘陵沟壑水土保持生态功能区	水土保持
760	宁夏回族自治区	吴忠市	盐池县	640323	黄土高原丘陵沟壑水土保持生态功能区	水土保持
761	宁夏回族自治区	吴忠市	同心县	640324	黄土高原丘陵沟壑水土保持生态功能区	水土保持
762	宁夏回族自治区	固原市	原州区	640402	黄土高原丘陵沟壑水土保持生态功能区	水土保持
763	宁夏回族自治区	固原市	西吉县	640422	黄土高原丘陵沟壑水土保持生态功能区	水土保持
764	宁夏回族自治区	固原市	隆德县	640423	黄土高原丘陵沟壑水土保持生态功能区	水土保持
765	宁夏回族自治区	固原市	泾源县	640424	黄土高原丘陵沟壑水土保持生态功能区	水土保持
766	宁夏回族自治区	固原市	彭阳县	640425	黄土高原丘陵沟壑水土保持生态功能区	水土保持
767	宁夏回族自治区	中卫市	沙坡头区	640502	腾格里沙漠草原荒漠化防治功能区	防风固沙
768	宁夏回族自治区	中卫市	中宁县	640521	腾格里沙漠草原荒漠化防治功能区	防风固沙
769	宁夏回族自治区	中卫市	海原县	640522	黄土高原丘陵沟壑水土保持生态功能区	水土保持
770	新疆维吾尔自治区	博尔塔拉蒙古自治州	博乐市	652701	天山北坡森林草原水源涵养功能区	水源涵养
771	新疆维吾尔自治区	博尔塔拉蒙古自治州	温泉县	652723	天山北坡森林草原水源涵养功能区	水源涵养

序号	省份	地市名称	县域名称	区划代码	国家重点生态功能区	主导生态功能类型
772	新疆维吾尔自治区	巴音郭楞蒙古自治州	若羌县	652824	阿尔金草原荒漠化防治生态功能区	防风固沙
773	新疆维吾尔自治区	巴音郭楞蒙古自治州	且末县	652825	阿尔金草原荒漠化防治生态功能区	防风固沙
774	新疆维吾尔自治区	巴音郭楞蒙古自治州	博湖县	652829	博斯腾湖生物多样性生态功能区	生物多样性维护
775	新疆维吾尔自治区	阿克苏地区	乌什县	652927	塔里木河荒漠化防治生态功能区	防风固沙
776	新疆维吾尔自治区	阿克苏地区	阿瓦提县	652928	塔里木河荒漠化防治生态功能区	防风固沙
777	新疆维吾尔自治区	阿克苏地区	柯坪县	652929	塔里木河荒漠化防治生态功能区	防风固沙
778	新疆维吾尔自治区	克孜勒苏柯尔克孜自治州	阿克陶县	653022	塔里木河荒漠化防治生态功能区	防风固沙
779	新疆维吾尔自治区	克孜勒苏柯尔克孜自治州	阿合奇县	653023	塔里木河荒漠化防治生态功能区	防风固沙
780	新疆维吾尔自治区	克孜勒苏柯尔克孜自治州	乌恰县	653024	塔里木河荒漠化防治生态功能区	防风固沙
781	新疆维吾尔自治区	喀什地区	疏附县	653121	塔里木河荒漠化防治生态功能区	防风固沙
782	新疆维吾尔自治区	喀什地区	疏勒县	653122	塔里木河荒漠化防治生态功能区	防风固沙
783	新疆维吾尔自治区	喀什地区	英吉沙县	653123	塔里木河荒漠化防治生态功能区	防风固沙
784	新疆维吾尔自治区	喀什地区	泽普县	653124	塔里木河荒漠化防治生态功能区	防风固沙
785	新疆维吾尔自治区	喀什地区	莎车县	653125	塔里木河荒漠化防治生态功能区	防风固沙
786	新疆维吾尔自治区	喀什地区	叶城县	653126	塔里木河荒漠化防治生态功能区	防风固沙
787	新疆维吾尔自治区	喀什地区	麦盖提县	653127	塔里木河荒漠化防治生态功能区	防风固沙
788	新疆维吾尔自治区	喀什地区	岳普湖县	653128	塔里木河荒漠化防治生态功能区	防风固沙
789	新疆维吾尔自治区	喀什地区	伽师县	653129	塔里木河荒漠化防治生态功能区	防风固沙
790	新疆维吾尔自治区	喀什地区	巴楚县	653130	塔里木河荒漠化防治生态功能区	防风固沙
791	新疆维吾尔自治区	喀什地区	塔什库尔干塔吉克自治县	653131	塔里木河荒漠化防治生态功能区	防风固沙

序号	省份	地市名称	县域名称	区划代码	国家重点生态功能区	主导生态功能类型
792	新疆维吾尔自治区	和田地区	和田县	653221	昆仑山生物多样性保护功能区	生物多样性维护
793	新疆维吾尔自治区	和田地区	墨玉县	653222	塔里木河荒漠化防治生态功能区	防风固沙
794	新疆维吾尔自治区	和田地区	皮山县	653223	塔里木河荒漠化防治生态功能区	防风固沙
795	新疆维吾尔自治区	和田地区	洛浦县	653224	塔里木河荒漠化防治生态功能区	防风固沙
796	新疆维吾尔自治区	和田地区	策勒县	653225	塔里木河荒漠化防治生态功能区	防风固沙
797	新疆维吾尔自治区	和田地区	于田县	653226	塔里木河荒漠化防治生态功能区	防风固沙
798	新疆维吾尔自治区	和田地区	民丰县	653227	塔里木河荒漠化防治生态功能区	防风固沙
799	新疆维吾尔自治区	伊犁哈萨克自治州	伊宁县	654021	天山北坡森林草原水源涵养功能区	水源涵养
800	新疆维吾尔自治区	伊犁哈萨克自治州	察布查尔锡伯自治县	654022	天山北坡森林草原水源涵养功能区	水源涵养
801	新疆维吾尔自治区	伊犁哈萨克自治州	霍城县	654023	天山北坡森林草原水源涵养功能区	水源涵养
802	新疆维吾尔自治区	伊犁哈萨克自治州	巩留县	654024	天山北坡森林草原水源涵养功能区	水源涵养
803	新疆维吾尔自治区	伊犁哈萨克自治州	新源县	654025	天山北坡森林草原水源涵养功能区	水源涵养
804	新疆维吾尔自治区	伊犁哈萨克自治州	昭苏县	654026	天山北坡森林草原水源涵养功能区	水源涵养
805	新疆维吾尔自治区	伊犁哈萨克自治州	特克斯县	654027	天山北坡森林草原水源涵养功能区	水源涵养
806	新疆维吾尔自治区	伊犁哈萨克自治州	尼勒克县	654028	天山北坡森林草原水源涵养功能区	水源涵养
807	新疆维吾尔自治区	塔城地区	塔城市	654201	准噶尔盆地西部荒漠化防治生态功能区	防风固沙
808	新疆维吾尔自治区	塔城地区	额敏县	654221	准噶尔盆地西部荒漠化防治生态功能区	防风固沙
809	新疆维吾尔自治区	塔城地区	托里县	654224	准噶尔盆地西部荒漠化防治生态功能区	防风固沙
810	新疆维吾尔自治区	塔城地区	裕民县	654225	准噶尔盆地西部荒漠化防治生态功能区	防风固沙
811	新疆维吾尔自治区	阿勒泰地区	阿勒泰市	654301	阿尔泰山地森林草原生态功能区	水源涵养

序号	省份	地市名称	县域名称	区划代码	国家重点生态功能区	主导生态功能类型
812	新疆维吾尔自治区	阿勒泰地区	布尔津县	654321	阿尔泰山地森林草原生态功能区	水源涵养
813	新疆维吾尔自治区	阿勒泰地区	富蕴县	654322	阿尔泰山地森林草原生态功能区	水源涵养
814	新疆维吾尔自治区	阿勒泰地区	福海县	654323	阿尔泰山地森林草原生态功能区	水源涵养
815	新疆维吾尔自治区	阿勒泰地区	哈巴河县	654324	阿尔泰山地森林草原生态功能区	水源涵养
816	新疆维吾尔自治区	阿勒泰地区	青河县	654325	阿尔泰山地森林草原生态功能区	水源涵养
817	新疆维吾尔自治区	阿勒泰地区	吉木乃县	654326	阿尔泰山地森林草原生态功能区	水源涵养
818	新疆生产建设兵团		图木舒克市	659003	塔里木河荒漠化防治生态功能区	防风固沙

环境空气质量点位信息

序号	省（市、区）名称	县（市、旗、区）名称	县（市、旗、区）代码	空气监测点位名称	监测方式	经度	纬度
1	北京市	密云区	110118	密云镇	自动	116°50′35″	40°22′55″
2	北京市	延庆区	110119	延庆镇	自动	115°58′41″	40°27′16″
3	天津市	蓟州区	120119	北环路	自动	117°25′24″	40°3′4″
4	河北省	井陉县	130121	气象局	自动	114°8′41″	38°1′56″
5	河北省	正定县	130123	正定联通公司	自动	114°34′49″	38°9′8″
6	河北省	行唐县	130125	行唐县康德医院楼顶	自动	114°31′53″	38°26′44″
7	河北省	灵寿县	130126	灵寿供水	自动	114°21′15″	38°18′29″
8	河北省	赞皇县	130129	赞皇县县政府大楼	自动	114°23′10″	37°39′57″
9	河北省	平山县	130131	平山冶河空气自动监测站	自动	114°11′58″	38°15′47″
10	河北省	北戴河区	130304	北戴河环保局	自动	119°30′52″	39°50′7″
11	河北省	抚宁区	130306	抚宁党校	自动	119°14′14″	39°52′29″
12	河北省	青龙满族自治县	130321	青龙环保局	自动	118°56′56″	40°24′38″
13	河北省	邢台县	130521	邢台县南石门电力局培训中心	自动	114°24′24″	37°3′34″
14	河北省	邢台县	130521	邢台县皇寺镇政府	自动	114°21′17″	37°10′41″
15	河北省	阜平县	130624	阜平县环保局	自动	114°11′40″	38°51′4″
16	河北省	涞源县	130630	涞源县环境保护局	自动	114°41′54″	39°21′34″
17	河北省	安新县	130632	民政局	自动	115°55′23″	38°56′26″
18	河北省	易县	130633	易县环保局	自动	115°28′45″	39°20′48″
19	河北省	曲阳县	130634	曲阳县环保局	自动	114°43′32″	38°37′14″
20	河北省	顺平县	130636	顺平县环境保护局点位	自动	115°8′34″	38°50′51″
21	河北省	雄县	130638	雄县环境保护局	自动	116°5′5″	38°58′56″
22	河北省	桥东区	130702	探机厂	自动	114°52′45″	40°47′15″
23	河北省	桥西区	130703	张家口市桥西区五金库	自动	114°52′1″	40°48′13″
24	河北省	桥西区	130703	张家口市桥西区人民公园	自动	114°53′9″	40°49′43″
25	河北省	宣化区	130705	宣化区军营凤凰城	自动	115°2′27″	40°37′36″
26	河北省	宣化区	130705	张家口市沙岭子医院	自动	114°54′11″	40°40′11″
27	河北省	下花园区	130706	下花园环保局	自动	115°16′59″	40°30′3″
28	河北省	万全区	130708	环保局	自动	114°44′37″	40°46′10″
29	河北省	崇礼区	130709	崇礼县梦特芳丹假日酒店	自动	115°17′24″	40°58′57″
30	河北省	张北县	130722	环保局	自动	114°43′26″	41°9′41″
31	河北省	康保县	130723	康保县环保局	自动	114°35′7″	41°50′9″

序号	省（市、区）名称	县（市、旗、区）名称	县（市、旗、区）代码	空气监测点位名称	监测方式	经度	纬度
32	河北省	沽源县	130724	沽源县福利院	自动	115°40′53″	41°40′4″
33	河北省	尚义县	130725	尚义县环保局	自动	113°58′38″	41°5′6″
34	河北省	蔚县	130726	蔚县第二中学	自动	114°36′6″	39°51′0″
35	河北省	阳原县	130727	阳原县职教中心	自动	114°7′41″	40°6′19″
36	河北省	怀安县	130728	怀安县环保局	自动	114°22′59″	40°40′37″
37	河北省	怀来县	130730	府前小学	自动	115°29′45″	40°24′39″
38	河北省	涿鹿县	130731	古郡集团办公楼	自动	115°11′31″	40°22′53″
39	河北省	涿鹿县	130731	涿鹿县环保局	自动	115°12′55″	40°22′21″
40	河北省	赤城县	130732	鼓楼北街北山站点	自动	115°49′26″	40°55′0″
41	河北省	双桥区	130802	离宫	自动	117°55′9″	40°59′31″
42	河北省	双桥区	130802	铁路	自动	117°57′23″	40°54′30″
43	河北省	双桥区	130802	中国银行	自动	117°54′49″	40°58′38″
44	河北省	双滦区	130803	双滦区文化中心	自动	117°48′18″	40°57′54″
45	河北省	鹰手营子矿区	130804	营子区兴隆矿业招待所楼上	自动	117°39′12″	40°32′40″
46	河北省	承德县	130821	承德县环保局	自动	118°9′24″	40°46′24″
47	河北省	兴隆县	130822	兴隆县政府	自动	117°29′40″	40°24′58″
48	河北省	滦平县	130824	环保局	自动	117°20′15″	40°56′36″
49	河北省	隆化县	130825	隆化县环境保护局	自动	117°44′32″	40°18′36″
50	河北省	丰宁满族自治县	130826	政府4号楼	自动	116°38′22″	41°12′26″
51	河北省	宽城满族自治县	130827	政府大气站	自动	118°28′6″	40°35′46″
52	河北省	宽城满族自治县	130827	宽城二中	自动	118°28′27″	40°36′26″
53	河北省	围场满族蒙古族自治县	130828	县政府	自动	117°45′11″	41°56′9″
54	河北省	平泉市	130881	平泉县特教中心	自动	118°41′55″	41°1′2″
55	河北省	桃城区	131102	电机北厂	自动	116°10′42″	38°2′26″
56	河北省	桃城区	131102	衡水市环境监测站	自动	115°38′8″	37°43′53″
57	河北省	冀州区	131103	环保局	自动	115°34′8″	37°32′29″
58	河北省	枣强县	131121	环保局	自动	115°43′3″	37°30′58″
59	山西省	神池县	140927	消防大队	自动	112°12′35″	39°5′3″
60	山西省	神池县	140927	职业中学	自动	112°11′50″	39°5′40″
61	山西省	五寨县	140928	环保局	自动	111°48′52″	38°54′25″
62	山西省	五寨县	140928	宾馆	自动	111°50′10″	38°54′59″
63	山西省	岢岚县	140929	环保局	自动	111°34′0″	38°42′5″
64	山西省	岢岚县	140929	酸溜溜	自动	111°33′9″	38°42′11″
65	山西省	河曲县	140930	环保局	自动	111°8′12″	39°22′59″
66	山西省	河曲县	140930	巡镇中学	自动	111°8′32″	39°24′5″
67	山西省	保德县	140931	工商局	自动	111°4′53″	39°1′28″
68	山西省	保德县	140931	中医院	自动	111°4′38″	39°0′49″
69	山西省	偏关县	140932	邮政局	自动	111°29′44″	39°26′25″
70	山西省	偏关县	140932	计生委	自动	111°30′18″	39°26′7″

序号	省（市、区）名称	县（市、旗、区）名称	县（市、旗、区）代码	空气监测点位名称	监测方式	经度	纬度
71	山西省	吉县	141028	一中	自动	110°40′0″	36°5′0″
72	山西省	吉县	141028	综合服务楼	自动	110°41′49″	36°8′10″
73	山西省	乡宁县	141029	自来水公司	自动	110°50′11″	35°58′22″
74	山西省	乡宁县	141029	县政府	自动	110°50′29″	35°58′15″
75	山西省	大宁县	141030	政府	自动	110°44′53″	36°27′54″
76	山西省	大宁县	141030	地税局	自动	110°43′57″	36°27′35″
77	山西省	隰县	141031	政协大楼	自动	110°56′5″	36°41′38″
78	山西省	隰县	141031	县医院	自动	110°55′31″	36°42′3″
79	山西省	隰县	141031	环境监测大楼	自动	110°55′52″	36°41′30″
80	山西省	永和县	141032	粮食局	自动	110°37′40″	36°45′28″
81	山西省	永和县	141032	东山水厂	自动	110°37′53″	36°46′4″
82	山西省	蒲县	141033	电力公司	自动	111°6′1″	36°24′27″
83	山西省	蒲县	141033	蒲城政府	自动	111°5′25″	36°24′42″
84	山西省	汾西县	141034	水厂	自动	111°30′0″	36°36′0″
85	山西省	汾西县	141034	政协楼	自动	111°33′29″	36°39′12″
86	山西省	兴县	141123	县政府	自动	111°7′39″	38°27′44″
87	山西省	兴县	141123	县中学	自动	111°7′19″	38°27′54″
88	山西省	临县	141124	环保局	自动	110°59′3″	37°56′48″
89	山西省	临县	141124	湫河管理局	自动	110°59′12″	37°58′9″
90	山西省	柳林县	141125	青龙	自动	110°53′24″	37°26′4″
91	山西省	柳林县	141125	四中	自动	110°51′58″	37°24′38″
92	山西省	石楼县	141126	东城一贯制学校	自动	110°50′40″	36°59′57″
93	山西省	石楼县	141126	环保局	自动	110°49′19″	37°0′10″
94	山西省	中阳县	141129	政府楼	自动	111°10′15″	37°21′30″
95	山西省	中阳县	141129	城建楼	自动	111°11′30″	37°20′15″
96	内蒙古自治区	清水河县	150124	清水河县环境空气质量自动监测站	自动	111°39′28″	39°54′46″
97	内蒙古自治区	固阳县	150222	固阳县人社局	自动	110°3′31″	41°1′38″
98	内蒙古自治区	达尔罕茂明安联合旗	150223	百灵庙	自动	110°26′22″	41°42′1″
99	内蒙古自治区	阿鲁科尔沁旗	150421	阿鲁科尔沁旗环境空气质量自动监测站	自动	120°3′40″	43°52′12″
100	内蒙古自治区	巴林右旗	150423	大板镇巴林路	自动	118°40′17″	43°31′45″
101	内蒙古自治区	克什克腾旗	150425	克什克腾旗环境空气自动监测站（碧柳街子站）	自动	117°32′3″	43°15′42″
102	内蒙古自治区	翁牛特旗	150426	古城街	自动	119°0′12″	42°56′11″
103	内蒙古自治区	科尔沁左翼中旗	150521	环境保护局	自动	123°15′14″	44°6′35″

序号	省(市、区)名称	县(市、旗、区)名称	县(市、旗、区)代码	空气监测点位名称	监测方式	经度	纬度
104	内蒙古自治区	库伦旗	150524	库伦旗国土资源局	手工	121°47′54″	42°44′7″
105	内蒙古自治区	阿荣旗	150721	阿荣旗	自动	123°26′59″	48°7′6″
106	内蒙古自治区	莫力达瓦达斡尔族自治旗	150722	莫力达瓦	自动	124°31′35″	48°28′56″
107	内蒙古自治区	鄂伦春自治旗	150723	鄂伦春自治旗阿里河镇	自动	123°43′13″	50°35′7″
108	内蒙古自治区	新巴尔虎左旗	150726	新巴尔虎左旗	手工	118°15′47″	48°13′31″
109	内蒙古自治区	新巴尔虎右旗	150727	环保局	手工	116°48′33″	48°40′4″
110	内蒙古自治区	牙克石市	150782	牙克石林业电大(牙克石市)	自动	120°40′32″	49°17′0″
111	内蒙古自治区	牙克石市	150782	牙克石市兴安新城	自动	120°47′24″	49°18′20″
112	内蒙古自治区	扎兰屯市	150783	扎兰屯	自动	122°44′11″	48°0′37″
113	内蒙古自治区	额尔古纳市	150784	额尔古纳	自动	120°8′55″	50°14′37″
114	内蒙古自治区	根河市	150785	根河	自动	121°30′15″	50°46′23″
115	内蒙古自治区	乌拉特中旗	150824	房管局	自动	108°30′47″	41°35′17″
116	内蒙古自治区	乌拉特中旗	150824	乌拉特中旗环保局	自动	108°31′17″	41°33′52″
117	内蒙古自治区	乌拉特后旗	150825	后旗环保局	自动	107°4′2″	41°4′16″
118	内蒙古自治区	化德县	150922	第三小学	自动	114°0′47″	41°53′52″
119	内蒙古自治区	察哈尔右翼中旗	150927	察哈尔右翼中旗幸福广场子站	自动	112°37′50″	41°16′60″
120	内蒙古自治区	察哈尔右翼中旗	150927	察右中旗环境保护局	手工	112°38′4″	41°17′22″
121	内蒙古自治区	四子王旗	150929	四子王旗乌兰花镇	自动	111°41′53″	41°31′53″
122	内蒙古自治区	阿尔山市	152202	阿尔山市中心广场	自动	119°56′15″	47°10′27″
123	内蒙古自治区	科尔沁右翼中旗	152222	科尔沁右翼中旗	自动	121°29′23″	45°3′27″

序号	省（市、区）名称	县（市、旗、区）名称	县（市、旗、区）代码	空气监测点位名称	监测方式	经度	纬度
124	内蒙古自治区	阿巴嘎旗	152522	阿巴嘎旗环境空气自动监测站	自动	114°56′16″	44°1′16″
125	内蒙古自治区	阿巴嘎旗	152522	污水处理厂附近（西北）	手工	114°55′59″	44°1′21″
126	内蒙古自治区	阿巴嘎旗	152522	东南三角地选点1（东南）	手工	115°1′1″	44°0′34″
127	内蒙古自治区	苏尼特左旗	152523	蒙古族第二小学	手工	113°38′51″	43°50′35″
128	内蒙古自治区	苏尼特左旗	152523	苏尼特广场	手工	113°39′36″	43°51′26″
129	内蒙古自治区	苏尼特右旗	152524	苏尼特右旗大气自动连续监测站	自动	112°38′2″	42°44′43″
130	内蒙古自治区	西乌珠穆沁旗	152526	第一小学	自动	117°34′46″	44°34′46″
131	内蒙古自治区	太仆寺旗	152527	环保局	自动	115°16′14″	41°52′10″
132	内蒙古自治区	镶黄旗	152528	石油公司东侧	手工	113°50′37″	42°14′36″
133	内蒙古自治区	镶黄旗	152528	工商局门口	手工	113°50′51″	42°13′51″
134	内蒙古自治区	正镶白旗	152529	正镶白旗环境保护局大楼（五楼楼顶）	自动	115°1′28″	42°16′51″
135	内蒙古自治区	正蓝旗	152530	正蓝旗第二小学	自动	115°59′43″	42°14′39″
136	内蒙古自治区	多伦县	152531	环保局	自动	116°29′49″	42°12′17″
137	内蒙古自治区	阿拉善左旗	152921	环保局新楼站点	自动	105°43′11″	38°51′3″
138	内蒙古自治区	阿拉善左旗	152921	盟二幼站点	自动	105°41′55″	38°50′28″
139	内蒙古自治区	阿拉善左旗	152921	西花园站点	自动	105°38′48″	38°50′11″
140	内蒙古自治区	阿拉善右旗	152922	环保局	手工	101°39′38″	39°12′51″
141	内蒙古自治区	额济纳旗	152923	额济纳旗（环境监测执法大楼）空气自动站	自动	101°3′26″	41°56′53″
142	辽宁省	新宾满族自治县	210422	新宾县空气自动站	自动	125°2′5″	41°43′48″
143	辽宁省	本溪满族自治县	210521	气象局监测点	自动	124°7′54″	41°17′45″
144	辽宁省	桓仁满族自治县	210522	环境保护局	自动	125°21′14″	41°15′58″
145	辽宁省	宽甸满族自治县	210624	监测站（婆婆府街60号）	自动	124°46′27″	40°43′50″
146	吉林省	东昌区	220502	光明	自动	125°56′10″	41°43′56″

序号	省(市、区)名称	县(市、旗、区)名称	县(市、旗、区)代码	空气监测点位名称	监测方式	经度	纬度
147	吉林省	东昌区	220502	铁路	自动	125°56′39″	41°43′55″
148	吉林省	集安市	220582	麻线河口	手工	126°12′32″	41°6′27″
149	吉林省	集安市	220582	莲花公园	手工	126°15′46″	41°8′18″
150	吉林省	集安市	220582	西洋参厂	手工	126°15′35″	41°8′48″
151	吉林省	浑江区	220602	喜丰站	自动	126°24′15″	41°55′12″
152	吉林省	江源区	220605	环境保护监测站	自动	126°34′58″	42°3′12″
153	吉林省	抚松县	220621	抚松县政府子站	自动	127°25′28″	42°12′41″
154	吉林省	靖宇县	220622	环保局	自动	126°48′33″	42°23′7″
155	吉林省	长白朝鲜族自治县	220623	环保局	自动	128°11′19″	41°25′0″
156	吉林省	临江市	220681	鸭绿江大酒店	自动	126°54′53″	41°48′22″
157	吉林省	通榆县	220822	通榆县环境空气自动站	自动	123°5′30″	44°49′50″
158	吉林省	敦化市	222403	林源社区	自动	128°13′0″	43°22′15″
159	吉林省	敦化市	222403	第四中学	自动	128°13′59″	43°21′28″
160	吉林省	和龙市	222406	和龙市环境保护局	自动	129°1′1″	42°54′1″
161	吉林省	汪清县	222424	汪清县环境监测站	自动	129°45′16″	43°18′55″
162	吉林省	安图县	222426	老干部局	自动	128°54′31″	43°6′1″
163	黑龙江省	方正县	230124	方正县政府	自动	128°49′24″	45°50′57″
164	黑龙江省	木兰县	230127	木兰县人民政府院内	自动	128°2′9″	45°56′55″
165	黑龙江省	通河县	230128	通河县环保局	自动	128°45′29″	45°59′28″
166	黑龙江省	延寿县	230129	延寿镇政府	自动	128°18′10″	45°26′39″
167	黑龙江省	尚志市	230183	环保局	自动	127°58′31″	45°12′34″
168	黑龙江省	五常市	230184	五常市环保局	自动	127°9′14″	44°55′40″
169	黑龙江省	甘南县	230225	甘南县环保局	自动	123°29′31″	47°55′48″
170	黑龙江省	虎林市	230381	虎林市环保局	自动	132°58′2″	45°46′1″
171	黑龙江省	密山市	230382	密山市一中	自动	131°52′3″	45°32′12″
172	黑龙江省	绥滨县	230422	绥滨县空气自动监测站	自动	131°51′54″	47°16′57″
173	黑龙江省	饶河县	230524	饶河县环境监测站	自动	134°0′37″	46°48′10″
174	黑龙江省	伊春区	230702	中心医院	自动	128°53′9″	47°48′58″
175	黑龙江省	伊春区	230702	林管局	自动	128°54′12″	47°43′43″
176	黑龙江省	南岔区	230703	南岔区环保局	自动	129°16′35″	47°8′18″
177	黑龙江省	友好区	230704	友好区政府	自动	128°49′49″	47°50′21″
178	黑龙江省	西林区	230705	西林区山河街	自动	129°30′57″	47°47′59″
179	黑龙江省	翠峦区	230706	翠峦区环保局	自动	128°40′25″	47°43′45″
180	黑龙江省	新青区	230707	青少年活动中心	手工	129°30′30″	48°16′45″
181	黑龙江省	美溪区	230708	环保局	手工	129°8′37″	47°34′28″
182	黑龙江省	金山屯区	230709	职业高中	手工	129°26′4″	47°24′32″
183	黑龙江省	五营区	230710	五营区自动监测站	自动	129°15′20″	48°6′45″
184	黑龙江省	乌马河区	230711	乌马腾飞广场	手工	128°47′59″	47°43′40″
185	黑龙江省	带岭区	230713	带岭区政府广场	手工	129°0′44″	47°1′30″

序号	省（市、区）名称	县（市、旗、区）名称	县（市、旗、区）代码	空气监测点位名称	监测方式	经度	纬度
186	黑龙江省	乌伊岭区	230714	环保局	手工	129°25′44″	48°35′26″
187	黑龙江省	上甘岭区	230716	上甘岭区	自动	128°24′6″	47°51′25″
188	黑龙江省	嘉荫县	230722	嘉荫县环境保护局四楼	自动	130°23′44″	48°53′6″
189	黑龙江省	铁力市	230781	铁力市环保局	自动	128°1′39″	46°58′55″
190	黑龙江省	同江市	230881	沿江公园自动站	自动	132°30′27″	47°39′51″
191	黑龙江省	富锦市	230882	富锦监测站	自动	132°0′45″	47°13′52″
192	黑龙江省	抚远市	230883	抚远市政府	自动	134°18′28″	48°21′53″
193	黑龙江省	林口县	231025	林口县环保局	自动	130°15′22″	45°17′1″
194	黑龙江省	海林市	231083	青岛花园子站	自动	129°22′46″	44°34′17″
195	黑龙江省	宁安市	231084	宁安市质监局	自动	129°28′36″	44°20′27″
196	黑龙江省	穆棱市	231085	便民社区卫生服务中心	自动	130°31′20″	44°55′11″
197	黑龙江省	东宁市	231086	东宁市环保局	自动	131°7′6″	44°3′47″
198	黑龙江省	爱辉区	231102	市党校	自动	127°30′15″	50°14′21″
199	黑龙江省	爱辉区	231102	交通局	自动	127°29′1″	50°15′10″
200	黑龙江省	嫩江县	231121	嫩江监测站	自动	125°13′46″	49°8′57″
201	黑龙江省	逊克县	231123	逊克县环保局	自动	128°28′8″	49°34′15″
202	黑龙江省	孙吴县	231124	孙吴县环保局	自动	127°19′2″	49°24′31″
203	黑龙江省	北安市	231181	北安市环保局	自动	126°28′27″	48°14′5″
204	黑龙江省	五大连池市	231182	五大连池市人民医院	自动	126°11′28″	48°31′0″
205	黑龙江省	庆安县	231224	庆安县三中	自动	127°30′32″	46°52′5″
206	黑龙江省	绥棱县	231226	绥棱县空气自动站	自动	127°5′59″	47°14′12″
207	黑龙江省	加格达奇区	232701	地区环保局	自动	124°7′7″	50°25′37″
208	黑龙江省	加格达奇区	232701	地区公安局	自动	124°7′49″	50°25′18″
209	黑龙江省	松岭区	232702	松岭区社区医院	自动	124°17′47″	50°47′36″
210	黑龙江省	新林区	232703	新林区环保局	自动	124°23′28″	51°40′36″
211	黑龙江省	呼中区	232704	呼中区空气自动监测站	自动	123°35′19″	52°1′57″
212	黑龙江省	呼玛县	232721	呼玛县环保局	自动	126°58′16″	50°58′35″
213	黑龙江省	塔河县	232722	塔河县综合检验检测中心	自动	124°44′54″	52°20′39″
214	黑龙江省	漠河县	232723	漠河县环境保护局	自动	128°31′46″	52°58′43″
215	浙江省	淳安县	330127	环保大楼	自动	119°2′53″	29°36′2″
216	浙江省	文成县	330328	大峃	自动	120°5′19″	27°47′6″
217	浙江省	泰顺县	330329	罗阳	自动	119°42′31″	27°33′25″
218	浙江省	磐安县	330727	环保大楼	自动	120°26′18″	29°3′40″
219	浙江省	磐安县	330727	国税大楼	自动	120°26′17″	29°3′5″
220	浙江省	常山县	330822	环保大楼	自动	118°31′10″	28°54′4″
221	浙江省	常山县	330822	图书馆大楼	自动	118°30′22″	28°54′4″
222	浙江省	开化县	330824	气象局	自动	118°24′17″	29°8′3″
223	浙江省	遂昌县	331123	遂昌监测楼	自动	119°16′2″	28°35′45″
224	浙江省	云和县	331125	环保大楼	自动	119°33′45″	28°7′2″
225	浙江省	庆元县	331126	庆元监测楼	自动	119°3′17″	27°37′46″

序号	省(市、区)名称	县(市、旗、区)名称	县(市、旗、区)代码	空气监测点位名称	监测方式	经度	纬度
226	浙江省	景宁畲族自治县	331127	景宁监测楼	自动	119°37′47″	27°58′41″
227	浙江省	龙泉市	331181	环保大楼	自动	119°7′58″	28°4′48″
228	浙江省	龙泉市	331181	粮食大楼	自动	119°7′18″	28°4′34″
229	安徽省	潜山县	340824	老环保局	自动	116°34′35″	30°37′57″
230	安徽省	太湖县	340825	县环保局大楼	自动	116°18′12″	30°27′23″
231	安徽省	岳西县	340828	气象局	自动	116°21′34″	30°51′23″
232	安徽省	黄山区	341003	黄山区政府	自动	118°8′32″	30°16′24″
233	安徽省	歙县	341021	歙县徽城镇紫霞路 71 号	自动	118°25′1″	29°54′4″
234	安徽省	休宁县	341022	休宁县气象局站	自动	118°10′54″	29°47′17″
235	安徽省	黟县	341023	黟县组织部	自动	117°55′58″	29°55′47″
236	安徽省	祁门县	341024	中心南路 168 号站	自动	117°56′53″	29°53′53″
237	安徽省	金寨县	341524	老干部活动中心	自动	115°52′45″	31°40′40″
238	安徽省	霍山县	341525	县环保局大楼	自动	116°20′42″	31°24′51″
239	安徽省	石台县	341722	黎明路	自动	117°28′26″	30°12′53″
240	安徽省	青阳县	341723	青阳县国土城关分局	自动	117°50′33″	30°38′31″
241	安徽省	泾县	341823	稼祥中学	自动	118°24′46″	30°41′17″
242	安徽省	绩溪县	341824	绩溪中学子站	自动	118°35′22″	30°4′32″
243	安徽省	旌德县	341825	旌德县政务新区站	自动	118°32′40″	30°18′8″
244	福建省	永泰县	350125	上马路	自动	118°55′59″	25°52′1″
245	福建省	永泰县	350125	青云山	自动	118°57′28″	25°47′44″
246	福建省	永泰县	350125	城南小学	自动	118°56′49″	25°51′37″
247	福建省	明溪县	350421	环保局	自动	117°11′36″	26°21′49″
248	福建省	清流县	350423	县环保局	自动	116°48′54″	26°10′49″
249	福建省	宁化县	350424	三明工贸学校	自动	116°39′32″	26°16′19″
250	福建省	将乐县	350428	县科技局	自动	117°14′26″	26°41′20″
251	福建省	泰宁县	350429	县第一中学	自动	117°10′11″	26°54′11″
252	福建省	建宁县	350430	建宁原县政府	自动	116°53′19″	26°41′20″
253	福建省	永春县	350525	永春一中	自动	118°16′16″	25°19′52″
254	福建省	永春县	350525	永春师范	自动	118°17′58″	25°19′40″
255	福建省	华安县	350629	华安监测站	自动	117°32′12″	25°0′25″
256	福建省	浦城县	350722	浦城一中	自动	118°32′11″	27°55′20″
257	福建省	光泽县	350723	光泽县林业局	自动	117°20′27″	27°33′9″
258	福建省	光泽县	350723	县委	自动	117°20′36″	27°32′50″
259	福建省	武夷山市	350782	武夷山市天游	自动	117°56′35″	27°38′55″
260	福建省	武夷山市	350782	武夷学院	自动	117°59′51″	27°44′2″
261	福建省	武夷山市	350782	武夷山市一中	自动	118°1′36″	27°45′22″
262	福建省	长汀县	350821	长汀一中	自动	116°20′55″	25°50′22″
263	福建省	长汀县	350821	长汀职专	自动	116°20′4″	25°50′47″
264	福建省	上杭县	350823	上杭一中	自动	116°24′30″	25°3′17″
265	福建省	上杭县	350823	上杭县环境保护局	自动	116°25′6″	25°3′14″

序号	省（市、区）名称	县（市、旗、区）名称	县（市、旗、区）代码	空气监测点位名称	监测方式	经度	纬度
266	福建省	武平县	350824	武平县政府大院旧档案馆楼顶	自动	116°5′42″	25°5′59″
267	福建省	连城县	350825	连城县环境监测空气自动站	自动	116°45′11″	25°43′27″
268	福建省	屏南县	350923	闽东电力公司	自动	118°58′51″	26°54′44″
269	福建省	寿宁县	350924	寿宁县气象局	自动	119°30′26″	27°27′15″
270	福建省	周宁县	350925	周宁县人社局	自动	119°20′12″	27°6′31″
271	福建省	周宁县	350925	周宁县环保局	自动	119°19′50″	27°6′18″
272	福建省	柘荣县	350926	柘荣县环保局子站	自动	119°54′8″	27°14′11″
273	江西省	浮梁县	360222	浮梁县中医院	自动	117°12′34″	29°21′1″
274	江西省	莲花县	360321	环保局	自动	113°56′17″	27°8′30″
275	江西省	芦溪县	360323	芦溪县环保局	自动	114°1′3″	27°37′54″
276	江西省	修水县	360424	环保局	自动	114°32′9″	29°1′42″
277	江西省	修水县	360424	一小城北校区	自动	114°33′57″	29°2′12″
278	江西省	南康区	360703	市场监督管理局	自动	114°45′39″	25°39′46″
279	江西省	南康区	360703	南康区市场监管局东山分局	自动	114°45′52″	25°40′33″
280	江西省	赣县区	360704	卫计委	自动	115°0′34″	25°51′41″
281	江西省	信丰县	360722	环保局	自动	114°56′52″	25°22′47″
282	江西省	信丰县	360722	行政中心	自动	114°55′34″	25°23′15″
283	江西省	大余县	360723	大余县行政服务中心	自动	114°21′20″	25°24′1″
284	江西省	大余县	360723	大余中学	自动	114°21′3″	25°23′37″
285	江西省	上犹县	360724	上犹县东山镇政府	自动	114°32′2″	25°47′59″
286	江西省	上犹县	360724	上犹县希桥酒店	自动	114°32′55″	25°47′18″
287	江西省	崇义县	360725	崇义县人民广场	自动	114°18′11″	25°41′6″
288	江西省	崇义县	360725	崇义县财政局	自动	114°18′11″	25°41′55″
289	江西省	安远县	360726	安远县环保局	自动	115°23′2″	25°7′50″
290	江西省	安远县	360726	安远县思源学校	自动	115°23′16″	25°6′49″
291	江西省	龙南县	360727	龙南镇人民政府	自动	114°47′8″	24°54′51″
292	江西省	龙南县	360727	龙南九连山保护区管理局	自动	114°48′33″	24°54′23″
293	江西省	定南县	360728	定南县残联康复中心	自动	115°1′50″	24°47′34″
294	江西省	定南县	360728	定南县环保局	自动	115°1′11″	24°46′3″
295	江西省	全南县	360729	全南县第二中学	自动	114°32′22″	24°44′25″
296	江西省	全南县	360729	全南县委党校	自动	114°31′22″	24°44′25″
297	江西省	宁都县	360730	行政服务中心	自动	116°0′21″	26°28′30″
298	江西省	宁都县	360730	宁都宾馆	自动	116°0′46″	26°28′47″
299	江西省	于都县	360731	老计生委	自动	115°23′39″	25°57′42″
300	江西省	于都县	360731	土地管理局	自动	115°24′27″	25°57′36″
301	江西省	兴国县	360732	体育局	自动	115°21′27″	26°20′19″
302	江西省	兴国县	360732	图书馆	自动	115°20′51″	26°19′45″
303	江西省	会昌县	360733	环保局	自动	115°48′12″	25°35′26″

序号	省（市、区）名称	县（市、旗、区）名称	县（市、旗、区）代码	空气监测点位名称	监测方式	经度	纬度
304	江西省	会昌县	360733	县委党校	自动	115°48′21″	25°36′49″
305	江西省	寻乌县	360734	寻乌县委党校	自动	115°38′33″	24°57′27″
306	江西省	寻乌县	360734	寻乌县市政公园	自动	115°38′12″	24°58′14″
307	江西省	石城县	360735	赣源中学	自动	116°20′26″	26°18′47″
308	江西省	石城县	360735	实验学校	自动	116°20′35″	26°20′32″
309	江西省	瑞金市	360781	历史博物馆	自动	116°0′38″	25°52′32″
310	江西省	瑞金市	360781	第四中学	自动	116°2′10″	25°52′7″
311	江西省	遂川县	360827	龙泉公园	自动	114°31′30″	26°19′44″
312	江西省	万安县	360828	人民医院	自动	114°46′42″	26°27′47″
313	江西省	安福县	360829	安福县环保局	自动	114°36′27″	27°23′41″
314	江西省	永新县	360830	环保局	自动	114°14′21″	26°57′58″
315	江西省	井冈山市	360881	环保局	自动	114°16′55″	26°45′2″
316	江西省	靖安县	360925	靖安县环保局	自动	115°21′57″	28°50′52″
317	江西省	铜鼓县	360926	铜鼓县环保局	自动	114°21′14″	28°30′51″
318	江西省	黎川县	361022	黎川县政府	自动	116°54′15″	27°17′10″
319	江西省	南丰县	361023	南丰县琴湖酒店	自动	116°30′58″	27°13′5″
320	江西省	宜黄县	361026	宜黄县环保局	自动	116°14′3″	27°33′11″
321	江西省	资溪县	361028	资溪县环保局	自动	117°3′57″	27°43′22″
322	江西省	广昌县	361030	县幼儿园	自动	116°19′39″	26°50′5″
323	江西省	婺源县	361130	原博物馆	自动	117°51′3″	29°14′56″
324	山东省	博山区	370304	双山	自动	117°51′13″	36°29′12″
325	山东省	博山区	370304	青龙山	自动	117°52′1″	36°27′25″
326	山东省	沂源县	370323	历山	自动	118°9′28″	36°12′29″
327	山东省	沂源县	370323	南麻	自动	118°8′25″	36°12′20″
328	山东省	台儿庄区	370405	台儿庄自来水厂子站	自动	117°44′25″	34°33′53″
329	山东省	山亭区	370406	山亭区环保局子站	自动	117°27′51″	35°6′18″
330	山东省	长岛县	370634	北长山空气自动站	自动	120°41′45″	37°59′22″
331	山东省	临朐县	370724	临朐县胸山站	自动	118°32′55″	36°30′10″
332	山东省	临朐县	370724	临朐县自来水站	自动	118°31′32″	36°30′0″
333	山东省	曲阜市	370881	环保局	自动	116°59′14″	35°35′15″
334	山东省	曲阜市	370881	孔林	自动	117°0′19″	35°37′33″
335	山东省	泰山区	370902	人口学校	自动	117°6′1″	36°12′25″
336	山东省	泰山区	370902	泰山监测站	自动	117°8′36″	36°11′39″
337	山东省	泰山区	370902	厚丰公司	自动	117°10′49″	36°13′38″
338	山东省	泰山区	370902	山东电力学校	自动	117°6′29″	36°10′32″
339	山东省	五莲县	371121	五莲县实验学校	自动	119°12′41″	35°45′55″
340	山东省	沂水县	371323	城区自动站	自动	118°37′49″	35°47′28″
341	山东省	沂水县	371323	开发区自动站	自动	118°35′32″	35°45′38″
342	山东省	费县	371325	银光集团	自动	117°57′56″	35°15′14″
343	山东省	费县	371325	开发区	自动	118°1′45″	35°16′50″

序号	省（市、区）名称	县（市、旗、区）名称	县（市、旗、区）代码	空气监测点位名称	监测方式	经度	纬度
344	山东省	平邑县	371326	平邑县人民法院	自动	117°36′49″	35°31′1″
345	山东省	平邑县	371326	平邑县人力资源和社会保障局	自动	117°39′45″	35°28′28″
346	山东省	蒙阴县	371328	县监测站	自动	117°57′11″	35°43′9″
347	山东省	蒙阴县	371328	县经济开发区	自动	117°59′18″	35°41′32″
348	河南省	栾川县	410324	林业局自动站	自动	111°38′34″	33°46′51″
349	河南省	卢氏县	411224	环保局	自动	111°2′55″	34°2′54″
350	河南省	西峡县	411323	西峡县规划局	自动	111°27′59″	33°18′38″
351	河南省	内乡县	411325	内乡县实验初中	自动	111°49′39″	33°3′7″
352	河南省	淅川县	411326	淅川监测站	自动	111°17′26″	33°44′5″
353	河南省	桐柏县	411330	桐柏县二高	自动	113°25′2″	32°23′5″
354	河南省	桐柏县	411330	桐柏县国土局	自动	113°24′6″	32°21′39″
355	河南省	邓州市	411381	环保局	自动	112°5′18″	32°41′47″
356	河南省	邓州市	411381	一高中	自动	112°7′4″	32°40′43″
357	河南省	浉河区	411502	市酿酒公司	自动	114°3′54″	32°6′57″
358	河南省	浉河区	411502	南湾水厂	自动	113°59′57″	32°7′41″
359	河南省	浉河区	411502	审计局	自动	114°3′13″	32°6′57″
360	河南省	罗山县	411521	罗山县环保局	自动	114°30′32″	32°12′12″
361	河南省	罗山县	411521	罗山县实验中学	自动	114°30′56″	32°11′43″
362	河南省	光山县	411522	光山县环保局自动站	自动	114°54′21″	32°1′17″
363	河南省	光山县	411522	光山县国土局	自动	114°54′46″	32°0′24″
364	河南省	新县	411523	新县环保局	自动	114°52′2″	31°38′9″
365	河南省	商城县	411524	商城县环保局	自动	115°25′22″	31°48′22″
366	湖北省	茅箭区	420302	滨河新村	自动	110°46′47″	32°38′45″
367	湖北省	张湾区	420303	刘家沟	自动	110°43′53″	32°38′25″
368	湖北省	郧阳区	420304	郧阳区金沙路站	自动	110°48′19″	32°50′24″
369	湖北省	郧西县	420322	郧西县城区站	自动	110°24′40″	32°59′22″
370	湖北省	竹山县	420323	县环境保护局	自动	110°13′16″	32°14′14″
371	湖北省	竹溪县	420324	东风路站	自动	109°43′3″	32°19′16″
372	湖北省	房县	420325	县环境保护局	自动	110°44′54″	32°3′5″
373	湖北省	丹江口市	420381	丹江口市沙陀营路站	自动	111°30′31″	32°32′34″
374	湖北省	丹江口市	420381	丹江口市武当大道站	自动	111°28′12″	32°32′35″
375	湖北省	夷陵区	420506	夷陵区环保局	自动	111°19′40″	30°46′53″
376	湖北省	兴山县	420526	环保局办公楼	自动	110°44′52″	31°21′7″
377	湖北省	秭归县	420527	环监站楼顶	自动	110°58′19″	30°49′29″
378	湖北省	长阳土家族自治县	420528	长阳县东峰岭路	自动	110°11′49″	30°28′26″
379	湖北省	五峰土家族自治县	420529	五峰宾馆	自动	110°40′6″	30°12′7″
380	湖北省	南漳县	420624	县环境监测站	自动	111°49′54″	31°47′24″

序号	省（市、区）名称	县（市、旗、区）名称	县（市、旗、区）代码	空气监测点位名称	监测方式	经度	纬度
381	湖北省	保康县	420626	新中医院	自动	111°15′41″	31°51′30″
382	湖北省	孝昌县	420921	开发区子站	自动	113°58′15″	31°13′33″
383	湖北省	孝昌县	420921	全洲桃源	自动	113°59′51″	31°15′30″
384	湖北省	大悟县	420922	县环境监测站	自动	114°17′56″	31°23′37″
385	湖北省	红安县	421122	红安县环保局	自动	114°34′60″	31°14′36″
386	湖北省	罗田县	421123	罗田县环保局办公楼	自动	115°23′54″	30°47′12″
387	湖北省	英山县	421124	英山县人民医院	自动	115°40′25″	30°44′28″
388	湖北省	浠水县	421125	天鹅老年公寓	自动	115°17′42″	30°28′51″
389	湖北省	麻城市	421181	麻城市环保局	自动	114°59′25″	31°9′55″
390	湖北省	通城县	421222	通城县银山广场站	自动	113°49′16″	29°14′48″
391	湖北省	通山县	421224	通山县凤池山站	自动	114°30′27″	29°35′45″
392	湖北省	利川市	422802	环保局楼顶	自动	108°57′26″	30°18′21″
393	湖北省	建始县	422822	船儿岛	自动	109°43′11″	30°36′4″
394	湖北省	巴东县	422823	光明小学	自动	110°19′23″	31°2′25″
395	湖北省	宣恩县	422825	县环保局	自动	109°28′14″	29°59′14″
396	湖北省	咸丰县	422826	营坪寨一水厂	自动	109°8′31″	29°40′36″
397	湖北省	来凤县	422827	半边城	自动	109°24′30″	29°30′21″
398	湖北省	鹤峰县	422828	县政府大楼	自动	110°2′1″	29°53′24″
399	湖北省	神农架林区	429021	神农架林区博物馆路站	自动	110°40′53″	31°44′28″
400	湖北省	神农架林区	429021	松柏镇城市站	自动	110°46′13″	31°44′43″
401	湖北省	神农架林区	429021	神农架林区土家包站	自动	110°41′8″	31°44′46″
402	湖北省	神农架林区	429021	神农架林区神农大道站	自动	110°39′37″	31°45′27″
403	湖北省	神农架林区	429021	国家大气背景站	自动	110°16′12″	31°27′17″
404	湖南省	茶陵县	430224	茶陵县监测站	自动	113°32′18″	26°47′16″
405	湖南省	炎陵县	430225	炎陵县国土资源站	自动	113°46′8″	26°29′30″
406	湖南省	南岳区	430412	南岳区环保局	自动	112°43′31″	27°14′40″
407	湖南省	新邵县	430522	新邵县档案局（酿溪镇大新街）	自动	111°27′6″	27°19′2″
408	湖南省	隆回县	430524	隆回县环保局	自动	111°2′30″	27°7′25″
409	湖南省	洞口县	430525	洞口县林业局站	自动	110°34′8″	27°4′1″
410	湖南省	绥宁县	430527	绥宁县长铺镇中心街	自动	110°9′4″	26°35′12″
411	湖南省	新宁县	430528	新宁县金石镇解放路122号（县政府楼顶）	自动	110°51′12″	26°26′12″
412	湖南省	城步苗族自治县	430529	城步县财政局楼顶	自动	110°25′58″	26°15′2″
413	湖南省	君山区	430611	君山区空气自动监测点	自动	112°59′39″	29°26′24″
414	湖南省	平江县	430626	平江县环保局	自动	113°35′26″	28°41′48″
415	湖南省	桃源县	430725	桃源县文体中心	自动	111°28′24″	28°53′0″
416	湖南省	桃源县	430725	桃源县环保局	自动	111°28′32″	28°53′47″
417	湖南省	石门县	430726	永兴思源	自动	111°25′28″	29°35′30″
418	湖南省	石门县	430726	石门县政府	自动	111°22′26″	29°35′14″

序号	省（市、区）名称	县（市、旗、区）名称	县（市、旗、区）代码	空气监测点位名称	监测方式	经度	纬度
419	湖南省	石门县	430726	楚江溹阳	自动	111°22′13″	29°34′50″
420	湖南省	石门县	430726	石门县环保局	自动	111°24′32″	29°35′38″
421	湖南省	永定区	430802	永定新区	自动	110°31′55″	29°7′18″
422	湖南省	永定区	430802	电业局	自动	110°28′11″	29°29′27″
423	湖南省	武陵源区	430811	未央路	自动	110°33′27″	29°20′55″
424	湖南省	慈利县	430821	慈利县环保局	自动	111°7′28″	29°25′41″
425	湖南省	桑植县	430822	桑植县环保局	自动	110°11′25″	29°24′46″
426	湖南省	桑植县	430822	桑植县气象站	自动	110°9′45″	29°24′4″
427	湖南省	桃江县	430922	县环保局	自动	112°7′43″	28°31′17″
428	湖南省	安化县	430923	安化县东坪镇	自动	111°12′23″	28°22′43″
429	湖南省	宜章县	431022	宜章县一中	自动	112°57′0″	25°24′22″
430	湖南省	嘉禾县	431024	嘉禾县县环保局	自动	112°21′44″	25°35′25″
431	湖南省	临武县	431025	临武县环保局	自动	112°33′0″	25°16′42″
432	湖南省	汝城县	431026	汝城县环保局	自动	113°40′55″	25°33′17″
433	湖南省	桂东县	431027	桂东县政务中心站	自动	113°57′23″	26°4′54″
434	湖南省	安仁县	431028	安仁县监测站	自动	113°16′9″	26°42′49″
435	湖南省	资兴市	431081	资兴市三中站	自动	113°13′32″	25°58′22″
436	湖南省	东安县	431122	东安县一中	自动	111°19′12″	26°23′38″
437	湖南省	双牌县	431123	双牌县二中	自动	111°39′8″	25°57′19″
438	湖南省	道县	431124	道县环保局	自动	111°36′20″	25°32′11″
439	湖南省	江永县	431125	政府大楼	自动	111°20′37″	25°16′31″
440	湖南省	宁远县	431126	宁远县城南站	自动	111°56′31″	25°34′38″
441	湖南省	蓝山县	431127	第一完全小学	自动	112°11′23″	25°22′21″
442	湖南省	新田县	431128	瑞华学校	自动	112°11′28″	25°55′5″
443	湖南省	江华瑶族自治县	431129	县乡镇企业局	自动	111°34′22″	25°11′23″
444	湖南省	鹤城区	431202	河西地税局	自动	109°56′43″	27°32′40″
445	湖南省	鹤城区	431202	市四医院	自动	109°58′45″	27°32′3″
446	湖南省	鹤城区	431202	监测楼	自动	109°59′50″	27°33′28″
447	湖南省	鹤城区	431202	市委党校	自动	110°2′22″	27°34′59″
448	湖南省	中方县	431221	文化局	自动	109°56′27″	27°26′28″
449	湖南省	沅陵县	431222	沅陵县环保局	自动	110°24′35″	28°27′8″
450	湖南省	辰溪县	431223	县政府站	自动	110°10′59″	28°0′24″
451	湖南省	溆浦县	431224	城南计生服务大楼	自动	110°35′38″	27°54′18″
452	湖南省	会同县	431225	会同县二完小	自动	109°42′49″	26°52′46″
453	湖南省	麻阳苗族自治县	431226	麻阳一中	自动	109°47′23″	27°52′33″
454	湖南省	新晃侗族自治县	431227	新晃县环保局	自动	109°10′32″	27°21′19″
455	湖南省	芷江侗族自治县	431228	人力资源和社会保障局	自动	109°40′39″	27°26′23″
456	湖南省	靖州苗族侗族自治县	431229	人民医院	自动	109°41′22″	26°34′48″
457	湖南省	通道侗族自治县	431230	通道县环保局	自动	109°46′48″	26°10′58″

序号	省（市、区）名称	县（市、旗、区）名称	县（市、旗、区）代码	空气监测点位名称	监测方式	经度	纬度
458	湖南省	洪江市	431281	洪江市环境保护局	自动	109°49′41″	27°12′27″
459	湖南省	洪江市	431281	洪江区古商城	自动	109°59′54″	27°7′8″
460	湖南省	新化县	431322	新化县上梅中学	自动	111°18′16″	27°44′29″
461	湖南省	吉首市	433101	州政府	自动	109°43′47″	28°18′59″
462	湖南省	吉首市	433101	吉首市计生局	自动	109°41′44″	28°16′3″
463	湖南省	泸溪县	433122	泸溪县环保局	自动	110°12′31″	28°13′14″
464	湖南省	凤凰县	433123	县自来水厂	自动	109°35′28″	27°57′27″
465	湖南省	花垣县	433124	花垣县环保局	自动	109°27′50″	28°34′51″
466	湖南省	保靖县	433125	保靖民中	自动	109°39′11″	28°43′1″
467	湖南省	古丈县	433126	古丈一中	自动	109°56′37″	28°37′21″
468	湖南省	永顺县	433127	林业局苗圃	自动	109°50′56″	28°59′18″
469	湖南省	龙山县	433130	皇仓中学	自动	109°25′30″	29°27′57″
470	广东省	始兴县	440222	县环保局环境监控大楼	自动	114°3′51″	24°57′15″
471	广东省	仁化县	440224	丹霞街道办	自动	113°45′4″	25°5′1″
472	广东省	翁源县	440229	龙仙第三小学	自动	114°7′54″	24°21′36″
473	广东省	乳源瑶族自治县	440232	乳源瑶族自治县环境空气质量自动监测站	自动	113°16′20″	24°46′11″
474	广东省	新丰县	440233	新丰县环境保护局	自动	114°13′14″	24°3′42″
475	广东省	乐昌市	440281	乐昌市环境保护局顶楼	自动	113°20′24″	25°7′58″
476	广东省	南雄市	440282	监测大楼	自动	114°18′42″	25°7′34″
477	广东省	信宜市	440983	新尚路（监测站）	自动	110°55′45″	22°21′23″
478	广东省	大埔县	441422	大埔文化路子站	自动	116°41′15″	24°21′7″
479	广东省	丰顺县	441423	庄园路	自动	116°10′57″	23°44′33″
480	广东省	平远县	441426	平远大道（电视塔）	自动	115°53′39″	24°33′50″
481	广东省	蕉岭县	441427	镇山路子站	自动	116°10′8″	24°39′44″
482	广东省	兴宁市	441481	环保局	自动	115°43′46″	24°7′58″
483	广东省	陆河县	441523	陆河县环保大楼子站	自动	115°24′57″	23°10′59″
484	广东省	龙川县	441622	老隆镇第二小学空气自动站	自动	115°15′8″	24°6′3″
485	广东省	连平县	441623	连平中学	自动	114°28′25″	24°22′31″
486	广东省	和平县	441624	阳明中学艺术楼	自动	114°56′21″	24°24′26″
487	广东省	阳山县	441823	人民防空大楼子站	自动	112°38′3″	24°27′56″
488	广东省	阳山县	441823	阳山中学子站	自动	112°38′35″	24°28′40″
489	广东省	连山壮族瑶族自治县	441825	县计生服务站	自动	112°4′25″	24°34′11″
490	广东省	连山壮族瑶族自治县	441825	县广播电视台	自动	112°6′19″	24°34′22″
491	广东省	连南瑶族自治县	441826	监测站楼顶	自动	112°16′54″	24°43′17″
492	广东省	连南瑶族自治县	441826	县政府1号楼点	自动	112°16′55″	24°43′44″
493	广东省	连州市	441882	城西站	自动	112°21′57″	24°46′56″
494	广东省	连州市	441882	城东站	自动	112°22′46″	24°47′24″

序号	省（市、区）名称	县（市、旗、区）名称	县（市、旗、区）代码	空气监测点位名称	监测方式	经度	纬度
495	广西壮族自治区	马山县	450124	马山县城空气监测点	自动	108°10′15″	23°42′29″
496	广西壮族自治区	上林县	450125	上林县城空气监测点	自动	108°36′6″	23°26′4″
497	广西壮族自治区	融水苗族自治县	450225	广西融水民族卫校	自动	109°15′13″	25°4′56″
498	广西壮族自治区	融水苗族自治县	450225	县环保局	手工	109°15′16″	25°4′51″
499	广西壮族自治区	三江侗族自治县	450226	三江县古宜镇中学	自动	109°35′58″	25°46′49″
500	广西壮族自治区	三江侗族自治县	450226	县政府	手工	109°36′5″	25°47′12″
501	广西壮族自治区	三江侗族自治县	450226	县环保局	手工	109°37′3″	25°47′16″
502	广西壮族自治区	阳朔县	450321	阳朔县城宝泉站	自动	110°29′8″	24°46′50″
503	广西壮族自治区	灌阳县	450327	灌阳县政府大院	自动	111°9′21″	25°29′31″
504	广西壮族自治区	龙胜各族自治县	450328	龙胜县环境监测执法大楼站	自动	110°0′31″	25°48′30″
505	广西壮族自治区	资源县	450329	资源县城空气监测点	自动	110°38′35″	26°2′57″
506	广西壮族自治区	恭城瑶族自治县	450332	恭城瑶族自治县环保局	自动	110°49′41″	24°50′2″
507	广西壮族自治区	蒙山县	450423	蒙山县第二中学	自动	110°32′22″	24°11′35″
508	广西壮族自治区	蒙山县	450423	县环保局	手工	110°31′46″	24°12′14″
509	广西壮族自治区	蒙山县	450423	县武装部	手工	110°30′48″	24°12′28″
510	广西壮族自治区	蒙山县	450423	县生活污水处理厂	手工	110°31′40″	24°10′47″
511	广西壮族自治区	德保县	451024	实验小学5号办公楼	自动	106°37′8″	23°19′32″
512	广西壮族自治区	德保县	451024	县政府办公大楼顶	手工	106°36′41″	23°19′36″
513	广西壮族自治区	那坡县	451026	那坡县红十字会	自动	105°49′45″	23°23′24″
514	广西壮族自治区	那坡县	451026	政府办公大楼楼顶	手工	105°49′45″	23°23′24″

序号	省（市、区）名称	县（市、旗、区）名称	县（市、旗、区）代码	空气监测点位名称	监测方式	经度	纬度
515	广西壮族自治区	凌云县	451027	凌云县会议中心	自动	106°33′30″	24°20′54″
516	广西壮族自治区	凌云县	451027	新政府办公大楼	手工	106°33′28″	24°21′2″
517	广西壮族自治区	乐业县	451028	乐业县环境保护局	自动	106°33′24″	24°47′59″
518	广西壮族自治区	乐业县	451028	乐业饭店	手工	106°33′29″	24°46′0″
519	广西壮族自治区	西林县	451030	县粮食局楼顶	自动	105°5′41″	24°30′4″
520	广西壮族自治区	西林县	451030	县新政府办公大楼顶	手工	105°5′25″	24°29′3″
521	广西壮族自治区	富川瑶族自治县	451123	富川县城空气监测点（少年活动中心）	自动	111°16′4″	24°49′7″
522	广西壮族自治区	天峨县	451222	天峨县环境保护局办公楼	自动	107°9′56″	24°59′47″
523	广西壮族自治区	天峨县	451222	林朵大酒店	手工	107°10′12″	24°59′56″
524	广西壮族自治区	天峨县	451222	五吉大酒店	手工	107°10′16″	24°59′32″
525	广西壮族自治区	凤山县	451223	县政府	自动	107°2′17″	24°32′59″
526	广西壮族自治区	凤山县	451223	县政府	手工	107°2′17″	24°32′59″
527	广西壮族自治区	凤山县	451223	馨怡宾馆	手工	107°2′24″	24°32′4″
528	广西壮族自治区	东兰县	451224	城中教学楼楼顶	自动	107°22′9″	24°30′37″
529	广西壮族自治区	东兰县	451224	县环保局	手工	107°21′58″	24°30′30″
530	广西壮族自治区	罗城仫佬族自治县	451225	罗城中学教学楼楼顶	自动	108°54′25″	24°46′57″
531	广西壮族自治区	罗城仫佬族自治县	451225	县民族广场	手工	108°54′16″	24°47′0″
532	广西壮族自治区	环江毛南族自治县	451226	县人民政府办公大楼	自动	108°15′31″	24°49′34″
533	广西壮族自治区	环江毛南族自治县	451226	环江县城区中	手工	108°15′33″	24°49′46″
534	广西壮族自治区	巴马瑶族自治县	451227	巴马县人社局楼顶	自动	107°14′38″	24°8′47″

序号	省（市、区）名称	县（市、旗、区）名称	县（市、旗、区）代码	空气监测点位名称	监测方式	经度	纬度
535	广西壮族自治区	巴马瑶族自治县	451227	县环保局	手工	107°15′13″	24°8′20″
536	广西壮族自治区	都安瑶族自治县	451228	县环保局对面民房楼顶	自动	108°6′11″	23°55′53″
537	广西壮族自治区	大化瑶族自治县	451229	县环保局楼顶	自动	107°59′6″	23°44′32″
538	广西壮族自治区	大化瑶族自治县	451229	环保局楼顶	手工	107°59′6″	23°44′32″
539	广西壮族自治区	忻城县	451321	忻城县中学	自动	108°39′52″	24°4′11″
540	广西壮族自治区	忻城县	451321	土司衙门	手工	108°40′22″	24°3′45″
541	广西壮族自治区	金秀瑶族自治县	451324	金秀瑶族自治县环境保护局	自动	110°10′32″	24°8′56″
542	广西壮族自治区	金秀瑶族自治县	451324	县粮食局	手工	110°10′58″	24°8′22″
543	广西壮族自治区	天等县	451425	天等县安监局办公楼楼顶	自动	107°8′20″	23°4′53″
544	广西壮族自治区	天等县	451425	县统计局	手工	107°8′25″	23°4′60″
545	海南省	秀英区	460105	秀英海南医院	自动	110°16′58″	20°0′19″
546	海南省	龙华区	460106	龙华路环保局宿舍	自动	110°19′49″	20°2′9″
547	海南省	琼山区	460107	海南师范大学	自动	110°20′21″	19°59′52″
548	海南省	美兰区	460108	海南大学	自动	110°19′8″	20°3′35″
549	海南省	三亚市	460200	河东子站	自动	109°30′28″	18°14′56″
550	海南省	三亚市	460200	河西子站	自动	109°29′47″	18°16′5″
551	海南省	儋州市	460400	东坡中学子站	自动	109°30′13″	19°31′39″
552	海南省	儋州市	460400	市第一中学子站	自动	109°30′13″	19°30′32″
553	海南省	五指山市	469001	林科所大气站	自动	109°31′1″	19°46′45″
554	海南省	五指山市	469001	琼南电视台站	自动	109°31′50″	18°39′7″
555	海南省	琼海市	469002	海桂中学	自动	110°27′41″	19°15′59″
556	海南省	琼海市	469002	环保大楼	自动	110°27′39″	19°13′54″
557	海南省	琼海市	469002	市人民医院	自动	110°27′50″	19°15′2″
558	海南省	文昌市	469005	文昌市国土环境资源局办公楼	自动	110°48′8″	19°33′3″
559	海南省	文昌市	469005	文昌市矿山管理站宿舍大楼	自动	110°44′52″	19°37′15″
560	海南省	万宁市	469006	万宁中学子站	自动	110°23′24″	18°47′53″
561	海南省	万宁市	469006	北师大万宁附中子站	自动	110°25′19″	18°49′5″
562	海南省	东方市	469007	国土环境资源局子站	自动	108°40′40″	19°6′2″
563	海南省	东方市	469007	档案馆子站	自动	108°38′50″	19°5′48″
564	海南省	定安县	469021	定安环境资源监察大队站	自动	110°19′41″	19°41′28″
565	海南省	定安县	469021	定安县自来水公司站	自动	110°20′39″	19°41′1″

序号	省(市、区)名称	县(市、旗、区)名称	县(市、旗、区)代码	空气监测点位名称	监测方式	经度	纬度
566	海南省	屯昌县	469022	红旗中学子站	自动	110°6′39″	19°22′37″
567	海南省	澄迈县	469023	国土环境资源局	自动	110°0′19″	19°45′19″
568	海南省	澄迈县	469023	县委大院	自动	110°0′8″	19°44′28″
569	海南省	临高县	469024	临高县委档案馆	自动	109°41′19″	19°55′3″
570	海南省	白沙黎族自治县	469025	财政局站	自动	109°26′42″	19°13′19″
571	海南省	昌江黎族自治县	469026	县国土环境资源局	自动	109°2′49″	19°16′9″
572	海南省	乐东黎族自治县	469027	县国土环境资源局	自动	109°10′40″	18°44′32″
573	海南省	陵水黎族自治县	469028	县纪委大楼站	自动	110°1′58″	18°30′26″
574	海南省	保亭黎族苗族自治县	469029	保亭中学	自动	109°42′9″	18°38′27″
575	海南省	琼中黎族苗族自治县	469030	县国土环境资源局	自动	109°50′14″	19°2′7″
576	重庆市	武隆区	500156	芙蓉中路	自动	107°45′7″	29°19′44″
577	重庆市	城口县	500229	北大街	自动	109°39′34″	32°57′7″
578	重庆市	云阳县	500235	双江	自动	108°41′54″	30°56′6″
579	重庆市	奉节县	500236	少陵路	自动	109°27′12″	31°1′8″
580	重庆市	巫山县	500237	净坛二路	自动	109°52′35″	31°4′54″
581	重庆市	巫溪县	500238	环保局	自动	109°34′7″	31°23′46″
582	重庆市	石柱土家族自治县	500240	万寿大道	自动	108°7′48″	29°59′53″
583	重庆市	秀山土家族苗族自治县	500241	秀山县高级中学	自动	108°59′1″	28°27′14″
584	重庆市	酉阳土家族苗族自治县	500242	桃花源中路	自动	108°45′41″	28°50′45″
585	重庆市	彭水苗族土家族自治县	500243	河堡街	自动	108°9′20″	29°17′10″
586	四川省	北川羌族自治县	510726	县环境保护局楼顶	自动	104°25′8″	31°38′33″
587	四川省	平武县	510727	平武县行政新区平武县环境保护局	自动	104°49′51″	32°13′4″
588	四川省	旺苍县	510821	红军城	自动	106°18′9″	32°14′7″
589	四川省	旺苍县	510821	松米山	自动	106°15′24″	32°13′28″
590	四川省	旺苍县	510821	新城	自动	106°17′14″	32°13′47″
591	四川省	青川县	510822	高家院	自动	105°13′46″	32°34′27″
592	四川省	沐川县	511129	青少年宫	自动	103°53′56″	28°57′6″
593	四川省	峨边彝族自治县	511132	峨边县政府	自动	103°15′38″	29°13′59″
594	四川省	马边彝族自治县	511133	马边中学育才楼	自动	103°32′36″	28°50′26″
595	四川省	万源市	511781	河西职中	自动	108°1′47″	32°4′55″
596	四川省	石棉县	511824	石棉县政务中心	自动	102°21′26″	29°13′50″
597	四川省	天全县	511825	天全县向阳路子站	自动	102°46′21″	30°2′59″
598	四川省	宝兴县	511827	宝兴县环保局	自动	102°48′44″	30°23′2″

序号	省（市、区）名称	县（市、旗、区）名称	县（市、旗、区）代码	空气监测点位名称	监测方式	经度	纬度
599	四川省	通江县	511921	通江中学站	自动	107°14′25″	31°55′6″
600	四川省	通江县	511921	通江县政务中心	自动	107°26′15″	32°7′9″
601	四川省	南江县	511922	朝阳新区	自动	106°49′26″	32°20′55″
602	四川省	马尔康市	513201	农科所	自动	102°8′55″	31°56′35″
603	四川省	马尔康市	513201	马师校	自动	102°14′56″	31°53′43″
604	四川省	马尔康市	513201	监测站	自动	102°14′56″	31°53′43″
605	四川省	汶川县	513221	汶川县园林子站	自动	103°34′56″	31°28′11″
606	四川省	理县	513222	县政务中心楼顶	自动	103°9′47″	31°26′13″
607	四川省	茂县	513223	茂县环保局	自动	103°50′32″	31°40′22″
608	四川省	松潘县	513224	县城新区行政区	自动	103°35′46″	32°38′12″
609	四川省	九寨沟县	513225	行政办公中心 5 号楼点	自动	104°14′30″	33°15′10″
610	四川省	金川县	513226	金川县环境资源保护中心楼顶	自动	102°4′25″	31°28′21″
611	四川省	小金县	513227	小金县环境保护局楼顶	自动	102°21′31″	30°59′47″
612	四川省	黑水县	513228	黑水县长征路政务中心	自动	102°59′4″	32°5′7″
613	四川省	壤塘县	513230	壤塘县环境保护和林业局楼顶	自动	100°58′0″	32°16′8″
614	四川省	阿坝县	513231	县环境保护和林业局楼顶	自动	101°42′30″	32°54′25″
615	四川省	若尔盖县	513232	若尔盖县环境保护局空气自动站	自动	102°57′1″	33°34′58″
616	四川省	红原县	513233	红原县人民政府大院	自动	102°32′56″	32°48′1″
617	四川省	康定市	513301	水桥子	自动	101°57′41″	30°2′41″
618	四川省	康定市	513301	州环保局	自动	101°57′12″	29°59′22″
619	四川省	泸定县	513322	泸定县政府综合办公大楼楼顶	自动	102°14′5″	29°54′50″
620	四川省	丹巴县	513323	县政府楼顶	自动	101°53′25″	30°52′43″
621	四川省	九龙县	513324	九龙县呷尔镇团结下街 11 号县政府办公楼楼顶	自动	101°30′26″	28°0′1″
622	四川省	雅江县	513325	政府大楼楼顶	自动	101°0′46″	30°2′4″
623	四川省	道孚县	513326	灵雀寺 18 号县环境保护局楼顶	自动	101°7′19″	30°58′59″
624	四川省	炉霍县	513327	炉霍县空气自动监测子站（炉霍县环保局楼顶）	自动	100°40′22″	31°23′55″
625	四川省	甘孜县	513328	甘孜县环保局楼顶	自动	99°59′28″	31°37′32″
626	四川省	新龙县	513329	新龙县政府	自动	100°19′4″	30°56′43″
627	四川省	德格县	513330	德格县空气自动监测子站（德格县环境监察业务用房楼顶）	自动	98°35′16″	31°49′12″
628	四川省	白玉县	513331	白玉县建设镇河东街白玉大厦楼顶	自动	98°49′24″	31°12′39″

序号	省（市、区）名称	县（市、旗、区）名称	县（市、旗、区）代码	空气监测点位名称	监测方式	经度	纬度
629	四川省	石渠县	513332	石渠县自来水厂综合办公大楼四楼楼顶	自动	98°5′34″	32°58′30″
630	四川省	色达县	513333	色达县环境保护和林业局空气自动站	自动	98°48′22″	31°38′33″
631	四川省	理塘县	513334	理塘县县环保局	手工	100°16′6″	29°59′59″
632	四川省	理塘县	513334	理塘县环保局楼顶	自动	100°15′54″	29°59′40″
633	四川省	巴塘县	513335	巴塘县环保局大楼	自动	99°6′20″	30°0′17″
634	四川省	乡城县	513336	乡城县人民政府政务中心楼顶	自动	99°48′2″	28°56′5″
635	四川省	稻城县	513337	稻城县环保大楼楼顶	自动	100°18′8″	29°2′13″
636	四川省	得荣县	513338	公安局楼顶	自动	99°17′15″	28°17′52″
637	四川省	木里藏族自治县	513422	县政府	自动	101°16′43″	27°55′56″
638	四川省	盐源县	513423	县环保局楼顶	自动	101°30′44″	27°25′42″
639	四川省	宁南县	513427	政务中心	自动	102°45′4″	27°3′54″
640	四川省	普格县	513428	普格县人民政府办公楼楼顶	自动	102°32′22″	27°22′7″
641	四川省	布拖县	513429	布拖县环保局顶楼	自动	102°48′16″	27°42′57″
642	四川省	金阳县	513430	金阳县环保局	自动	103°14′47″	27°41′41″
643	四川省	昭觉县	513431	烈士塔	自动	102°33′25″	28°52′43″
644	四川省	喜德县	513432	喜德县党校	自动	102°24′34″	28°18′41″
645	四川省	越西县	513434	越西县环境保护局	自动	102°30′27″	28°37′47″
646	四川省	甘洛县	513435	甘洛宾馆	自动	102°46′11″	28°57′44″
647	四川省	美姑县	513436	美美广场	自动	103°7′38″	28°19′54″
648	四川省	雷波县	513437	雷波县行政中心	自动	103°34′9″	28°15′57″
649	贵州省	六枝特区	520203	六枝特区政府	自动	105°28′37″	26°12′47″
650	贵州省	水城县	520221	双水	自动	104°57′16″	26°33′2″
651	贵州省	习水县	520330	习水县子站	自动	106°11′36″	28°20′5″
652	贵州省	赤水市	520381	马村	自动	105°43′20″	28°35′26″
653	贵州省	镇宁布依族苗族自治县	520423	县纪委	自动	105°46′12″	26°3′29″
654	贵州省	关岭布依族苗族自治县	520424	关岭县寄宿中学	自动	105°36′46″	25°56′57″
655	贵州省	紫云苗族布依族自治县	520425	县供电局	自动	106°4′41″	25°45′26″
656	贵州省	七星关区	520502	师专	自动	105°18′39″	27°17′51″
657	贵州省	七星关区	520502	实验高中	自动	105°17′4″	27°17′34″
658	贵州省	七星关区	520502	张家坡	自动	105°17′57″	27°18′30″
659	贵州省	七星关区	520502	八中	自动	105°17′11″	27°18′45″
660	贵州省	大方县	520521	大方一中	自动	105°36′37″	27°9′0″
661	贵州省	大方县	520521	大方四中	自动	105°36′8″	27°8′51″
662	贵州省	黔西县	520522	黔西电力小区	自动	106°2′25″	27°0′44″

序号	省（市、区）名称	县（市、旗、区）名称	县（市、旗、区）代码	空气监测点位名称	监测方式	经度	纬度
663	贵州省	金沙县	520523	二中站	自动	106°12′45″	27°27′44″
664	贵州省	金沙县	520523	西洛站	自动	106°19′21″	27°49′13″
665	贵州省	织金县	520524	织金二中	自动	105°46′26″	26°40′13″
666	贵州省	纳雍县	520525	县五中	自动	105°22′11″	26°46′16″
667	贵州省	威宁彝族回族苗族自治县	520526	威宁县三中	自动	104°16′46″	26°51′17″
668	贵州省	赫章县	520527	赫章县财政局	自动	104°43′40″	27°7′4″
669	贵州省	江口县	520621	磨湾水厂	自动	108°49′52″	27°42′22″
670	贵州省	石阡县	520623	石阡县华夏中学	自动	108°13′3″	27°30′37″
671	贵州省	石阡县	520623	县民族中学站	自动	108°13′3″	27°30′4″
672	贵州省	思南县	520624	农业局子站	自动	108°14′56″	27°56′57″
673	贵州省	印江土家族苗族自治县	520625	印江民族中学	自动	108°23′32″	28°0′7″
674	贵州省	德江县	520626	水岸豪庭对面	自动	108°7′28″	28°14′54″
675	贵州省	沿河土家族自治县	520627	县政府大楼	自动	108°29′57″	28°34′3″
676	贵州省	望谟县	522326	望谟县财政局	自动	106°5′29″	25°10′31″
677	贵州省	册亨县	522327	册亨县环境监测站	自动	105°48′18″	24°59′22″
678	贵州省	黄平县	522622	黄平水厂	自动	107°53′29″	26°54′22″
679	贵州省	施秉县	522623	县政务中心楼顶	自动	108°7′19″	27°2′1″
680	贵州省	锦屏县	522628	锦屏县县政府楼顶	自动	109°11′43″	26°40′44″
681	贵州省	剑河县	522629	县行政中心	自动	108°26′29″	26°43′42″
682	贵州省	台江县	522630	县城关一小	自动	108°18′42″	26°40′18″
683	贵州省	榕江县	522632	榕江县县医院	自动	108°30′57″	25°55′49″
684	贵州省	从江县	522633	从江县林场大田	自动	108°53′17″	25°45′3″
685	贵州省	雷山县	522634	泰穆塞尔酒店	自动	108°5′18″	26°23′57″
686	贵州省	丹寨县	522636	县职校	自动	107°47′44″	26°12′20″
687	贵州省	荔波县	522722	荔波县樟江北路	自动	107°52′34″	25°24′59″
688	贵州省	平塘县	522727	平塘县青少年宫楼顶	自动	107°19′11″	25°49′26″
689	贵州省	罗甸县	522728	空气自动站（原行政服务中心楼顶）	自动	106°44′45″	25°20′20″
690	贵州省	三都水族自治县	522732	三都县空气自动监测站环保局子站	自动	107°51′25″	25°58′27″
691	云南省	东川区	530113	东川区空气自动站	自动	103°11′35″	26°4′46″
692	云南省	东川区	530113	东川区空气自动站	手工	103°10′58″	26°5′13″
693	云南省	江川区	530403	江川区人民医院	自动	102°45′30″	24°18′0″
694	云南省	澄江县	530422	县环保局	自动	102°54′13″	24°40′29″
695	云南省	澄江县	530422	县环保局	手工	102°54′13″	24°40′30″
696	云南省	通海县	530423	通海县环境监测站	自动	102°45′30″	24°7′0″
697	云南省	华宁县	530424	示范小学子站	自动	102°55′29″	24°11′48″

序号	省（市、区）名称	县（市、旗、区）名称	县（市、旗、区）代码	空气监测点位名称	监测方式	经度	纬度
698	云南省	巧家县	530622	巧家县环保局楼顶	自动	102°55′20″	26°55′12″
699	云南省	盐津县	530623	环境监测站楼顶	自动	104°14′0″	28°6′46″
700	云南省	盐津县	530623	环境监测站楼顶	手工	104°14′1″	28°6′46″
701	云南省	大关县	530624	大关翠华空气自动站	自动	103°53′40″	27°44′37″
702	云南省	大关县	530624	大关县环境监测执法用房楼顶	手工	103°53′41″	27°45′56″
703	云南省	永善县	530625	永善县环保局	自动	103°38′56″	28°14′25″
704	云南省	永善县	530625	永善县环境保护局楼顶	手工	103°37′51″	28°14′11″
705	云南省	绥江县	530626	绥江县空气自动站	自动	103°57′18″	28°35′30″
706	云南省	绥江县	530626	绥江县环境保护局楼顶	自动	103°57′18″	28°35′30″
707	云南省	玉龙纳西族自治县	530721	西南郊	自动	100°13′4″	26°51′39″
708	云南省	永胜县	530722	永胜县环保局	自动	100°44′18″	26°41′51″
709	云南省	永胜县	530722	永胜县环境监测站	手工	100°44′18″	26°41′51″
710	云南省	宁蒗彝族自治县	530724	县环保局	手工	100°51′9″	27°17′46″
711	云南省	宁蒗彝族自治县	530724	宁蒗县环保局	自动	100°51′9″	27°17′46″
712	云南省	景东彝族自治县	530823	景东县环境保护局	自动	100°50′19″	24°26′59″
713	云南省	景东彝族自治县	530823	县政府	手工	100°49′54″	24°26′57″
714	云南省	镇沅彝族哈尼族拉祜族自治县	530825	镇沅县恩乐镇中学综合楼	自动	101°6′36″	24°0′17″
715	云南省	镇沅彝族哈尼族拉祜族自治县	530825	县人民政府办公楼	手工	101°6′23″	24°0′23″
716	云南省	孟连傣族拉祜族佤族自治县	530827	孟连县档案局旁	自动	99°35′8″	22°19′52″
717	云南省	孟连傣族拉祜族佤族自治县	530827	孟连县档案局旁	手工	99°35′8″	22°19′52″
718	云南省	澜沧拉祜族自治县	530828	澜沧县气象观测站	自动	99°56′49″	22°33′47″
719	云南省	澜沧拉祜族自治县	530828	澜沧县环境监测站	手工	99°56′19″	22°33′11″
720	云南省	西盟佤族自治县	530829	西盟县民族小学	自动	99°35′31″	22°38′55″
721	云南省	西盟佤族自治县	530829	住建局	手工	99°35′29″	22°38′47″
722	云南省	双柏县	532322	双柏县环境保护局	自动	101°38′46″	24°41′28″
723	云南省	双柏县	532322	县环保局	手工	101°38′46″	24°41′28″
724	云南省	大姚县	532326	大姚县平安医院	自动	101°19′25″	25°43′44″
725	云南省	大姚县	532326	大姚县平安医院门诊楼顶	手工	101°19′25″	25°43′44″
726	云南省	永仁县	532327	永仁县人事局	自动	101°40′16″	26°3′1″
727	云南省	永仁县	532327	永仁县环境监测监楼顶	手工	101°40′6″	26°3′33″
728	云南省	屏边苗族自治县	532523	县林业局楼顶	自动	103°40′23″	22°59′22″
729	云南省	石屏县	532525	石屏县人民政府	自动	102°29′42″	23°42′30″

序号	省（市、区）名称	县（市、旗、区）名称	县（市、旗、区）代码	空气监测点位名称	监测方式	经度	纬度
730	云南省	金平苗族瑶族傣族自治县	532530	金平县环境监测站	自动	103°13′30″	22°46′56″
731	云南省	文山市	532601	文山市州水务局	自动	104°15′12″	23°21′34″
732	云南省	文山市	532601	文山市便民服务中心	自动	104°13′55″	23°23′21″
733	云南省	西畴县	532623	西畴县县委党校	自动	104°40′52″	23°26′30″
734	云南省	西畴县	532623	国税宾馆	手工	104°40′31″	23°26′21″
735	云南省	西畴县	532623	北回广场	手工	104°40′31″	23°26′22″
736	云南省	麻栗坡县	532624	麻栗坡县民族中学教学楼第6栋	自动	104°43′14″	23°7′28″
737	云南省	麻栗坡县	532624	龙熙顺景	手工	104°42′40″	23°8′23″
738	云南省	麻栗坡县	532624	地震局	手工	104°42′10″	23°7′36″
739	云南省	马关县	532625	马关县空气自动监测站	自动	104°23′33″	23°0′58″
740	云南省	马关县	532625	通灵宾馆	手工	104°23′57″	23°0′11″
741	云南省	马关县	532625	华联酒店	手工	104°23′33″	23°0′54″
742	云南省	广南县	532627	广南县空气自动监测站	自动	105°2′50″	24°3′8″
743	云南省	广南县	532627	莲湖边	手工	105°3′42″	24°3′2″
744	云南省	广南县	532627	铜鼓广场	手工	105°3′6″	24°2′47″
745	云南省	富宁县	532628	普厅小区	手工	105°38′9″	23°37′36″
746	云南省	富宁县	532628	建设大厦	手工	105°37′29″	23°37′38″
747	云南省	富宁县	532628	富宁县第一中学	自动	105°37′21″	23°37′30″
748	云南省	景洪市	532801	景洪市江北	自动	100°48′1″	22°1′15″
749	云南省	景洪市	532801	景洪市江南	自动	100°47′38″	22°0′7″
750	云南省	勐海县	532822	勐海县委党校环境空气自动监测站	自动	100°25′43″	21°59′8″
751	云南省	勐腊县	532823	勐腊县环境保护局	自动	101°33′39″	21°27′14″
752	云南省	漾濞彝族自治县	532922	皇庄气象监测站	自动	99°57′21″	25°41′9″
753	云南省	漾濞彝族自治县	532922	皇庄气象监测站	手工	99°57′21″	25°40′69″
754	云南省	南涧彝族自治县	532926	南涧县民族中学	自动	100°30′26″	25°2′51″
755	云南省	南涧彝族自治县	532926	南涧县环境保护局办公楼	手工	100°30′26″	25°2′1″
756	云南省	巍山彝族回族自治县	532927	巍山县水务局楼顶	自动	100°18′2″	25°13′46″
757	云南省	巍山彝族回族自治县	532927	巍山县环境保护局楼顶	手工	100°18′0″	25°13′44″
758	云南省	永平县	532928	永平县环境保护局县办公室楼顶	手工	99°31′35″	25°27′14″
759	云南省	永平县	532928	永平县环境监察大队	自动	99°32′3″	25°27′23″
760	云南省	洱源县	532930	洱源县环境保护局院内	自动	99°58′6″	26°7′16″
761	云南省	洱源县	532930	洱源县环境保护局院内	手工	99°58′6″	26°7′15″
762	云南省	剑川县	532931	剑川县人力资源与社会保障局	自动	99°54′13″	26°32′32″

序号	省(市、区)名称	县(市、旗、区)名称	县(市、旗、区)代码	空气监测点位名称	监测方式	经度	纬度
763	云南省	泸水市	533301	泸水一中	自动	98°51′39″	25°49′0″
764	云南省	泸水市	533301	州监测站	自动	98°51′32″	25°51′15″
765	云南省	福贡县	533323	福贡一中空气自动站	自动	98°51′46″	26°53′55″
766	云南省	福贡县	533323	县城中心	手工	98°51′59″	26°54′31″
767	云南省	贡山独龙族怒族自治县	533324	贡山县空气自动站	自动	98°39′47″	27°44′40″
768	云南省	贡山独龙族怒族自治县	533324	县城中心	手工	98°39′53″	27°44′37″
769	云南省	兰坪白族普米族自治县	533325	兰坪县人大	自动	99°24′56″	26°27′25″
770	云南省	香格里拉市	533401	州监测站(州监测站楼顶)	自动	99°42′20″	27°49′54″
771	云南省	德钦县	533422	德钦县环保局	自动	98°54′58″	28°28′42″
772	云南省	德钦县	533422	原县环保局楼顶	手工	98°54′58″	28°28′42″
773	云南省	维西傈僳族自治县	533423	县图书馆楼顶	手工	99°17′13″	27°11′7″
774	云南省	维西傈僳族自治县	533423	维西县环保局	自动	99°18′14″	27°9′55″
775	西藏自治区	定日县	540223	定日县水利局	手工	87°7′19″	28°39′46″
776	西藏自治区	康马县	540230	康马县政府楼	手工	89°40′38″	28°33′31″
777	西藏自治区	定结县	540231	定结县政府	手工	87°45′47″	28°22′33″
778	西藏自治区	仲巴县	540232	仲巴县工会办公楼顶	手工	84°1′50″	29°46′13″
779	西藏自治区	亚东县	540233	亚东县发改委	手工	88°54′19″	27°29′18″
780	西藏自治区	吉隆县	540234	吉隆县会堂	手工	85°17′47″	28°51′20″
781	西藏自治区	聂拉木县	540235	聂拉木县政府	手工	85°58′49″	28°9′33″
782	西藏自治区	萨嘎县	540236	萨嘎县人民政府	手工	85°13′53″	29°20′0″
783	西藏自治区	岗巴县	540237	岗巴县环保局	手工	88°31′12″	28°16′27″
784	西藏自治区	江达县	540321	江达县政府	手工	98°13′6″	31°29′56″
785	西藏自治区	贡觉县	540322	贡觉县政府	手工	98°16′26″	30°51′36″
786	西藏自治区	类乌齐县	540323	类乌齐县政府	手工	95°38′41″	30°24′48″
787	西藏自治区	丁青县	540324	丁青县政府	手工	95°36′42″	31°24′48″
788	西藏自治区	巴宜区	540402	林芝环保局	自动	94°22′5″	29°38′15″
789	西藏自治区	巴宜区	540402	林芝人民医院	自动	94°21′42″	29°39′48″
790	西藏自治区	米林县	540422	米林县政府	手工	94°12′49″	29°12′54″
791	西藏自治区	墨脱县	540423	墨脱县圣地宾馆楼顶	手工	95°20′4″	29°19′49″
792	西藏自治区	波密县	540424	波密县政府	手工	95°45′56″	29°52′55″
793	西藏自治区	察隅县	540425	察隅县政府楼顶	手工	97°27′58″	28°39′54″
794	西藏自治区	洛扎县	540527	洛扎县经三路便民警务站	手工	90°51′15″	28°23′20″
795	西藏自治区	隆子县	540529	隆子县县委	手工	92°27′43″	28°24′26″
796	西藏自治区	错那县	540530	错那县政府办公大楼	手工	91°57′26″	27°59′27″
797	西藏自治区	浪卡子县	540531	浪卡子县县委	手工	90°24′0″	28°58′3″

序号	省（市、区）名称	县（市、旗、区）名称	县（市、旗、区）代码	空气监测点位名称	监测方式	经度	纬度
798	西藏自治区	安多县	540624	安多县政府	手工	91°40′51″	32°16′4″
799	西藏自治区	班戈县	540627	班戈县政府大院	手工	90°0′28″	31°23′39″
800	西藏自治区	尼玛县	540629	尼玛县广场	手工	87°14′5″	31°47′22″
801	西藏自治区	普兰县	542521	普兰县交通局	手工	81°10′35″	30°17′36″
802	西藏自治区	札达县	542522	札达县环保局	手工	79°48′18″	31°28′59″
803	西藏自治区	噶尔县	542523	阿里环境局	自动	80°6′58″	32°29′46″
804	西藏自治区	噶尔县	542523	阿里地委	自动	80°5′22″	32°30′14″
805	西藏自治区	日土县	542524	日土县水利局	手工	79°42′29″	33°22′10″
806	西藏自治区	革吉县	542525	革吉县环保局大楼	手工	81°8′22″	32°23′18″
807	西藏自治区	改则县	542526	改则县环保局	手工	84°3′31″	32°18′8″
808	西藏自治区	措勤县	542527	措勤县政府	手工	85°9′3″	31°1′2″
809	陕西省	周至县	610124	县环保局	自动	108°12′50″	34°9′31″
810	陕西省	凤县	610330	市民中心	自动	106°30′46″	33°54′44″
811	陕西省	太白县	610331	县纪委	自动	107°18′51″	34°3′35″
812	陕西省	安塞区	610603	区人民医院	自动	109°19′34″	36°51′47″
813	陕西省	子长县	610623	县环保局	自动	109°41′0″	37°8′45″
814	陕西省	志丹县	610625	县政府	自动	108°46′6″	36°49′20″
815	陕西省	吴起县	610626	县环保局	自动	108°11′37″	36°53′46″
816	陕西省	宜川县	610630	宜川县环保局	自动	110°10′55″	36°3′20″
817	陕西省	黄龙县	610631	黄龙县旅游局	自动	109°50′54″	35°35′19″
818	陕西省	汉台区	610702	鑫源开发区	自动	107°0′31″	33°6′50″
819	陕西省	汉台区	610702	市环境监测站	自动	107°1′3″	33°4′17″
820	陕西省	南郑区	610703	南郑大河坎水厂	自动	107°0′27″	33°1′56″
821	陕西省	南郑区	610703	县环保局	自动	106°55′59″	33°0′12″
822	陕西省	城固县	610722	县政府	自动	107°19′51″	33°9′34″
823	陕西省	洋县	610723	县政府	自动	107°32′29″	33°13′30″
824	陕西省	西乡县	610724	县监测站	自动	107°45′30″	32°59′26″
825	陕西省	勉县	610725	县政府	自动	106°40′9″	33°9′15″
826	陕西省	宁强县	610726	县政府	自动	106°15′11″	32°49′55″
827	陕西省	略阳县	610727	商业总公司	自动	106°9′20″	33°19′52″
828	陕西省	镇巴县	610728	县政府	自动	107°53′25″	32°32′22″
829	陕西省	留坝县	610729	县监测站	自动	106°54′58″	33°37′12″
830	陕西省	佛坪县	610730	县环保局	自动	107°58′59″	33°31′5″
831	陕西省	绥德县	610826	县环保局	自动	110°16′1″	37°30′5″
832	陕西省	米脂县	610827	县环保局	自动	110°10′0″	37°45′45″
833	陕西省	佳县	610828	县环保局	自动	110°29′43″	38°0′56″
834	陕西省	吴堡县	610829	县政府	自动	110°44′2″	37°27′6″
835	陕西省	清涧县	610830	县公安局	自动	110°6′34″	37°6′2″
836	陕西省	子洲县	610831	县政府	自动	110°1′46″	37°36′36″
837	陕西省	汉滨区	610902	汉滨区检察院	自动	109°10′32″	32°41′51″

序号	省（市、区）名称	县（市、旗、区）名称	县（市、旗、区）代码	空气监测点位名称	监测方式	经度	纬度
838	陕西省	汉滨区	610902	安康市解放路13号市监测站	自动	109°1′41″	32°41′38″
839	陕西省	汉阴县	610921	县环保局	自动	108°30′17″	32°53′31″
840	陕西省	石泉县	610922	石泉中学	自动	108°14′45″	33°2′31″
841	陕西省	宁陕县	610923	县环保局	自动	108°18′9″	33°18′42″
842	陕西省	紫阳县	610924	县气象局	自动	108°31′55″	32°31′37″
843	陕西省	岚皋县	610925	环保局（政务中心）	自动	108°53′57″	32°18′26″
844	陕西省	平利县	610926	县民政局	自动	109°21′24″	32°23′10″
845	陕西省	镇坪县	610927	县环保局	自动	109°31′25″	31°53′9″
846	陕西省	旬阳县	610928	县环保局	自动	109°20′26″	32°49′51″
847	陕西省	白河县	610929	县烈士陵园	自动	110°6′36″	32°48′47″
848	陕西省	商州区	611002	商州区中学	自动	109°57′53″	33°50′55″
849	陕西省	商州区	611002	监测站	自动	109°54′55″	33°52′17″
850	陕西省	洛南县	611021	洛南中学	自动	110°9′0″	34°5′35″
851	陕西省	丹凤县	611022	县环保局	自动	110°19′3″	33°41′52″
852	陕西省	商南县	611023	县环保局	自动	110°52′4″	33°31′56″
853	陕西省	山阳县	611024	县职教中心	自动	109°53′58″	33°31′42″
854	陕西省	镇安县	611025	县环保局	自动	109°8′39″	33°25′36″
855	陕西省	柞水县	611026	县环保局	自动	109°10′90″	33°68′83″
856	甘肃省	永登县	620121	永登六中	自动	103°14′53″	36°44′16″
857	甘肃省	永昌县	620321	图书馆	自动	101°58′19″	38°14′51″
858	甘肃省	会宁县	620422	会宁县财政局	自动	105°2′56″	35°41′36″
859	甘肃省	会宁县	620422	会宁县青少年学生校外活动中心	自动	105°2′22″	35°42′23″
860	甘肃省	张家川回族自治县	620525	县民政局	自动	106°12′0″	34°59′19″
861	甘肃省	凉州区	620602	监测站	自动	102°37′13″	37°55′31″
862	甘肃省	凉州区	620602	雷台	自动	102°38′30″	37°56′9″
863	甘肃省	凉州区	620602	成功学校	自动	102°36′45″	37°56′16″
864	甘肃省	凉州区	620602	武南镇	自动	102°43′16″	37°49′25″
865	甘肃省	凉州区	620602	理工中专	自动	102°38′58″	37°54′51″
866	甘肃省	民勤县	620621	县环保局	自动	103°5′22″	38°36′55″
867	甘肃省	古浪县	620622	县政府	自动	102°13′44″	37°28′14″
868	甘肃省	天祝藏族自治县	620623	县环保局	自动	103°8′52″	36°58′48″
869	甘肃省	甘州区	620702	科委	自动	100°24′56″	38°56′32″
870	甘肃省	甘州区	620702	监测站	自动	100°28′12″	38°57′9″
871	甘肃省	肃南裕固族自治县	620721	肃南县林业局	自动	99°37′23″	38°50′18″
872	甘肃省	民乐县	620722	民乐县交通局	自动	100°48′47″	38°26′52″
873	甘肃省	临泽县	620723	临泽县博物馆	自动	100°10′39″	39°8′24″

序号	省（市、区）名称	县（市、旗、区）名称	县（市、旗、区）代码	空气监测点位名称	监测方式	经度	纬度
874	甘肃省	高台县	620724	高台县住建局	自动	99°49′15″	39°23′6″
875	甘肃省	山丹县	620725	山丹县妇幼保健院	自动	101°4′39″	38°47′35″
876	甘肃省	庄浪县	620825	执法局	自动	106°2′50″	35°11′47″
877	甘肃省	静宁县	620826	文萃中学	自动	105°43′35″	35°30′48″
878	甘肃省	肃北蒙古族自治县	620923	环境保护局	自动	94°52′26″	39°31′5″
879	甘肃省	阿克塞哈萨克族自治县	620924	司法局办公楼	自动	94°20′25″	39°37′57″
880	甘肃省	庆城县	621021	县政府	自动	107°52′42″	36°0′56″
881	甘肃省	环县	621022	国土资源局	自动	107°18′13″	36°34′1″
882	甘肃省	华池县	621023	文广局	自动	107°59′26″	36°27′14″
883	甘肃省	镇原县	621027	文化馆	自动	107°12′11″	35°40′23″
884	甘肃省	通渭县	621121	环保局	自动	105°14′21″	35°12′45″
885	甘肃省	渭源县	621123	民政局	自动	104°12′45″	35°8′14″
886	甘肃省	漳县	621125	档案局	自动	104°27′26″	34°50′39″
887	甘肃省	岷县	621126	政府招待所	自动	104°2′3″	34°26′36″
888	甘肃省	武都区	621202	东江新区	自动	104°57′18″	33°22′15″
889	甘肃省	文县	621222	文县环境保护局	自动	104°41′27″	32°56′14″
890	甘肃省	宕昌县	621223	宕昌县第一中学	自动	104°22′13″	34°1′50″
891	甘肃省	康县	621224	康县一中	自动	105°34′54″	33°19′39″
892	甘肃省	西和县	621225	西和县委党校	自动	105°17′53″	34°0′36″
893	甘肃省	礼县	621226	礼县实验小学	自动	105°11′17″	34°11′18″
894	甘肃省	两当县	621228	两当县环境保护局	自动	106°18′4″	33°55′16″
895	甘肃省	临夏县	622921	教育局	自动	103°2′4″	35°29′0″
896	甘肃省	康乐县	622922	县政府	自动	103°42′22″	35°22′12″
897	甘肃省	永靖县	622923	古城新区妇幼保健站	自动	103°17′28″	35°57′23″
898	甘肃省	和政县	622925	第一中学	自动	103°20′51″	35°25′28″
899	甘肃省	东乡族自治县	622926	县人大	自动	103°23′9″	35°39′55″
900	甘肃省	积石山保安族东乡族撒拉族自治县	622927	县政协	自动	102°52′29″	35°41′29″
901	甘肃省	合作市	623001	甘南州政府南楼	自动	102°54′36″	34°59′3″
902	甘肃省	临潭县	623021	临潭县四管楼	自动	103°21′12″	34°41′50″
903	甘肃省	卓尼县	623022	卓尼县洮河林业局党校	自动	103°30′4″	34°35′20″
904	甘肃省	舟曲县	623023	舟曲县峰迭新区统办楼	自动	104°14′55″	33°47′45″
905	甘肃省	迭部县	623024	迭部县110指挥中心楼	自动	103°13′16″	34°3′9″
906	甘肃省	玛曲县	623025	玛曲县政府	自动	102°4′17″	33°59′59″
907	甘肃省	碌曲县	623026	碌曲县舟高路藏族中学	自动	102°18′7″	34°58′7″
908	甘肃省	夏河县	623027	夏河县最美藏街	自动	102°31′6″	35°12′1″

序号	省（市、区）名称	县（市、旗、区）名称	县（市、旗、区）代码	空气监测点位名称	监测方式	经度	纬度
909	青海省	大通回族土族自治县	630121	大通县朔山中学高中部教学楼顶	自动	101°40′28″	36°57′36″
910	青海省	湟中县	630122	湟中县环境空气自动站	自动	101°34′51″	36°29′25″
911	青海省	湟源县	630123	湟源县气象局	自动	101°15′1″	36°41′27″
912	青海省	乐都区	630202	海东市环境空气监测乐都子站	自动	102°22′20″	36°28′56″
913	青海省	平安区	630203	海东市平安高铁新区点位	自动	102°1′50″	36°30′24″
914	青海省	平安区	630203	平安区子站	自动	102°6′7″	36°30′8″
915	青海省	民和回族土族自治县	630222	海东市环境空气监测民和县站	自动	102°49′43″	36°19′47″
916	青海省	互助土族自治县	630223	互助县民族中学	自动	101°56′52″	36°49′12″
917	青海省	化隆回族自治县	630224	群科新区子站	自动	102°1′44″	36°0′43″
918	青海省	循化撒拉族自治县	630225	县城党政楼空气监测站	自动	102°29′14″	35°51′5″
919	青海省	门源回族自治县	632221	门源县监测子站	自动	101°37′4″	37°23′15″
920	青海省	祁连县	632222	祁连县监测子站	自动	100°15′9″	38°10′28″
921	青海省	海晏县	632223	海晏县环保林业局办公楼	自动	100°53′43″	36°57′19″
922	青海省	刚察县	632224	刚察县监测子站	自动	100°8′59″	37°19′29″
923	青海省	同仁县	632321	黄南州空气自动站同仁县隆务镇子站	自动	102°1′12″	35°30′37″
924	青海省	尖扎县	632322	尖扎县监测子站	自动	102°1′20″	35°56′22″
925	青海省	泽库县	632323	泽库县监测子站	自动	101°28′18″	35°2′21″
926	青海省	河南蒙古族自治县	632324	河南县环境空气自动监测站	自动	101°37′39″	34°43′58″
927	青海省	共和县	632521	国家环境空气自动监测网青海海南共和站	自动	100°36′57″	36°17′55″
928	青海省	同德县	632522	同德县监测子站	自动	100°34′15″	35°15′28″
929	青海省	贵德县	632523	贵德县监测子站	自动	101°26′35″	36°2′47″
930	青海省	兴海县	632524	兴海县监测子站	自动	99°59′10″	35°35′35″
931	青海省	贵南县	632525	贵南县监测子站	自动	100°44′19″	35°35′46″
932	青海省	玛沁县	632621	玛沁县污水处理厂	自动	100°13′42″	34°29′9″
933	青海省	班玛县	632622	班玛县监测子站	自动	100°44′42″	32°56′37″
934	青海省	甘德县	632623	甘德县监测子站	自动	99°54′0″	33°58′25″
935	青海省	达日县	632624	达日县人民政府	自动	99°38′59″	33°45′4″
936	青海省	久治县	632625	久治县监测子站	自动	101°29′12″	33°25′57″
937	青海省	玛多县	632626	玛多县统计局	自动	98°12′38″	34°55′4″
938	青海省	玉树市	632701	玉树县结古镇	自动	97°0′14″	32°59′59″
939	青海省	杂多县	632722	杂多县监测子站	自动	95°15′9″	32°53′56″
940	青海省	称多县	632723	称多县监测子站	自动	97°6′36″	33°12′34″
941	青海省	治多县	632724	治多县监测子站	自动	96°36′55″	33°50′44″

序号	省（市、区）名称	县（市、旗、区）名称	县（市、旗、区）代码	空气监测点位名称	监测方式	经度	纬度
942	青海省	囊谦县	632725	囊谦县监测子站	自动	96°28′37″	32°12′23″
943	青海省	曲麻莱县	632726	曲麻莱县监测子站	自动	95°47′56″	34°8′22″
944	青海省	格尔木市	632801	格尔木市环境保护局	自动	94°53′45″	36°23′46″
945	青海省	德令哈市	632802	德令哈市幼儿园环境空气质量自动监测站	自动	97°37′9″	37°38′12″
946	青海省	都兰县	632822	都兰县监测子站	自动	98°5′44″	36°18′9″
947	青海省	天峻县	632823	天峻县监测子站	自动	99°0′46″	37°17′51″
948	青海省	冷湖行政委员会	632824	冷湖监测子站	自动	93°19′51″	38°44′51″
949	青海省	大柴旦行政委员会	632825	大柴旦监测子站	自动	95°21′44″	37°51′11″
950	青海省	茫崖行政委员会	632826	茫崖监测子站	自动	90°51′49″	38°15′13″
951	宁夏回族自治区	大武口区	640202	大武口朝阳西街	自动	106°22′18″	39°0′55″
952	宁夏回族自治区	红寺堡区	640303	回民中学空气自动站	自动	106°3′49″	37°26′12″
953	宁夏回族自治区	盐池县	640323	县环林局	自动	107°24′5″	37°46′43″
954	宁夏回族自治区	同心县	640324	县城新区	自动	105°53′18″	36°57′15″
955	宁夏回族自治区	原州区	640402	监测站	自动	106°16′45″	36°0′45″
956	宁夏回族自治区	原州区	640402	新区	自动	106°14′15″	36°10′16″
957	宁夏回族自治区	西吉县	640422	固原市西吉县公园路子站	自动	105°43′44″	35°57′44″
958	宁夏回族自治区	隆德县	640423	隆德县空气自动监测站	自动	106°6′52″	35°37′1″
959	宁夏回族自治区	泾源县	640424	县空气自动站	自动	106°21′40″	35°28′54″
960	宁夏回族自治区	彭阳县	640425	彭阳县空气自动监测站	自动	106°37′37″	35°51′35″
961	宁夏回族自治区	沙坡头区	640502	环保局站	自动	105°11′50″	37°30′1″
962	宁夏回族自治区	中宁县	640521	县城空气自动监测站	自动	105°41′16″	37°29′1″
963	宁夏回族自治区	海原县	640522	县空气自动站	自动	106°8′21″	36°21′12″
964	新疆维吾尔自治区	博乐市	652701	市环保局子站	自动	82°4′50″	44°53′49″
965	新疆维吾尔自治区	博乐市	652701	西郊区（市党校子站）	自动	82°2′53″	44°51′20″

序号	省（市、区）名称	县（市、旗、区）名称	县（市、旗、区）代码	空气监测点位名称	监测方式	经度	纬度
966	新疆维吾尔自治区	温泉县	652723	温泉县供排水有限责任公司点	自动	81°1′9″	44°58′6″
967	新疆维吾尔自治区	若羌县	652824	若羌县广场环境空气质量自动监测子站	自动	88°9′48″	39°1′22″
968	新疆维吾尔自治区	且末县	652825	县农业局	自动	85°31′41″	38°8′2″
969	新疆维吾尔自治区	博湖县	652829	博湖县监测站	自动	86°37′31″	41°58′58″
970	新疆维吾尔自治区	乌什县	652927	乌什县环保局	自动	79°13′47″	41°13′25″
971	新疆维吾尔自治区	阿瓦提县	652928	阿瓦提县环保局	自动	80°21′47″	40°38′42″
972	新疆维吾尔自治区	柯坪县	652929	柯坪县环保局	自动	79°3′3″	40°29′54″
973	新疆维吾尔自治区	阿克陶县	653022	阿克陶县技术监督局	自动	75°57′51″	39°9′33″
974	新疆维吾尔自治区	阿合奇县	653023	阿合奇县妇幼保健站	自动	78°26′56″	40°56′23″
975	新疆维吾尔自治区	乌恰县	653024	县环保局	自动	75°15′8″	39°42′34″
976	新疆维吾尔自治区	疏附县	653121	疏附县环保局楼顶	自动	75°51′35″	39°22′38″
977	新疆维吾尔自治区	疏勒县	653122	疏勒县环保局	自动	76°5′22″	39°24′24″
978	新疆维吾尔自治区	疏勒县	653122	疏勒县县城	自动	76°5′21″	39°24′25″
979	新疆维吾尔自治区	英吉沙县	653123	县委宾馆	手工	76°10′13″	38°55′49″
980	新疆维吾尔自治区	英吉沙县	653123	英吉沙县环保局	自动	76°9′40″	38°57′26″
981	新疆维吾尔自治区	泽普县	653124	县环保局	手工	77°16′2″	38°10′26″
982	新疆维吾尔自治区	莎车县	653125	县环境保护局	自动	77°13′57″	38°23′2″
983	新疆维吾尔自治区	叶城县	653126	叶城县东城A区	自动	77°27′4″	37°52′8″
984	新疆维吾尔自治区	麦盖提县	653127	麦盖提县环保局	自动	77°36′55″	38°53′47″
985	新疆维吾尔自治区	岳普湖县	653128	岳普湖县环保局	自动	76°49′22″	39°13′10″

序号	省（市、区）名称	县（市、旗、区）名称	县（市、旗、区）代码	空气监测点位名称	监测方式	经度	纬度
986	新疆维吾尔自治区	岳普湖县	653128	县环保局	手工	76°46′2″	39°14′8″
987	新疆维吾尔自治区	伽师县	653129	县环保局	自动	76°43′23″	39°29′12″
988	新疆维吾尔自治区	巴楚县	653130	巴楚县政府	自动	78°32′39″	39°48′4″
989	新疆维吾尔自治区	巴楚县	653130	县环保局	手工	78°32′31″	39°48′4″
990	新疆维吾尔自治区	塔什库尔干塔吉克自治县	653131	县环保局	自动	75°13′43″	37°46′10″
991	新疆维吾尔自治区	和田县	653221	和田县巴格其镇北京中学	自动	70°50′16″	37°8′21″
992	新疆维吾尔自治区	墨玉县	653222	墨玉县县委站	自动	79°43′37″	37°16′46″
993	新疆维吾尔自治区	墨玉县	653222	县环保局	手工	79°43′37″	37°16′46″
994	新疆维吾尔自治区	皮山县	653223	县环保局	自动	78°16′55″	37°34′24″
995	新疆维吾尔自治区	洛浦县	653224	县环保局	自动	80°13′28″	37°2′52″
996	新疆维吾尔自治区	策勒县	653225	县环保局	手工	80°48′33″	36°59′51″
997	新疆维吾尔自治区	于田县	653226	于田县农机局环境空气自动监测站	自动	81°42′39″	36°51′39″
998	新疆维吾尔自治区	民丰县	653227	民丰县广场站	自动	80°40′52″	37°3′45″
999	新疆维吾尔自治区	民丰县	653227	西域宾馆	手工	82°41′22″	37°4′7″
1000	新疆维吾尔自治区	伊宁县	654021	县环境保护局	自动	81°31′0″	43°58′48″
1001	新疆维吾尔自治区	察布查尔锡伯自治县	654022	察布查尔县广播电视台	自动	81°8′57″	43°49′54″
1002	新疆维吾尔自治区	察布查尔锡伯自治县	654022	察布查尔县广播电视台	手工	81°8′57″	43°49′54″
1003	新疆维吾尔自治区	霍城县	654023	霍城县朝阳北路空气监测点	手工	80°51′36″	44°3′35″
1004	新疆维吾尔自治区	巩留县	654024	县环保局	自动	82°13′49″	43°28′20″
1005	新疆维吾尔自治区	新源县	654025	新源镇镇政府	自动	82°29′23″	43°5′36″

序号	省（市、区）名称	县（市、旗、区）名称	县（市、旗、区）代码	空气监测点位名称	监测方式	经度	纬度
1006	新疆维吾尔自治区	昭苏县	654026	昭苏县养老院	自动	81°12′59″	43°14′55″
1007	新疆维吾尔自治区	特克斯县	654027	特克斯县第五小学子站	自动	81°50′12″	43°13′8″
1008	新疆维吾尔自治区	特克斯县	654027	喀拉峻展示中心子站	自动	82°6′44″	43°2′42″
1009	新疆维吾尔自治区	尼勒克县	654028	尼勒克县第二中学	自动	82°29′37″	43°47′25″
1010	新疆维吾尔自治区	尼勒克县	654028	尼勒克县卫计委	自动	82°30′40″	43°47′19″
1011	新疆维吾尔自治区	塔城市	654201	东门外小游园	自动	82°59′58″	46°44′36″
1012	新疆维吾尔自治区	额敏县	654221	额敏县政府大院	自动	83°37′32″	46°31′31″
1013	新疆维吾尔自治区	托里县	654224	县环保局	自动	83°35′55″	45°57′27″
1014	新疆维吾尔自治区	阿勒泰市	654301	市环保局	自动	88°7′38″	47°51′6″
1015	新疆维吾尔自治区	布尔津县	654321	县政府	自动	86°52′27″	47°42′7″
1016	新疆维吾尔自治区	富蕴县	654322	县政府	自动	89°32′38″	46°59′40″
1017	新疆维吾尔自治区	福海县	654323	县环境保护局	自动	87°28′4″	47°7′2″
1018	新疆维吾尔自治区	哈巴河县	654324	县环境保护局（屋顶）	自动	86°24′32″	48°3′31″
1019	新疆维吾尔自治区	青河县	654325	县环保局	自动	90°23′4″	46°40′43″
1020	新疆维吾尔自治区	吉木乃县	654326	吉木乃县环境保护局	自动	85°52′7″	47°26′14″
1021	新疆生产建设兵团	图木舒克市	659003	图木舒克市联合办公大楼环境空气自动监测站	自动	79°3′48″	39°51′38″

地表水水质点位信息

序号	省（市、区）名称	县（市、旗、区）名称	县（市、旗、区）代码	水质监测断面名称	断面性质	是否湖库	河流/湖泊名称	经度	纬度
1	北京市	密云区	110118	古北口	国控	否	潮河	117°9′14″	40°41′24″
2	北京市	密云区	110118	辛庄桥	国控	否	潮河	117°7′54″	40°35′5″
3	北京市	密云区	110118	大关桥	国控	否	白河	116°47′46″	40°33′44″
4	北京市	延庆区	110119	谷家营	国控	否	妫水河	115°53′5″	40°27′4″
5	北京市	延庆区	110119	西帽山（滴水壶）		否	白河	116°27′22″	40°40′55″
6	北京市	延庆区	110119	白河入库口		否	白河	116°9′11″	40°38′52″
7	天津市	蓟州区	120119	黄崖关	省控	否	沟河	117°26′29″	40°14′45″
8	天津市	蓟州区	120119	罗庄子	省控	否	沟河	117°24′6″	40°9′3″
9	天津市	蓟州区	120119	西屯桥	国控	否	州河	117°24′12″	39°46′14″
10	河北省	井陉县	130121	地都	国控	否	绵河	113°54′22″	37°24′40″
11	河北省	井陉县	130121	岩峰	省控	否	冶河	114°8′41″	38°3′56″
12	河北省	正定县	130123	黄庄断面	省控	否	滹沱河	114°40′11″	38°7′58″
13	河北省	灵寿县	130126	三圣院桥	省控	否	渭水河	114°25′8″	38°16′30″
14	河北省	灵寿县	130126	胡庄桥	省控	否	松阳河	114°23′12″	38°17′33″
15	河北省	赞皇县	130129	赞皇县环境水站	省控	否	槐河	114°25′59″	37°41′19″
16	河北省	平山县	130131	下槐镇	国控	否	滹沱河	113°52′15″	38°21′29″
17	河北省	平山县	130131	平山桥	国控	否	绵河-冶河	114°11′53″	38°15′41″
18	河北省	北戴河区	130304	戴河村	省控	否	戴河	119°25′5″	39°51′35″
19	河北省	北戴河区	130304	戴河口	国控	否	戴河	119°25′55″	39°48′20″
20	河北省	北戴河区	130304	尼龙坝	省控	否	戴河	119°24′37″	39°49′9″
21	河北省	抚宁区	130306	水库出口	省控	是	洋河	119°12′37″	39°58′44″
22	河北省	抚宁区	130306	卢王庄	省控	否	洋河	119°20′29″	39°48′22″
23	河北省	抚宁区	130306	洋河口	国控	否	洋河1	119°24′51″	39°47′39″
24	河北省	青龙满族自治县	130321	红旗杆	国控	否	青龙河	119°8′55″	40°29′27″
25	河北省	青龙满族自治县	130321	桃林口	省控	是	青龙河	119°1′38″	40°7′12″
26	河北省	青龙满族自治县	130321	田庄子	国控	否	青龙河	118°51′4″	39°53′34″
27	河北省	邢台县	130521	坚固村	省控	否	大沙河	114°20′11″	36°58′14″
28	河北省	阜平县	130624	杜里村	国控	否	潴龙河	113°58′15″	39°4′28″
29	河北省	阜平县	130624	王林口断面	省控	否	大沙河	114°21′14″	38°48′45″

序号	省（市、区）名称	县（市、旗、区）名称	县（市、旗、区）代码	水质监测断面名称	断面性质	是否湖库	河流/湖泊名称	经度	纬度
30	河北省	阜平县	130624	阜平县城西大桥断面	省控	否	大沙河	114°21′14″	38°48′45″
31	河北省	涞源县	130630	塔崖驿	省控	否	拒马河	115°1′22″	39°25′30″
32	河北省	涞源县	130630	南水芦	省控	否	唐河	114°25′35″	39°17′33″
33	河北省	涞源县	130630	倒马关	省控	否	唐河	114°36′11″	39°6′9″
34	河北省	安新县	130632	南刘庄	国控	是	白洋淀	115°55′22″	38°54′16″
35	河北省	安新县	130632	采蒲台	国控	是	白洋淀	116°1′9″	38°49′42″
36	河北省	安新县	130632	枣林庄	省控	是	白洋淀	116°4′58″	38°54′1″
37	河北省	安新县	130632	端村	省控	是	白洋淀	115°56′59″	38°50′32″
38	河北省	安新县	130632	任庄	省控	否	瀑河	115°43′44″	38°55′23″
39	河北省	安新县	130632	大北头	省控	否	瀑河	115°45′26″	38°54′49″
40	河北省	安新县	130632	安州	国控	否	府河	115°49′8″	38°53′4″
41	河北省	安新县	130632	郝关坝	省控	否	孝义河	115°51′15″	38°45′53″
42	河北省	安新县	130632	王家寨	省控	是	白洋淀	116°0′59″	38°55′4″
43	河北省	安新县	130632	光淀张庄	国控	是	白洋淀	116°1′39″	38°53′58″
44	河北省	安新县	130632	圈头	国控	是	白洋淀	116°1′59″	38°51′55″
45	河北省	安新县	130632	烧车淀	国控	是	白洋淀	115°59′57″	38°56′29″
46	河北省	易县	130633	塔崖驿	省控	否	拒马河	115°2′16″	39°25′44″
47	河北省	易县	130633	库中心	省控	是	安格庄水库	115°13′25″	39°16′58″
48	河北省	易县	130633	北辛庄	省控	否	拒马河	115°15′46″	39°33′44″
49	河北省	曲阳县	130634	大寺头	省控	是	沙河干渠	114°51′39″	38°2′10″
50	河北省	桥东区	130702	清水河村	省控	否	清水河	114°50′10″	40°41′52″
51	河北省	桥西区	130703	北泵房断面	省控	否	清水河	114°53′50″	40°52′8″
52	河北省	桥西区	130703	清水河断面	省控	否	清水河	114°50′10″	40°41′52″
53	河北省	宣化区	130705	响水铺水库断面	省控	否	洋河	115°5′43″	40°32′58″
54	河北省	下花园区	130706	鸡鸣驿监测断面	省控	否	洋河	115°16′58″	40°28′11″
55	河北省	下花园区	130706	响水铺监测断面	省控	否	洋河	115°10′8″	40°31′0″
56	河北省	万全区	130708	太师庄断面	省控	否	洋河	114°46′23″	40°42′25″
57	河北省	万全区	130708	左卫桥	国控	否	洋河	114°43′10″	40°43′19″
58	河北省	崇礼区	130709	北泵房断面	省控	否	清水河	114°53′50″	40°52′8″
59	河北省	张北县	130722	东洋河大桥	省控	否	东洋河	114°44′15″	41°10′6″
60	河北省	张北县	130722	玻璃彩河	省控	否	玻璃彩河	114°42′18″	41°9′29″
61	河北省	沽源县	130724	白河跨界断面	省控	否	白河	115°42′24″	41°21′28″
62	河北省	沽源县	130724	闪电河跨界断面	省控	否	闪电河	115°47′53″	41°21′29″
63	河北省	尚义县	130725	勿乱沟	省控	否	瑟尔基河	114°9′48″	40°55′47″
64	河北省	尚义县	130725	牛家营	省控	否	东洋河	114°16′43″	40°50′45″
65	河北省	蔚县	130726	官堡桥断面	省控	否	壶流河	114°25′46″	39°47′8″
66	河北省	蔚县	130726	壶流河小渡口	国控	否	桑干河	114°37′30″	40°13′6″
67	河北省	阳原县	130727	石匣里	省控	否	桑干河	114°44′32″	40°11′27″

序号	省（市、区）名称	县（市、旗、区）名称	县（市、旗、区）代码	水质监测断面名称	断面性质	是否湖库	河流/湖泊名称	经度	纬度
68	河北省	阳原县	130727	壶流河小渡口	国控	否	桑干河	115°21′8″	40°24′16″
69	河北省	怀安县	130728	李信屯断面	省控	否	海河流域永定河干流南洋河支流	114°18′30″	40°31′21″
70	河北省	怀安县	130728	西洋河水库入口断面	省控	否	海河流域永定河干流西洋河支流	114°11′36″	40°41′38″
71	河北省	怀安县	130728	第十屯断面	省控	否	海河流域永定河干流洋河支流	114°30′20″	40°40′24″
72	河北省	怀安县	130728	东洋河村断面	省控	否	海河流域永定河干流南洋河支流	114°20′48″	40°43′40″
73	河北省	怀来县	130730	八号桥	国控	否	永定河	115°32′30″	40°20′52″
74	河北省	涿鹿县	130731	温泉屯	国控	否	桑干河	115°20′53″	40°21′17″
75	河北省	涿鹿县	130731	夹河断面	省控	否	洋河	115°26′56″	40°21′34″
76	河北省	赤城县	130732	后城	国控	否	白河	116°1′41″	40°41′28″
77	河北省	双桥区	130802	上二道河子	国控	否	武烈河	117°56′40″	40°1′47″
78	河北省	双桥区	130802	旅游桥	省控	否	武烈河	117°56′36″	40°58′41″
79	河北省	双桥区	130802	電神庙	国控	否	武烈河	117°56′45″	40°54′50″
80	河北省	双滦区	130803	承钢大桥	省控	否	滦河	117°46′32″	40°53′15″
81	河北省	双滦区	130803	李台	国控	否	伊逊河	117°45′1″	40°58′1″
82	河北省	双滦区	130803	宫后	省控	否	滦河	117°44′36″	40°57′15″
83	河北省	双滦区	130803	偏桥子大桥	国控	否	滦河	117°43′23″	40°57′34″
84	河北省	鹰手营子矿区	130804	26#大桥	国控	否	柳河	117°40′20″	40°33′58″
85	河北省	承德县	130821	漫子沟	省控	否	滦河	118°4′46″	40°50′22″
86	河北省	承德县	130821	大杖子（一）	国控	否	滦河	118°8′24″	40°37′9″
87	河北省	承德县	130821	甸子	省控	否	武烈河	118°57′17″	41°7′12″
88	河北省	承德县	130821	大杨树林	省控	否	武烈河	118°4′48″	41°21′23″
89	河北省	兴隆县	130822	兴隆上游	省控	否	柳河	117°29′60″	40°23′59″
90	河北省	兴隆县	130822	大杖子（二）	国控	否	柳河	118°7′53″	40°38′2″
91	河北省	兴隆县	130822	墙子路	国控	否	清水河	117°14′21″	40°24′39″
92	河北省	滦平县	130824	兴隆庄	省控	否	滦河	117°26′14″	41°12′8″
93	河北省	滦平县	130824	九道河	省控	否	滦河	117°41′40″	40°0′13″
94	河北省	滦平县	130824	茅茨路	省控	否	伊逊河	117°39′29″	41°10′45″
95	河北省	滦平县	130824	天桥	国控	否	潮河	117°3′24″	40°55′36″
96	河北省	滦平县	130824	古北口	省控	否	潮河	117°10′11″	40°42′48″
97	河北省	滦平县	130824	姜田营桥	省控	否	伊逊河	117°30′1″	40°59′34″
98	河北省	隆化县	130825	郭家屯	国控	否	滦河	117°5′47″	40°34′55″

序号	省（市、区）名称	县（市、旗、区）名称	县（市、旗、区）代码	水质监测断面名称	断面性质	是否湖库	河流/湖泊名称	经度	纬度
99	河北省	隆化县	130825	唐三营	国控	否	伊逊河	117°48′10″	41°39′19″
100	河北省	丰宁满族自治县	130826	丰宁上游	省控	否	潮河	116°37′33″	41°22′30″
101	河北省	丰宁满族自治县	130826	丰宁天桥小辽东出境断面	省控	否	潮河	117°0′42″	40°56′53″
102	河北省	宽城满族自治县	130827	骆驼厂	省控	否	瀑河	118°31′53″	40°39′3″
103	河北省	宽城满族自治县	130827	大桑园	国控	否	瀑河	118°22′23″	40°33′26″
104	河北省	围场满族蒙古族自治县	130828	围场上游断面	省控	否	伊逊河	117°32′4″	42°12′40″
105	河北省	围场满族蒙古族自治县	130828	四道沟乡庙宫村	省控	否	伊逊河	117°51′39″	41°43′8″
106	河北省	平泉市	130881	平泉上游断面	省控	否	瀑河	118°44′16″	41°2′36″
107	河北省	桃城区	131102	东张庄村南	省控	否	滏阳新河	115°46′9″	37°44′32″
108	河北省	桃城区	131102	北谢彰桥	省控	否	滏阳河	115°43′1″	37°44′38″
109	河北省	桃城区	131102	彩虹桥	县控	否	滏阳河	115°42′23″	37°43′58″
110	河北省	冀州区	131103	衡水湖小湖区	省控	是	衡水湖	115°58′47″	37°34′37″
111	河北省	冀州区	131103	良心庄	省控	否	滏东排河	115°32′10″	37°37′4″
112	河北省	枣强县	131121	前油故闸	省控	否	卫千渠	115°45′28″	37°13′21″
113	河北省	枣强县	131121	肖张桥	省控	否	卫千渠	115°43′6″	37°35′13″
114	山西省	神池县	140927	桥上村	市控	否	朱家川河	111°46′34″	39°7′17″
115	山西省	神池县	140927	前梨树洼村	市控	否	县川河	111°45′37″	39°16′17″
116	山西省	五寨县	140928	清涟河桥	市控	否	清涟河	111°51′57″	38°54′32″
117	山西省	五寨县	140928	三孔桥	市控	否	清涟河	111°49′9″	38°56′19″
118	山西省	岢岚县	140929	乔家湾	市控	否	岚漪河	111°36′40″	38°41′23″
119	山西省	岢岚县	140929	石家会	市控	否	岚漪河	111°29′38″	38°41′1″
120	山西省	河曲县	140930	禹庙	国控	否	县川河	111°9′44″	39°9′20″
121	山西省	河曲县	140930	铺路	市控	否	邬家沟	111°12′32″	39°18′48″
122	山西省	保德县	140931	花园子	国控	否	朱家川河	110°59′4″	38°57′51″
123	山西省	保德县	140931	韩家川	市控	否	韩家川河	111°0′46″	38°52′51″
124	山西省	偏关县	140932	万家寨水库	国控	是	黄河	111°25′42″	39°34′31″
125	山西省	偏关县	140932	关河口村	市控	否	偏关河	111°24′38″	39°29′30″
126	山西省	吉县	141028	大田窝	市控	否	州川河	110°37′15″	36°3′59″
127	山西省	吉县	141028	鲁家河桥	市控	否	州川河	110°43′27″	36°10′42″
128	山西省	乡宁县	141029	张马留太村	市控	否	鄂河	110°44′46″	35°56′30″
129	山西省	乡宁县	141029	胡村桥	市控	否	鄂河	110°55′29″	36°1′28″
130	山西省	大宁县	141030	黑城村	国控	否	昕水河	110°39′47″	36°27′3″
131	山西省	大宁县	141030	罗曲村	市控	否	昕水河	110°49′1″	36°28′39″

序号	省（市、区）名称	县（市、旗、区）名称	县（市、旗、区）代码	水质监测断面名称	断面性质	是否湖库	河流/湖泊名称	经度	纬度
132	山西省	隰县	141031	前南峪桥	市控	否	紫川河	110°55′53″	36°37′53″
133	山西省	隰县	141031	川口村桥下	市控	否	东川河	110°52′50″	36°29′57″
134	山西省	永和县	141032	上刘台	市控	否	芝河	110°37′25″	36°43′37″
135	山西省	永和县	141032	响水湾	市控	否	芝河	110°38′13″	36°46′29″
136	山西省	蒲县	141033	略东村桥	市控	否	昕水河	111°1′52″	36°26′20″
137	山西省	蒲县	141033	窑店村	市控	否	昕水河	111°7′9″	36°23′28″
138	山西省	汾西县	141034	韩南庄	市控	否	加楼河	111°37′46″	36°37′0″
139	山西省	汾西县	141034	枣坪大桥	市控	否	团柏河	111°39′12″	36°30′3″
140	山西省	兴县	141123	裴家川口	国控	否	岚漪河	110°53′34″	38°36′6″
141	山西省	兴县	141123	碧村	国控	否	蔚汾河	110°53′12″	38°30′27″
142	山西省	临县	141124	碛口	国控	否	湫水河	110°47′38″	37°38′15″
143	山西省	临县	141124	白文	市控	否	湫水河	111°7′18″	38°10′9″
144	山西省	柳林县	141125	寨东桥	国控	否	三川河	110°56′1″	37°27′3″
145	山西省	柳林县	141125	两河口桥	国控	否	三川河	110°48′20″	37°24′20″
146	山西省	石楼县	141126	三库水	市控	否	屈产河	110°58′49″	36°58′3″
147	山西省	石楼县	141126	裴沟	国控	否	屈产河	110°45′19″	37°11′14″
148	山西省	中阳县	141129	交口镇	省控	否	南川河	111°5′8″	37°29′24″
149	山西省	中阳县	141129	东岔桥	市控	否	南川河	111°11′44″	37°19′47″
150	内蒙古自治区	清水河县	150124	浑河入黄口	国控	否	浑河	111°26′30″	39°55′31″
151	内蒙古自治区	清水河县	150124	喇嘛湾	国控	否	黄河	111°24′28″	40°2′6″
152	内蒙古自治区	阿鲁科尔沁旗	150421	潘家湾	县控	否	欧沐沦河	120°6′20″	43°51′10″
153	内蒙古自治区	阿鲁科尔沁旗	150421	水泥厂桥	县控	否	欧沐沦河	120°6′21″	43°54′40″
154	内蒙古自治区	阿鲁科尔沁旗	150421	拦河闸	县控	否	欧沐沦河	120°6′12″	43°51′45″
155	内蒙古自治区	巴林右旗	150423	小林场	县控	否	查干沐伦河	118°36′17″	43°30′17″
156	内蒙古自治区	巴林右旗	150423	老桥	县控	否	查干沐伦河	118°42′40″	43°30′3″
157	内蒙古自治区	克什克腾旗	150425	主湖区	省控	是	达里诺尔	116°37′0″	43°17′7″
158	内蒙古自治区	克什克腾旗	150425	经棚镇文革桥	县控	否	碧柳河	117°32′28″	43°12′51″
159	内蒙古自治区	克什克腾旗	150425	经棚镇排头营子	县控	否	碧柳河	117°33′35″	43°10′31″
160	内蒙古自治区	克什克腾旗	150425	黑水桥	市控	否	西拉沐沦河	117°34′41″	43°8′20″

序号	省（市、区）名称	县（市、旗、区）名称	县（市、旗、区）代码	水质监测断面名称	断面性质	是否湖库	河流/湖泊名称	经度	纬度
161	内蒙古自治区	克什克腾旗	150425	经棚镇瓦窑村	县控	否	碧柳河	117°32′14″	43°17′0″
162	内蒙古自治区	翁牛特旗	150426	海日苏	国控	否	西拉木沦河	119°33′40″	43°16′1″
163	内蒙古自治区	科尔沁左翼中旗	150521	白市	省控	否	西辽河	123°25′52″	43°35′41″
164	内蒙古自治区	科尔沁左翼中旗	150521	大瓦房	国控	否	新开河	123°30′31″	43°36′15″
165	内蒙古自治区	科尔沁左翼后旗	150522	金宝屯	国控	否	西辽河	123°35′25″	43°25′56″
166	内蒙古自治区	科尔沁左翼后旗	150522	二道河子	国控	否	西辽河	123°31′17″	43°0′7″
167	内蒙古自治区	开鲁县	150523	苏家堡	国控	否	西辽河	120°48′0″	43°27′31″
168	内蒙古自治区	阿荣旗	150721	新发	国控	否	阿伦河	123°27′51″	48°5′39″
169	内蒙古自治区	莫力达瓦达斡尔族自治旗	150722	讷谟尔河口上	国控	否	嫩江	124°31′47″	48°28′52″
170	内蒙古自治区	莫力达瓦达斡尔族自治旗	150722	尼尔基	省控	否	嫩江	125°9′17″	49°9′30″
171	内蒙古自治区	莫力达瓦达斡尔族自治旗	150722	宝山	省控	否	诺敏河	124°7′49″	48°36′18″
172	内蒙古自治区	莫力达瓦达斡尔族自治旗	150722	李屯断面	省控	否	甘河	124°42′26″	49°29′18″
173	内蒙古自治区	鄂伦春自治旗	150723	小二沟		否	诺敏河	123°41′1″	49°9′17″
174	内蒙古自治区	鄂伦春自治旗	150723	齐奇岭	市控	否	甘河	123°51′36″	50°31′27″
175	内蒙古自治区	鄂伦春自治旗	150723	讷尔克气	国控	否	甘河	124°10′20″	50°12′53″
176	内蒙古自治区	新巴尔虎左旗	150726	嵯岗	国控	否	海拉尔河	118°7′16″	49°17′14″
177	内蒙古自治区	新巴尔虎左旗	150726	小河口	国控	是	呼伦湖（达赉湖）	117°36′21″	49°15′38″
178	内蒙古自治区	新巴尔虎左旗	150726	嘎洛托	国控	否	额尔古纳河	117°54′28″	49°32′27″

序号	省（市、区）名称	县（市、旗、区）名称	县（市、旗、区）代码	水质监测断面名称	断面性质	是否湖库	河流/湖泊名称	经度	纬度
179	内蒙古自治区	新巴尔虎右旗	150727	甘珠花	国控	是	呼伦湖（达赉湖）	117°22′13″	48°50′45″
180	内蒙古自治区	新巴尔虎右旗	150727	贝尔湖	国控	是	贝尔湖	117°40′47″	47°55′55″
181	内蒙古自治区	新巴尔虎右旗	150727	蓝旗庙	市控	否	克鲁伦河	116°57′6″	48°39′40″
182	内蒙古自治区	新巴尔虎右旗	150727	乌尔逊大桥	国控	否	乌尔逊河	117°35′0″	48°24′29″
183	内蒙古自治区	新巴尔虎右旗	150727	莫日根乌拉	国控	否	克鲁伦河	115°33′37″	48°4′27″
184	内蒙古自治区	牙克石市	150782	八号牧场	国控	否	海拉尔河	120°45′49″	49°20′28″
185	内蒙古自治区	牙克石市	150782	牙克石	省控	否	海拉尔河	120°40′30″	49°19′58″
186	内蒙古自治区	牙克石市	150782	大桥屯	国控	否	免渡河	120°45′23″	49°16′47″
187	内蒙古自治区	扎兰屯市	150783	成吉思汗	国控	否	雅鲁河	122°47′48″	47°45′55″
188	内蒙古自治区	扎兰屯市	150783	绰尔河口	国控	否	绰尔河	121°36′37″	47°12′24″
189	内蒙古自治区	扎兰屯市	150783	音河水库	省控	否	音河	123°2′47″	47°59′49″
190	内蒙古自治区	扎兰屯市	150783	济沁河	国控	否	济沁河	122°23′7″	47°27′3″
191	内蒙古自治区	扎兰屯市	150783	扎兰屯	省控	否	雅鲁河	122°42′45″	48°0′26″
192	内蒙古自治区	额尔古纳市	150784	黑山头	国控	否	额尔古纳河	119°19′40″	50°10′0″
193	内蒙古自治区	额尔古纳市	150784	苏沁	国控	否	得耳布尔河	119°25′46″	50°19′1″
194	内蒙古自治区	额尔古纳市	150784	根河口内	国控	否	根河	119°32′28″	50°14′13″
195	内蒙古自治区	额尔古纳市	150784	白鹿岛	国控	否	激流河	120°49′57″	51°58′21″
196	内蒙古自治区	额尔古纳市	150784	室韦	国控	否	额尔古纳河	119°54′10″	51°20′42″
197	内蒙古自治区	根河市	150785	育良	国控	否	根河	120°37′34″	50°23′26″
198	内蒙古自治区	阿尔山市	152202	大山矿	国控	否	哈拉哈河	119°40′41″	47°19′29″

序号	省（市、区）名称	县（市、旗、区）名称	县（市、旗、区）代码	水质监测断面名称	断面性质	是否湖库	河流/湖泊名称	经度	纬度
199	内蒙古自治区	东乌珠穆沁旗	152525	乌拉盖高壁		是	乌拉盖高壁	117°33′30″	44°35′30″
200	内蒙古自治区	西乌珠穆沁旗	152526	高日罕水库		是	高日罕水库	118°18′32″	44°50′1″
201	内蒙古自治区	多伦县	152531	大河口	国控	否	滦河	116°38′26″	42°11′52″
202	内蒙古自治区	多伦县	152531	上都河	省控	否	滦河	116°29′37″	42°18′36″
203	内蒙古自治区	阿拉善左旗	152921	乌斯太断面	县控	否	黄河	106°44′19″	39°24′15″
204	内蒙古自治区	额济纳旗	152923	王家庄	国控	否	黑河额济纳旗河	99°58′55″	40°45′2″
205	内蒙古自治区	额济纳旗	152923	额济纳河五一大桥	省控	否	黑河额济纳旗河	100°19′48″	41°2′28″
206	辽宁省	新宾满族自治县	210422	关家	市控	否	苏子河	125°8′1″	41°38′51″
207	辽宁省	新宾满族自治县	210422	红升下	市控	否	苏子河	125°8′13″	41°42′17″
208	辽宁省	新宾满族自治县	210422	永陵下	市控	否	苏子河	124°47′4″	41°52′42″
209	辽宁省	新宾满族自治县	210422	新宾下	市控	否	苏子河	125°0′8″	41°43′12″
210	辽宁省	本溪满族自治县	210521	南甸	省控	是	观音阁水库	124°27′38″	41°15′4″
211	辽宁省	本溪满族自治县	210521	刘家哨	省控	是	观音阁水库	124°25′58″	41°22′32″
212	辽宁省	本溪满族自治县	210521	赛梨寨	省控	是	观音阁水库	124°18′15″	41°22′39″
213	辽宁省	本溪满族自治县	210521	南太子河入库口	国控	否	太子河南支	124°23′11″	41°23′11″
214	辽宁省	本溪满族自治县	210521	南太子河入库口	国控	否	太子河南支	124°9′46″	41°19′0″
215	辽宁省	桓仁满族自治县	210522	大伙房水库	国控	否	浑河	125°19′39″	41°15′41″
216	辽宁省	宽甸满族自治县	210624	老道排大桥	省控	否	蒲石河	124°35′36″	40°52′23″
217	辽宁省	宽甸满族自治县	210624	爱河大桥	国控	否	爱河	124°29′41″	40°15′59″
218	辽宁省	宽甸满族自治县	210624	南岭外大桥	省控	否	爱河	124°24′39″	40°22′15″

序号	省（市、区）名称	县（市、旗、区）名称	县（市、旗、区）代码	水质监测断面名称	断面性质	是否湖库	河流/湖泊名称	经度	纬度
219	辽宁省	宽甸满族自治县	210624	蒲石河大桥	国控	否	蒲石河	124°7′26″	40°19′44″
220	辽宁省	宽甸满族自治县	210624	牛毛升大桥	省控	否	爱河	124°35′33″	40°53′35″
221	辽宁省	宽甸满族自治县	210624	影壁山电站	省控	否	蒲石河	124°43′32″	40°40′17″
222	吉林省	东昌区	220502	湾湾川	省控	否	浑江	125°53′4″	41°40′11″
223	吉林省	集安市	220582	云峰	国控	否	鸭绿江	126°29′37″	41°24′27″
224	吉林省	集安市	220582	上活龙	国控	否	鸭绿江	126°6′54″	41°3′55″
225	吉林省	集安市	220582	老虎哨	国控	否	鸭绿江	125°57′32″	40°53′32″
226	吉林省	集安市	220582	太平江口	国控	否	鸭绿江	126°2′32″	40°56′53″
227	吉林省	集安市	220582	太王	国控	否	鸭绿江	126°12′10″	41°26′11″
228	吉林省	集安市	220582	水文站	国控	否	鸭绿江	126°10′0″	41°6′10″
229	吉林省	浑江区	220602	河口	市控	否	浑江	126°28′31″	41°58′37″
230	吉林省	浑江区	220602	西村	国控	否	浑江	126°18′42″	41°52′16″
231	吉林省	浑江区	220602	七道江	市控	否	浑江	126°22′34″	41°53′21″
232	吉林省	江源区	220605	翁泉大桥	县控	否	浑江	126°30′44″	41°59′26″
233	吉林省	抚松县	220621	抚生渡口	国控	否	头道松花江	127°12′49″	42°20′24″
234	吉林省	抚松县	220621	参乡一号桥	国控	否	头道松花江	127°15′35″	42°17′10″
235	吉林省	靖宇县	220622	义胜桥上 100 m	市控	否	珠子河	126°45′47″	42°24′53″
236	吉林省	靖宇县	220622	海岛电站坝下	市控	否	珠子河	126°55′20″	42°26′26″
237	吉林省	靖宇县	220622	海岛电站坝下	国控	否	珠子河	126°59′9″	42°26′58″
238	吉林省	长白朝鲜族自治县	220623	二十三道沟	国控	否	鸭绿江	128°17′37″	41°33′44″
239	吉林省	长白朝鲜族自治县	220623	七道沟	县控	否	鸭绿江	127°13′43″	41°31′21″
240	吉林省	长白朝鲜族自治县	220623	鸠谷	国控	否	鸭绿江	127°15′27″	41°30′45″
241	吉林省	临江市	220681	东马村	县控	否	鸭绿江	127°12′52″	41°31′6″
242	吉林省	临江市	220681	白马浪	县控	否	鸭绿江	126°41′17″	41°44′1″
243	吉林省	敦化市	222403	敦化上	省控	否	牡丹江	128°12′41″	43°19′38″
244	吉林省	敦化市	222403	大山	国控	否	牡丹江	128°41′28″	43°44′7″
245	吉林省	和龙市	222406	青山	州控	否	海兰河	128°51′21″	42°26′22″
246	吉林省	和龙市	222406	关门	州控	否	海兰河	129°1′19″	42°36′8″
247	吉林省	汪清县	222424	小汪清	州控	否	大汪清河	129°50′11″	43°16′27″
248	吉林省	汪清县	222424	大仙	国控	否	大汪清河	129°41′56″	43°21′19″
249	吉林省	安图县	222426	两江	省控	否	二道松花江	128°5′12″	42°38′28″
250	吉林省	安图县	222426	水库出口	县控	否	福兴河	128°28′3″	43°33′11″
251	吉林省	安图县	222426	榆树川	国控	否	布尔哈通河	129°5′0″	42°58′51″

序号	省（市、区）名称	县（市、旗、区）名称	县（市、旗、区）代码	水质监测断面名称	断面性质	是否湖库	河流/湖泊名称	经度	纬度
252	吉林省	安图县	222426	水库入口	县控	否	福兴河	128°27′0″	43°5′44″
253	吉林省	安图县	222426	富尔河	国控	否	富尔河	128°4′1″	42°40′33″
254	黑龙江省	方正县	230124	蚂蚁河入江口	省控	否	松花江蚂蚁河	128°45′43″	45°55′57″
255	黑龙江省	方正县	230124	双凤水库	市控	是	双凤水库	129°12′15″	45°49′37″
256	黑龙江省	木兰县	230127	摆渡镇	国控	否	松花江	128°1′16″	45°56′48″
257	黑龙江省	木兰县	230127	木兰达河入江处	市控	否	木兰达河	127°50′36″	45°55′43″
258	黑龙江省	通河县	230128	通河	国控	否	松花江	128°44′54″	45°58′8″
259	黑龙江省	通河县	230128	小河西屯		否	岔林河	128°30′5″	46°22′53″
260	黑龙江省	延寿县	230129	凌河	国控	否	蚂蚁河	128°34′57″	45°38′33″
261	黑龙江省	延寿县	230129	平安大桥入境	市控	否	蚂蚁河	128°8′28″	45°22′19″
262	黑龙江省	尚志市	230183	亚布力	国控	否	蚂蚁河	128°37′35″	44°56′12″
263	黑龙江省	尚志市	230183	黎明村		否	亮珠河	127°55′12″	45°24′5″
264	黑龙江省	五常市	230184	光荣桥	省控	否	拉林河	127°9′34″	44°25′43″
265	黑龙江省	五常市	230184	水库出口	国控	是	磨盘山水库	127°41′30″	44°23′44″
266	黑龙江省	甘南县	230225	音河水库	国控	否	音河	123°27′26″	47°56′45″
267	黑龙江省	甘南县	230225	查哈阳乡	国控	否	诺敏河	124°21′1″	48°29′59″
268	黑龙江省	虎林市	230381	穆棱河口内	国控	否	穆棱河	133°29′56″	45°52′30″
269	黑龙江省	虎林市	230381	858 九队	国控	否	松阿察河	133°5′54″	45°45′36″
270	黑龙江省	密山市	230382	档壁镇	国控	是	兴凯湖	132°1′9″	45°15′37″
271	黑龙江省	密山市	230382	疗养院	国控	是	兴凯湖	132°21′17″	45°20′47″
272	黑龙江省	密山市	230382	龙王庙	国控	是	兴凯湖	132°51′10″	45°3′36″
273	黑龙江省	密山市	230382	知一桥	国控	否	穆棱河	131°57′48″	45°32′9″
274	黑龙江省	绥滨县	230422	绥滨入	国控	否	松花江	131°50′21″	47°16′59″
275	黑龙江省	绥滨县	230422	渡口	市控	否	松花江	131°53′21″	47°16′40″
276	黑龙江省	饶河县	230524	饶河上	国控	否	乌苏里江	134°1′29″	46°47′51″
277	黑龙江省	饶河县	230524	挠力河口内	国控	否	挠力河	134°8′5″	47°19′5″
278	黑龙江省	伊春区	230702	101 断面	市控	否	汤旺河	128°56′4″	47°43′6″
279	黑龙江省	伊春区	230702	大铁桥	国控	否	伊春河	128°54′47″	47°44′23″
280	黑龙江省	南岔区	230703	柳树河	省控	否	汤旺河	129°21′49″	47°10′24″
281	黑龙江省	南岔区	230703	西南岔河	国控	否	汤旺河	129°16′10″	47°7′10″
282	黑龙江省	友好区	230704	友好	国控	否	汤旺河	128°52′0″	47°50′15″
283	黑龙江省	西林区	230705	西林大桥	省控	否	汤旺河	129°18′54″	47°29′34″
284	黑龙江省	翠峦区	230706	翠峦断面		否	伊春河翠峦段	128°39′44″	47°43′41″
285	黑龙江省	新青区	230707	新青断面	省控	否	汤旺河	129°32′33″	48°17′59″
286	黑龙江省	新青区	230707	友好断面		否	汤旺河	128°51′56″	47°52′15″
287	黑龙江省	美溪区	230708	101 断面	省控	否	汤旺河	129°9′41″	47°37′43″
288	黑龙江省	金山屯区	230709	金南加油站下游	省控	否	大丰河	129°26′15″	47°24′2″

序号	省（市、区）名称	县（市、旗、区）名称	县（市、旗、区）代码	水质监测断面名称	断面性质	是否湖库	河流/湖泊名称	经度	纬度
289	黑龙江省	五营区	230710	新青断面	省控	否	汤旺河	129°32′33″	48°17′59″
290	黑龙江省	五营区	230710	友好	国控	否	汤旺河	128°51′56″	47°52′15″
291	黑龙江省	乌马河区	230711	乌马所大桥断面	省控	否	伊春河	128°47′55″	47°44′45″
292	黑龙江省	带岭区	230713	秀水桥	省控	否	西南岔河	129°0′5″	47°0′47″
293	黑龙江省	带岭区	230713	永翠河明月桥	省控	否	永翠河	128°56′34″	47°6′49″
294	黑龙江省	乌伊岭区	230714	乌伊岭断面	省控	否	汤旺河	129°25′47″	48°34′22″
295	黑龙江省	上甘岭区	230716	友好	国控	否	汤旺河	129°1′33″	47°58′8″
296	黑龙江省	嘉荫县	230722	嘉荫	国控	否	黑龙江	130°33′54″	48°42′39″
297	黑龙江省	铁力市	230781	双河渠首	国控	否	呼兰河	127°43′53″	47°0′49″
298	黑龙江省	铁力市	230781	新民断面		否	依吉密河	128°0′59″	47°4′24″
299	黑龙江省	同江市	230881	同江	国控	否	松花江	132°27′29″	47°39′33″
300	黑龙江省	同江市	230881	松花江口下	国控	否	黑龙江	132°49′40″	47°56′35″
301	黑龙江省	富锦市	230882	富锦至绥滨摆渡		否	松花江	131°56′41″	47°13′38″
302	黑龙江省	富锦市	230882	富锦下	国控	否	松花江	132°3′35″	47°17′37″
303	黑龙江省	抚远市	230883	抚远	国控	否	黑龙江	134°17′10″	48°22′25″
304	黑龙江省	抚远市	230883	乌苏镇	国控	否	乌苏里江	134°40′26″	48°15′36″
305	黑龙江省	林口县	231025	花脸沟断面西	省控	否	牡丹江	129°45′29″	45°38′34″
306	黑龙江省	林口县	231025	龙爪		否	牡丹江	130°8′20″	45°14′49″
307	黑龙江省	海林市	231083	水源地上游100 m	国控	否	海浪河	129°23′32″	44°33′0″
308	黑龙江省	海林市	231083	海浪河口内	国控	否	海浪河	129°32′5″	44°32′56″
309	黑龙江省	宁安市	231084	石岩	省控	否	牡丹江	129°19′36″	44°10′4″
310	黑龙江省	宁安市	231084	西阁	省控	否	牡丹江	129°26′10″	44°20′8″
311	黑龙江省	穆棱市	231085	三岔	市控	是	穆棱河	130°12′33″	44°28′57″
312	黑龙江省	穆棱市	231085	碱场矿	市控	是	穆棱河	130°37′13″	45°4′46″
313	黑龙江省	东宁市	231086	三岔口	国控	否	绥芬河	131°17′30″	44°2′44″
314	黑龙江省	爱辉区	231102	黑河上	国控	否	黑龙江	127°17′31″	50°27′17″
315	黑龙江省	爱辉区	231102	黑河下	国控	否	黑龙江	127°31′23″	50°5′23″
316	黑龙江省	嫩江县	231121	博霍头	国控	否	嫩江	125°13′22″	49°13′46″
317	黑龙江省	逊克县	231123	黑龙江流域逊克断面入江口		否	黑龙江	128°27′15″	49°34′55″
318	黑龙江省	逊克县	231123	西双河大桥	国控	否	逊别拉河	128°53′31″	49°23′47″
319	黑龙江省	孙吴县	231124	大河北	省控	否	逊河	127°47′26″	49°22′47″
320	黑龙江省	北安市	231181	宝泉镇上（黑）	国控	否	乌裕尔河	126°16′36″	48°10′11″
321	黑龙江省	北安市	231181	北河桥		否	乌裕尔河	126°46′8″	48°11′45″
322	黑龙江省	五大连池市	231182	三池中	省控	是	三池	126°12′43″	48°43′55″
323	黑龙江省	五大连池市	231182	老山头	国控	否	讷谟尔河	125°56′35″	48°33′30″
324	黑龙江省	庆安县	231224	绥庆桥	省控	否	呼兰河	127°25′12″	46°56′24″
325	黑龙江省	庆安县	231224	庆红桥	省控	否	呼兰河	127°34′58″	46°55′41″
326	黑龙江省	绥棱县	231226	阁山大桥		否	努敏河	127°8′16″	47°21′17″

序号	省（市、区）名称	县（市、旗、区）名称	县（市、旗、区）代码	水质监测断面名称	断面性质	是否湖库	河流/湖泊名称	经度	纬度
327	黑龙江省	绥棱县	231226	上集桥		否	努敏河	127°27′37″	47°18′47″
328	黑龙江省	加格达奇区	232701	加格达奇区下	省控	否	甘河	124°6′33″	50°25′18″
329	黑龙江省	加格达奇区	232701	加格达奇区上	国控	否	甘河	124°5′22″	50°24′60″
330	黑龙江省	松岭区	232702	多布库尔河大桥	国控	否	多布库尔河	124°18′27″	50°47′33″
331	黑龙江省	松岭区	232702	大杨气大桥	省控	否	多布库尔河	124°12′53″	50°59′34″
332	黑龙江省	新林区	232703	水文站	省控	否	塔河	124°24′50″	51°40′38″
333	黑龙江省	新林区	232703	南山公园吊桥	省控	否	奥库萨卡埃河	124°33′14″	51°39′49″
334	黑龙江省	呼中区	232704	自来水水源井	省控	否	呼玛河	123°35′46″	52°0′58″
335	黑龙江省	呼中区	232704	卡玛兰大桥	省控	否	呼玛河	123°33′58″	52°3′59″
336	黑龙江省	呼玛县	232721	呼玛上	国控	否	黑龙江	126°39′35″	51°43′43″
337	黑龙江省	呼玛县	232721	呼玛河口内	国控	否	呼玛河	126°36′34″	51°39′52″
338	黑龙江省	塔河县	232722	塔河大桥	国控	否	呼玛河	124°41′39″	52°20′14″
339	黑龙江省	漠河县	232723	西林吉镇三连大桥	省控	否	额木尔河	122°30′32″	53°1′56″
340	黑龙江省	漠河县	232723	古莲大桥	省控	否	大林河	122°28′15″	52°58′55″
341	浙江省	淳安县	330127	街口	国控	否	新安江	118°43′37″	29°43′31″
342	浙江省	淳安县	330127	大坝前	国控	是	千岛湖	119°12′43″	29°30′26″
343	浙江省	淳安县	330127	茅头尖	省控	是	千岛湖	118°44′53″	29°28′20″
344	浙江省	淳安县	330127	航头岛	省控	是	千岛湖	119°7′17″	29°42′24″
345	浙江省	淳安县	330127	小金山	国控	是	千岛湖	118°56′32″	29°37′6″
346	浙江省	淳安县	330127	三潭岛	国控	是	千岛湖	118°58′18″	29°32′18″
347	浙江省	文成县	330328	珊溪水库中	省控	是	珊溪水库	120°0′29″	27°40′39″
348	浙江省	文成县	330328	珊溪水库坝前	省控	是	珊溪水库	120°2′38″	27°40′43″
349	浙江省	泰顺县	330329	百丈口	国控	否	飞云江	119°51′29″	27°39′10″
350	浙江省	泰顺县	330329	交溪	国控	否	白石溪	119°46′7″	27°18′9″
351	浙江省	泰顺县	330329	氡泉	国控	否	会甲溪	120°5′22″	27°23′19″
352	浙江省	磐安县	330727	上东岸（左库水库上）	国控	否	瓯江（好溪）	120°18′30″	28°53′34″
353	浙江省	磐安县	330727	台口	国控	否	钱塘江（东阳江）	120°25′38″	29°5′6″
354	浙江省	常山县	330822	富足山	国控	否	钱塘江（常山港）	118°33′10″	28°54′1″
355	浙江省	开化县	330824	霞山	省控	否	钱塘江（马金溪）	118°24′52″	29°20′3″
356	浙江省	开化县	330824	下界首	国控	否	马金溪	118°22′58″	28°58′58″
357	浙江省	开化县	330824	龙潭	国控	否	马金溪	118°24′43″	29°9′6″

序号	省（市、区）名称	县（市、旗、区）名称	县（市、旗、区）代码	水质监测断面名称	断面性质	是否湖库	河流/湖泊名称	经度	纬度
358	浙江省	遂昌县	331123	遂昌水厂取水点	省控	否	瓯江（松阴溪）	119°14′39″	28°33′35″
359	浙江省	遂昌县	331123	渡船头	省控	否	瓯江（松阴溪）	119°17′42″	28°36′52″
360	浙江省	云和县	331125	石塘电站坝下	省控	否	瓯江（龙泉溪）	119°40′4″	28°13′38″
361	浙江省	云和县	331125	浮云溪口	省控	否	瓯江（浮云溪）	119°35′48″	28°8′32″
362	浙江省	云和县	331125	紧水滩水库中心	省控	是	紧水滩水库	119°26′5″	28°8′35″
363	浙江省	云和县	331125	紧水滩水库近坝	省控	是	紧水滩水库	119°31′58″	28°12′57″
364	浙江省	庆元县	331126	松溪岩下	国控	否	松源溪	118°52′42″	27°37′55″
365	浙江省	景宁畲族自治县	331127	沙湾上	国控	否	小溪	119°27′29″	27°51′17″
366	浙江省	景宁畲族自治县	331127	外舍	国控	否	小溪	119°39′5″	28°2′7″
367	浙江省	龙泉市	331181	小梅桥上	省控	否	瓯江（龙泉溪）	118°58′21″	27°49′8″
368	浙江省	龙泉市	331181	临江	国控	否	龙泉溪	119°9′13″	28°5′12″
369	安徽省	潜山县	340824	水厂取水口	国控	否	潜水	116°33′9″	30°38′4″
370	安徽省	潜山县	340824	车轴寺大桥	国控	否	皖水	116°36′34″	30°37′53″
371	安徽省	太湖县	340825	花亭湖坝前	国控	是	花亭湖	116°14′47″	30°28′2″
372	安徽省	太湖县	340825	晋湖村	县控	否	长河	116°17′40″	30°24′19″
373	安徽省	岳西县	340828	和平桥	省控	否	鹭鸶河	116°25′5″	30°51′55″
374	安徽省	岳西县	340828	彩虹瀑布售票点	省控	否	黄尾河	116°18′55″	31°7′39″
375	安徽省	黄山区	341003	浮溪口	省控	否	麻川河	118°13′52″	30°21′40″
376	安徽省	黄山区	341003	琉璃岭	省控	否	陵阳河	117°55′52″	30°22′23″
377	安徽省	黄山区	341003	东坑口	省控	否	清溪河	117°49′48″	30°13′48″
378	安徽省	黄山区	341003	佘溪桥	省控	否	舒溪河	117°56′24″	30°14′42″
379	安徽省	黄山区	341003	河口村	省控	否	秋溪河	118°1′44″	30°17′42″
380	安徽省	黄山区	341003	大桥	省控	是	太平湖	117°56′56″	30°19′44″
381	安徽省	黄山区	341003	叶家	省控	是	太平湖	118°6′47″	30°24′22″
382	安徽省	黄山区	341003	密岩关	省控	否	浦溪河	118°5′10″	30°21′29″
383	安徽省	黄山区	341003	陈村	省控	是	太平湖	118°10′26″	30°27′43″
384	安徽省	黄山区	341003	湖心	国控	是	太平湖	118°0′18″	30°21′40″
385	安徽省	歙县	341021	街口	省控	否	新安江主流	118°43′16″	29°43′30″
386	安徽省	歙县	341021	坑口	省控	否	新安江主流	118°31′53″	29°48′29″
387	安徽省	歙县	341021	新管	国控	否	新安江支流扬之河	118°30′41″	29°58′10″
388	安徽省	歙县	341021	浦口	国控	否	新安江支流练江	118°14′47″	29°53′56″

序号	省（市、区）名称	县（市、旗、区）名称	县（市、旗、区）代码	水质监测断面名称	断面性质	是否湖库	河流/湖泊名称	经度	纬度
389	安徽省	休宁县	341022	五城	省控	否	率水河	118°11′33″	29°37′34″
390	安徽省	休宁县	341022	梅林	省控	否	横江河	118°13′21″	29°16′5″
391	安徽省	休宁县	341022	榆村	市控	否	佩琅河	118°20′29″	29°40′44″
392	安徽省	黟县	341023	奇墅湖湖心	省控	是	奇墅湖	117°59′34″	29°58′40″
393	安徽省	祁门县	341024	倒湖	省控	否	阊江	117°27′40″	29°41′58″
394	安徽省	金寨县	341524	大坝前	国控	是	梅山水库	115°53′0″	31°40′10″
395	安徽省	金寨县	341524	大坝前	国控	是	响洪甸水库	116°8′25″	31°33′41″
396	安徽省	金寨县	341524	红石嘴	省控	否	史河	115°54′27″	31°44′6″
397	安徽省	霍山县	341525	磨子潭水库大坝前	省控	是	磨子潭水库	116°20′24″	31°14′24″
398	安徽省	霍山县	341525	出水口	省控	否	白莲崖水库	116°7′23″	31°12′30″
399	安徽省	霍山县	341525	陶洪集	国控	否	东淠河	116°18′29″	31°31′59″
400	安徽省	霍山县	341525	坝前	省控	是	佛子岭水库	116°16′52″	31°20′47″
401	安徽省	石台县	341722	双丰	国控	否	秋浦河	117°26′42″	30°19′21″
402	安徽省	石台县	341722	石台县水厂	省控	否	秋浦河	117°29′7″	30°13′18″
403	安徽省	青阳县	341723	河口	国控	否	青通河	117°45′10″	30°46′13″
404	安徽省	青阳县	341723	青阳贵池县界	省控	否	九华河	117°45′31″	30°37′25″
405	安徽省	青阳县	341723	芜湖池州交界	省控	否	七星河	118°7′9″	30°42′21″
406	安徽省	泾县	341823	城关上游	省控	否	青弋江	118°23′38″	30°41′8″
407	安徽省	泾县	341823	百园新村	省控	否	运河	118°24′19″	30°40′30″
408	安徽省	泾县	341823	泾南交界	国控	否	青弋江	118°28′34″	30°47′18″
409	安徽省	绩溪县	341824	新管	国控	否	扬之河	118°30′37″	29°58′12″
410	安徽省	旌德县	341825	旌泾交界	省控	否	徽水河（青弋江）	118°26′7″	30°24′29″
411	福建省	永泰县	350125	塘前	省控	否	大樟溪	119°10′36″	25°54′17″
412	福建省	永泰县	350125	莒口	省控	否	大樟溪	119°7′57″	25°51′40″
413	福建省	明溪县	350421	王桥	县控	否	渔塘溪	117°9′37″	26°20′51″
414	福建省	明溪县	350421	瑶奢	市控	否	渔塘溪	117°24′30″	26°18′38″
415	福建省	清流县	350423	龙进	县控	否	九龙溪	116°48′13″	26°10′33″
416	福建省	清流县	350423	龙中	县控	否	九龙溪	116°49′0″	26°10′53″
417	福建省	清流县	350423	安心	省控	是	九龙湖	116°58′31″	26°2′4″
418	福建省	清流县	350423	龙出（安入）	省控	否	九龙湖	116°53′55″	26°6′24″
419	福建省	宁化县	350424	宁化肖家	国控	否	九龙溪	116°45′13″	26°11′22″
420	福建省	宁化县	350424	西溪茶湖江电站	县控	否	沙溪	116°35′39″	26°15′11″
421	福建省	宁化县	350424	水茜河张坊	县控	否	沙溪	116°45′24″	26°31′1″
422	福建省	将乐县	350428	将乐万全	国控	否	金溪	117°9′9″	26°43′2″
423	福建省	将乐县	350428	将乐樟应	国控	否	金溪	117°39′10″	26°48′48″
424	福建省	将乐县	350428	积善桥	县控	否	金溪	117°30′7″	26°45′52″
425	福建省	将乐县	350428	水文站	县控	否	金溪	117°27′40″	26°42′53″

序号	省（市、区）名称	县（市、旗、区）名称	县（市、旗、区）代码	水质监测断面名称	断面性质	是否湖库	河流/湖泊名称	经度	纬度
426	福建省	泰宁县	350429	朱入杉	县控	否	朱溪	117°11′11″	26°54′3″
427	福建省	泰宁县	350429	黄入杉	县控	否	黄溪	117°11′39″	26°53′30″
428	福建省	泰宁县	350429	杉出	县控	否	杉溪	117°5′40″	26°52′20″
429	福建省	泰宁县	350429	梅口悬索桥	省控	是	金湖	117°2′24″	26°47′32″
430	福建省	泰宁县	350429	北入杉	县控	否	北溪	117°9′52″	26°54′54″
431	福建省	泰宁县	350429	将乐万全	国控	否	金溪	117°9′12″	26°43′1″
432	福建省	泰宁县	350429	杉心	县控	否	杉溪	117°8′33″	26°52′51″
433	福建省	建宁县	350430	水南桥上游 100 m	县控	否	濉溪	116°53′2″	26°40′3″
434	福建省	建宁县	350430	塔下渡口	县控	否	濉溪	116°50′6″	26°39′5″
435	福建省	建宁县	350430	建宁袁庄	国控	否	濉溪	116°53′19″	26°52′14″
436	福建省	永春县	350525	永春东关桥	国控	否	晋江	118°22′53″	25°16′51″
437	福建省	永春县	350525	呈祥	省控	否	晋江	118°7′54″	25°26′53″
438	福建省	华安县	350629	华安黄枣铁路桥	省控	否	九龙江	117°33′0″	24°54′52″
439	福建省	华安县	350629	利水	省控	否	九龙江	117°36′8″	24°47′45″
440	福建省	华安县	350629	浦南水文站	国控	否	九龙江	117°40′2″	24°38′30″
441	福建省	浦城县	350722	浦上	市控	否	南浦溪	118°33′24″	27°53′50″
442	福建省	浦城县	350722	浦下	市控	否	南浦溪	118°31′38″	27°53′59″
443	福建省	光泽县	350723	和顺桥	省控	否	富屯溪	117°23′32″	27°28′28″
444	福建省	光泽县	350723	西关水坝	市控	否	富屯溪	117°19′21″	27°31′56″
445	福建省	武夷山市	350782	曹墩桥	省控	否	建溪	117°49′59″	27°38′42″
446	福建省	武夷山市	350782	公馆桥	省控	否	建溪	117°58′53″	27°40′44″
447	福建省	长汀县	350821	长汀十里铺桥	省控	否	汀江	116°23′45″	25°51′26″
448	福建省	长汀县	350821	长汀美溪桥	国控	否	汀江	116°17′36″	25°27′50″
449	福建省	长汀县	350821	长汀陈坊桥	省控	否	汀江	116°20′5″	25°47′46″
450	福建省	上杭县	350823	水西大桥	省控	否	汀江	116°25′45″	25°4′8″
451	福建省	上杭县	350823	涧头自动站	省控	否	汀江	116°20′15″	25°7′35″
452	福建省	上杭县	350823	上杭李家坪	国控	否	汀江	116°26′54″	25°1′54″
453	福建省	上杭县	350823	下车大桥	市控	否	旧县河	116°35′30″	25°20′7″
454	福建省	上杭县	350823	城头坪	市控	否	黄潭河	116°45′49″	25°8′37″
455	福建省	上杭县	350823	南蛇渡大桥	省控	否	汀江	116°29′43″	24°50′20″
456	福建省	上杭县	350823	清陵塔	市控	否	旧县河	116°41′36″	25°19′42″
457	福建省	上杭县	350823	石铭渠道	市控	否	黄潭河	116°43′8″	25°5′29″
458	福建省	武平县	350824	兰塘桥	市控	否	梅江	116°4′47″	25°4′6″
459	福建省	武平县	350824	洋古坝	市控	否	梅江	116°6′24″	25°6′3″
460	福建省	连城县	350825	连城罗王	国控	否	沙溪	116°45′45″	25°48′38″
461	福建省	连城县	350825	连城黄坊	国控	否	沙溪	116°47′5″	25°45′46″
462	福建省	连城县	350825	庙前清凌塔桥	市控	否	汀江	116°41′36″	25°19′42″
463	福建省	屏南县	350923	园坪电站	省控	否	霍童溪	119°12′49″	26°53′52″
464	福建省	寿宁县	350924	寿宁武曲	国控	否	西溪	119°34′33″	27°13′35″

序号	省（市、区）名称	县（市、旗、区）名称	县（市、旗、区）代码	水质监测断面名称	断面性质	是否湖库	河流/湖泊名称	经度	纬度
465	福建省	周宁县	350925	福安康厝	省控	否	交溪	119°27′10″	27°4′20″
466	福建省	柘荣县	350926	龙溪三级站下游	省控	否	交溪	119°49′5″	27°18′5″
467	江西省	浮梁县	360222	南河河口	国控	否	南河	117°12′57″	29°16′28″
468	江西省	浮梁县	360222	吊鱼	省控	否	昌江	117°18′9″	29°36′28″
469	江西省	浮梁县	360222	洋湖水厂	省控	否	昌江	117°12′59″	29°20′30″
470	江西省	莲花县	360321	龙山口	国控	否	禾水	113°59′15″	27°4′6″
471	江西省	莲花县	360321	高洲	市控	否	禾水	113°57′12″	27°21′41″
472	江西省	芦溪县	360323	棚下（杨村）	国控	否	袁水	114°10′44″	27°44′23″
473	江西省	芦溪县	360323	林家坊	省控	否	袁水	114°3′29″	27°39′44″
474	江西省	芦溪县	360323	山口岩	省控	否	袁水	114°0′36″	27°35′9″
475	江西省	芦溪县	360323	龙王潭	省控	否	袁水	114°8′26″	27°28′41″
476	江西省	修水县	360424	东津桥	省控	否	修河东津水	114°20′13″	29°1′6″
477	江西省	修水县	360424	三都	国控	否	修河	114°43′39″	29°10′39″
478	江西省	南康区	360703	观河浮桥	省控	否	章江	114°45′53″	25°42′37″
479	江西省	南康区	360703	上犹江江口	国控	否	上犹江	114°47′57″	25°48′55″
480	江西省	赣县区	360704	赣县梅林	国控	否	贡江	114°59′53″	25°50′45″
481	江西省	赣县区	360704	桃江江口	国控	否	桃江	115°5′21″	25°53′27″
482	江西省	赣县区	360704	平江江口	国控	否	平江	115°8′11″	25°57′37″
483	江西省	赣县区	360704	新庙前	国控	否	赣江	114°55′42″	25°59′44″
484	江西省	赣县区	360704	潭坑口	国控	否	赣江	114°55′48″	26°12′11″
485	江西省	信丰县	360722	赣县立濑桥	省控	否	桃江	115°0′21″	25°30′57″
486	江西省	信丰县	360722	孔江水库上游	国控	否	滇江	114°41′7″	25°19′19″
487	江西省	大余县	360723	大余城郊	国控	否	章江	114°22′43″	25°22′55″
488	江西省	大余县	360723	大余新城	省控	否	章江	114°39′17″	25°32′6″
489	江西省	上犹县	360724	陡水镇红星	省控	否	上犹江	114°24′41″	25°49′18″
490	江西省	上犹县	360724	上犹黄沙	省控	否	上犹江	114°36′54″	25°46′56″
491	江西省	崇义县	360725	崇义七星湖	省控	是	上犹江	114°22′28″	25°50′40″
492	江西省	崇义县	360725	崇义龙勾乡东山村	省控	否	朱坊河	114°36′54″	25°43′6″
493	江西省	安远县	360726	安远黎屋组	省控	否	镇江河	115°12′54″	24°53′40″
494	江西省	安远县	360726	安远长沙乡光明村	省控	否	濂江	115°31′56″	25°30′9″
495	江西省	龙南县	360727	龙南自来水厂	国控	否	桃江	114°46′48″	24°53′55″
496	江西省	龙南县	360727	龙南龙头滩电站	省控	否	桃江	114°47′53″	24°59′35″
497	江西省	定南县	360728	庙咀里	国控	否	定南水	115°10′28″	24°42′27″
498	江西省	定南县	360728	龙塘镇长富双头	省控	否	桐坑河	115°11′48″	24°52′2″
499	江西省	全南县	360729	全南上江村	省控	否	桃江	114°46′1″	25°6′16″
500	江西省	全南县	360729	全南天龙村	省控	否	桃江	114°36′34″	24°46′56″
501	江西省	宁都县	360730	下员布	省控	否	梅江	116°4′45″	26°51′36″
502	江西省	宁都县	360730	瑞金青山背	省控	否	梅江	115°52′12″	26°13′45″
503	江西省	于都县	360731	梅江江口	国控	否	梅江	115°26′23″	25°58′54″

序号	省（市、区）名称	县（市、旗、区）名称	县（市、旗、区）代码	水质监测断面名称	断面性质	是否湖库	河流/湖泊名称	经度	纬度
504	江西省	于都县	360731	黄龙河河口	国控	否	黄龙河	115°34′56″	25°56′34″
505	江西省	于都县	360731	峡山	国控	否	贡江	115°12′19″	25°55′6″
506	江西省	兴国县	360732	兴国睦埠桥	省控	否	平江	115°17′53″	26°9′59″
507	江西省	兴国县	360732	杨梅圳	省控	否	平江	115°33′45″	26°22′48″
508	江西省	会昌县	360733	湘水河口	国控	否	湘水	115°47′36″	25°34′4″
509	江西省	会昌县	360733	濂水河口	国控	否	濂水	115°37′36″	25°44′19″
510	江西省	会昌县	360733	梓坑	国控	否	贡江	115°35′33″	25°50′36″
511	江西省	寻乌县	360734	三标电站	省控	否	马蹄河	115°35′33″	25°1′21″
512	江西省	寻乌县	360734	留车镇留车中学	省控	否	寻乌河	115°38′39″	24°44′37″
513	江西省	石城县	360735	宁都龙下渡	省控	否	琴江	116°9′48″	26°10′52″
514	江西省	石城县	360735	祠堂	省控	否	贡江绵水	116°19′2″	26°1′25″
515	江西省	瑞金市	360781	绵水大桥	国控	否	贡江绵水	115°47′44″	25°37′25″
516	江西省	瑞金市	360781	留金坝电站	省控	否	梅江	115°45′38″	26°10′10″
517	江西省	遂川县	360827	万安白沂	省控	否	遂川江	114°39′23″	26°24′59″
518	江西省	遂川县	360827	湾洲桥	省控	否	蜀水	114°31′26″	26°35′13″
519	江西省	万安县	360828	遂川江江口	国控	否	遂川江	114°43′40″	26°29′50″
520	江西省	万安县	360828	通津	国控	否	赣江	114°49′2″	26°40′28″
521	江西省	安福县	360829	吉安县门前	省控	否	泸水	114°42′9″	27°13′30″
522	江西省	安福县	360829	横龙桥	省控	否	泸水	114°32′28″	27°23′50″
523	江西省	永新县	360830	吉安县高坪	省控	否	禾水河	114°28′6″	26°59′6″
524	江西省	永新县	360830	横楼桥	省控	否	禾水河	114°10′17″	26°58′56″
525	江西省	井冈山市	360881	牛吼江高速公路接口	省控	否	拿山河	114°15′8″	26°41′7″
526	江西省	井冈山市	360881	井冈山北岸电站	省控	否	拿山河	114°20′16″	26°44′51″
527	江西省	靖安县	360925	靖安香田	省控	否	北潦河南支	115°22′53″	28°50′12″
528	江西省	靖安县	360925	茂埠大桥	省控	否	北潦河北支	115°30′27″	28°50′57″
529	江西省	铜鼓县	360926	港口	国控	否	修河	114°17′43″	28°44′5″
530	江西省	铜鼓县	360926	铜鼓大墩	市控	否	武宁水（定江河）	114°31′40″	28°40′21″
531	江西省	黎川县	361022	黎川张家	省控	否	黎滩河/张家玉湖	116°47′29″	27°24′45″
532	江西省	黎川县	361022	资福	省控	否	资福河	116°56′48″	27°24′25″
533	江西省	南丰县	361023	超坊	国控	否	抚河	116°33′2″	27°17′27″
534	江西省	南丰县	361023	姜源	省控	否	洽村水	116°20′16″	26°58′16″
535	江西省	宜黄县	361026	临川黄家	省控	否	宜黄水	116°17′8″	27°42′21″
536	江西省	宜黄县	361026	三都电站	省控	否	黄水	116°10′23″	27°25′21″
537	江西省	资溪县	361028	贵溪富庶村	省控	否	泸溪河	117°9′6″	27°54′59″
538	江西省	资溪县	361028	里木村	省控	否	芦河	116°48′22″	27°46′49″
539	江西省	广昌县	361030	宴功岭	省控	否	抚河	116°18′23″	26°49′14″

序号	省（市、区）名称	县（市、旗、区）名称	县（市、旗、区）代码	水质监测断面名称	断面性质	是否湖库	河流/湖泊名称	经度	纬度
540	江西省	广昌县	361030	罗家	省控	否	抚河	116°22′46″	26°58′15″
541	江西省	婺源县	361130	汪口	省控	否	乐安河	117°59′27″	29°21′15″
542	江西省	婺源县	361130	婺源玉坦桥	省控	否	乐安河	117°49′57″	29°8′39″
543	山东省	博山区	370304	神头	国控	否	孝妇河	117°51′4″	36°28′53″
544	山东省	沂源县	370323	韩旺大桥	国控	否	沂河	118°26′10″	35°57′28″
545	山东省	台儿庄区	370405	台儿庄大桥	国控	否	京杭大运河（韩庄运河）	117°46′58″	34°31′21″
546	山东省	山亭区	370406	海子桥	市控	否	新薛河	117°23′50″	35°1′16″
547	山东省	临朐县	370724	丁家路口断面	县控	否	弥河	118°32′34″	36°28′42″
548	山东省	曲阜市	370881	龙湾店闸	市控	否	泗河	116°51′8″	35°36′56″
549	山东省	曲阜市	370881	粉店坝	市控	否	沂河	116°51′6″	35°33′4″
550	山东省	泰山区	370902	刘家庄桥		否	芝田河	117°11′3″	36°15′18″
551	山东省	五莲县	371121	潮石路桥	市控	否	潮白河	119°29′28″	35°38′18″
552	山东省	沂水县	371323	贾家庄断面	市控	否	沂河	118°33′17″	35°38′23″
553	山东省	费县	371325	小葛庄桥	市控	否	祊河	118°3′5″	35°10′50″
554	山东省	平邑县	371326	曹车桥	市控	否	祊河	117°54′45″	35°19′59″
555	山东省	蒙阴县	371328	重山桥	国控	否	汶河	118°7′48″	35°40′50″
556	山东省	蒙阴县	371328	云蒙湖湖心	国控	是	云蒙湖	118°6′42″	35°40′44″
557	河南省	栾川县	410324	汤营	省控	否	伊河	111°47′29″	33°59′44″
558	河南省	栾川县	410324	前龙脖	省控	否	淯河	111°51′29″	33°56′10″
559	河南省	栾川县	410324	庙湾	省控	否	明白河	111°51′29″	33°59′26″
560	河南省	卢氏县	411224	朱阳关	省控	否	老灌河	111°10′47″	33°42′11″
561	河南省	卢氏县	411224	洛河大桥	国控	否	洛河	111°3′28″	34°2′59″
562	河南省	西峡县	411323	西峡水文站	省控	否	老灌河	111°29′12″	33°12′51″
563	河南省	西峡县	411323	许营	省控	否	老灌河	111°28′0″	33°19′30″
564	河南省	西峡县	411323	三道河	国控	否	老灌河	111°4′2″	33°28′7″
565	河南省	西峡县	411323	上河	国控	否	淇河	111°3′20″	33°29′42″
566	河南省	西峡县	411323	淇河桥	省控	否	淇河	111°4′11″	33°28′7″
567	河南省	西峡县	411323	东台子	省控	否	蛇尾河	111°29′35″	33°25′17″
568	河南省	西峡县	411323	封湾	省控	否	丁河	111°27′54″	33°18′12″
569	河南省	西峡县	411323	杨河	省控	否	老灌河	111°29′12″	33°25′48″
570	河南省	内乡县	411325	山根组	省控	否	寺河	111°32′38″	33°5′20″
571	河南省	内乡县	411325	内乡怀乡桥	国控	否	湍河	111°49′25″	33°6′41″
572	河南省	内乡县	411325	杨寨	省控	否	湍河	111°53′11″	32°57′2″
573	河南省	淅川县	411326	淅川史家湾	国控	否	丹江	111°13′5″	33°4′57″
574	河南省	淅川县	411326	淅川张营	国控	否	老灌河	111°17′15″	33°3′49″
575	河南省	桐柏县	411330	平氏桥断面	省控	否	三夹河	113°4′40″	32°32′24″
576	河南省	桐柏县	411330	淮河桥断面	省控	否	淮河	113°35′19″	32°20′53″

序号	省（市、区）名称	县（市、旗、区）名称	县（市、旗、区）代码	水质监测断面名称	断面性质	是否湖库	河流/湖泊名称	经度	纬度
577	河南省	邓州市	411381	唐王桥	省控	否	刁河	111°51′56″	32°42′10″
578	河南省	邓州市	411381	刁河堂	省控	否	刁河	112°18′53″	32°26′21″
579	河南省	邓州市	411381	杨寨	省控	否	湍河	111°52′32″	32°56′12″
580	河南省	邓州市	411381	穰东	省控	否	赵河	112°15′24″	32°49′13″
581	河南省	邓州市	411381	汲滩	省控	否	湍河	112°15′59″	32°40′30″
582	河南省	浉河区	411502	琴桥	省控	否	浉河	114°6′30″	32°5′2″
583	河南省	罗山县	411521	竹竿铺	国控	否	竹竿河	114°10′0″	32°16′0″
584	河南省	光山县	411522	小潢河前楼水质断面	省控	否	潢河	114°56′7″	31°59′37″
585	河南省	光山县	411522	白露河双轮水质断面	省控	否	白露河	115°5′45″	31°47′35″
586	河南省	新县	411523	浒湾大桥断面	省控	否	潢河	114°52′25″	31°42′49″
587	河南省	新县	411523	香山水库	省控	是	香山水库	114°54′8″	31°35′19″
588	河南省	新县	411523	潢河上游断面	省控	否	潢河	114°52′33″	31°36′16″
589	河南省	商城县	411524	丰集镇公路桥史河断面	省控	否	史河	115°30′8″	31°50′60″
590	河南省	商城县	411524	大坝北	国控	是	鲇鱼山水库	115°21′38″	31°47′10″
591	河南省	商城县	411524	河凤桥至双铺公路桥灌河断面	省控	否	灌河	115°23′36″	31°54′7″
592	湖北省	茅箭区	420302	马家河水库	省控	是	马家河	110°47′23″	32°34′15″
593	湖北省	茅箭区	420302	泗河口	国控	否	泗河	110°53′10″	32°37′52″
594	湖北省	茅箭区	420302	茅塔河水库	省控	是	茅塔河水库	110°50′52″	32°33′43″
595	湖北省	张湾区	420303	黄龙1	国控	是	黄龙滩水库	110°37′24″	32°40′17″
596	湖北省	张湾区	420303	神定河口	国控	否	神定河	110°48′17″	32°40′25″
597	湖北省	张湾区	420303	东湾桥	国控	否	犟河	110°33′29″	32°40′59″
598	湖北省	张湾区	420303	焦家院	国控	否	堵河	110°34′48″	32°42′13″
599	湖北省	郧阳区	420304	陈家坡	国控	否	汉江	110°54′12″	32°48′22″
600	湖北省	郧阳区	420304	王河电站	国控	否	滔河	111°12′25″	33°1′30″
601	湖北省	郧阳区	420304	杨溪	市控	否	汉江	110°51′43″	32°49′19″
602	湖北省	郧阳区	420304	淘谷河口	国控	否	淘谷河	111°0′48″	32°57′13″
603	湖北省	郧阳区	420304	青曲	国控	否	曲远河	110°37′59″	32°52′20″
604	湖北省	郧阳区	420304	滔河水库	国控	否	滔河	110°54′22″	33°7′55″
605	湖北省	郧阳区	420304	东河口	国控	否	东河	110°20′9″	32°42′55″
606	湖北省	郧西县	420322	羊尾	国控	否	汉江	110°11′48″	32°48′44″
607	湖北省	郧西县	420322	玉皇滩	国控	否	金钱河	110°2′13″	33°9′16″
608	湖北省	郧西县	420322	天河口	国控	否	天河	110°22′49″	32°53′12″
609	湖北省	郧西县	420322	夹河口	国控	否	金钱河	110°1′39″	32°52′26″
610	湖北省	郧西县	420322	水石门	国控	是	天河	110°21′51″	33°7′9″
611	湖北省	竹山县	420323	钦玉河	市控	否	堵河	110°18′51″	32°16′14″

序号	省（市、区）名称	县（市、旗、区）名称	县（市、旗、区）代码	水质监测断面名称	断面性质	是否湖库	河流/湖泊名称	经度	纬度
612	湖北省	竹山县	420323	潘口水库坝上	国控	是	堵河	110°8′58″	32°12′38″
613	湖北省	竹溪县	420324	双岔	省控	否	竹溪河	109°35′48″	32°9′43″
614	湖北省	竹溪县	420324	新洲	国控	否	汇湾河	110°0′9″	32°9′9″
615	湖北省	竹溪县	420324	界牌沟	国控	否	堵河	109°40′32″	32°11′24″
616	湖北省	房县	420325	马兰河口	国控	否	南河	111°5′10″	32°2′14″
617	湖北省	房县	420325	泉水湾	县控	否	盘峪河	110°43′18″	31°56′14″
618	湖北省	丹江口市	420381	浪河口	国控	否	浪河	111°14′56″	32°25′33″
619	湖北省	丹江口市	420381	孙家湾	国控	否	官山河	111°28′45″	32°34′37″
620	湖北省	丹江口市	420381	江北大桥	国控	是	丹江口水库	111°30′29″	32°35′41″
621	湖北省	丹江口市	420381	坝上中	国控	是	丹江口水库	111°29′4″	32°33′39″
622	湖北省	丹江口市	420381	何家湾	国控	是	丹江口水库	111°28′27″	32°34′22″
623	湖北省	夷陵区	420506	石牌滩	省控	否	黄柏河	111°19′31″	30°47′26″
624	湖北省	夷陵区	420506	汤渡河	省控	否	黄柏河	111°21′5″	30°50′35″
625	湖北省	兴山县	420526	长沙坝	国控	否	香溪河	110°46′23″	31°6′4″
626	湖北省	兴山县	420526	白沙河小学	市控	否	香溪河	110°41′41″	31°16′8″
627	湖北省	秭归县	420527	银杏沱	国控	否	长江	110°57′39″	30°51′59″
628	湖北省	秭归县	420527	万家坝	省控	否	茅坪河	110°58′20″	30°47′21″
629	湖北省	长阳土家族自治县	420528	隔河岩水库坝上	国控	是	隔河岩水库	111°8′18″	30°27′47″
630	湖北省	长阳土家族自治县	420528	桅杆坪	国控	否	清江	110°22′40″	30°26′28″
631	湖北省	五峰土家族自治县	420529	小河	市控	否	天池河	110°38′28″	30°13′19″
632	湖北省	五峰土家族自治县	420529	桥河	市控	否	渔洋河	111°5′36″	30°11′26″
633	湖北省	南漳县	420624	长渠首	市控	否	蛮河	111°58′7″	31°39′56″
634	湖北省	南漳县	420624	朱市	国控	否	蛮河	112°4′34″	31°41′15″
635	湖北省	保康县	420626	玛瑙观	省控	否	南河	111°15′16″	32°0′1″
636	湖北省	保康县	420626	马兰河口	国控	否	南河	111°4′58″	32°0′43″
637	湖北省	孝昌县	420921	观音湖取水口	市控	是	观音湖水库	114°8′16″	31°20′26″
638	湖北省	孝昌县	420921	金盆水库取水口	市控	是	金盆水库	114°4′47″	31°19′37″
639	湖北省	大悟县	420922	环河城关三桥断面	市控	否	环河	114°7′48″	31°34′49″
640	湖北省	大悟县	420922	环河栗林断面	市控	否	环河	114°5′7″	31°26′29″
641	湖北省	红安县	421122	金沙河水库		是	金沙河水库	114°35′25″	31°17′28″
642	湖北省	红安县	421122	周八家	国控	否	倒水	114°40′21″	31°32′13″
643	湖北省	红安县	421122	蜘蛛店村	国控	否	滠水	114°29′32″	31°27′9″
644	湖北省	罗田县	421123	天堂林场大石板	国控	否	巴河	115°37′13″	31°5′4″
645	湖北省	罗田县	421123	库心	省控	是	天堂湖水库	115°37′13″	31°5′4″
646	湖北省	英山县	421124	库心	市控	是	张家咀水库	115°49′28″	31°3′8″

序号	省（市、区）名称	县（市、旗、区）名称	县（市、旗、区）代码	水质监测断面名称	断面性质	是否湖库	河流/湖泊名称	经度	纬度
647	湖北省	英山县	421124	两河口	市控	否	长江	115°38′52″	30°43′9″
648	湖北省	浠水县	421125	兰溪大桥	国控	否	浠水	115°9′10″	30°21′55″
649	湖北省	浠水县	421125	杨树沟	省控	否	浠河	115°15′15″	30°27′8″
650	湖北省	麻城市	421181	许家湾	国控	否	举水河	115°2′23″	31°10′18″
651	湖北省	麻城市	421181	陶冲村	国控	否	举水河	115°5′30″	31°30′38″
652	湖北省	通城县	421222	谌家桥下	市控	否	秀水河	113°48′11″	29°14′5″
653	湖北省	通城县	421222	隽水河大桥下	市控	否	隽水河	113°48′6″	29°15′7″
654	湖北省	通城县	421222	石叽桥上游	市控	否	隽水河	113°49′39″	29°18′24″
655	湖北省	通城县	421222	百丈潭水库湖心	市控	是	百丈潭水库	113°50′18″	29°9′52″
656	湖北省	通山县	421224	富水水库	国控	是	富水水库	114°47′56″	29°40′45″
657	湖北省	利川市	422802	南坪	省控	否	长江	108°48′35″	30°26′11″
658	湖北省	利川市	422802	七要口	国控	否	清江	108°58′24″	30°19′42″
659	湖北省	利川市	422802	长顺乡	国控	否	郁江	108°30′37″	29°44′30″
660	湖北省	建始县	422822	七里坪	市控	否	广润河	109°41′53″	30°36′9″
661	湖北省	建始县	422822	小溪口	市控	否	广润河	109°46′29″	30°33′50″
662	湖北省	巴东县	422823	巫峡口	国控	否	长江	110°18′11″	31°1′28″
663	湖北省	巴东县	422823	黄腊石	国控	否	长江	110°25′23″	31°1′23″
664	湖北省	宣恩县	422825	木场河	市控	否	忠建河	109°32′59″	30°9′55″
665	湖北省	宣恩县	422825	乐坪桥上游500 m	市控	否	酉水河	109°31′52″	29°38′4″
666	湖北省	咸丰县	422826	唐崖河大河边	省控	否	唐崖河	109°3′56″	29°43′9″
667	湖北省	咸丰县	422826	城区下游龙坪	省控	否	忠建河	109°16′48″	29°47′40″
668	湖北省	来凤县	422827	龙凤大桥上游1 000 m	市控	否	酉水河	109°25′51″	29°32′49″
669	湖北省	来凤县	422827	龙嘴峡	市控	否	酉水河	109°21′47″	29°24′49″
670	湖北省	鹤峰县	422828	茶叶湾	市控	否	溇水河	110°2′29″	29°51′24″
671	湖北省	鹤峰县	422828	芭蕉河		是	溇水河	110°1′38″	29°52′57″
672	湖北省	神农架林区	429021	阳日湾	国控	否	南河	110°49′39″	31°44′9″
673	湖北省	神农架林区	429021	洛阳河九湖	国控	否	洛阳河	110°7′48″	31°35′16″
674	湖北省	神农架林区	429021	木鱼镇	省控	否	香溪河	110°33′2″	31°20′28″
675	湖南省	茶陵县	430224	平虎大桥	省控	否	湘江洣水	113°29′29″	26°48′56″
676	湖南省	茶陵县	430224	苏洲坝	省控	否	湘江洣水	113°23′45″	26°56′26″
677	湖南省	炎陵县	430225	晏公潭	省控	否	湘江河漠水	113°43′43″	26°29′34″
678	湖南省	炎陵县	430225	太和	省控	否	湘江洣水	113°39′13″	26°30′28″
679	湖南省	南岳区	430412	红星村	省控	否	一级支流湘江龙荫港	112°46′35″	27°12′6″
680	湖南省	新邵县	430522	资江塘口码头	市控	否	资江	111°24′7″	27°20′59″
681	湖南省	新邵县	430522	邵东洪桥村西洋江洪桥	市控	否	资江邵水西洋江	111°36′43″	27°19′27″
682	湖南省	新邵县	430522	球溪	国控	否	资江	111°26′46″	27°36′9″

序号	省（市、区）名称	县（市、旗、区）名称	县（市、旗、区）代码	水质监测断面名称	断面性质	是否湖库	河流/湖泊名称	经度	纬度
683	湖南省	新邵县	430522	捞金桥	国控	否	捞金河	111°39′44″	27°32′29″
684	湖南省	隆回县	430524	元木山电站	市控	否	资江	111°1′55″	27°6′54″
685	湖南省	隆回县	430524	渡头村	国控	否	赧水	111°4′57″	27°2′24″
686	湖南省	洞口县	430525	木瓜桥	省控	否	资水	110°38′21″	27°4′22″
687	湖南省	洞口县	430525	乔家村渡口	省控	否	资江	110°52′59″	27°5′29″
688	湖南省	绥宁县	430527	绥宁河口镇	国控	否	巫水	110°3′44″	26°44′51″
689	湖南省	新宁县	430528	宛家岔	省控	否	夫夷水	110°53′54″	26°28′51″
690	湖南省	新宁县	430528	金河村	省控	否	夫夷水	110°7′27″	26°48′1″
691	湖南省	城步苗族自治县	430529	儒林镇两河口	省控	否	沅江巫水	110°16′30″	26°20′43″
692	湖南省	城步苗族自治县	430529	花园阁	省控	否	沅江巫水	110°16′0″	26°30′28″
693	湖南省	君山区	430611	东洞庭湖	国控	是	洞庭湖	112°59′55″	29°19′48″
694	湖南省	君山区	430611	团湖	省控	是	团湖	112°51′4″	29°31′4″
695	湖南省	平江县	430626	严家滩	省控	否	汨水	113°33′55″	28°41′54″
696	湖南省	平江县	430626	新市	省控	否	汨水	113°13′44″	28°47′2″
697	湖南省	桃源县	430725	高湾	省控	否	沅江	111°34′24″	29°3′18″
698	湖南省	石门县	430726	易家渡叶家坪村	省控	否	澧水	111°30′0″	29°35′53″
699	湖南省	石门县	430726	三江口	国控	否	澧水	111°18′12″	29°35′18″
700	湖南省	永定区	430802	永定独子岩	省控	否	澧水	110°31′42″	29°7′50″
701	湖南省	永定区	430802	永定潭口	省控	否	澧水	110°38′9″	29°11′23″
702	湖南省	武陵源区	430811	黄龙洞	国控	否	索溪	110°35′43″	29°21′58″
703	湖南省	慈利县	430821	分路铺人渡	省控	否	澧水	111°13′48″	29°34′54″
704	湖南省	慈利县	430821	樟木滩	省控	否	澧水	111°16′51″	29°35′32″
705	湖南省	桑植县	430822	苦竹河	省控	否	澧水	110°8′12″	29°18′56″
706	湖南省	桃江县	430922	桃谷山	国控	否	资江	112°8′15″	28°32′18″
707	湖南省	桃江县	430922	新桥河	省控	否	资江	112°11′39″	28°36′12″
708	湖南省	安化县	430923	敷溪	市控	否	资江干流	111°36′49″	28°26′52″
709	湖南省	安化县	430923	京华村	省控	否	资江干流	111°37′18″	28°27′8″
710	湖南省	安化县	430923	株溪口	省控	否	资江干流	111°19′43″	28°23′56″
711	湖南省	宜章县	431022	文明镇竹下村欧家组	省控	否	耒水东江湖	113°18′31″	25°34′12″
712	湖南省	宜章县	431022	玉溪河曹排	省控	否	北江武水	112°57′17″	25°22′46″
713	湖南省	宜章县	431022	梅田镇（三溪桥）	省控	否	北江武水	112°52′14″	25°16′54″
714	湖南省	嘉禾县	431024	黄甲村	省控	否	春陵河	112°23′8″	25°39′19″
715	湖南省	嘉禾县	431024	春陵江镇飞仙沅潭桥	省控	否	春陵河	112°23′44″	25°46′54″
716	湖南省	嘉禾县	431024	调塘电站	省控	否	陶家河	112°30′32″	25°43′24″
717	湖南省	临武县	431025	临连大桥	省控	否	武水河	112°44′24″	25°17′5″

序号	省（市、区）名称	县（市、旗、区）名称	县（市、旗、区）代码	水质监测断面名称	断面性质	是否湖库	河流/湖泊名称	经度	纬度
718	湖南省	临武县	431025	马家坪电站大坝	省控	否	陶家河	112°33′36″	25°33′45″
719	湖南省	临武县	431025	浆水乡龟爻村9组桥	国控	否	武江	112°44′9″	25°20′19″
720	湖南省	汝城县	431026	凉滩码头	省控	否	耒水沤江	113°37′38″	25°40′33″
721	湖南省	汝城县	431026	黄草镇羊兴村公路桥	省控	否	耒水浙水	113°28′30″	25°34′27″
722	湖南省	桂东县	431027	濠头乡扶竹洲电站	省控	否	沤江	113°49′45″	25°45′29″
723	湖南省	桂东县	431027	高桥	省控	否	沤江	113°56′15″	26°3′54″
724	湖南省	安仁县	431028	新渡码头	省控	否	洣水永乐江	113°12′56″	26°44′40″
725	湖南省	安仁县	431028	渡口大桥	国控	否	洣水永乐江	113°12′7″	26°49′4″
726	湖南省	资兴市	431081	头山	国控	是	东江水库	113°19′51″	25°51′35″
727	湖南省	资兴市	431081	下渡苏仙	省控	否	耒水小东江	113°11′17″	25°56′58″
728	湖南省	资兴市	431081	白廊	国控	是	东江水库	113°24′48″	25°54′7″
729	湖南省	东安县	431122	紫水河入湘江口	省控	否	湘江-紫水河	111°23′44″	26°19′18″
730	湖南省	东安县	431122	大夫庙	省控	否	湘江	111°33′11″	26°16′29″
731	湖南省	双牌县	431123	双牌水库	国控	否	潇水	111°41′23″	25°57′2″
732	湖南省	双牌县	431123	异蛇山庄	省控	否	湘江潇水河	111°37′16″	26°5′28″
733	湖南省	双牌县	431123	五里牌	省控	否	湘江潇水河	111°38′18″	26°3′51″
734	湖南省	道县	431124	东洲山	省控	否	湘江潇水	111°37′23″	25°31′59″
735	湖南省	道县	431124	江村镇江村渡口	省控	否	湘江潇水	111°43′4″	25°43′58″
736	湖南省	江永县	431125	祥霖铺镇桐溪尾村	省控	否	潇水永明河	111°27′14″	25°22′51″
737	湖南省	宁远县	431126	曹家滩	省控	否	宁远河	111°50′40″	25°35′4″
738	湖南省	宁远县	431126	柑子园镇周邝村	省控	否	九嶷河	111°48′44″	25°31′38″
739	湖南省	蓝山县	431127	紫良乡野狗岭（湘江源乡野狗岭）	省控	否	湘江潇水	112°4′4″	25°12′18″
740	湖南省	蓝山县	431127	车头桥	省控	否	湘江钟水	112°21′22″	25°32′43″
741	湖南省	蓝山县	431127	候背电站	省控	否	湘江钟水	112°17′11″	25°28′59″
742	湖南省	新田县	431128	大历县村	省控	否	湘江春陵水新田河	112°12′18″	25°52′28″
743	湖南省	新田县	431128	纱帽岭村	省控	否	湘江春陵水新田河	112°23′21″	25°48′23″
744	湖南省	江华瑶族自治县	431129	东西河汇合处	省控	否	潇水	111°35′43″	25°11′39″
745	湖南省	江华瑶族自治县	431129	涔天河水库上游1 000 m	省控	否	潇水	111°40′27″	25°8′30″
746	湖南省	江华瑶族自治县	431129	井塘乡马江口村	省控	否	潇水	111°38′2″	25°18′28″
747	湖南省	鹤城区	431202	池回	省控	否	沅江舞水	109°56′55″	27°31′50″

序号	省（市、区）名称	县（市、旗、区）名称	县（市、旗、区）代码	水质监测断面名称	断面性质	是否湖库	河流/湖泊名称	经度	纬度
748	湖南省	鹤城区	431202	中方县水厂	省控	否	沅江舞水	109°55′51″	27°26′33″
749	湖南省	中方县	431221	竹站	省控	否	舞水河	109°55′36″	27°26′21″
750	湖南省	中方县	431221	塘冲湾	省控	否	舞水河	109°49′57″	27°14′59″
751	湖南省	沅陵县	431222	侯家淇	国控	否	沅江	110°22′11″	28°26′45″
752	湖南省	沅陵县	431222	观音寺	省控	否	沅江干流	110°5′52″	28°49′14″
753	湖南省	沅陵县	431222	河涨州	省控	否	沅江干流	110°28′38″	28°28′59″
754	湖南省	沅陵县	431222	五强溪	国控	否	沅江	110°54′44″	28°46′29″
755	湖南省	辰溪县	431223	渔果嘴	省控	否	沅水	110°13′5″	28°1′26″
756	湖南省	辰溪县	431223	浦市上游	国控	否	沅江	110°6′50″	28°4′56″
757	湖南省	辰溪县	431223	白沙	省控	否	沅江	110°22′19″	27°49′31″
758	湖南省	溆浦县	431224	溆水入沅江口	省控	否	溆水	110°23′45″	27°52′50″
759	湖南省	溆浦县	431224	大洑潭	省控	否	沅水	110°16′17″	27°54′50″
760	湖南省	会同县	431225	青石桥	省控	否	沅江渠水	109°40′56″	26°52′23″
761	湖南省	会同县	431225	洪江区水厂	省控	否	沅江巫水	109°59′34″	27°5′26″
762	湖南省	会同县	431225	托口渠水	国控	否	渠水	109°37′26″	27°7′1″
763	湖南省	麻阳苗族自治县	431226	马兰	省控	否	辰水	109°48′29″	27°52′40″
764	湖南省	麻阳苗族自治县	431226	潭湾	省控	否	辰水	110°0′9″	27°59′0″
765	湖南省	新晃侗族自治县	431227	蒋家溪	省控	否	沅江舞水	109°13′26″	27°21′52″
766	湖南省	新晃侗族自治县	431227	白水滩	省控	否	舞水河	109°21′5″	27°23′4″
767	湖南省	芷江侗族自治县	431228	岩桥	省控	否	舞水河	109°45′28″	27°27′39″
768	湖南省	芷江侗族自治县	431228	怀化市二水厂	省控	否	沅江	109°55′18″	27°31′45″
769	湖南省	靖州苗族侗族自治县	431229	桐油岭	省控	否	沅江渠水	109°42′29″	26°35′23″
770	湖南省	靖州苗族侗族自治县	431229	会同县水厂	省控	否	沅江渠水	109°42′29″	26°35′23″
771	湖南省	通道侗族自治县	431230	深塘	省控	否	沅江渠水通道河	109°46′49″	26°11′11″
772	湖南省	通道侗族自治县	431230	流坪	省控	否	沅江渠水	109°40′16″	26°27′3″
773	湖南省	洪江市	431281	深溪口	省控	否	沅江	109°57′2″	27°7′54″
774	湖南省	洪江市	431281	萝卜湾	国控	否	沅江	110°1′7″	27°18′26″
775	湖南省	洪江市	431281	沙湾	省控	否	沅江	110°3′28″	27°12′20″
776	湖南省	洪江市	431281	旺溪	省控	否	沅江	110°14′2″	27°25′39″
777	湖南省	新化县	431322	银星渡口	省控	否	资江	111°23′20″	27°40′13″

序号	省（市、区）名称	县（市、旗、区）名称	县（市、旗、区）代码	水质监测断面名称	断面性质	是否湖库	河流/湖泊名称	经度	纬度
778	湖南省	新化县	431322	晓云渡口	省控	否	资江	111°16′51″	27°50′41″
779	湖南省	新化县	431322	坪口	国控	否	资江	111°6′10″	28°2′51″
780	湖南省	吉首市	433101	河溪水文站	国控	否	峒河	109°49′53″	28°13′37″
781	湖南省	吉首市	433101	张排汇合口峒河段	市控	否	武水峒河	109°47′20″	28°15′14″
782	湖南省	吉首市	433101	张排汇合口万溶江段	市控	否	武水万溶江	109°47′2″	28°14′57″
783	湖南省	泸溪县	433122	武水汇合口	国控	否	沅江	110°10′10″	28°17′3″
784	湖南省	泸溪县	433122	青木岭	省控	否	沅江	110°11′11″	28°16′55″
785	湖南省	泸溪县	433122	武水大桥	市控	否	峒河	110°9′35″	28°16′21″
786	湖南省	凤凰县	433123	庄上	市控	否	沱江河	109°38′16″	27°58′21″
787	湖南省	凤凰县	433123	木枝溪	省控	否	尧里河	109°37′50″	27°53′54″
788	湖南省	凤凰县	433123	解放岩乡	省控	否	沱江河	109°44′24″	28°7′21″
789	湖南省	花垣县	433124	川心城	省控	否	花垣河	109°31′54″	28°36′55″
790	湖南省	花垣县	433124	狮子桥坝下	省控	否	花垣河	109°33′57″	28°28′15″
791	湖南省	保靖县	433125	江口	国控	否	酉水	109°35′38″	28°42′25″
792	湖南省	保靖县	433125	酉水二桥	市控	否	酉水	109°39′27″	28°43′1″
793	湖南省	古丈县	433126	凤滩水库	国控	否	酉水	110°0′14″	28°42′50″
794	湖南省	永顺县	433127	县城污水处理厂下游 200 m	市控	否	猛洞河	109°49′54″	28°58′37″
795	湖南省	永顺县	433127	海螺电站坝下 200 m	市控	否	猛洞河	109°50′26″	28°52′24″
796	湖南省	龙山县	433130	跳鱼洞电站	省控	否	果利河	109°24′35″	29°26′29″
797	广东省	始兴县	440222	江口电站	县控	否	浈江河	113°58′2″	24°58′35″
798	广东省	始兴县	440222	墨江出口	国控	否	墨江	114°1′43″	24°58′38″
799	广东省	仁化县	440224	丹霞山	国控	否	锦江	113°42′12″	25°1′21″
800	广东省	仁化县	440224	车湾桥	县控	否	董塘河	113°42′27″	25°2′12″
801	广东省	翁源县	440229	官渡	省控	否	滃江	113°50′42″	24°16′31″
802	广东省	翁源县	440229	横石水桥	省控	否	滃江	113°56′20″	24°49′15″
803	广东省	乳源瑶族自治县	440232	南水水库	国控	是	南水水库	113°13′6″	24°46′56″
804	广东省	乳源瑶族自治县	440232	乳源锑厂下游	市控	否	南水	113°23′51″	24°44′31″
805	广东省	新丰县	440233	梅坑河	省控	否	新丰江	114°11′51″	24°2′52″
806	广东省	新丰县	440233	马头福水	国控	否	新丰江	114°22′28″	24°8′32″
807	广东省	乐昌市	440281	昌山变电站	市控	否	武江河	113°22′2″	25°6′13″
808	广东省	乐昌市	440281	坪石水厂上游 100 m	省控	否	武江河	113°2′28″	25°17′33″
809	广东省	南雄市	440282	河坪	国控	否	浈江	114°25′54″	25°9′54″
810	广东省	南雄市	440282	古市	市控	否	浈江	114°14′30″	25°3′40″

序号	省（市、区）名称	县（市、旗、区）名称	县（市、旗、区）代码	水质监测断面名称	断面性质	是否湖库	河流/湖泊名称	经度	纬度
811	广东省	信宜市	440983	铜鼓电站	国控	否	鉴江	110°57′5″	22°28′35″
812	广东省	大埔县	441422	青溪	国控	否	汀江	116°35′46″	24°38′44″
813	广东省	大埔县	441422	大麻	国控	否	韩江	116°31′53″	24°20′32″
814	广东省	丰顺县	441423	赤凤	国控	否	韩江	116°31′38″	23°49′40″
815	广东省	平远县	441426	热柘桥	市控	否	柚树河	115°58′53″	24°32′18″
816	广东省	平远县	441426	潭头桥	县控	否	石正河	115°50′28″	24°29′59″
817	广东省	蕉岭县	441427	三圳	市控	否	石窟河	116°6′48″	24°35′38″
818	广东省	蕉岭县	441427	长潭	县控	否	石窟河	116°8′22″	24°41′45″
819	广东省	兴宁市	441481	水口水洋	省控	否	宁江	115°53′12″	23°59′54″
820	广东省	兴宁市	441481	宁江合水	县控	否	宁江	115°41′42″	24°15′3″
821	广东省	陆河县	441523	螺河河二	省控	否	螺河	115°34′50″	23°8′42″
822	广东省	龙川县	441622	龙川城铁路桥	国控	否	东江	115°15′5″	24°7′38″
823	广东省	龙川县	441622	佗城大桥	市控	否	东江河	115°11′54″	24°4′35″
824	广东省	连平县	441623	合水桥	县控	否	连平河	114°29′47″	24°21′38″
825	广东省	连平县	441623	鹤湖水库	县控	是	鹤湖水	114°26′44″	24°24′24″
826	广东省	和平县	441624	合水老街	县控	否	浰江	114°55′41″	24°23′10″
827	广东省	和平县	441624	严村九龙滩	县控	否	浰江	115°7′52″	24°17′27″
828	广东省	阳山县	441823	大海村	省控	否	连江河	112°26′50″	24°39′22″
829	广东省	阳山县	441823	盐田村	省控	否	连江河	112°47′46″	24°27′18″
830	广东省	连山壮族瑶族自治县	441825	油榨冲	省控	否	吉田河	112°4′4″	24°33′60″
831	广东省	连南瑶族自治县	441826	陂头断面	省控	否	三江河	112°16′44″	24°42′16″
832	广东省	连南瑶族自治县	441826	新村断面	省控	否	三江河	112°17′43″	24°43′38″
833	广东省	连州市	441882	龙潭码头	省控	否	连江河	112°26′59″	24°41′59″
834	广西壮族自治区	马山县	450124	姑娘江	县控	否	姑娘江	108°7′40″	23°50′55″
835	广西壮族自治区	马山县	450124	六朝水库	县控	是	六朝水库	108°13′31″	23°34′21″
836	广西壮族自治区	上林县	450125	鲤鱼山	县控	是	大龙湖	108°32′25″	23°35′30″
837	广西壮族自治区	上林县	450125	快流庄	县控	否	澄江河	108°38′2″	23°25′30″
838	广西壮族自治区	融水苗族自治县	450225	木洞	国控	否	融江	109°8′28″	24°51′51″
839	广西壮族自治区	融水苗族自治县	450225	贝江口	市控	否	融江	109°17′58″	25°4′25″
840	广西壮族自治区	融水苗族自治县	450225	浮石坝下	市控	否	融江	109°19′41″	25°6′54″

序号	省（市、区）名称	县（市、旗、区）名称	县（市、旗、区）代码	水质监测断面名称	断面性质	是否湖库	河流/湖泊名称	经度	纬度
841	广西壮族自治区	三江侗族自治县	450226	梅林乡石碑村省界断面	市控	否	都柳江	108°57′45″	25°42′56″
842	广西壮族自治区	三江侗族自治县	450226	丹洲镇丹洲村	市控	否	融江	109°28′10″	25°47′12″
843	广西壮族自治区	阳朔县	450321	阳朔	国控	否	漓江	110°29′50″	24°47′16″
844	广西壮族自治区	阳朔县	450321	金龙桥		否	遇龙河	110°23′19″	24°49′11″
845	广西壮族自治区	灌阳县	450327	灌江文市断面	市控	否	灌江	111°11′22″	25°41′22″
846	广西壮族自治区	灌阳县	450327	灌阳县自来水公司取水口上游100 m	市控	否	灌江	111°8′4″	25°28′13″
847	广西壮族自治区	龙胜各族自治县	450328	交州	国控	否	寻江	109°45′18″	25°51′1″
848	广西壮族自治区	龙胜各族自治县	450328	平岭大桥	市控	否	平等河	109°49′42″	25°52′46″
849	广西壮族自治区	资源县	450329	随滩	省控	否	资江	110°45′10″	26°14′43″
850	广西壮族自治区	资源县	450329	捉口	县控	否	资江	110°38′49″	26°2′2″
851	广西壮族自治区	恭城瑶族自治县	450332	乐湾断面	市控	否	茶江	110°48′15″	24°49′14″
852	广西壮族自治区	蒙山县	450423	新圩坝头		否	湄江河	110°25′0″	24°13′6″
853	广西壮族自治区	蒙山县	450423	县长寿桥		否	湄江河	110°31′21″	24°11′54″
854	广西壮族自治区	蒙山县	450423	陈塘独峰		否	湄江河	110°40′43″	23°53′24″
855	广西壮族自治区	德保县	451024	陇示断面		否	通怀河	106°45′48″	23°15′56″
856	广西壮族自治区	德保县	451024	作登交接断面	市控	否	鉴河	107°0′58″	23°27′34″
857	广西壮族自治区	那坡县	451026	百南河589界碑断面		否	百南河	105°47′20″	23°0′34″
858	广西壮族自治区	那坡县	451026	定业河断面		否	那坡县定业河	106°0′39″	23°25′6″
859	广西壮族自治区	凌云县	451027	水源洞	县控	否	澄碧河	106°34′40″	24°21′57″

序号	省（市、区）名称	县（市、旗、区）名称	县（市、旗、区）代码	水质监测断面名称	断面性质	是否湖库	河流/湖泊名称	经度	纬度
860	广西壮族自治区	凌云县	451027	伶站乡那力屯	市控	否	澄碧河	106°37′26″	24°7′57″
861	广西壮族自治区	乐业县	451028	乐业县饮用水取水点	县控	是	大利水库	106°33′42″	24°48′36″
862	广西壮族自治区	乐业县	451028	仙人桥	县控	否	布柳河	106°48′3″	24°41′28″
863	广西壮族自治区	西林县	451030	那宾水电站下游		否	驮娘江	105°29′32″	24°20′36″
864	广西壮族自治区	西林县	451030	土黄水电站上游		否	驮娘江	104°59′20″	24°27′26″
865	广西壮族自治区	富川瑶族自治县	451123	龟石水库断面	省控	是	龟石水库	111°17′17″	24°38′52″
866	广西壮族自治区	富川瑶族自治县	451123	富江河断面		否	富江河	111°16′24″	24°49′55″
867	广西壮族自治区	天峨县	451222	六排	国控	否	红水河	107°9′41″	24°59′57″
868	广西壮族自治区	天峨县	451222	龙岩滩水库入口	国控	是	龙滩水库	107°2′21″	25°1′45″
869	广西壮族自治区	凤山县	451223	弄林河进城前上游	省控	否	弄林河	107°0′44″	24°32′52″
870	广西壮族自治区	凤山县	451223	流动出口	省控	否	鸳鸯湖	107°3′9″	24°32′36″
871	广西壮族自治区	凤山县	451223	观音河出城下游	省控	否	观音河	107°1′52″	24°31′53″
872	广西壮族自治区	凤山县	451223	观音河进城前上游	省控	否	观音河	107°2′49″	24°33′23″
873	广西壮族自治区	东兰县	451224	九曲河上游水文站		否	九曲河	107°24′52″	24°34′9″
874	广西壮族自治区	东兰县	451224	红水河大桥		否	红水河	107°21′49″	24°30′42″
875	广西壮族自治区	罗城仫佬族自治县	451225	武阳江牛毕村断面		否	武阳江	109°7′33″	24°51′17″
876	广西壮族自治区	罗城仫佬族自治县	451225	东小江金城村断面		否	东小江	108°41′17″	24°43′55″
877	广西壮族自治区	环江毛南族自治县	451226	大环江板莫断面		否	大环江河	108°15′34″	25°23′57″
878	广西壮族自治区	环江毛南族自治县	451226	大环江古宾河汇入口下游 500 m 断面		否	大环江河	108°14′22″	25°0′58″
879	广西壮族自治区	环江毛南族自治县	451226	大环江福龙断面		否	大环江河	108°13′13″	24°46′54″

序号	省（市、区）名称	县（市、旗、区）名称	县（市、旗、区）代码	水质监测断面名称	断面性质	是否湖库	河流/湖泊名称	经度	纬度
880	广西壮族自治区	环江毛南族自治县	451226	小环江长美断面		否	小环江河	108°28′45″	24°57′33″
881	广西壮族自治区	环江毛南族自治县	451226	古宾河下寨断面		否	大环江河	108°3′40″	25°8′36″
882	广西壮族自治区	环江毛南族自治县	451226	大环江才秀河汇入口下游 500 m 断面		否	大环江河	108°13′48″	25°15′2″
883	广西壮族自治区	巴马瑶族自治县	451227	巴马镇练乡抽水站		否	盘阳河	107°12′24″	24°11′34″
884	广西壮族自治区	巴马瑶族自治县	451227	燕洞乡燕洞村街上		否	盘阳河	107°9′37″	24°1′51″
885	广西壮族自治区	都安瑶族自治县	451228	澄江河源头	省控	否	澄江河	107°59′3″	24°10′7″
886	广西壮族自治区	都安瑶族自治县	451228	自来水厂抽水点	省控	否	澄江河	108°5′41″	23°57′40″
887	广西壮族自治区	大化瑶族自治县	451229	贡川清坡河取水点上游		否	红水河	107°53′45″	23°40′16″
888	广西壮族自治区	大化瑶族自治县	451229	岩滩电站坝首上游		是	红水河	107°30′49″	24°7′6″
889	广西壮族自治区	忻城县	451321	垒亭	国控	否	红水河	108°35′15″	23°58′51″
890	广西壮族自治区	忻城县	451321	马蹄渡	国控	否	红水河	108°42′17″	23°50′46″
891	广西壮族自治区	金秀瑶族自治县	451324	金秀水厂断面	市控	否	金秀河	110°11′58″	24°7′24″
892	广西壮族自治区	金秀瑶族自治县	451324	桐木古院断面	市控	否	仁里河	109°57′52″	24°9′20″
893	广西壮族自治区	天等县	451425	取水口		是	伏曼水库	107°2′45″	23°9′15″
894	广西壮族自治区	天等县	451425	灵山屯上游		否	太平河	107°0′36″	23°16′52″
895	广西壮族自治区	天等县	451425	流经县城		否	丽川河	107°8′40″	23°5′7″
896	海南省	秀英区	460105	后黎村	国控	否	南渡江	110°12′20″	19°44′53″
897	海南省	龙华区	460106	福美村	省控	否	南渡江	110°23′26″	19°46′8″
898	海南省	琼山区	460107	农垦橡胶所一队	国控	否	文昌河	110°38′56″	19°37′18″
899	海南省	美兰区	460108	儒房	国控	否	南渡江	110°23′16″	20°1′8″
900	海南省	美兰区	460108	演州河河口	国控	否	演州河	110°38′54″	19°54′28″
901	海南省	三亚市	460200	雅亮	省控	否	宁远河	109°16′25″	18°29′15″
902	海南省	三亚市	460200	赤田水库取水口	省控	是	藤桥河赤田水库	109°43′38″	18°25′7″

序号	省（市、区）名称	县（市、旗、区）名称	县（市、旗、区）代码	水质监测断面名称	断面性质	是否湖库	河流/湖泊名称	经度	纬度
903	海南省	三亚市	460200	妙林	国控	否	三亚河	109°27′40″	18°18′25″
904	海南省	三亚市	460200	水库出口	国控	是	大隆水库	109°14′23″	18°26′6″
905	海南省	儋州市	460400	南丰库心	国控	是	松涛水库	109°33′31″	19°24′24″
906	海南省	儋州市	460400	春江水库库心	省控	是	春江水库	109°15′3″	19°36′28″
907	海南省	儋州市	460400	侨植桥	省控	否	北门江	109°31′4″	19°32′57″
908	海南省	五指山市	469001	坤步水面桥	省控	否	昌化江	109°24′19″	18°53′4″
909	海南省	五指山市	469001	132师水电站	省控	否	南圣河	109°37′10″	18°44′48″
910	海南省	五指山市	469001	毛道乡	省控	否	南圣河	109°24′5″	18°47′28″
911	海南省	五指山市	469001	南圣河取水口	省控	否	南圣河	109°31′17″	18°46′22″
912	海南省	琼海市	469002	龙江	国控	否	万泉河	110°19′9″	19°9′0″
913	海南省	琼海市	469002	羊头外村桥	国控	否	九曲江	110°30′58″	19°6′23″
914	海南省	琼海市	469002	汀洲	国控	否	万泉河	110°32′24″	19°8′49″
915	海南省	琼海市	469002	溪仔村	国控	否	大边河	110°8′17″	19°6′8″
916	海南省	文昌市	469005	坡柳水闸	国控	否	文教河	110°54′6″	19°38′51″
917	海南省	文昌市	469005	水涯新区	国控	否	文昌河	110°45′40″	19°37′28″
918	海南省	文昌市	469005	农垦橡胶所一队	国控	否	文昌河	110°38′56″	19°37′18″
919	海南省	万宁市	469006	分洪桥	国控	否	太阳河	110°42′44″	18°45′33″
920	海南省	万宁市	469006	水库取水口	省控	是	万宁水库	110°32′21″	18°58′52″
921	海南省	万宁市	469006	合口桥	省控	否	太阳河	110°19′59″	18°43′3″
922	海南省	东方市	469007	水库库心	国控	是	大广坝水库	109°15′0″	18°59′24″
923	海南省	东方市	469007	广坝桥	省控	否	昌化江	108°58′41″	19°1′40″
924	海南省	东方市	469007	陀兴水库出口	省控	是	感恩河陀兴水库	108°47′21″	18°50′41″
925	海南省	定安县	469021	罗温水厂	国控	否	龙州河	110°16′22″	19°41′54″
926	海南省	定安县	469021	南丽湖中心	省控	是	南丽湖	110°21′15″	19°29′52″
927	海南省	屯昌县	469022	中建农场香寮大桥	省控	否	南锭河	110°10′29″	19°17′59″
928	海南省	澄迈县	469023	山口	国控	否	南渡江	109°58′47″	19°42′24″
929	海南省	澄迈县	469023	后黎村	国控	否	南渡江	110°12′20″	19°44′53″
930	海南省	临高县	469024	白仞滩电站	国控	否	文澜江	109°42′43″	19°56′28″
931	海南省	临高县	469024	光吉村	省控	否	文澜江	109°37′24″	19°38′52″
932	海南省	白沙黎族自治县	469025	县一小	省控	否	南叉河	109°27′31″	19°13′33″
933	海南省	白沙黎族自治县	469025	元门桥	省控	否	南溪河	109°29′24″	19°9′12″
934	海南省	白沙黎族自治县	469025	白沙农场18队	省控	否	南春河	109°31′6″	19°13′45″
935	海南省	昌江黎族自治县	469026	大风	国控	否	昌化江	108°45′30″	19°15′11″

序号	省（市、区）名称	县（市、旗、区）名称	县（市、旗、区）代码	水质监测断面名称	断面性质	是否湖库	河流/湖泊名称	经度	纬度
936	海南省	昌江黎族自治县	469026	石碌水库取水口	省控	是	石碌河石碌水库	109°5′24″	19°15′0″
937	海南省	昌江黎族自治县	469026	叉河口	国控	否	石碌河	108°57′6″	19°13′53″
938	海南省	乐东黎族自治县	469027	乐中	国控	否	昌化江	109°20′1″	18°51′50″
939	海南省	乐东黎族自治县	469027	跨界桥	国控	否	昌化江	109°4′15″	18°48′47″
940	海南省	陵水黎族自治县	469028	群英大坝	国控	否	陵水河	109°51′5″	18°35′46″
941	海南省	陵水黎族自治县	469028	大溪村	国控	否	陵水河	110°3′12″	18°29′46″
942	海南省	陵水黎族自治县	469028	樟香坝取水口	省控	否	陵水河金冲河	109°1′48″	18°36′36″
943	海南省	保亭黎族苗族自治县	469029	什玲公路桥	省控	否	陵水河	109°46′23″	18°40′3″
944	海南省	保亭黎族苗族自治县	469029	南春电站	省控	否	藤桥河	109°35′17″	18°36′38″
945	海南省	保亭黎族苗族自治县	469029	群英大坝	国控	否	陵水河	109°34′35″	18°35′39″
946	海南省	琼中黎族苗族自治县	469030	乘坡大桥	省控	否	万泉河	110°1′11″	18°53′56″
947	海南省	琼中黎族苗族自治县	469030	乌石农场10队	省控	否	万泉河大边河	109°50′11″	19°8′8″
948	海南省	琼中黎族苗族自治县	469030	红岛畜牧场	省控	否	万泉河营根溪	109°51′22″	19°2′22″
949	重庆市	武隆区	500156	锣鹰	国控	否	乌江	107°56′50″	29°23′20″
950	重庆市	武隆区	500156	江口镇	国控	否	芙蓉江	107°51′41″	29°15′41″
951	重庆市	城口县	500229	青龙峡管护站	市控	否	任河	108°49′12″	31°49′12″
952	重庆市	城口县	500229	土堡寨	国控	否	前河	108°29′13″	31°46′34″
953	重庆市	城口县	500229	水寨子	国控	否	任河	108°28′48″	32°6′39″
954	重庆市	云阳县	500235	苦草沱	市控	否	长江	108°40′31″	30°56′23″
955	重庆市	云阳县	500235	沙市断面	市控	否	汤溪河	108°53′10″	31°21′24″
956	重庆市	奉节县	500236	罗汉大桥	国控	否	梅溪河	109°18′21″	31°7′31″
957	重庆市	奉节县	500236	白帝城	国控	否	长江	109°34′40″	31°2′18″
958	重庆市	巫山县	500237	花台	国控	否	大宁河	109°38′42″	31°18′30″
959	重庆市	巫山县	500237	巫峡口	国控	否	长江	110°5′32″	31°1′34″
960	重庆市	巫溪县	500238	水文站	市控	否	大宁河	109°37′43″	31°24′12″
961	重庆市	巫溪县	500238	梅溪河向子村	市控	否	梅溪河	109°5′17″	31°21′17″

序号	省（市、区）名称	县（市、旗、区）名称	县（市、旗、区）代码	水质监测断面名称	断面性质	是否湖库	河流/湖泊名称	经度	纬度
962	重庆市	石柱土家族自治县	500240	万胜坝	市控	是	万胜坝水库	108°25′4″	30°12′40″
963	重庆市	石柱土家族自治县	500240	磨刀溪	国控	否	龙河	108°25′28″	30°1′44″
964	重庆市	秀山土家族苗族自治县	500241	大溪	市控	否	酉水河	109°10′5″	28°48′5″
965	重庆市	秀山土家族苗族自治县	500241	里耶镇	国控	否	酉水	109°13′17″	28°45′45″
966	重庆市	酉阳土家族苗族自治县	500242	万木	国控	否	乌江	108°29′52″	28°37′56″
967	重庆市	酉阳土家族苗族自治县	500242	百福司镇	国控	否	酉水	108°9′37″	28°5′54″
968	重庆市	彭水苗族土家族自治县	500243	鹿角镇	市控	否	乌江	108°17′2″	29°8′2″
969	重庆市	彭水苗族土家族自治县	500243	郁江桥	国控	否	郁江	108°9′42″	29°17′54″
970	重庆市	彭水苗族土家族自治县	500243	长顺乡	国控	否	郁江	108°26′23″	29°41′26″
971	四川省	北川羌族自治县	510726	北川通口	国控	否	通口河	104°33′39″	31°51′47″
972	四川省	北川羌族自治县	510726	北川墩上		否	涪江支流-土门河	104°10′6″	31°48′11″
973	四川省	平武县	510727	平武水文站	国控	否	涪江	104°31′18″	32°24′43″
974	四川省	平武县	510727	平武县出境断面凉水井		否	涪江	104°48′13″	32°1′18″
975	四川省	旺苍县	510821	田河坝		否	东河	106°33′1″	32°34′54″
976	四川省	旺苍县	510821	苍旺坝渡口		否	东河	106°13′19″	32°11′27″
977	四川省	旺苍县	510821	拱桥河		否	厚坝河	106°33′7″	32°4′58″
978	四川省	旺苍县	510821	喻家咀		否	东河	106°11′33″	32°8′17″
979	四川省	青川县	510822	竹园镇阳泉坝	国控	否	青竹江	105°16′37″	32°10′55″
980	四川省	青川县	510822	姚渡	国控	否	白龙江	105°25′24″	32°47′1″
981	四川省	青川县	510822	乔庄镇张家沟		否	乔庄河	105°13′19″	32°33′2″
982	四川省	青川县	510822	五仙庙		否	青竹江	105°27′6″	32°32′3″
983	四川省	沐川县	511129	龙溪河		否	龙溪河	103°8′10″	29°2′7″
984	四川省	沐川县	511129	干剑大桥		否	龙溪河	104°0′8″	28°52′2″
985	四川省	峨边彝族自治县	511132	宜坪		否	大渡河	103°11′24″	29°14′58″
986	四川省	峨边彝族自治县	511132	芝麻凼		否	大渡河	103°33′23″	29°13′50″

序号	省（市、区）名称	县（市、旗、区）名称	县（市、旗、区）代码	水质监测断面名称	断面性质	是否湖库	河流/湖泊名称	经度	纬度
987	四川省	马边彝族自治县	511133	鼓儿滩吊桥		否	马边河	103°38′9″	28°56′37″
988	四川省	马边彝族自治县	511133	野猫溪桥		否	中都河	103°47′6″	28°49′6″
989	四川省	万源市	511781	偏岩子		否	后河	108°4′17″	32°11′44″
990	四川省	万源市	511781	漩坑坝		否	后河	107°46′33″	31°38′38″
991	四川省	石棉县	511824	大岗山	国控	否	大渡河	102°12′53″	29°26′43″
992	四川省	石棉县	511824	三星村		否	大渡河	102°32′14″	29°17′38″
993	四川省	天全县	511825	禁门关断面		否	青衣江支流	102°44′33″	30°4′18″
994	四川省	天全县	511825	两河口断面		否	青衣江支流	102°51′49″	30°0′37″
995	四川省	宝兴县	511827	灵鹫塔		否	青衣江宝兴河	102°51′17″	30°12′23″
996	四川省	通江县	511921	植物油厂		否	小通江河	107°15′0″	31°55′19″
997	四川省	通江县	511921	纳溪口		否	通江河	107°13′11″	31°44′22″
998	四川省	南江县	511922	养生潭		否	南江河	106°50′51″	32°22′9″
999	四川省	南江县	511922	大河		否	神潭河	106°56′9″	32°12′36″
1000	四川省	南江县	511922	赶场		否	神潭河	106°55′44″	32°24′25″
1001	四川省	南江县	511922	东榆		否	南江河	106°49′20″	32°18′4″
1002	四川省	南江县	511922	元潭		否	南江河	106°45′58″	32°59′49″
1003	四川省	马尔康市	513201	阿底		否	梭磨河	102°14′25″	31°53′5″
1004	四川省	马尔康市	513201	小水沟	国控	否	梭磨河	102°8′45″	31°56′47″
1005	四川省	汶川县	513221	映秀		否	岷江	103°36′5″	31°0′15″
1006	四川省	汶川县	513221	水磨	国控	否	寿溪河	103°26′20″	30°56′43″
1007	四川省	理县	513222	五里界牌		否	杂谷脑河	103°30′29″	31°33′6″
1008	四川省	理县	513222	下孟		否	孟屯河	103°13′39″	31°34′10″
1009	四川省	茂县	513223	渭门桥	国控	否	岷江	103°49′31″	31°45′27″
1010	四川省	茂县	513223	牟托		否	岷江	103°40′55″	31°32′7″
1011	四川省	松潘县	513224	岷江		否	岷江干流	103°46′4″	32°13′49″
1012	四川省	松潘县	513224	羊洞河		否	岷江支流	103°37′6″	32°46′25″
1013	四川省	九寨沟县	513225	林业局红岩林场点		否	白河	103°44′3″	33°11′40″
1014	四川省	九寨沟县	513225	县城马踏石点	国控	否	白水江	104°14′47″	33°14′15″
1015	四川省	九寨沟县	513225	青龙桥		否	白水江	104°21′18″	33°5′14″
1016	四川省	九寨沟县	513225	龙康二级电站		否	白河	103°55′32″	33°17′43″
1017	四川省	九寨沟县	513225	县城岭岗岩上500 m 处点		否	白水江	104°13′6″	33°16′56″
1018	四川省	金川县	513226	马尔邦碉王山庄	国控	否	大金川河	102°0′26″	31°12′9″
1019	四川省	金川县	513226	集沐乡周山村点		否	大渡河	101°43′54″	31°50′15″
1020	四川省	小金县	513227	猛固桥		否	沃日河	102°23′25″	31°1′7″
1021	四川省	小金县	513227	马鞍桥		否	抚边河	102°24′23″	31°1′11″

序号	省（市、区）名称	县（市、旗、区）名称	县（市、旗、区）代码	水质监测断面名称	断面性质	是否湖库	河流/湖泊名称	经度	纬度
1022	四川省	小金县	513227	新格乡松机砂石场		否	小金川河	102°10′10″	31°2′5″
1023	四川省	黑水县	513228	色尔古乡		否	黑水河	103°25′48″	31°56′13″
1024	四川省	黑水县	513228	芦花镇（水）		否	芦花河	103°3′6″	32°3′27″
1025	四川省	壤塘县	513230	茸木达乡		否	则曲河	101°7′7″	32°38′4″
1026	四川省	壤塘县	513230	蒲西乡		否	杜柯河	101°21′56″	31°46′21″
1027	四川省	阿坝县	513231	安斗乡派克村桥下		否	阿曲河	101°33′55″	32°59′27″
1028	四川省	阿坝县	513231	垮沙乡麻尔曲河		否	麻尔曲河	101°29′46″	32°34′44″
1029	四川省	若尔盖县	513232	红星乡白龙江		否	白龙江	102°43′50″	34°6′8″
1030	四川省	若尔盖县	513232	冻列乡白龙江		否	白龙江	103°6′29″	34°6′8″
1031	四川省	若尔盖县	513232	唐克乡黄河		否	黄河	102°27′58″	33°28′40″
1032	四川省	红原县	513233	红原县自来水厂源头		否	龙壤河	102°32′28″	32°46′53″
1033	四川省	红原县	513233	新康猫大桥		否	梭磨河	102°33′0″	32°6′22″
1034	四川省	康定市	513301	黄金坪断面		否	大渡河	102°20′53″	30°23′54″
1035	四川省	康定市	513301	营关断面		否	力邱河	101°33′23″	30°8′47″
1036	四川省	康定市	513301	菜园子断面		否	康定河	102°12′14″	30°12′14″
1037	四川省	泸定县	513322	鸳鸯坝		否	大渡河	102°10′36″	30°3′55″
1038	四川省	泸定县	513322	大岗山坝		否	大渡河	102°12′53″	29°26′43″
1039	四川省	丹巴县	513323	革什扎乡索断桥		否	革什扎河	101°52′8″	30°54′8″
1040	四川省	丹巴县	513323	梭坡乡梭坡新桥		否	大渡河	101°54′43″	30°52′27″
1041	四川省	丹巴县	513323	聂呷乡佛爷岩		否	大渡河	101°53′22″	30°55′7″
1042	四川省	九龙县	513324	九龙县汤古乡中古组		否	九龙河	101°26′59″	29°12′10″
1043	四川省	九龙县	513324	九龙县魁多乡河子坝组		否	雅砻江	101°43′46″	28°25′3″
1044	四川省	九龙县	513324	九龙县乃渠乡水打坝组		否	九龙河	101°40′39″	28°42′56″
1045	四川省	雅江县	513325	雅江县城上游		否	雅砻江	101°0′34″	30°4′40″
1046	四川省	雅江县	513325	雅江县城下游		否	雅砻江	101°0′50″	30°0′32″
1047	四川省	雅江县	513325	318国道71km处		否	格西沟	100°59′21″	30°2′29″
1048	四川省	道孚县	513326	麻孜乡忠烈桥		否	鲜水河	101°4′16″	31°1′22″
1049	四川省	道孚县	513326	鲜水镇叶坡电站		否	鲜水河	101°6′49″	30°56′48″
1050	四川省	道孚县	513326	色卡乡庆大河		否	庆大河	101°26′17″	30°28′52″
1051	四川省	炉霍县	513327	鲜水河月亮湾		否	雅砻江	100°42′32″	31°22′4″
1052	四川省	炉霍县	513327	达曲河昌达村国道317沿线		否	达曲河	100°36′28″	31°26′9″
1053	四川省	炉霍县	513327	仁达乡鲜水河水电站		否	雅砻江	100°51′52″	31°11′21″
1054	四川省	甘孜县	513328	生康乡白利寺吊桥		否	雅砻江	99°52′23″	31°37′56″

序号	省（市、区）名称	县（市、旗、区）名称	县（市、旗、区）代码	水质监测断面名称	断面性质	是否湖库	河流/湖泊名称	经度	纬度
1055	四川省	甘孜县	513328	拖坝乡拖坝吊桥		否	雅砻江	100°3′31″	31°34′19″
1056	四川省	甘孜县	513328	四通达乡东谷大桥		否	达曲河	100°12′14″	31°44′45″
1057	四川省	新龙县	513329	甲孜尚巴甲吊桥		否	雅砻江	100°18′53″	31°0′12″
1058	四川省	新龙县	513329	雄龙西沟霍曲河		否	霍曲河	100°11′21″	30°52′53″
1059	四川省	新龙县	513329	博美乡朱倭大桥		否	雅砻江	100°9′9″	30°50′2″
1060	四川省	德格县	513330	龚垭乡金沙江上游		否	金沙江	98°35′37″	31°37′28″
1061	四川省	德格县	513330	龚垭乡色曲河		否	雅砻江	98°36′16″	31°38′55″
1062	四川省	德格县	513330	龚垭乡金沙江下游		否	金沙江	98°47′40″	31°27′60″
1063	四川省	白玉县	513331	建设镇偶曲河上游		否	偶曲河	98°53′36″	31°7′22″
1064	四川省	白玉县	513331	建设镇偶曲河下游		否	偶曲河	98°50′7″	31°10′37″
1065	四川省	白玉县	513331	盖玉乡降曲河		否	降曲河	99°2′5″	30°46′40″
1066	四川省	石渠县	513332	长沙贡玛乡雅砻江上游		否	雅砻江	97°58′24″	33°12′46″
1067	四川省	石渠县	513332	俄多玛乡炯西河		否	炯西河	97°57′43″	33°5′7″
1068	四川省	石渠县	513332	蒙沙乡雅砻江下游		否	雅砻江	98°14′54″	33°5′46″
1069	四川省	色达县	513333	色曲河洞嘎大桥		否	色曲河	100°17′25″	32°17′37″
1070	四川省	色达县	513333	色曲河色柯镇1号吊桥		否	色曲河	100°21′38″	32°14′56″
1071	四川省	色达县	513333	泥曲河康勒乡		否	泥曲河	100°5′29″	32°13′43″
1072	四川省	理塘县	513334	雄坝乡无量河大桥		否	无量河	100°23′15″	29°41′56″
1073	四川省	理塘县	513334	禾尼乡骡子沟		否	无量河	100°8′31″	30°2′13″
1074	四川省	理塘县	513334	章纳乡乡政府		否	硕曲河	99°48′6″	29°44′43″
1075	四川省	巴塘县	513335	巴楚河汇入金沙江处金沙江前50 m		否	金沙江	99°3′18″	29°56′17″
1076	四川省	巴塘县	513335	9 km道班		否	巴楚河	99°3′15″	29°56′16″
1077	四川省	巴塘县	513335	竹巴龙乡基里村基里坝		否	金沙江	98°59′51″	29°42′40″
1078	四川省	乡城县	513336	水洼乡硕曲河		否	硕曲河	99°53′58″	29°5′47″
1079	四川省	乡城县	513336	香巴拉镇硕曲河		否	硕曲河	99°49′46″	28°51′52″
1080	四川省	乡城县	513336	正斗乡定曲河		否	定曲河	99°31′54″	29°5′43″
1081	四川省	稻城县	513337	金珠镇		否	稻城河	100°21′9″	29°3′10″
1082	四川省	稻城县	513337	香格里拉镇		否	赤土河	100°22′8″	28°33′14″
1083	四川省	稻城县	513337	桑堆乡		否	稻城河	100°9′14″	29°8′49″
1084	四川省	得荣县	513338	斯闸乡		否	定曲河	99°17′5″	28°49′14″
1085	四川省	得荣县	513338	古学乡七真		否	硕曲河	99°15′31″	28°25′40″
1086	四川省	得荣县	513338	奔都乡俄木学		否	定曲河	99°17′1″	28°33′26″
1087	四川省	木里藏族自治县	513422	列瓦乡断面		否	木里河	101°14′57″	27°51′31″

序号	省（市、区）名称	县（市、旗、区）名称	县（市、旗、区）代码	水质监测断面名称	断面性质	是否湖库	河流/湖泊名称	经度	纬度
1088	四川省	木里藏族自治县	513422	白碉苗族乡断面		否	雅砻江	101°22′46″	28°12′49″
1089	四川省	盐源县	513423	白乌镇马坝河		否	马坝河	101°32′15″	27°36′40″
1090	四川省	盐源县	513423	大草乡甲米河		否	甲米河	101°2′39″	27°30′20″
1091	四川省	宁南县	513427	葫芦口镇银厂村		否	金沙江	102°53′24″	26°57′20″
1092	四川省	宁南县	513427	松新镇塘河村		否	黑水河	102°34′35″	27°17′37″
1093	四川省	宁南县	513427	葫芦口镇银厂村		否	黑水河	102°53′29″	26°57′50″
1094	四川省	普格县	513428	普格县荞窝镇中村		否	则木河	102°28′56″	27°28′33″
1095	四川省	普格县	513428	普格县花山乡建设村（下茅坪子）		否	则木河	102°34′32″	27°19′36″
1096	四川省	布拖县	513429	西溪河大桥		否	西溪河	102°57′11″	27°25′4″
1097	四川省	布拖县	513429	特木里镇勒古村三组桥		否	特木里河	102°28′17″	27°24′60″
1098	四川省	金阳县	513430	尔觉西乡莱莱寨村红光组吊桥		否	金阳河	103°15′46″	27°45′40″
1099	四川省	金阳县	513430	丙底乡打古洛村嘎都日觉组		否	尼洛日打河	103°10′44″	27°56′19″
1100	四川省	昭觉县	513431	央摩租乡		否	比尔依木河	102°46′12″	28°17′12″
1101	四川省	昭觉县	513431	金曲乡		否	金曲拉达河	102°50′51″	28°7′32″
1102	四川省	喜德县	513432	冕山镇新桥村		否	孙水河	102°16′42″	28°21′13″
1103	四川省	喜德县	513432	光明镇联合大桥		否	孙水河	102°26′47″	28°17′32″
1104	四川省	越西县	513434	越西大河		否	越西大河	102°31′2″	28°38′9″
1105	四川省	越西县	513434	滨河路段		否	越西大河	102°36′13″	28°51′2″
1106	四川省	甘洛县	513435	甘洛开建桥		否	尼日河	102°50′28″	28°6′33″
1107	四川省	甘洛县	513435	甘洛铁路大桥		否	尼日河	102°46′41″	28°59′17″
1108	四川省	美姑县	513436	牛牛坝林场		否	美姑河	102°58′51″	28°15′42″
1109	四川省	美姑县	513436	典阿尼村小		否	美姑河	103°6′43″	28°22′13″
1110	四川省	雷波县	513437	雷波县岩脚乡金江村		是	金沙江	103°30′11″	27°51′4″
1111	四川省	雷波县	513437	雷波县柑子乡大岩洞		是	金沙江	103°46′46″	28°31′23″
1112	四川省	雷波县	513437	马湖		是	马湖	103°47′35″	28°25′42″
1113	贵州省	六枝特区	520203	龙场	国控	否	三岔河	105°28′25″	26°19′38″
1114	贵州省	六枝特区	520203	上易黑	省控	否	六枝河	105°29′47″	26°10′44″
1115	贵州省	水城县	520221	发耳	国控	否	北盘江	104°42′54″	26°17′16″
1116	贵州省	水城县	520221	岩脚寨	省控	否	三岔河	104°58′32″	26°38′6″
1117	贵州省	习水县	520330	两河口	国控	否	桐梓河	106°12′43″	28°8′36″
1118	贵州省	习水县	520330	九龙囤	省控	否	赤水河	105°59′22″	28°17′2″
1119	贵州省	赤水市	520381	九龙囤	省控	否	赤水河	105°43′18″	28°31′6″

序号	省（市、区）名称	县（市、旗、区）名称	县（市、旗、区）代码	水质监测断面名称	断面性质	是否湖库	河流/湖泊名称	经度	纬度
1120	贵州省	赤水市	520381	长沙	国控	否	习水河	105°59′30″	28°41′43″
1121	贵州省	赤水市	520381	鲢鱼溪	国控	否	赤水河	105°44′2″	28°36′58″
1122	贵州省	镇宁布依族苗族自治县	520423	黄果树	国控	否	打邦河	105°40′1″	25°59′39″
1123	贵州省	镇宁布依族苗族自治县	520423	石头寨	省控	否	桂家河	105°40′30″	26°1′30″
1124	贵州省	关岭布依族苗族自治县	520424	盘江桥左	省控	否	北盘江	105°22′36″	25°52′19″
1125	贵州省	关岭布依族苗族自治县	520424	木城河	县控	否	木城河	105°40′25″	25°52′20″
1126	贵州省	紫云苗族布依族自治县	520425	座马河	省控	否	格必河（格凸河）代码HA02110300）	106°10′25″	25°52′55″
1127	贵州省	紫云苗族布依族自治县	520425	水塘镇沙戈村	省控	否	格必河（格凸河）代码HA02110300）	106°13′35″	25°37′16″
1128	贵州省	七星关区	520502	清水铺	国控	否	赤水河	105°34′47″	27°43′28″
1129	贵州省	大方县	520521	高店	国控	否	白甫河	105°33′8″	27°2′12″
1130	贵州省	大方县	520521	二道河电站	省控	否	二道河	105°46′50″	27°24′33″
1131	贵州省	黔西县	520522	黔西卷洞门	省控	否	六冲河	105°51′55″	26°51′57″
1132	贵州省	黔西县	520522	火石坝	省控	否	野纪河	106°12′6″	27°8′52″
1133	贵州省	金沙县	520523	金沙高桥	省控	否	水边河	105°54′32″	27°42′30″
1134	贵州省	金沙县	520523	清池	省控	否	赤水河	105°48′10″	27°42′53″
1135	贵州省	织金县	520524	鸭甸河	市控	否	鸭甸河	105°8′31″	26°47′30″
1136	贵州省	纳雍县	520525	大桥边	国控	否	六冲河	105°13′2″	27°10′1″
1137	贵州省	纳雍县	520525	立火	省控	否	三岔河	105°5′45″	26°38′50″
1138	贵州省	威宁彝族回族苗族自治县	520526	海拉乡海明村	县控	否	牛栏江	103°42′13″	26°47′56″
1139	贵州省	威宁彝族回族苗族自治县	520526	炉山镇炉山村	县控	否	三岔河	104°25′60″	26°50′50″
1140	贵州省	赫章县	520527	七星关断面	省控	否	六冲河	104°56′49″	27°8′48″
1141	贵州省	赫章县	520527	马桑坪断面	省控	否	六冲河	104°45′20″	27°8′23″
1142	贵州省	江口县	520621	坝盘镇蒋家湾断面	省控	否	锦江河	108°57′28″	27°43′18″
1143	贵州省	江口县	520621	怒溪镇怒溪村变电站断面		否	桃映河	108°55′23″	27°52′3″
1144	贵州省	石阡县	520623	冷龙	国控	否	石阡河	108°13′23″	27°34′9″
1145	贵州省	石阡县	520623	关鱼梁断面	省控	否	龙川河	108°15′50″	27°39′54″
1146	贵州省	石阡县	520623	河闪渡断面	省控	否	乌江	107°54′27″	27°35′5″

序号	省（市、区）名称	县（市、旗、区）名称	县（市、旗、区）代码	水质监测断面名称	断面性质	是否湖库	河流/湖泊名称	经度	纬度
1147	贵州省	思南县	520624	乌杨树	国控	否	乌江	108°14′17″	27°59′49″
1148	贵州省	印江土家族苗族自治县	520625	两河口断面	县控	否	印江河	108°18′6″	28°3′47″
1149	贵州省	印江土家族苗族自治县	520625	六洞断面	县控	否	坝坨河	108°31′39″	28°20′15″
1150	贵州省	德江县	520626	望牌村	省控	否	乌江	108°16′16″	28°22′44″
1151	贵州省	沿河土家族自治县	520627	淇滩镇沙坨断面		否	乌江	108°26′23″	28°29′16″
1152	贵州省	沿河土家族自治县	520627	县城东风码头断面	省控	否	乌江	108°29′44″	28°34′1″
1153	贵州省	望谟县	522326	蔗香北	国控	否	北盘江	106°8′13″	24°56′53″
1154	贵州省	望谟县	522326	蔗香红	省控	否	红水河	106°9′18″	24°57′51″
1155	贵州省	册亨县	522327	羊场村高洛组	省控	否	者楼河	105°50′27″	25°0′22″
1156	贵州省	黄平县	522622	重安江大桥	省控	否	重安江	107°52′27″	26°46′20″
1157	贵州省	黄平县	522622	牛大场金坑村	省控	否	潕阳河	107°54′21″	27°2′4″
1158	贵州省	施秉县	522623	平宁桥	省控	否	潕阳河	108°6′37″	27°7′48″
1159	贵州省	施秉县	522623	六合	市控	否	清水江	108°49′27″	26°50′58″
1160	贵州省	锦屏县	522628	茅坪	省控	否	清水江	109°14′13″	26°44′17″
1161	贵州省	剑河县	522629	革东	省控	否	清水江	108°27′1″	26°44′6″
1162	贵州省	台江县	522630	平敏大桥	国控	否	巴拉河	108°19′46″	26°49′24″
1163	贵州省	台江县	522630	施洞	省控	否	清水江	108°20′8″	26°49′46″
1164	贵州省	榕江县	522632	新华	国控	否	都柳江	108°6′41″	25°50′26″
1165	贵州省	榕江县	522632	榕江	国控	否	都柳江	108°32′47″	25°51′25″
1166	贵州省	从江县	522633	从江大桥	国控	否	都柳江	108°54′9″	25°44′37″
1167	贵州省	雷山县	522634	郎德	省控	否	巴拉河	108°3′52″	26°28′45″
1168	贵州省	丹寨县	522636	兴仁桥	国控	否	清水江	107°46′51″	26°19′36″
1169	贵州省	荔波县	522722	洗布河	省控	否	樟江（漳江）	107°53′17″	25°24′54″
1170	贵州省	荔波县	522722	回龙角	省控	否	樟江（漳江）	107°52′23″	25°23′40″
1171	贵州省	平塘县	522727	梭沙坡	州控	否	平舟河	107°19′32″	25°49′44″
1172	贵州省	平塘县	522727	狮子口	州控	否	平舟河	107°18′50″	25°49′13″
1173	贵州省	罗甸县	522728	大亚铁合金厂	州控	否	坝王河	106°45′51″	25°26′57″
1174	贵州省	罗甸县	522728	八总大桥	国控	否	坝王河	106°46′30″	25°25′59″
1175	贵州省	三都水族自治县	522732	交梨	省控	否	交梨河	107°51′51″	25°59′35″
1176	贵州省	三都水族自治县	522732	三都桥	国控	否	都柳江	107°52′52″	25°59′2″
1177	云南省	东川区	530113	姑海	省控	否	小江	103°14′22″	25°12′1″

序号	省（市、区）名称	县（市、旗、区）名称	县（市、旗、区）代码	水质监测断面名称	断面性质	是否湖库	河流/湖泊名称	经度	纬度
1178	云南省	东川区	530113	蒙姑	国控	否	金沙江	103°1′53″	26°34′19″
1179	云南省	东川区	530113	四级站	国控	否	小江	103°3′24″	23°31′2″
1180	云南省	江川区	530403	路居	国控	是	抚仙湖	102°51′33″	24°22′43″
1181	云南省	江川区	530403	星云湖心	国控	是	星云湖	102°46′58″	24°20′38″
1182	云南省	江川区	530403	李家湾	省控	是	星云湖	102°47′29″	24°22′9″
1183	云南省	澄江县	530422	哨嘴	省控	是	抚仙湖	102°54′37″	24°36′33″
1184	云南省	澄江县	530422	抚仙湖心	国控	是	抚仙湖	102°53′35″	24°31′35″
1185	云南省	澄江县	530422	尖心	国控	是	抚仙湖	102°52′11″	24°34′35″
1186	云南省	通海县	530423	湖管站	省控	是	杞麓湖	102°45′14″	24°8′39″
1187	云南省	通海县	530423	马家湾	省控	是	杞麓湖	102°48′2″	24°11′16″
1188	云南省	通海县	530423	杞麓湖心	国控	是	杞麓湖	102°46′27″	24°10′1″
1189	云南省	华宁县	530424	九甸大桥	国控	否	曲江	103°6′24″	24°13′21″
1190	云南省	华宁县	530424	盘溪大桥	国控	否	南盘江	103°5′59″	24°12′2″
1191	云南省	巧家县	530622	蒙姑	省控	否	金沙江	103°1′27″	26°38′26″
1192	云南省	巧家县	530622	麻壕	省控	否	金沙江	103°8′28″	27°25′28″
1193	云南省	盐津县	530623	豆沙关	省控	否	关河	104°7′12″	28°2′16″
1194	云南省	盐津县	530623	北甲瓦厂社	省控	否	横江	104°16′7″	28°23′36″
1195	云南省	大关县	530624	岔河断面	省控	否	洛泽河	103°54′50″	27°53′18″
1196	云南省	大关县	530624	大桥断面	省控	否	关河	103°51′21″	27°49′16″
1197	云南省	永善县	530625	马家河坝	国控	否	金沙江	103°37′55″	28°15′22″
1198	云南省	绥江县	530626	逗号码头	省控	否	金沙江	103°57′44″	28°36′4″
1199	云南省	绥江县	530626	双河	省控	否	大汶溪	103°57′12″	28°32′55″
1200	云南省	玉龙纳西族自治县	530721	新华	国控	否	金沙江	99°57′23″	26°51′34″
1201	云南省	玉龙纳西族自治县	530721	南口桥	市控	否	漾弓江	100°15′1″	26°49′48″
1202	云南省	永胜县	530722	程海湖中	国控	是	程海	100°40′7″	26°32′16″
1203	云南省	永胜县	530722	金江桥	国控	否	金沙江	100°35′19″	26°11′4″
1204	云南省	宁蒗彝族自治县	530724	泸沽湖湖心	国控	是	泸沽湖	100°46′13″	27°42′16″
1205	云南省	宁蒗彝族自治县	530724	里格	省控	是	泸沽湖	100°45′50″	27°43′44″
1206	云南省	景东彝族自治县	530823	景东水文站	省控	否	川河	100°50′14″	24°27′26″
1207	云南省	景东彝族自治县	530823	大街三营村	市控	否	者干河	101°1′28″	24°22′3″
1208	云南省	镇沅彝族哈尼族拉祜族自治县	530825	勐统河大桥	市控	否	勐统河	100°48′35″	24°2′5″

序号	省（市、区）名称	县（市、旗、区）名称	县（市、旗、区）代码	水质监测断面名称	断面性质	是否湖库	河流/湖泊名称	经度	纬度
1209	云南省	镇沅彝族哈尼族拉祜族自治县	530825	河西小学	市控	否	恩乐河	101°10′31″	23°36′33″
1210	云南省	孟连傣族拉祜族佤族自治县	530827	红星桥	国控	否	南垒河	99°34′15″	22°14′51″
1211	云南省	孟连傣族拉祜族佤族自治县	530827	孟拉桥	国控	否	南马河	99°12′26″	22°10′46″
1212	云南省	澜沧拉祜族自治县	530828	赛罕桥	省控	否	黑河	99°47′29″	22°50′24″
1213	云南省	澜沧拉祜族自治县	530828	芒东桥	国控	否	南朗河	99°53′34″	22°30′22″
1214	云南省	西盟佤族自治县	530829	水文站	省控	否	南康河	99°30′38″	22°41′56″
1215	云南省	西盟佤族自治县	530829	三河水电站（取水坝）	县控	否	库杏河	99°35′14″	22°41′24″
1216	云南省	双柏县	532322	绿汁江口	国控	否	绿汁江	101°29′16″	24°13′46″
1217	云南省	双柏县	532322	礼社江口	国控	否	礼社江	101°29′14″	24°13′44″
1218	云南省	双柏县	532322	元江口	省控	否	元江	101°29′23″	24°13′12″
1219	云南省	大姚县	532326	赵家店	省控	否	蜻蛉河	101°29′12″	25°49′2″
1220	云南省	大姚县	532326	朵腊河底	省控	否	渔泡江	100°58′24″	25°57′23″
1221	云南省	永仁县	532327	万马河昔丙断面	省控	否	万马河	101°24′19″	26°19′45″
1222	云南省	永仁县	532327	羊蹄江大河波西断面	省控	否	羊蹄江	101°38′12″	25°52′46″
1223	云南省	屏边苗族自治县	532523	红河	市控	否	红河	103°23′0″	22°44′0″
1224	云南省	屏边苗族自治县	532523	三岔河汇入处	市控	否	南溪河	103°13′0″	23°1′0″
1225	云南省	石屏县	532525	异龙湖中	国控	是	异龙湖	102°33′42″	23°40′45″
1226	云南省	石屏县	532525	小河底河	国控	否	小河底河	102°19′4″	23°25′5″
1227	云南省	金平苗族瑶族傣族自治县	532530	那发出境	国控	否	藤条江	103°9′29″	22°36′26″
1228	云南省	金平苗族瑶族傣族自治县	532530	农场吊桥	省控	否	藤条江	103°3′26″	22°41′13″
1229	云南省	文山市	532601	侬仁河	省控	否	盘龙河	104°5′55″	23°28′13″
1230	云南省	文山市	532601	东方红电站	省控	否	盘龙河	104°21′29″	23°16′2″
1231	云南省	西畴县	532623	畴阳河	省控	否	畴阳河	104°35′23″	23°15′37″

序号	省（市、区）名称	县（市、旗、区）名称	县（市、旗、区）代码	水质监测断面名称	断面性质	是否湖库	河流/湖泊名称	经度	纬度
1232	云南省	西畴县	532623	鸡街河	省控	否	鸡街河	104°49′32″	23°31′45″
1233	云南省	麻栗坡县	532624	天保农场	国控	否	盘龙河	104°50′28″	22°56′43″
1234	云南省	麻栗坡县	532624	八布桥	国控	否	八布河	104°53′28″	23°13′16″
1235	云南省	马关县	532625	南北河过河桥	省控	否	南北河	104°35′26″	22°51′8″
1236	云南省	马关县	532625	172号界碑	省控	否	小白河	104°35′37″	22°42′39″
1237	云南省	广南县	532627	西洋江板蚌乡政府	国控	否	西洋江	105°28′30″	23°55′20″
1238	云南省	广南县	532627	清水江小学	省控	否	清水江	104°8′7″	24°15′10″
1239	云南省	富宁县	532628	谷拉河大桥	国控	否	谷拉河	106°9′4″	23°54′29″
1240	云南省	富宁县	532628	南利大桥	国控	否	南利河	105°15′27″	26°26′15″
1241	云南省	富宁县	532628	谷拉乡政府	省控	否	谷拉河	106°2′2″	23°35′3″
1242	云南省	景洪市	532801	普文水文站	国控	否	普文河	101°0′54″	22°35′0″
1243	云南省	景洪市	532801	勐罕渡口	国控	否	澜沧江	101°55′22″	21°51′8″
1244	云南省	景洪市	532801	风情园大桥	国控	否	流沙河	100°47′35″	21°59′46″
1245	云南省	景洪市	532801	东风三分场大桥	国控	否	南阿河	100°44′25″	21°40′23″
1246	云南省	景洪市	532801	州水文站	国控	否	澜沧江	100°47′17″	22°0′54″
1247	云南省	勐海县	532822	勐海水文站	省控	否	流沙河	100°25′23″	21°57′5″
1248	云南省	勐海县	532822	打洛江大桥	国控	否	南览河	100°2′47″	21°41′46″
1249	云南省	勐腊县	532823	勐仑大桥	国控	否	补远江	101°16′55″	21°55′16″
1250	云南省	勐腊县	532823	勐捧岔河	国控	否	南腊河	101°17′58″	21°31′49″
1251	云南省	勐腊县	532823	勐腊水文站	省控	否	南腊河	101°33′6″	21°25′52″
1252	云南省	勐腊县	532823	关累码头	国控	否	澜沧江	101°8′31″	21°40′41″
1253	云南省	漾濞彝族自治县	532922	苍山西镇马厂村羊庄坪水文站	省控	否	漾濞江（黑濞江）	99°59′59″	25°39′3″
1254	云南省	漾濞彝族自治县	532922	苍山西镇淮安村栗树坡	市控	否	漾濞江（黑濞江）	99°59′44″	25°42′17″
1255	云南省	漾濞彝族自治县	532922	徐村桥	国控	否	黑惠江	99°59′22″	25°30′28″
1256	云南省	南涧彝族自治县	532926	小湾水库	省控	是	澜沧江	100°5′54″	24°42′16″
1257	云南省	南涧彝族自治县	532926	多依井大桥	省控	否	巍山河	100°30′18″	25°4′38″
1258	云南省	巍山彝族回族自治县	532927	原巍南公路收费站西河断面	省控	否	西河	100°23′20″	25°6′45″
1259	云南省	永平县	532928	博南镇晃桥（玉皇阁）	省控	否	银江河	99°30′52″	25°29′44″
1260	云南省	永平县	532928	杉阳镇永和大桥上200m（水文观测站）	省控	否	倒流河	99°26′47″	25°15′19″
1261	云南省	永平县	532928	徐村桥	国控	否	黑惠江	99°59′22″	25°30′28″
1262	云南省	洱源县	532930	洱源县海西海湖心	省控	是	海西海	100°2′56″	26°0′47″

序号	省（市、区）名称	县（市、旗、区）名称	县（市、旗、区）代码	水质监测断面名称	断面性质	是否湖库	河流/湖泊名称	经度	纬度
1263	云南省	洱源县	532930	洱源县弥苴河（银桥村）	省控	否	弥苴河	100°6′12″	25°59′51″
1264	云南省	剑川县	532931	湖中	省控	是	剑湖	99°56′5″	26°29′1″
1265	云南省	剑川县	532931	黑潓江玉津桥	省控	否	黑潓江	99°51′8″	26°19′6″
1266	云南省	泸水市	533301	丙舍桥	国控	否	怒江	98°49′41″	25°52′46″
1267	云南省	泸水市	533301	饮用水取水口	省控	否	玛布河	98°49′14″	25°52′43″
1268	云南省	福贡县	533323	拉甲木底桥	国控	否	怒江	98°52′10″	26°52′17″
1269	云南省	福贡县	533323	饮用水取水口	省控	否	上帕河	98°52′48″	26°54′30″
1270	云南省	贡山独龙族怒族自治县	533324	幸福桥	省控	否	怒江	98°40′15″	27°44′51″
1271	云南省	贡山独龙族怒族自治县	533324	饮用水取水口	省控	否	明里娃河	98°39′47″	27°44′40″
1272	云南省	兰坪白族普米族自治县	533325	嗉罗塞桥	省控	否	澜沧江	99°8′39″	26°28′56″
1273	云南省	兰坪白族普米族自治县	533325	温庄桥	省控	否	沘江河	99°23′29″	26°22′40″
1274	云南省	香格里拉市	533401	上桥头水文站	省控	否	岗曲河	99°24′3″	28°9′55″
1275	云南省	香格里拉市	533401	碧塔海中心点	省控	是	碧塔海	99°59′28″	27°49′17″
1276	云南省	德钦县	533422	贺龙桥	国控	否	金沙江	99°23′21″	28°10′14″
1277	云南省	德钦县	533422	布村桥	省控	否	澜沧江	98°48′55″	28°28′2″
1278	云南省	维西傈僳族自治县	533423	中路村	国控	否	澜沧江	99°8′52″	27°11′3″
1279	云南省	维西傈僳族自治县	533423	塔城水文站	省控	否	腊普河	99°23′53″	27°36′28″
1280	西藏自治区	定日县	540223	定日县协格尔河上游 500 m	县控	否	协格尔河	87°6′57″	28°40′21″
1281	西藏自治区	定日县	540223	定日县协格尔河下游 1 km	县控	否	协格尔河	87°7′24″	28°38′54″
1282	西藏自治区	康马县	540230	康马县康马河上游 500 m		否	康马河	89°40′27″	28°33′19″
1283	西藏自治区	康马县	540230	康马县康马河下游 1 km		否	康马河	89°40′30″	28°34′51″
1284	西藏自治区	定结县	540231	定结（朋曲河）	国控	否	朋曲	87°37′39″	28°24′37″
1285	西藏自治区	定结县	540231	定结县叶如藏布县城上游 500 m	县控	否	叶如藏布	87°46′53″	28°21′2″
1286	西藏自治区	定结县	540231	定结县叶如藏布县城下游 1 km	国控	否	叶如藏布	87°45′35″	28°24′39″
1287	西藏自治区	仲巴县	540232	仲巴县雅鲁藏布江上游 500 m		否	雅鲁藏布江	83°58′41″	29°41′39″

序号	省（市、区）名称	县（市、旗、区）名称	县（市、旗、区）代码	水质监测断面名称	断面性质	是否湖库	河流/湖泊名称	经度	纬度
1288	西藏自治区	仲巴县	540232	仲巴县雅鲁藏布江下游 1 km		否	雅鲁藏布江	83°59′21″	29°40′48″
1289	西藏自治区	仲巴县	540232	仲巴县柴曲河下游 1 km		否	柴曲河	84°2′27″	29°45′46″
1290	西藏自治区	仲巴县	540232	仲巴县塔若湖		否	塔若湖	83°57′19″	31°5′40″
1291	西藏自治区	仲巴县	540232	仲巴县柴曲河上游 500 m		否	柴曲河	84°2′9″	29°45′33″
1292	西藏自治区	亚东县	540233	亚东县亚东河上游 500 m		否	亚东河	88°54′57″	27°29′40″
1293	西藏自治区	亚东县	540233	亚东县亚东河下游 1 km	国控	否	亚东河	88°54′32″	27°28′20″
1294	西藏自治区	吉隆县	540234	吉隆县吉隆藏布上游 500 m	县控	否	吉隆藏布	85°51′10″	28°51′1″
1295	西藏自治区	吉隆县	540234	吉隆县吉隆藏布下游 1 km	国控	否	吉隆藏布	85°17′11″	28°53′2″
1296	西藏自治区	聂拉木县	540235	聂拉木县波曲河上游 500 m	县控	否	波曲	85°58′8″	28°9′59″
1297	西藏自治区	聂拉木县	540235	聂拉木县波曲河下游 1 km	国控	否	波曲	85°58′59″	28°9′25″
1298	西藏自治区	萨嘎县	540236	萨嘎县雅鲁藏布江下游 1 km	国控	否	雅鲁藏布江	85°15′32″	29°19′9″
1299	西藏自治区	萨嘎县	540236	萨嘎县雅鲁藏布江上游 500 m	国控	否	雅鲁藏布江	85°12′6″	29°18′60″
1300	西藏自治区	岗巴县	540237	岗巴县奎区藏布上游 500 m		否	莫区藏布	88°31′31″	28°16′56″
1301	西藏自治区	岗巴县	540237	岗巴县奎区藏布下游 1 000 m		否	莫区藏布	88°29′11″	28°15′44″
1302	西藏自治区	江达县	540321	江达县字曲河上游 500 m		否	字曲河	98°11′57″	31°29′16″
1303	西藏自治区	江达县	540321	江达县字曲河下游 1 km	省控	否	字曲河	98°13′43″	31°31′9″
1304	西藏自治区	江达县	540321	金沙江岗托桥	国控	否	金沙江	98°36′2″	31°36′47″
1305	西藏自治区	贡觉县	540322	贡觉县马曲河上游 500 m		否	贡觉县马曲河	98°16′46″	30°50′26″
1306	西藏自治区	贡觉县	540322	贡觉县马曲河下游 1 km	国控	否	贡觉县马曲河	98°15′48″	30°52′13″
1307	西藏自治区	类乌齐县	540323	类乌齐县格曲河上游 500 m		否	格曲河	96°35′37″	31°13′30″

序号	省（市、区）名称	县（市、旗、区）名称	县（市、旗、区）代码	水质监测断面名称	断面性质	是否湖库	河流/湖泊名称	经度	纬度
1308	西藏自治区	类乌齐县	540323	类乌齐县格曲河下游 1 km		否	格曲河	96°36′12″	31°11′54″
1309	西藏自治区	丁青县	540324	丁青县解曲河上游 500 m		否	解曲河	95°35′6″	31°25′39″
1310	西藏自治区	丁青县	540324	丁青县解曲河下游 1 km		否	解曲河	95°37′58″	31°24′23″
1311	西藏自治区	巴宜区	540402	米瑞	国控	否	雅鲁藏布江	94°37′43″	29°28′47″
1312	西藏自治区	巴宜区	540402	巴宜区尼洋河上游 500 m	县控	否	尼洋河	94°19′6″	29°42′53″
1313	西藏自治区	巴宜区	540402	巴宜区尼洋河下游 1 km	国控	否	尼洋河	94°25′13″	29°34′55″
1314	西藏自治区	米林县	540422	米林县雅鲁藏布江上游 500 m	县控	否	雅鲁藏布江	94°11′46″	29°12′41″
1315	西藏自治区	米林县	540422	米林县雅鲁藏布江下游 1 km	县控	否	雅鲁藏布江	94°11′46″	29°13′59″
1316	西藏自治区	墨脱县	540423	墨脱县雅鲁藏布江上游（鲁古吊桥）		否	雅鲁藏布江	95°20′21″	29°21′8″
1317	西藏自治区	墨脱县	540423	墨脱县雅鲁藏布江下游德兴大桥		否	雅鲁藏布江	95°17′32″	29°19′24″
1318	西藏自治区	波密县	540424	波密县帕龙藏布上游 500 m	国控	否	帕龙藏布	95°44′32″	29°52′26″
1319	西藏自治区	波密县	540424	波密县帕龙藏布下游 1 km	国控	否	帕龙藏布	95°46′42″	29°51′41″
1320	西藏自治区	察隅县	540425	察隅县桑久村亚达组桑昂曲宗河上游旺达桥	国控	否	桑昂曲宗河	97°28′40″	28°47′15″
1321	西藏自治区	察隅县	540425	察隅县嘎巴村桑昂曲宗河下游龙岗吊桥	国控	否	桑昂曲宗河	97°25′50″	28°38′43″
1322	西藏自治区	洛扎县	540527	洛扎县雄曲河下游 1 km	国控	否	雄曲河	90°52′38″	28°23′9″
1323	西藏自治区	洛扎县	540527	洛扎县雄曲河上游 500 m		否	雄曲河	90°49′46″	28°23′24″
1324	西藏自治区	隆子县	540529	隆子县雄曲河上游 500 m		否	隆子河	92°21′1″	28°25′5″
1325	西藏自治区	隆子县	540529	隆子县雄曲河下游 1 km		否	隆子河	92°30′31″	28°24′50″

序号	省（市、区）名称	县（市、旗、区）名称	县（市、旗、区）代码	水质监测断面名称	断面性质	是否湖库	河流/湖泊名称	经度	纬度
1326	西藏自治区	错那县	540530	错那县浪坡河上游		否	浪坡河	91°59′55″	27°57′36″
1327	西藏自治区	错那县	540530	错那县亚玛荣河上游		否	亚玛荣河	91°54′38″	27°58′17″
1328	西藏自治区	浪卡子县	540531	卡如雄曲下游（藏曲村羊湖入水口）		否	卡如雄曲	90°25′32″	28°59′11″
1329	西藏自治区	浪卡子县	540531	羊湖北区		是	羊湖	90°36′4″	28°59′11″
1330	西藏自治区	浪卡子县	540531	卡如雄曲上游（加桑桥）		否	卡如雄曲	90°21′43″	28°53′50″
1331	西藏自治区	浪卡子县	540531	羊湖西区		是	羊湖	90°32′25″	29°10′40″
1332	西藏自治区	安多县	540624	安多县帕那河上游 500 m	县控	否	帕那河	91°42′8″	32°17′17″
1333	西藏自治区	安多县	540624	安多县帕那河下游 1 km	县控	否	帕那河	91°40′28″	32°14′16″
1334	西藏自治区	班戈县	540627	德庆镇昂曲大桥		否	昂曲	90°6′27″	30°30′23″
1335	西藏自治区	班戈县	540627	德庆镇波曲大桥		否	波曲	90°9′30″	30°41′55″
1336	西藏自治区	尼玛县	540629	尼玛县波仓藏布河下游 1 km		否	尼玛镇水库	87°16′59″	31°47′23″
1337	西藏自治区	尼玛县	540629	尼玛河上游 500 m（水库大坝下游）		否	尼玛镇水库	87°16′55″	31°46′24″
1338	西藏自治区	普兰县	542521	普兰县孔雀河上游 500 m		否	孔雀河	81°10′34″	30°17′12″
1339	西藏自治区	普兰县	542521	拉昂措		是	拉昂措	81°19′32″	30°41′19″
1340	西藏自治区	普兰县	542521	玛旁雍措		是	玛旁雍措	81°29′5″	30°39′58″
1341	西藏自治区	普兰县	542521	普兰县孔雀河下游 1 km	国控	否	孔雀河	81°10′17″	30°17′31″
1342	西藏自治区	札达县	542522	托林	国控	否	象泉河	79°16′45″	31°29′55″
1343	西藏自治区	札达县	542522	札达县象泉河下游 1 km		否	象泉河	79°47′28″	31°29′5″
1344	西藏自治区	噶尔县	542523	噶尔县狮泉河上游 500 m（噶尔）	国控	否	狮泉河	80°8′33″	32°30′36″
1345	西藏自治区	噶尔县	542523	噶尔县狮泉河下游 1 km	县控	否	狮泉河	80°4′10″	32°29′29″

序号	省（市、区）名称	县（市、旗、区）名称	县（市、旗、区）代码	水质监测断面名称	断面性质	是否湖库	河流/湖泊名称	经度	纬度
1346	西藏自治区	日土县	542524	德汝河大桥		否	德汝河	79°41′56″	33°21′53″
1347	西藏自治区	日土县	542524	日土宗桥		否	日土宗河	79°38′43″	33°24′55″
1348	西藏自治区	革吉县	542525	狮泉河上游		否	狮泉河	81°8′45″	32°22′17″
1349	西藏自治区	革吉县	542525	狮泉河下游	国控	否	狮泉河	81°6′7″	32°23′37″
1350	西藏自治区	改则县	542526	改则县亚多河上游		否	亚多河	84°3′32″	32°14′14″
1351	西藏自治区	改则县	542526	改则县亚多河下游		否	亚多河	84°3′21″	32°15′16″
1352	西藏自治区	措勤县	542527	措勤县措勤河上游 500 m		否	措勤河	85°7′42″	30°58′49″
1353	西藏自治区	措勤县	542527	措勤县措勤河下游 1 km		否	措勤河	85°10′40″	31°1′23″
1354	西藏自治区	措勤县	542527	措勤县扎日南木措岸边		是	扎日南措湖泊	85°21′46″	30°53′19″
1355	西藏自治区	措勤县	542527	措勤县措勤河汇入扎日南木措前		否	措勤河	85°12′49″	31°1′23″
1356	陕西省	周至县	610124	黑河入渭	国控	否	黑河	108°22′19″	34°10′24″
1357	陕西省	周至县	610124	田峪河	省控	否	田峪河	108°20′8″	34°3′58″
1358	陕西省	凤县	610330	黄牛铺	国控	否	嘉陵江	106°50′23″	34°11′42″
1359	陕西省	凤县	610330	凤州	省控	否	嘉陵江	106°37′36″	33°57′24″
1360	陕西省	凤县	610330	灶火庵	国控	否	嘉陵江	106°50′23″	33°54′30″
1361	陕西省	太白县	610331	太白河出境断面	省控	否	太白河	107°21′0″	34°25′0″
1362	陕西省	太白县	610331	石头河出境断面	省控	否	石头河	107°38′53″	34°7′50″
1363	陕西省	安塞区	610603	安塞区城区下游 1 km	省控	否	延河	109°19′18″	36°50′24″
1364	陕西省	安塞区	610603	李家湾	省控	否	延河	109°22′12″	36°45′10″
1365	陕西省	子长县	610623	吴家坪	省控	否	秀延河	109°43′57″	37°8′48″
1366	陕西省	子长县	610623	白家园子	省控	否	秀延河	109°47′12″	37°9′20″
1367	陕西省	志丹县	610625	金汤	省控	否	洛河	108°10′54″	36°27′52″
1368	陕西省	志丹县	610625	旦八	省控	否	洛河	108°17′51″	36°23′55″
1369	陕西省	吴起县	610626	三道川川口	省控	否	三道川河	108°11′28″	36°52′25″
1370	陕西省	吴起县	610626	白豹川川口	省控	否	白豹川河	108°18′11″	36°46′59″
1371	陕西省	宜川县	610630	咎家山	国控	否	仕望河	110°27′36″	36°3′58″
1372	陕西省	宜川县	610630	秀西	国控	否	云岩河	110°18′40″	36°14′13″
1373	陕西省	黄龙县	610631	石堡川河（大坪）	省控	否	石堡川河	109°51′53″	35°34′50″
1374	陕西省	黄龙县	610631	洛窑科	省控	否	石堡川河	109°46′54″	35°33′2″

序号	省（市、区）名称	县（市、旗、区）名称	县（市、旗、区）代码	水质监测断面名称	断面性质	是否湖库	河流/湖泊名称	经度	纬度
1375	陕西省	汉台区	610702	石门水库	国控	是	石门水库（褒河）	106°57′30″	33°13′47″
1376	陕西省	汉台区	610702	梁西渡	国控	否	汉江	106°56′56″	33°6′38″
1377	陕西省	汉台区	610702	南柳渡	国控	否	汉江	107°11′57″	33°6′47″
1378	陕西省	南郑区	610703	阳春桥	省控	否	濂水河	106°55′22″	33°1′39″
1379	陕西省	南郑区	610703	冷水桥	省控	否	冷水河	107°2′37″	33°1′46″
1380	陕西省	城固县	610722	旧汉江大桥	省控	否	汉江	107°20′17″	33°8′26″
1381	陕西省	城固县	610722	湑水大桥	省控	否	湑水河	107°12′9″	33°9′27″
1382	陕西省	洋县	610723	党河桥	省控	否	党河	107°28′33″	33°12′37″
1383	陕西省	洋县	610723	酉水桥	省控	否	酉水河	107°45′23″	33°15′17″
1384	陕西省	西乡县	610724	茶镇湾渡口	省控	否	汉江	108°3′30″	33°2′1″
1385	陕西省	西乡县	610724	上庵一组渡口	省控	否	牧马河	107°48′57″	33°2′42″
1386	陕西省	勉县	610725	入汉江口	省控	否	漾家河	106°45′52″	33°7′5″
1387	陕西省	勉县	610725	梁西渡	国控	否	汉江	106°56′25″	33°6′29″
1388	陕西省	宁强县	610726	烈金坝	国控	否	汉江	106°14′27″	33°3′33″
1389	陕西省	宁强县	610726	燕子砭	省控	否	嘉陵江	105°53′44″	32°53′52″
1390	陕西省	略阳县	610727	入黑河口	省控	否	西渠沟	106°25′37″	33°14′39″
1391	陕西省	略阳县	610727	茶店桥下	省控	否	黑河	106°22′58″	33°11′46″
1392	陕西省	镇巴县	610728	水保站上游 100 m	省控	否	泾洋河	107°54′26″	32°31′35″
1393	陕西省	镇巴县	610728	渔泉电站下游 100 m	省控	否	泾洋河	107°51′35″	32°37′46″
1394	陕西省	留坝县	610729	入褒河口	省控	否	北栈河	106°59′44″	33°34′51″
1395	陕西省	留坝县	610729	桑元	省控	否	太白河	107°10′29″	33°46′16″
1396	陕西省	佛坪县	610730	县城上游	省控	否	椒溪河	107°59′18″	33°33′19″
1397	陕西省	佛坪县	610730	县城下游	省控	否	椒溪河	107°59′14″	33°30′55″
1398	陕西省	绥德县	610826	辛店	国控	否	无定河	110°16′10″	37°30′3″
1399	陕西省	绥德县	610826	谢家沟	省控	否	无定河	110°11′41″	37°38′16″
1400	陕西省	米脂县	610827	党家沟	省控	否	无定河	110°8′26″	37°47′34″
1401	陕西省	米脂县	610827	官庄	省控	否	无定河	110°10′42″	37°44′41″
1402	陕西省	佳县	610828	谭家坪	省控	否	黄河	110°30′40″	37°58′30″
1403	陕西省	佳县	610828	崔家河底	省控	否	佳芦河	110°30′2″	38°0′38″
1404	陕西省	吴堡县	610829	柏树坪	国控	否	黄河	110°39′36″	37°26′38″
1405	陕西省	吴堡县	610829	岔上	省控	否	黄河	110°41′36″	37°42′11″
1406	陕西省	清涧县	610830	王家河	省控	否	无定河	110°25′5″	37°6′48″
1407	陕西省	清涧县	610830	下十里铺	省控	否	秀延河	110°7′54″	37°3′20″
1408	陕西省	子洲县	610831	李家崖	省控	否	大理河	110°6′33″	37°34′41″
1409	陕西省	子洲县	610831	马岔	省控	否	大理河	109°36′19″	37°33′36″
1410	陕西省	汉滨区	610902	老君关	国控	否	汉江	109°3′3″	32°42′8″
1411	陕西省	汉滨区	610902	马坡岭断面	省控	否	汉江	108°59′35″	32°39′54″

序号	省（市、区）名称	县（市、旗、区）名称	县（市、旗、区）代码	水质监测断面名称	断面性质	是否湖库	河流/湖泊名称	经度	纬度
1412	陕西省	汉滨区	610902	月河	国控	否	月河	108°56′24″	32°42′3″
1413	陕西省	汉阴县	610921	涧池镇枞岭村	省控	否	月河	108°33′2″	32°51′34″
1414	陕西省	汉阴县	610921	双乳镇三同村	省控	否	月河	108°40′35″	32°46′41″
1415	陕西省	石泉县	610922	小钢桥	国控	否	汉江	108°19′24″	33°28′26″
1416	陕西省	石泉县	610922	汉江石泉段 8#断面	省控	否	汉江	108°20′2″	33°28′28″
1417	陕西省	宁陕县	610923	筒车湾镇许家城村河道	省控	否	汶水河	108°13′54″	33°24′37″
1418	陕西省	宁陕县	610923	江口镇沙坪村沙坪桥	省控	否	洵河	108°39′15″	33°37′38″
1419	陕西省	紫阳县	610924	汉江出县断面紫阳县洞河鹿子滩	省控	否	汉江	108°37′34″	32°28′52″
1420	陕西省	紫阳县	610924	紫阳洞河口	国控	否	洞河	108°37′27″	32°28′48″
1421	陕西省	紫阳县	610924	任河断面	省控	否	任河	108°31′17″	32°31′5″
1422	陕西省	岚皋县	610925	六口水文站	省控	否	岚河	108°53′31″	32°21′27″
1423	陕西省	岚皋县	610925	民主集镇建成区	省控	否	大道河	108°43′26″	32°24′39″
1424	陕西省	平利县	610926	广佛水电站	省控	否	坝河	109°22′10″	32°13′57″
1425	陕西省	平利县	610926	出界断面	省控	否	黄洋河	109°10′2″	32°29′42″
1426	陕西省	平利县	610926	坝河口	国控	否	坝河	109°18′52″	32°33′24″
1427	陕西省	镇坪县	610927	黄龙沟	省控	否	南江河	109°30′28″	31°52′14″
1428	陕西省	镇坪县	610927	三块石	省控	否	南江河	109°31′30″	31°53′42″
1429	陕西省	旬阳县	610928	旬河口	国控	否	旬河	109°22′45″	32°49′57″
1430	陕西省	旬阳县	610928	县城饮用水水源地	省控	否	冷水河	109°17′11″	32°52′31″
1431	陕西省	白河县	610929	白河Ⅱ	省控	否	汉江	110°7′52″	32°48′31″
1432	陕西省	商州区	611002	构峪口	国控	否	丹江	109°49′38″	33°56′47″
1433	陕西省	商州区	611002	杨峪河桥	省控	否	南秦河	109°51′50″	33°51′47″
1434	陕西省	商州区	611002	雷家坡	国控	否	丹江	110°10′37″	33°44′6″
1435	陕西省	洛南县	611021	灵口	国控	否	洛河	110°28′58″	34°5′6″
1436	陕西省	洛南县	611021	官桥	省控	否	洛河	110°11′58″	34°7′29″
1437	陕西省	丹凤县	611022	丹凤下	国控	否	丹江	110°20′36″	33°38′43″
1438	陕西省	丹凤县	611022	雷家洞	省控	否	丹江	110°28′14″	33°27′40″
1439	陕西省	商南县	611023	湘河丹江大桥下	省控	否	丹江	110°25′30″	33°23′34″
1440	陕西省	山阳县	611024	漫川关	省控	否	金钱河	110°18′36″	33°27′6″
1441	陕西省	山阳县	611024	银花河	省控	否	银花河	110°17′3″	33°26′47″
1442	陕西省	镇安县	611025	青铜关前湾	省控	否	乾佑河	109°7′49″	33°10′6″
1443	陕西省	镇安县	611025	古道岭	省控	否	乾佑河	109°10′54″	33°37′49″
1444	陕西省	柞水县	611026	古道岭	省控	否	乾佑河	109°9′12″	33°33′26″
1445	陕西省	柞水县	611026	柴庄	省控	否	社川河	109°31′27″	33°27′52″
1446	甘肃省	永登县	620121	上石圈村		否	庄浪河	103°25′31″	36°10′48″
1447	甘肃省	永登县	620121	淌沟村		否	大通河	102°36′3″	36°30′1″

序号	省（市、区）名称	县（市、旗、区）名称	县（市、旗、区）代码	水质监测断面名称	断面性质	是否湖库	河流/湖泊名称	经度	纬度
1448	甘肃省	永登县	620121	界牌村		否	庄浪河	103°8′51″	36°56′49″
1449	甘肃省	永昌县	620321	北海子		否	金川河	101°58′23″	38°15′36″
1450	甘肃省	永昌县	620321	迎山坡	国控	否	金川河	102°3′32″	38°21′1″
1451	甘肃省	会宁县	620422	鸡儿嘴村		是	鸡儿嘴水库	104°58′47″	35°44′9″
1452	甘肃省	张家川回族自治县	620525	仓下村		否	后川河	106°8′39″	34°54′52″
1453	甘肃省	凉州区	620602	西营水库	省控	是	西营河	102°13′43″	37°55′48″
1454	甘肃省	凉州区	620602	黄羊水库	国控	否	黄羊河	102°44′31″	37°33′49″
1455	甘肃省	凉州区	620602	南营水库	省控	是	金塔河	102°31′12″	37°47′31″
1456	甘肃省	民勤县	620621	红崖山水库	国控	是	红崖山水库	102°53′32″	38°24′53″
1457	甘肃省	民勤县	620621	扎子沟	国控	否	石羊河	102°45′14″	38°13′1″
1458	甘肃省	古浪县	620622	十八里水库		是	十八里水库	102°56′54″	37°23′52″
1459	甘肃省	天祝藏族自治县	620623	金强驿村		否	金强河	102°53′19″	37°8′32″
1460	甘肃省	甘州区	620702	高崖水文站	国控	否	黑河	100°23′57″	39°8′5″
1461	甘肃省	甘州区	620702	莺落峡	国控	否	黑河	100°10′22″	38°48′13″
1462	甘肃省	肃南裕固族自治县	620721	隆畅河白银断面		否	隆畅河	99°37′46″	38°50′17″
1463	甘肃省	民乐县	620722	双树寺水库		否	洪水河	100°49′32″	38°20′50″
1464	甘肃省	临泽县	620723	蓼泉桥		否	黑河	100°5′56″	39°19′50″
1465	甘肃省	临泽县	620723	高崖水文站	国控	否	黑河	100°23′57″	39°8′5″
1466	甘肃省	高台县	620724	六坝桥	国控	否	黑河	99°49′40″	39°23′16″
1467	甘肃省	山丹县	620725	花寨桥西		否	马营河	101°7′49″	38°29′26″
1468	甘肃省	庄浪县	620825	万泉镇徐城村		否	水洛河	105°47′42″	35°4′45″
1469	甘肃省	庄浪县	620825	南水洛河南坪大桥		否	水洛河	106°6′27″	35°12′20″
1470	甘肃省	静宁县	620826	八里闫庙		否	葫芦河	105°45′36″	35°34′24″
1471	甘肃省	静宁县	620826	仁大刘川		否	葫芦河	105°42′6″	35°5′43″
1472	甘肃省	肃北蒙古族自治县	620923	党城湾镇		否	党河	94°53′50″	39°29′46″
1473	甘肃省	阿克塞哈萨克族自治县	620924	红崖子		否	哈尔腾河	95°42′22″	38°36′58″
1474	甘肃省	庆城县	621021	店子坪		否	马莲河	107°54′10″	35°58′53″
1475	甘肃省	环县	621022	五里桥		否	马莲河	107°31′2″	36°16′39″
1476	甘肃省	环县	621022	柴家台村	国控	否	马莲河	107°1′7″	36°59′4″
1477	甘肃省	华池县	621023	新堡村		否	柔远河	107°55′24″	36°12′2″
1478	甘肃省	镇原县	621027	马头坡	国控	否	蒲河	107°33′13″	35°34′24″
1479	甘肃省	通渭县	621121	锦屏大桥		否	锦屏水库	105°5′30″	35°14′44″

序号	省（市、区）名称	县（市、旗、区）名称	县（市、旗、区）代码	水质监测断面名称	断面性质	是否湖库	河流/湖泊名称	经度	纬度
1480	甘肃省	通渭县	621121	襄南乡连川村		否	牛谷河	105°17′24″	35°17′26″
1481	甘肃省	渭源县	621123	五竹镇鹿鸣村		是	渭河	104°5′38″	35°2′9″
1482	甘肃省	渭源县	621123	三河口断面		否	渭河	104°19′40″	35°9′36″
1483	甘肃省	漳县	621125	漳河殪虎桥中学断面		否	漳河	104°32′58″	34°48′0″
1484	甘肃省	漳县	621125	漳河红屲下断面		否	漳河	104°17′58″	34°51′10″
1485	甘肃省	岷县	621126	岷县西寨镇冷地村断面		否	洮河	103°47′29″	34°29′48″
1486	甘肃省	岷县	621126	岷县维新乡下中寨断面		否	洮河	103°51′47″	34°41′15″
1487	甘肃省	武都区	621202	绸子坝		否	白龙江	104°55′50″	33°23′7″
1488	甘肃省	文县	621222	贾昌		否	白水江	104°30′41″	32°40′28″
1489	甘肃省	文县	621222	陇南天池湖心	国控	是	陇南天池	104°44′46″	33°15′4″
1490	甘肃省	宕昌县	621223	何家堡		否	岷江	104°19′17″	34°2′24″
1491	甘肃省	康县	621224	峡口		否	碾坝河	105°36′24″	33°19′22″
1492	甘肃省	西和县	621225	石堡断面		否	漾水河	105°20′3″	34°9′52″
1493	甘肃省	礼县	621226	土山村		否	西汉水	105°10′2″	34°10′33″
1494	甘肃省	两当县	621228	新潮		否	两当河	106°17′57″	33°56′5″
1495	甘肃省	两当县	621228	城区下游 2 km		否	两当河	106°18′18″	33°53′10″
1496	甘肃省	临夏县	622921	双洞口		否	大夏河	103°10′51″	35°33′36″
1497	甘肃省	临夏县	622921	土门关		否	大夏河	102°56′30″	35°24′58″
1498	甘肃省	康乐县	622922	虎关桥		否	三岔河	103°47′6″	35°25′53″
1499	甘肃省	永靖县	622923	刘家峡水库库心		是	黄河	103°17′14″	35°25′8″
1500	甘肃省	永靖县	622923	扶和桥	国控	否	黄河	103°12′9″	35°3′36″
1501	甘肃省	和政县	622925	虎家大桥		否	广通河	103°23′37″	35°27′32″
1502	甘肃省	东乡族自治县	622926	折桥	国控	否	大夏河	103°14′21″	35°35′51″
1503	甘肃省	东乡族自治县	622926	大夏河曳湖峡		否	大夏河	103°15′32″	35°37′57″
1504	甘肃省	积石山保安族东乡族撒拉族自治县	622927	白家		否	黄河	103°5′8″	35°45′17″
1505	甘肃省	积石山保安族东乡族撒拉族自治县	622927	大河家桥		否	黄河	102°45′37″	35°50′27″
1506	甘肃省	合作市	623001	香拉道班		否	格河	102°52′17″	35°6′25″
1507	甘肃省	临潭县	623021	冶力关镇冶木河峡口		否	冶木河	103°39′49″	34°57′44″
1508	甘肃省	卓尼县	623022	卓尼县木耳镇政府		否	洮河	103°32′21″	34°33′50″
1509	甘肃省	舟曲县	623023	两河口		否	白龙江	104°28′58″	33°41′37″

序号	省（市、区）名称	县（市、旗、区）名称	县（市、旗、区）代码	水质监测断面名称	断面性质	是否湖库	河流/湖泊名称	经度	纬度
1510	甘肃省	迭部县	623024	迭部白云林场		否	白龙江	103°23′57″	34°0′29″
1511	甘肃省	玛曲县	623025	玛曲	国控	否	黄河	102°4′53″	33°57′33″
1512	甘肃省	碌曲县	623026	碌曲西仓寺院		否	洮河	102°29′20″	34°24′24″
1513	甘肃省	夏河县	623027	地沟桥	国控	否	大夏河	102°47′59″	35°20′48″
1514	青海省	大通回族土族自治县	630121	峡门桥	省控	否	北川河	101°34′11″	37°4′15″
1515	青海省	大通回族土族自治县	630121	李家堡	省控	否	东峡河	101°43′34″	36°58′21″
1516	青海省	湟中县	630122	西纳川河入湟口		否	西纳川河	101°32′17″	36°39′37″
1517	青海省	湟中县	630122	黑嘴桥	省控	否	湟水	101°33′22″	36°38′59″
1518	青海省	湟源县	630123	扎马隆	国控	否	湟水	101°26′4″	36°39′36″
1519	青海省	湟源县	630123	石刻公园吊桥		否	药水河	101°16′16″	36°40′56″
1520	青海省	乐都区	630202	老鸦峡口	市控	否	湟水河	102°39′44″	36°24′21″
1521	青海省	乐都区	630202	引胜河	市控	否	湟水河	102°24′12″	36°33′7″
1522	青海省	平安区	630203	湾子桥	省控	否	湟水河	102°11′6″	36°29′21″
1523	青海省	平安区	630203	白沈沟入湟断面		否	湟水河	102°5′50″	36°30′46″
1524	青海省	平安区	630203	祁家川河入湟断面		否	湟水河	102°4′25″	36°30′18″
1525	青海省	民和回族土族自治县	630222	民和桥	国控	否	湟水	102°50′8″	36°20′11″
1526	青海省	民和回族土族自治县	630222	大河家	国控	否	黄河	102°45′32″	35°50′27″
1527	青海省	互助土族自治县	630223	三其桥	省控	否	沙塘川河	101°52′47″	36°37′8″
1528	青海省	互助土族自治县	630223	峡塘	国控	否	大通河	102°42′16″	37°1′11″
1529	青海省	互助土族自治县	630223	甘冲口	国控	否	大通河	102°22′20″	37°4′7″
1530	青海省	化隆回族自治县	630224	昂思多镇具乎扎村—群科镇则塘村入黄口	省控	否	昂思多河	101°57′40″	36°2′17″
1531	青海省	化隆回族自治县	630224	巴燕河入黄河处		否	黄河	102°18′56″	35°54′5″
1532	青海省	循化撒拉族自治县	630225	清水河入黄河口处	省控	否	黄河支流	102°33′3″	35°50′15″
1533	青海省	循化撒拉族自治县	630225	大河家	国控	否	黄河	102°45′32″	35°50′27″
1534	青海省	门源回族自治县	632221	卡子沟大桥		否	浩门河	101°48′59″	37°19′34″
1535	青海省	门源回族自治县	632221	纳子峡电站		否	大通河	101°9′19″	37°35′48″

序号	省（市、区）名称	县（市、旗、区）名称	县（市、旗、区）代码	水质监测断面名称	断面性质	是否湖库	河流/湖泊名称	经度	纬度
1536	青海省	祁连县	632222	黄藏寺	国控	否	黑河	100°11′30″	38°12′42″
1537	青海省	祁连县	632222	八宝河		否	八宝河	100°33′24″	38°1′44″
1538	青海省	海晏县	632223	金滩	国控	否	湟水	101°3′57″	36°50′50″
1539	青海省	刚察县	632224	哈尔盖		否	哈尔盖河	100°28′38″	37°13′12″
1540	青海省	刚察县	632224	沙柳河	省控	否	沙柳河	100°9′46″	37°17′16″
1541	青海省	同仁县	632321	同仁水文站		否	黄河支流隆务河	102°1′36″	35°31′15″
1542	青海省	同仁县	632321	同仁水文站下游		否	隆务河	102°4′59″	35°48′18″
1543	青海省	尖扎县	632322	尖扎黄河大桥		否	黄河干流	102°2′44″	35°56′35″
1544	青海省	尖扎县	632322	康杨大桥		否	黄河干流	101°55′31″	36°3′57″
1545	青海省	泽库县	632323	巴曲河上游		否	巴曲河	101°19′34″	35°16′29″
1546	青海省	泽库县	632323	泽曲河断面		否	泽曲河	101°28′51″	35°0′45″
1547	青海省	河南蒙古族自治县	632324	河南柯生黄河下游		否	黄河干流	101°33′23″	34°11′36″
1548	青海省	河南蒙古族自治县	632324	泽曲河（曲海村断面）		否	泽曲河	101°28′27″	34°43′46″
1549	青海省	共和县	632521	倒淌河		否	倒淌河	100°44′53″	36°34′32″
1550	青海省	共和县	632521	黑马河		否	黑马河	99°46′59″	36°43′21″
1551	青海省	同德县	632522	巴曲河下游		否	巴曲	100°21′15″	35°16′26″
1552	青海省	贵德县	632523	西河渠		否	黄河	101°25′22″	35°59′25″
1553	青海省	贵德县	632523	黄河大桥		否	黄河	101°29′58″	36°5′24″
1554	青海省	兴海县	632524	唐乃亥	国控	否	黄河	100°9′5″	35°9′57″
1555	青海省	兴海县	632524	曲什安		否	曲什安	100°18′49″	35°19′32″
1556	青海省	贵南县	632525	茫拉河上游		否	芒拉河	101°6′22″	35°30′20″
1557	青海省	贵南县	632525	茫拉河下游		否	芒拉河	100°39′40″	35°39′19″
1558	青海省	玛沁县	632621	军功黄河大桥		否	黄河	100°38′29″	34°40′51″
1559	青海省	玛沁县	632621	黄河大桥下游		否	黄河	100°38′20″	34°40′36″
1560	青海省	班玛县	632622	玛可河林场友谊桥		否	大渡河	100°48′55″	32°51′38″
1561	青海省	班玛县	632622	玛可河林场友谊桥下游		否	大渡河	100°42′14″	33°2′54″
1562	青海省	甘德县	632623	西科曲上游		否	西科曲	99°52′51″	33°59′28″
1563	青海省	甘德县	632623	西科曲下游		否	西科曲	99°55′49″	33°57′49″
1564	青海省	达日县	632624	达日吉迈水文站上游		是	吉迈河	99°40′30″	33°45′37″
1565	青海省	达日县	632624	达日吉迈水文站		是	黄河干流	99°39′26″	33°45′59″
1566	青海省	久治县	632625	久治门堂黄河		否	黄河	101°1′54″	33°44′28″
1567	青海省	久治县	632625	年保玉则湖		否	年保玉则湖	101°6′22″	33°23′40″
1568	青海省	玛多县	632626	玛多黄河沿		否	黄河	98°10′13″	34°53′5″
1569	青海省	玛多县	632626	扎陵湖		是	扎陵湖	97°20′24″	34°50′11″

序号	省（市、区）名称	县（市、旗、区）名称	县（市、旗、区）代码	水质监测断面名称	断面性质	是否湖库	河流/湖泊名称	经度	纬度
1570	青海省	玉树市	632701	子曲河下拉秀断面		否	通天河	96°33′35″	32°38′9″
1571	青海省	玉树市	632701	巴塘断面		否	巴塘河	97°4′14″	32°52′17″
1572	青海省	杂多县	632722	杂多断面		否	扎曲河	95°17′28″	32°53′35″
1573	青海省	称多县	632723	扎曲河称多断面		否	扎曲河	97°19′53″	33°22′46″
1574	青海省	称多县	632723	直门达	国控	否	通天河	97°14′51″	33°0′27″
1575	青海省	治多县	632724	通天河大桥		否	通天河	95°49′32″	34°1′56″
1576	青海省	治多县	632724	通天河大桥下游		否	通天河	94°58′26″	34°50′29″
1577	青海省	囊谦县	632725	香达断面		否	扎曲河	96°28′38″	32°15′4″
1578	青海省	曲麻莱县	632726	通天河大桥上游断面	省控	否	通天河	95°49′33″	34°2′3″
1579	青海省	曲麻莱县	632726	珠姆河长江村断面	省控	否	珠姆河	95°44′2″	34°6′41″
1580	青海省	格尔木市	632801	总场水闸	省控	否	格尔木河	94°46′48″	36°18′46″
1581	青海省	格尔木市	632801	加尔苏	省控	否	格尔木河	95°2′52″	36°40′0″
1582	青海省	德令哈市	632802	德令哈市水厂旁	省控	否	巴音郭勒河	97°25′47″	37°22′51″
1583	青海省	德令哈市	632802	格尔木路桥	省控	否	巴音郭勒河	97°22′9″	37°21′56″
1584	青海省	德令哈市	632802	中桥	省控	否	巴音郭勒河	97°1′49″	37°14′8″
1585	青海省	德令哈市	632802	都兰桥	省控	否	巴音郭勒河	97°22′29″	37°21′48″
1586	青海省	都兰县	632822	察汗乌苏河上游		否	察汗乌苏河	98°10′40″	36°13′4″
1587	青海省	都兰县	632822	察汗乌苏河下游	省控	否	察汗乌苏河	98°5′19″	36°17′28″
1588	青海省	天峻县	632823	布哈河上游	省控	否	布哈河	98°54′11″	37°21′24″
1589	青海省	天峻县	632823	布哈河下游	省控	否	布哈河	99°12′36″	37°12′47″
1590	青海省	大柴旦行政委员会	632825	鱼卡河		否	鱼卡河	95°6′13″	38°0′48″
1591	宁夏回族自治区	原州区	640402	二十里铺	省控	否	清水河	106°16′34″	36°55′56″
1592	宁夏回族自治区	原州区	640402	沈家河水库	市控	是	清水河	106°16′1″	36°6′7″
1593	宁夏回族自治区	原州区	640402	三营	国控	否	清水河	106°9′4″	36°20′7″
1594	宁夏回族自治区	西吉县	640422	新营	市控	否	葫芦河	105°36′14″	36°3′22″
1595	宁夏回族自治区	西吉县	640422	夏寨水库	市控	是	葫芦河	105°48′31″	35°57′26″
1596	宁夏回族自治区	西吉县	640422	玉桥	国控	否	葫芦河	105°47′52″	35°36′44″
1597	宁夏回族自治区	隆德县	640423	峰台	省控	否	渝河	106°9′33″	35°38′48″

序号	省（市、区）名称	县（市、旗、区）名称	县（市、旗、区）代码	水质监测断面名称	断面性质	是否湖库	河流/湖泊名称	经度	纬度
1598	宁夏回族自治区	隆德县	640423	三里店水库	市控	否	渝河	106°6′14″	35°37′5″
1599	宁夏回族自治区	隆德县	640423	联财	国控	否	渝河	105°50′2″	35°33′18″
1600	宁夏回族自治区	泾源县	640424	龙潭水库	省控	是	泾河	106°26′9″	35°23′37″
1601	宁夏回族自治区	泾源县	640424	弹筝峡	国控	否	泾河	106°26′43″	35°27′9″
1602	宁夏回族自治区	彭阳县	640425	乃家河水库	省控	是	茹河	106°20′46″	35°50′39″
1603	宁夏回族自治区	彭阳县	640425	沟圈	国控	否	茹河	106°54′25″	35°47′25″
1604	宁夏回族自治区	彭阳县	640425	李河桥	市控	否	茹河	106°40′28″	35°49′5″
1605	宁夏回族自治区	沙坡头区	640502	中卫下河沿	国控	否	黄河	105°7′27″	37°29′11″
1606	宁夏回族自治区	沙坡头区	640502	香山湖	国控	是	香山湖	105°12′1″	37°29′25″
1607	宁夏回族自治区	中宁县	640521	金沙湾	国控	否	黄河	105°55′34″	37°49′51″
1608	宁夏回族自治区	中宁县	640521	泉眼山	国控	否	清水河	105°32′31″	37°29′13″
1609	新疆维吾尔自治区	博乐市	652701	博河中桥	省控	否	博尔塔拉河	82°32′58″	44°42′36″
1610	新疆维吾尔自治区	博乐市	652701	青乡电站	国控	否	博尔塔拉河	82°0′1″	44°54′7″
1611	新疆维吾尔自治区	博乐市	652701	博河大桥	省控	否	博尔塔拉河	82°3′31″	44°52′23″
1612	新疆维吾尔自治区	温泉县	652723	博河温泉水文站	国控	否	博尔塔拉河	81°1′50″	44°59′16″
1613	新疆维吾尔自治区	若羌县	652824	新巴西麦里		否	若羌河	88°10′34″	39°0′9″
1614	新疆维吾尔自治区	若羌县	652824	栏杆4队		否	若羌河	88°10′4″	39°4′51″
1615	新疆维吾尔自治区	且末县	652825	龙口水利枢纽	省控	否	车尔臣河	85°35′45″	38°1′47″

序号	省（市、区）名称	县（市、旗、区）名称	县（市、旗、区）代码	水质监测断面名称	断面性质	是否湖库	河流/湖泊名称	经度	纬度
1616	新疆维吾尔自治区	且末县	652825	塔提让	国控	否	车尔臣河	85°44′48″	38°28′36″
1617	新疆维吾尔自治区	博湖县	652829	博湖	国控	否	开都河	86°37′12″	41°58′32″
1618	新疆维吾尔自治区	乌什县	652927	阿热力	国控	否	托什干河	80°1′30″	41°9′28″
1619	新疆维吾尔自治区	阿瓦提县	652928	玉满闸	市控	否	阿克苏老大河	80°22′25″	40°39′15″
1620	新疆维吾尔自治区	柯坪县	652929	苏巴什河		否	塔里木河	78°59′16″	40°31′58″
1621	新疆维吾尔自治区	柯坪县	652929	红沙河		否	塔里木河	79°19′53″	40°30′14″
1622	新疆维吾尔自治区	柯坪县	652929	胜利渠		否	塔里木河	79°41′23″	40°34′60″
1623	新疆维吾尔自治区	阿克陶县	653022	盖孜	国控	否	盖孜河	76°0′4″	39°16′39″
1624	新疆维吾尔自治区	阿克陶县	653022	奥依塔克镇		否	盖孜河	75°33′54″	39°0′5″
1625	新疆维吾尔自治区	阿合奇县	653023	哈拉布拉克	国控	否	托什干河	77°33′12″	40°45′30″
1626	新疆维吾尔自治区	阿合奇县	653023	牙狼奇大桥		否	托什干河	78°26′8″	40°56′51″
1627	新疆维吾尔自治区	乌恰县	653024	斯木哈纳	国控	否	克孜河	73°58′18″	39°43′19″
1628	新疆维吾尔自治区	乌恰县	653024	加斯桥	省控	否	克孜河	74°26′52″	39°47′56″
1629	新疆维吾尔自治区	疏附县	653121	三级电站	国控	否	克孜河	75°44′12″	39°31′35″
1630	新疆维吾尔自治区	疏勒县	653122	十二医院	国控	否	克孜河	76°5′21″	39°24′25″
1631	新疆维吾尔自治区	疏勒县	653122	洪水桥		否	盖孜河	76°0′15″	39°26′39″
1632	新疆维吾尔自治区	英吉沙县	653123	艾古斯乡毛阿里林场		否	库山河	75°45′0″	38°56′47″
1633	新疆维吾尔自治区	英吉沙县	653123	沙曼水文站		否	库山河	75°37′7″	38°48′11″

序号	省（市、区）名称	县（市、旗、区）名称	县（市、旗、区）代码	水质监测断面名称	断面性质	是否湖库	河流/湖泊名称	经度	纬度
1634	新疆维吾尔自治区	泽普县	653124	古勒巴格乡		否	提孜拉甫河	77°21′24″	38°11′56″
1635	新疆维吾尔自治区	泽普县	653124	泽普县叶河大桥		否	叶尔羌河	77°16′54″	38°15′29″
1636	新疆维吾尔自治区	莎车县	653125	阿瓦提镇	国控	否	叶尔羌河	77°22′18″	38°23′17″
1637	新疆维吾尔自治区	莎车县	653125	卡群	国控	否	叶尔羌河	76°52′41″	37°58′14″
1638	新疆维吾尔自治区	叶城县	653126	萨依瓦克		否	提孜拉甫河	77°23′28″	37°57′58″
1639	新疆维吾尔自治区	叶城县	653126	玉孜门勒克		否	提孜拉甫河	77°23′28″	37°57′58″
1640	新疆维吾尔自治区	麦盖提县	653127	阿瓦提镇	国控	否	叶尔羌河	77°37′1″	39°6′19″
1641	新疆维吾尔自治区	麦盖提县	653127	麦盖提叶河大桥		否	叶尔羌河	77°35′4″	38°53′1″
1642	新疆维吾尔自治区	岳普湖县	653128	巴依阿瓦提乡		否	叶尔羌河	77°5′0″	39°5′4″
1643	新疆维吾尔自治区	岳普湖县	653128	昆都孜水库		是	叶尔羌河	76°30′10″	39°10′35″
1644	新疆维吾尔自治区	伽师县	653129	夏合曼闸		否	克孜河	76°28′20″	39°37′24″
1645	新疆维吾尔自治区	伽师县	653129	三乡桥	省控	否	克孜河	77°19′24″	39°43′14″
1646	新疆维吾尔自治区	巴楚县	653130	进口	省控	是	小海子水库	78°34′43″	39°33′46″
1647	新疆维吾尔自治区	巴楚县	653130	出口	省控	是	小海子水库	78°46′26″	39°47′39″
1648	新疆维吾尔自治区	塔什库尔干塔吉克自治县	653131	曲曼		否	塔什库尔干河	75°14′55″	37°52′54″
1649	新疆维吾尔自治区	塔什库尔干塔吉克自治县	653131	塔河汇合口	省控	否	塔什库尔干河	76°11′57″	39°43′14″
1650	新疆维吾尔自治区	墨玉县	653222	喀河渠首	省控	否	喀拉喀什河	79°44′14″	37°0′48″

序号	省（市、区）名称	县（市、旗、区）名称	县（市、旗、区）代码	水质监测断面名称	断面性质	是否湖库	河流/湖泊名称	经度	纬度
1651	新疆维吾尔自治区	墨玉县	653222	喀河大桥	国控	否	喀拉喀什河	79°45′48″	37°15′28″
1652	新疆维吾尔自治区	墨玉县	653222	出口	省控	是	乌鲁瓦提水库	79°27′19″	36°49′18″
1653	新疆维吾尔自治区	皮山县	653223	胜利干渠	国控	否	皮山河	78°14′10″	37°33′43″
1654	新疆维吾尔自治区	洛浦县	653224	玉河大桥	国控	否	玉龙喀什河	79°57′24″	37°5′52″
1655	新疆维吾尔自治区	洛浦县	653224	新沙漠公路终点碑		否	玉龙喀什河	79°57′53″	37°10′56″
1656	新疆维吾尔自治区	策勒县	653225	策勒河大桥		否	策勒河	80°47′42″	36°55′51″
1657	新疆维吾尔自治区	策勒县	653225	托万格加依		否	策勒河	80°48′15″	37°3′1″
1658	新疆维吾尔自治区	于田县	653226	昆仑渠首	省控	否	克里雅河	81°28′52″	36°27′16″
1659	新疆维吾尔自治区	于田县	653226	英巴格桥	国控	否	克里雅河	81°54′14″	36°55′1″
1660	新疆维吾尔自治区	民丰县	653227	水电站		否	尼雅河	82°41′27″	36°40′5″
1661	新疆维吾尔自治区	民丰县	653227	检查站		否	尼雅河	82°45′54″	37°5′27″
1662	新疆维吾尔自治区	伊宁县	654021	喀什河大桥	国控	否	喀什河	81°55′19″	43°48′41″
1663	新疆维吾尔自治区	伊宁县	654021	雅马渡大桥	国控	否	伊犁河	81°47′32″	43°37′38″
1664	新疆维吾尔自治区	察布查尔锡伯自治县	654022	察布查尔县绰霍尔乡	市控	否	伊犁河	81°7′20″	43°55′30″
1665	新疆维吾尔自治区	霍城县	654023	霍城县63团伊犁河大桥	国控	否	伊犁河	80°39′59″	43°50′14″
1666	新疆维吾尔自治区	巩留县	654024	龙口大桥	国控	否	特克斯河	82°29′12″	43°25′11″
1667	新疆维吾尔自治区	新源县	654025	阿热勒托别大桥	省控	否	巩乃斯河	83°40′17″	43°31′21″
1668	新疆维吾尔自治区	新源县	654025	羊场大桥	国控	否	巩乃斯河	82°34′5″	43°34′24″

序号	省（市、区）名称	县（市、旗、区）名称	县（市、旗、区）代码	水质监测断面名称	断面性质	是否湖库	河流/湖泊名称	经度	纬度
1669	新疆维吾尔自治区	昭苏县	654026	昭苏解放桥	国控	否	特克斯河	80°57′60″	42°57′8″
1670	新疆维吾尔自治区	尼勒克县	654028	种蜂场	国控	否	喀什河	83°25′31″	43°44′32″
1671	新疆维吾尔自治区	塔城市	654201	三水厂	省控	否	乌拉斯台河	82°58′49″	46°45′38″
1672	新疆维吾尔自治区	塔城市	654201	预制厂	省控	否	乌拉斯台河	82°58′28″	46°44′24″
1673	新疆维吾尔自治区	塔城市	654201	哈拉苏桥	省控	否	乌拉斯台河	82°59′23″	46°44′34″
1674	新疆维吾尔自治区	塔城市	654201	甫克	省控	否	喀浪古尔河	83°2′19″	46°44′32″
1675	新疆维吾尔自治区	塔城市	654201	克孜贝提	省控	否	喀浪古尔河	83°11′26″	47°0′3″
1676	新疆维吾尔自治区	额敏县	654221	也木勒牧场断面		是	额敏河	83°41′33″	46°32′37″
1677	新疆维吾尔自治区	额敏县	654221	八一队断面		是	额敏河	83°36′9″	46°29′54″
1678	新疆维吾尔自治区	托里县	654224	科克塔勒河水坝出口		否	科克塔勒河	84°22′24″	46°9′11″
1679	新疆维吾尔自治区	托里县	654224	多拉特水库出口		否	多拉特水库	83°40′57″	45°56′7″
1680	新疆维吾尔自治区	阿勒泰市	654301	小东沟	省控	否	克兰河	88°6′33″	47°53′47″
1681	新疆维吾尔自治区	阿勒泰市	654301	水文站	国控	否	克兰河	88°7′35″	47°40′59″
1682	新疆维吾尔自治区	布尔津县	654321	布尔津水文站	国控	否	额尔齐斯河	86°51′9″	47°41′54″
1683	新疆维吾尔自治区	布尔津县	654321	布尔津河大桥	国控	否	布尔津河	86°50′18″	47°42′51″
1684	新疆维吾尔自治区	富蕴县	654322	卡库汇合口	国控	否	额尔齐斯河	89°42′33″	47°10′50″
1685	新疆维吾尔自治区	富蕴县	654322	富蕴大桥	国控	否	额尔齐斯河	89°31′28″	46°59′9″
1686	新疆维吾尔自治区	福海县	654323	顶山	国控	否	乌伦古河	87°57′17″	46°36′0″

序号	省（市、区）名称	县（市、旗、区）名称	县（市、旗、区）代码	水质监测断面名称	断面性质	是否湖库	河流/湖泊名称	经度	纬度
1687	新疆维吾尔自治区	福海县	654323	湖中心	国控	是	乌伦古湖	87°22′10″	47°15′7″
1688	新疆维吾尔自治区	福海县	654323	乌伦古湖码头	国控	是	乌伦古湖	87°24′1″	47°14′35″
1689	新疆维吾尔自治区	福海县	654323	二台	省控	否	乌伦古河	90°9′9″	46°2′58″
1690	新疆维吾尔自治区	哈巴河县	654324	别列则克桥	国控	否	别列则克河	86°0′48″	47°57′17″
1691	新疆维吾尔自治区	哈巴河县	654324	哈拉他什水文站	国控	否	哈巴河	86°25′26″	48°10′33″
1692	新疆维吾尔自治区	哈巴河县	654324	额河南湾	国控	否	额尔齐斯河	85°47′37″	47°58′12″
1693	新疆维吾尔自治区	青河县	654325	塔克什肯	国控	否	布尔根河	90°43′36″	46°8′2″
1694	新疆维吾尔自治区	青河县	654325	大青河		否	大青河	90°20′49″	46°41′34″
1695	新疆维吾尔自治区	吉木乃县	654326	乌拉斯特河多伦拜村		否	乌拉斯特河	85°49′33″	47°22′12″
1696	新疆维吾尔自治区	吉木乃县	654326	塔斯特河托斯特乡		否	塔斯特河	85°49′33″	47°14′57″
1697	新疆生产建设兵团	图木舒克市	659003	小海子水库进口	市控	是	叶尔羌流域	78°42′45″	39°44′30″
1698	新疆生产建设兵团	图木舒克市	659003	小海子水库库心	市控	是	叶尔羌流域	78°44′52″	39°44′51″
1699	新疆生产建设兵团	图木舒克市	659003	小海子水库北闸出口	市控	是	叶尔羌流域	78°46′28″	39°47′26″
1700	新疆生产建设兵团	图木舒克市	659003	小海子水库南闸出口	市控	是	叶尔羌流域	78°47′12″	39°39′58″
1701	新疆生产建设兵团	图木舒克市	659003	永安坝南库库心	市控	是	叶尔羌流域	79°1′45″	39°43′59″
1702	新疆生产建设兵团	图木舒克市	659003	永安坝北库出口	市控	是	叶尔羌流域	79°0′17″	39°51′4″

集中式饮用水水源地水质点位/断面信息

序号	省（市、区）名称	县（市、旗、区）名称	县(市、旗、区)代码	水源地名称	水源地类型	经度	纬度
1	北京市	密云区	110118	密云水库	地表水	116°58′28″	40°27′8″
2	北京市	延庆区	110119	延庆县水厂水源防护区	地下水	116°0′27″	40°28′6″
3	天津市	蓟州区	120119	果河	地表水	117°42′58″	40°1′26″
4	天津市	蓟州区	120119	一水厂	地下水	117°24′23″	40°3′0″
5	天津市	蓟州区	120119	二水厂	地下水	117°25′51″	40°3′11″
6	天津市	蓟州区	120119	库中心	地表水	117°32′25″	40°2′19″
7	天津市	蓟州区	120119	于桥出口	地表水	117°26′0″	40°1′55″
8	天津市	蓟州区	120119	杨庄截潜	地表水	117°25′12″	40°9′9″
9	河北省	井陉县	130121	供水公司	地下水	114°7′59″	38°1′35″
10	河北省	正定县	130123	正定县地表水厂	地表水	114°33′26″	38°11′3″
11	河北省	行唐县	130125	出厂水	地下水	114°33′47″	38°25′23″
12	河北省	灵寿县	130126	灵寿县第二水厂	地下水	114°21′15″	38°18′29″
13	河北省	灵寿县	130126	灵寿县第三水厂	地下水	114°23′21″	38°20′20″
14	河北省	赞皇县	130129	白草坪水库	地表水	114°12′56″	37°37′49″
15	河北省	平山县	130131	7#水井（高村）	地下水	114°11′54″	38°16′4″
16	河北省	抚宁区	130306	洋河水库东入口	地表水	119°15′29″	39°59′45″
17	河北省	抚宁区	130306	洋河水库西入口	地表水	119°9′18″	40°0′30″
18	河北省	抚宁区	130306	洋河水库出口	地表水	119°12′37″	39°58′44″
19	河北省	青龙满族自治县	130321	桃林口水库	地表水	119°1′38″	40°7′12″
20	河北省	邢台县	130521	朱庄水库中心1	地表水	114°11′25″	37°1′33″
21	河北省	邢台县	130521	朱庄水库中心2	地表水	114°11′25″	37°1′33″
22	河北省	阜平县	130624	阜平县水管站水井	地下水	114°10′36″	38°51′21″
23	河北省	涞源县	130630	自来水公司自备井	地下水	114°41′35″	39°21′6″
24	河北省	涞源县	130630	二水厂1#井、2#井、3#井	地下水	114°40′48″	39°22′32″
25	河北省	安新县	130632	检察院1#	地下水	115°55′4″	38°56′5″
26	河北省	安新县	130632	燕新水务公司4#	地下水	115°55′14″	38°56′7″
27	河北省	安新县	130632	安新小学院内5#	地下水	115°55′56″	38°55′22″
28	河北省	安新县	130632	城建局3#	地下水	115°55′23″	38°56′5″
29	河北省	安新县	130632	城建局2#	地下水	115°55′25″	38°56′3″
30	河北省	易县	130633	易县供水公司	地下水	115°29′19″	39°21′26″
31	河北省	曲阳县	130634	城建局	地下水	114°43′32″	38°37′14″
32	河北省	曲阳县	130634	技术监督局	地下水	114°42′6″	38°36′45″

序号	省（市、区）名称	县（市、旗、区）名称	县（市、旗、区）代码	水源地名称	水源地类型	经度	纬度
33	河北省	顺平县	130636	顺平县公产管理所水源地点位	地下水	115°7′45″	38°50′17″
34	河北省	雄县	130638	政府广场	地下水	116°6′4″	38°59′35″
35	河北省	桥西区	130703	张家口市孤石水源地	地下水	114°53′35″	40°52′13″
36	河北省	桥西区	130703	张家口市元宝山水源地	地下水	114°52′7″	40°51′1″
37	河北省	宣化区	130705	样台水源地	地下水	114°58′45″	40°37′33″
38	河北省	下花园区	130706	下花园区定方水水源地	地下水	115°18′15″	40°31′13″
39	河北省	万全区	130708	张家口市万全区富泉水厂	地下水	114°44′2″	40°47′39″
40	河北省	崇礼区	130709	太平庄水源地	地下水	115°28′21″	40°59′51″
41	河北省	张北县	130722	武老二房子	地下水	114°44′30″	41°9′20″
42	河北省	康保县	130723	康保县县城水源地	地下水	114°34′47″	41°50′52″
43	河北省	沽源县	130724	自来水公司水厂	地下水	115°41′8″	41°40′33″
44	河北省	尚义县	130725	尚义县自来水厂	地下水	113°58′48″	41°5′4″
45	河北省	蔚县	130726	高院墙堡水厂	地下水	114°35′34″	39°48′6″
46	河北省	阳原县	130727	一水厂水源地	地下水	114°7′58″	40°7′2″
47	河北省	阳原县	130727	三水厂水源地	地下水	114°9′47″	40°7′23″
48	河北省	怀安县	130728	沙家屯水源地	地下水	114°18′36″	40°41′43″
49	河北省	怀来县	130730	朱官屯	地下水	115°26′4″	40°22′2″
50	河北省	涿鹿县	130731	季家寺和涿鹿中学之间	地下水	115°10′51″	40°23′40″
51	河北省	赤城县	130732	赤城县自来水公司	地下水	115°0′0″	40°0′0″
52	河北省	双桥区	130802	承德市第一水厂	地下水	117°56′26″	40°58′46″
53	河北省	双桥区	130802	承德市第三水厂	地下水	117°57′4″	41°0′37″
54	河北省	双桥区	130802	承德市第四水厂	地下水	117°56′48″	40°59′17″
55	河北省	双桥区	130802	承德市第五水厂	地下水	117°56′12″	40°58′9″
56	河北省	双滦区	130803	白庙子	地下水	117°47′57″	40°56′7″
57	河北省	双滦区	130803	李台北	地下水	117°45′35″	40°58′30″
58	河北省	鹰手营子矿区	130804	小跳沟饮用水水源地	地下水	117°39′31″	40°34′18″
59	河北省	承德县	130821	承德县第二水厂	地下水	118°11′40″	40°47′0″
60	河北省	兴隆县	130822	转轴沟第三水源	地下水	117°28′27″	40°26′45″
61	河北省	兴隆县	130822	红石砬第四水源	地下水	117°30′55″	40°23′45″
62	河北省	滦平县	130824	窟窿山水库	地表水	117°20′19″	40°52′17″
63	河北省	隆化县	130825	隆化县自来水公司	地下水	117°44′19″	41°20′48″
64	河北省	丰宁满族自治县	130826	丰宁满族自治县饮用水水源地	地下水	116°31′30″	41°18′40″
65	河北省	宽城满族自治县	130827	清河口水源地	地表水	118°13′58″	40°33′15″
66	河北省	宽城满族自治县	130827	大峪河水源地	地下水	118°28′35″	40°37′6″
67	河北省	宽城满族自治县	130827	山后水源地	地下水	118°29′47″	40°36′58″
68	河北省	围场满族蒙古族自治县	130828	围场镇水源地	地下水	117°38′23″	42°1′22″

序号	省（市、区）名称	县（市、旗、区）名称	县（市、旗、区）代码	水源地名称	水源地类型	经度	纬度
69	河北省	平泉市	130881	平泉县城瀑河饮用水水源地	地下水	118°42′36″	40°1′12″
70	河北省	桃城区	131102	衡水石津干渠七分干冀州付家庄	地表水	115°25′50″	37°40′29″
71	河北省	冀州区	131103	冀州市自来水厂	地下水	115°34′41″	37°32′49″
72	河北省	枣强县	131121	枣强县自来水厂	地下水	115°43′7″	37°18′51″
73	山西省	神池县	140927	南辛庄集中饮用水水源地	地下水	112°6′40″	39°4′8″
74	山西省	五寨县	140928	五寨县李家口	地下水	111°50′14″	38°54′13″
75	山西省	岢岚县	140929	岢岚县牛家庄水源地	地下水	111°35′23″	38°41′44″
76	山西省	河曲县	140930	河曲县梁家碛水源地	地下水	111°16′25″	39°24′59″
77	山西省	保德县	140931	铁匠铺集中式生活饮用水水源地	地下水	111°7′22″	39°2′57″
78	山西省	偏关县	140932	偏关县堡子湾水源地	地下水	111°30′21″	39°25′26″
79	山西省	吉县	141028	龙王湾饮用水水源地	地下水	113°41′42″	36°8′2″
80	山西省	乡宁县	141029	樊家坪水源地	地下水	110°54′11″	35°59′42″
81	山西省	乡宁县	141029	鄂河水源地	地下水	110°53′29″	35°59′24″
82	山西省	大宁县	141030	小冯村饮用水水源地工程	地下水	110°43′57″	36°27′53″
83	山西省	隰县	141031	城市集中式饮用水水源地	地下水	110°3′40″	36°50′48″
84	山西省	永和县	141032	永和县东峪沟饮用水水源地	地下水	110°37′52″	36°46′11″
85	山西省	蒲县	141033	蒲县城区水源地	地下水	111°5′35″	36°24′32″
86	山西省	汾西县	141034	九龙泉水源地	地下水	111°34′35″	36°39′59″
87	山西省	兴县	141123	乔家沟	地下水	111°8′55″	37°33′22″
88	山西省	兴县	141123	河校	地下水	111°9′26″	37°33′28″
89	山西省	兴县	141123	原家坪	地下水	111°9′43″	37°33′36″
90	山西省	临县	141124	海则头	地下水	111°2′42″	38°9′25″
91	山西省	临县	141124	吴家湾	地下水	111°3′31″	38°5′1″
92	山西省	柳林县	141125	柳林泉	地下水	110°55′18″	37°50′44″
93	山西省	石楼县	141126	沙窑	地下水	110°53′18″	36°58′27″
94	山西省	石楼县	141126	西卫	地下水	110°49′0″	37°1′45″
95	山西省	中阳县	141129	中阳县庞家会水厂	地下水	111°10′16″	37°21′55″
96	山西省	中阳县	141129	中阳县乔家沟水厂	地下水	111°10′39″	37°21′31″
97	内蒙古自治区	清水河县	150124	城关镇水源地	地下水	111°41′17″	39°54′22″
98	内蒙古自治区	固阳县	150222	金山镇饮用水水源地	地下水	110°3′33″	41°2′32″
99	内蒙古自治区	达尔罕茂明安联合旗	150223	百灵庙第三水源地	地下水	110°27′52″	41°39′33″
100	内蒙古自治区	达尔罕茂明安联合旗	150223	百灵庙第四水源地	地下水	110°27′44″	41°39′20″
101	内蒙古自治区	阿鲁科尔沁旗	150421	赤峰市阿鲁科尔沁旗天山办事处地下水型水源地	地下水	120°5′56″	43°53′43″

序号	省（市、区）名称	县（市、旗、区）名称	县（市、旗、区）代码	水源地名称	水源地类型	经度	纬度
102	内蒙古自治区	巴林右旗	150423	赤峰市巴林右旗大板镇饮用水水源保护区	地下水	118°39′37″	43°30′57″
103	内蒙古自治区	克什克腾旗	150425	赤峰市克什克腾旗经棚镇新建地下水型水源地	地下水	117°31′42″	43°19′30″
104	内蒙古自治区	克什克腾旗	150425	赤峰市克什克腾旗经棚镇水源地	地下水	117°32′37″	43°16′17″
105	内蒙古自治区	翁牛特旗	150426	乌丹镇桥南村地下水型水源地	地下水	119°0′29″	42°55′23″
106	内蒙古自治区	科尔沁左翼中旗	150521	科尔沁左翼中旗保康镇集中式饮用水水源地	地下水	123°16′44″	44°7′26″
107	内蒙古自治区	科尔沁左翼后旗	150522	科左后旗甘旗卡镇自来水公司	地下水	122°20′24″	42°57′16″
108	内蒙古自治区	开鲁县	150523	开鲁县开鲁镇集中式饮用水水源地	地下水	121°17′46″	43°36′0″
109	内蒙古自治区	库伦旗	150524	库伦旗库伦镇饮用水水源地	地下水	121°44′50″	42°43′57″
110	内蒙古自治区	奈曼旗	150525	通辽市奈曼旗大沁他拉镇集中式饮用水水源地	地下水	120°38′56″	42°50′21″
111	内蒙古自治区	扎鲁特旗	150526	鲁北镇水源地	地下水	120°57′6″	44°33′50″
112	内蒙古自治区	阿荣旗	150721	呼伦贝尔市阿荣旗水源地	地下水	123°26′12″	48°9′6″
113	内蒙古自治区	莫力达瓦达斡尔族自治旗	150722	尼尔基水源地	地下水	124°31′35″	48°28′56″
114	内蒙古自治区	鄂伦春自治旗	150723	呼伦贝尔市鄂伦春自治旗水源地	地下水	123°43′52″	50°36′20″
115	内蒙古自治区	新巴尔虎左旗	150726	阿木古郎镇集中式饮用水水源地	地下水	118°13′49″	48°13′12″
116	内蒙古自治区	新巴尔虎右旗	150727	呼伦贝尔市新巴尔虎右旗水源地	地下水	116°49′33″	48°39′2″
117	内蒙古自治区	牙克石市	150782	牙克石市水源地	地下水	120°45′35″	49°16′42″
118	内蒙古自治区	扎兰屯市	150783	扎兰屯市饮用水水源地	地下水	122°43′31″	48°1′50″
119	内蒙古自治区	额尔古纳市	150784	额尔古纳市饮用水水源地	地下水	120°10′57″	50°15′50″
120	内蒙古自治区	根河市	150785	根河市市区饮用水水源地	地下水	121°27′9″	50°41′23″
121	内蒙古自治区	乌拉特中旗	150824	乌拉特中旗海流图镇饮用水水源地	地下水	108°35′25″	41°36′8″
122	内蒙古自治区	乌拉特后旗	150825	巴音镇大坝口水源地	地下水	107°1′0″	40°7′0″
123	内蒙古自治区	化德县	150922	欣荣水源地	地下水	114°5′37″	41°50′40″
124	内蒙古自治区	化德县	150922	新区水源地	地下水	114°8′6″	41°51′59″
125	内蒙古自治区	察哈尔右翼中旗	150927	乌兰察布市察右中旗科布尔镇北水源水源地	地下水	112°37′12″	41°17′24″
126	内蒙古自治区	察哈尔右翼后旗	150928	白音察干镇水源地	地下水	113°11′6″	41°26′31″
127	内蒙古自治区	察哈尔右翼后旗	150928	杭宁达莱水源地	地下水	113°11′22″	41°23′45″

序号	省（市、区）名称	县（市、旗、区）名称	县（市、旗、区）代码	水源地名称	水源地类型	经度	纬度
128	内蒙古自治区	四子王旗	150929	乌兰察布市四子王旗枳芨滩水源地	地下水	111°41′17″	41°31′30″
129	内蒙古自治区	四子王旗	150929	乌兰察布市四子王旗源河水源地	地下水	111°41′26″	41°32′46″
130	内蒙古自治区	阿尔山市	152202	兴安盟阿尔山市温泉街饮用水水源地	地下水	119°56′14″	47°9′33″
131	内蒙古自治区	科尔沁右翼中旗	152222	巴彦呼舒镇饮用水水源地	地下水	121°26′52″	45°3′35″
132	内蒙古自治区	阿巴嘎旗	152522	阿巴嘎旗东水源地	地下水	115°2′41″	44°1′2″
133	内蒙古自治区	苏尼特左旗	152523	苏尼特左旗塔拉音滚水源地	地下水	113°38′17″	43°50′10″
134	内蒙古自治区	苏尼特右旗	152524	赛汉塔拉镇饮用水水源地	地下水	112°38′39″	42°45′13″
135	内蒙古自治区	东乌珠穆沁旗	152525	锡盟东乌旗乌里雅斯太镇集中式饮用水水源地	地下水	116°58′46″	45°31′7″
136	内蒙古自治区	西乌珠穆沁旗	152526	巴拉嘎尔高勒镇水源地1号井	地下水	117°37′56″	44°35′14″
137	内蒙古自治区	太仆寺旗	152527	太仆寺旗宝昌沟饮用水水源地	地下水	115°17′17″	41°54′11″
138	内蒙古自治区	镶黄旗	152528	镶黄旗新宝拉格镇宝楞饮用水水源地	地下水	113°47′45″	42°15′6″
139	内蒙古自治区	正镶白旗	152529	察汗崩崩水源地	地下水	114°49′8″	42°15′1″
140	内蒙古自治区	正镶白旗	152529	朝鲁温格其水源地	地下水	114°52′8″	42°17′4″
141	内蒙古自治区	正蓝旗	152530	锡盟正蓝旗上都镇供水水源井	地下水	116°0′16″	42°14′52″
142	内蒙古自治区	正蓝旗	152530	锡林郭勒盟正蓝旗上都镇饮用水水源地	地下水	115°58′4″	42°13′35″
143	内蒙古自治区	多伦县	152531	城镇水源地	地下水	116°27′14″	42°11′46″
144	内蒙古自治区	阿拉善左旗	152921	哈拉乌水源地	地表水	105°45′37″	38°50′44″
145	内蒙古自治区	阿拉善左旗	152921	水磨沟水源地	地表水	105°51′44″	38°57′9″
146	内蒙古自治区	阿拉善左旗	152921	西滩水源地	地下水	105°30′38″	38°47′18″
147	内蒙古自治区	阿拉善左旗	152921	新井水源地	地下水	105°16′51″	39°3′28″
148	内蒙古自治区	阿拉善右旗	152922	南板洼集中式饮用水水源地	地下水	101°40′48″	38°35′19″
149	内蒙古自治区	额济纳旗	152923	达来呼布镇二号山水源地	地下水	101°1′55″	41°52′53″
150	辽宁省	新宾满族自治县	210422	红升水库	地表水	125°9′18″	41°41′29″
151	辽宁省	本溪满族自治县	210521	本溪县小市镇水源	地表水	124°9′48″	41°19′0″
152	辽宁省	桓仁满族自治县	210522	金银库沟门	地表水	125°24′11″	41°17′27″
153	辽宁省	宽甸满族自治县	210624	老道排桥	地表水	124°35′36″	40°52′23″
154	吉林省	东昌区	220502	水源净化厂	地表水	125°54′42″	41°58′12″
155	吉林省	集安市	220582	滚水坝	地表水	126°9′57″	41°8′16″
156	吉林省	浑江区	220602	曲家营水库	地表水	120°30′26″	41°52′18″
157	吉林省	江源区	220605	协力水源地	地表水	126°36′32″	42°3′16″

序号	省（市、区）名称	县（市、旗、区）名称	县（市、旗、区）代码	水源地名称	水源地类型	经度	纬度
158	吉林省	抚松县	220621	抚松县大蒲春河生活饮用水水源	地表水	127°21′18″	42°23′56″
159	吉林省	靖宇县	220622	飞龙泉	地下水	126°41′10″	42°18′14″
160	吉林省	靖宇县	220622	巨龙泉	地下水	126°42′24″	42°18′41″
161	吉林省	靖宇县	220622	青龙泉	地下水	126°43′51″	42°20′11″
162	吉林省	长白朝鲜族自治县	220623	长白县双山生活饮用水水源	地表水	128°8′41″	41°31′5″
163	吉林省	临江市	220681	七道沟饮用水水源地	地下水	127°25′0″	41°37′40″
164	吉林省	临江市	220681	青山水库	地表水	126°52′29″	41°51′40″
165	吉林省	通榆县	220822	通榆县城镇饮用水水源（地下水水源）	地下水	123°4′46″	44°49′50″
166	吉林省	敦化市	222403	小石河水库	地表水	128°1′5″	43°22′3″
167	吉林省	和龙市	222406	松月水库	地表水	128°55′44″	42°28′50″
168	吉林省	汪清县	222424	明月沟水库	地表水	129°52′47″	43°17′34″
169	吉林省	安图县	222426	明月湖	地表水	128°52′19″	43°5′40″
170	黑龙江省	方正县	230124	方正镇一级饮用水水源地	地下水	128°13′41″	45°32′46″
171	黑龙江省	木兰县	230127	木兰县东水厂	地下水	128°4′32″	45°57′3″
172	黑龙江省	通河县	230128	通河镇饮用水水源地	地下水	128°41′24″	45°56′35″
173	黑龙江省	延寿县	230129	新城水库	地表水	128°23′55″	45°20′11″
174	黑龙江省	尚志市	230183	蚂蚁河水源地	地下水	127°59′19″	45°4′20″
175	黑龙江省	尚志市	230183	亮珠河水源地	地下水	127°55′0″	45°14′14″
176	黑龙江省	五常市	230184	五常市磨盘山水库集中式饮用水水源地保护区	地表水	127°41′20″	44°23′21″
177	黑龙江省	甘南县	230225	甘南县甘南镇集中式地下水饮用水水源保护区	地下水	123°30′47″	47°55′38″
178	黑龙江省	虎林市	230381	虎林市水源地	地下水	132°58′2″	45°43′30″
179	黑龙江省	密山市	230382	密山市东水厂	地下水	131°53′24″	45°31′42″
180	黑龙江省	密山市	230382	密山市西水厂	地下水	131°50′56″	45°31′28″
181	黑龙江省	密山市	230382	密山市南水厂	地下水	131°52′10″	45°31′46″
182	黑龙江省	绥滨县	230422	绥滨县自来水公司	地下水	131°51′0″	47°17′30″
183	黑龙江省	饶河县	230524	饶河县水源地	地下水	133°59′59″	46°46′54″
184	黑龙江省	伊春区	230702	伊春河地表水水源地	地表水	128°52′56″	47°43′38″
185	黑龙江省	伊春区	230702	东升地下水水源地	地下水	128°54′3″	47°46′10″
186	黑龙江省	南岔区	230703	柳树河水库水源地	地表水	128°49′18″	46°36′24″
187	黑龙江省	友好区	230704	伊春市友好区集中饮用水水源地（地下水）	地下水	128°47′29″	47°51′43″
188	黑龙江省	西林区	230705	龙泉湖水库	地表水	129°11′40″	47°28′22″
189	黑龙江省	翠峦区	230706	翠峦区集中式饮用水水源地	地表水	128°27′14″	47°39′53″

序号	省（市、区）名称	县（市、旗、区）名称	县（市、旗、区）代码	水源地名称	水源地类型	经度	纬度
190	黑龙江省	新青区	230707	新青区集中式地下水饮用水水源地	地下水	129°35′21″	48°11′43″
191	黑龙江省	美溪区	230708	美溪区西林河水源地	地下水	129°4′47″	47°37′26″
192	黑龙江省	金山屯区	230709	金山屯区集中式地下水饮用水水源地	地下水	129°26′30″	47°24′22″
193	黑龙江省	五营区	230710	五营区水源保护区	地下水	129°17′4″	48°9′57″
194	黑龙江省	乌马河区	230711	乌马河水源地	地下水	128°45′33″	47°42′45″
195	黑龙江省	带岭区	230713	带岭区集中式饮用水水源地	地下水	128°58′27″	47°1′42″
196	黑龙江省	乌伊岭区	230714	中心水源地	地下水	129°25′44″	48°35′39″
197	黑龙江省	上甘岭区	230716	长青水源地	地下水	128°57′48″	47°58′35″
198	黑龙江省	嘉荫县	230722	嘉荫县朝阳镇饮用水水源地	地下水	130°21′25″	48°52′47″
199	黑龙江省	铁力市	230781	依吉密河水源地	地表水	128°1′28″	47°4′24″
200	黑龙江省	铁力市	230781	第二水源地	地表水	128°1′49″	46°57′26″
201	黑龙江省	同江市	230881	同江市三江口水源地	地下水	132°32′4″	47°41′55″
202	黑龙江省	富锦市	230882	富锦市东郊水厂	地下水	132°4′13″	47°16′14″
203	黑龙江省	抚远市	230883	亮子水源地	地下水	134°27′17″	48°32′34″
204	黑龙江省	抚远市	230883	东井饮用水水源地	地下水	134°17′57″	48°21′1″
205	黑龙江省	林口县	231025	小龙爪水库饮用水水源地	地表水	130°7′10″	45°10′27″
206	黑龙江省	林口县	231025	高云水库水源地	地表水	130°5′51″	45°19′15″
207	黑龙江省	海林市	231083	海林市城区集中式饮用水水源地	地表水	129°23′35″	44°33′5″
208	黑龙江省	宁安市	231084	西阁水源地	地表水	129°25′51″	44°20′0″
209	黑龙江省	穆棱市	231085	穆棱市集中式饮用水水源地	地表水	130°30′32″	44°53′54″
210	黑龙江省	东宁市	231086	东升水电站水源地	地表水	131°1′54″	44°3′33″
211	黑龙江省	爱辉区	231102	黑河市小金厂集中式饮用水水源地保护区	地表水	127°23′59″	50°16′45″
212	黑龙江省	嫩江县	231121	嫩江县集中式饮用水水源保护区	地表水	125°12′43″	49°11′37″
213	黑龙江省	逊克县	231123	逊克县奇克镇给水工程	地下水	128°25′30″	49°34′42″
214	黑龙江省	孙吴县	231124	二门山水库集中饮用水水源地	地表水	127°6′4″	49°30′23″
215	黑龙江省	北安市	231181	北安市闹龙河水库饮用水水源保护区	地表水	126°37′43″	48°15′32″
216	黑龙江省	五大连池市	231182	二龙眼	地下水	126°8′5″	48°39′6″
217	黑龙江省	五大连池市	231182	五大连池市双龙泉水源地	地下水	126°11′42″	48°36′1″
218	黑龙江省	庆安县	231224	庆安县新水源地	地下水	127°39′23″	46°56′19″
219	黑龙江省	绥棱县	231226	绥棱县绥棱镇城镇饮用水水源地	地表水	127°16′55″	47°11′54″

序号	省（市、区）名称	县（市、旗、区）名称	县（市、旗、区）代码	水源地名称	水源地类型	经度	纬度
220	黑龙江省	加格达奇区	232701	加格达奇区甘河饮用水水源地	地表水	124°5′22″	50°24′60″
221	黑龙江省	松岭区	232702	多布库尔河饮用水水源地	地下水	124°17′57″	50°47′44″
222	黑龙江省	新林区	232703	新林区新林镇水源地	地下水	124°25′3″	51°39′39″
223	黑龙江省	呼中区	232704	呼中区饮用水水源地	地下水	123°35′46″	52°0′59″
224	黑龙江省	呼玛县	232721	呼玛镇水源地	地下水	126°38′42″	51°44′41″
225	黑龙江省	塔河县	232722	塔河县自来水厂水源地	地表水	124°40′48″	52°18′32″
226	黑龙江省	漠河县	232723	漠河县极星供水处	地下水	122°37′41″	52°58′9″
227	黑龙江省	漠河县	232723	西林吉镇桥北水源地	地下水	122°29′42″	53°0′23″
228	浙江省	淳安县	330127	县自来水厂	地表水	119°3′27″	29°34′45″
229	浙江省	文成县	330328	珊溪水库坝前	地表水	120°2′38″	27°40′43″
230	浙江省	泰顺县	330329	友谊水库	地表水	119°39′15″	27°32′37″
231	浙江省	磐安县	330727	磐安水厂	地表水	120°28′17″	29°2′14″
232	浙江省	常山县	330822	芙蓉水库	地表水	118°38′57″	29°6′33″
233	浙江省	开化县	330824	龙潭	地表水	118°24′43″	29°9′1″
234	浙江省	遂昌县	331123	遂昌水厂取水口	地表水	119°14′39″	28°33′35″
235	浙江省	云和县	331125	雾溪水库	地表水	119°32′51″	28°4′3″
236	浙江省	庆元县	331126	兰溪桥水库	地表水	119°7′8″	27°37′20″
237	浙江省	景宁畲族自治县	331127	龙潭桥水库	地表水	119°44′28″	27°55′59″
238	浙江省	龙泉市	331181	岩樟溪取水口	地表水	119°5′58″	28°3′24″
239	安徽省	潜山县	340824	潜山县自来水厂	地表水	116°33′9″	30°38′4″
240	安徽省	太湖县	340825	花凉亭水库	地表水	116°14′47″	30°28′2″
241	安徽省	岳西县	340828	岳西县城集中式饮用水水源地	地表水	116°25′5″	30°51′55″
242	安徽省	黄山区	341003	毕家	地表水	118°7′48″	30°16′37″
243	安徽省	歙县	341021	丰乐水库	地表水	118°14′47″	29°53′56″
244	安徽省	休宁县	341022	休宁县一水厂	地表水	118°10′20″	29°47′16″
245	安徽省	休宁县	341022	休宁县二水厂	地表水	118°6′23″	29°47′20″
246	安徽省	黟县	341023	黟县一水厂取水口	地表水	117°55′24″	29°56′14″
247	安徽省	祁门县	341024	水厂取水口	地表水	117°43′33″	29°52′11″
248	安徽省	金寨县	341524	金寨县梅山镇梅山水库水源地	地表水	115°52′40″	31°40′4″
249	安徽省	霍山县	341525	佛子岭水库	地表水	116°15′31″	31°21′26″
250	安徽省	石台县	341722	石台水厂	地表水	117°29′7″	30°13′18″
251	安徽省	青阳县	341723	青通河牛桥断面	地表水	117°52′2″	30°31′48″
252	安徽省	泾县	341823	百园新村	地表水	118°24′19″	30°40′30″
253	安徽省	绩溪县	341824	自来水厂上游 500 m	地表水	118°36′25″	29°50′20″
254	安徽省	绩溪县	341824	绩溪县翚溪水库	地表水	118°33′26″	30°5′53″
255	安徽省	旌德县	341825	白沙水库	地表水	118°33′38″	30°15′40″
256	福建省	永泰县	350125	南区水厂	地表水	118°54′49″	25°50′56″

序号	省（市、区）名称	县（市、旗、区）名称	县（市、旗、区）代码	水源地名称	水源地类型	经度	纬度
257	福建省	明溪县	350421	罗翠水库水源保护区	地表水	117°10′4″	26°23′39″
258	福建省	清流县	350423	清流县自来水厂水源保护区	地表水	116°48′30″	26°10′1″
259	福建省	宁化县	350424	寨头里水库	地表水	116°38′14″	26°14′4″
260	福建省	将乐县	350428	下村水厂水源保护区	地表水	117°31′54″	26°41′42″
261	福建省	将乐县	350428	龙池溪	地表水	117°27′51″	26°44′18″
262	福建省	泰宁县	350429	际头水库饮用水水源保护区	地表水	117°6′24″	26°56′37″
263	福建省	建宁县	350430	王坪栋溪饮用水水源保护区	地表水	116°49′27″	26°43′24″
264	福建省	永春县	350525	永春县自来水厂晋江东溪湖洋溪取水口	地表水	118°22′48″	25°17′9″
265	福建省	华安县	350629	华安水源地	地表水	117°32′50″	25°0′27″
266	福建省	浦城县	350722	西水水厂水源保护区	地表水	118°29′4″	27°55′39″
267	福建省	浦城县	350722	东水水厂水源保护区	地表水	118°33′5″	27°55′55″
268	福建省	光泽县	350723	光泽县自来水厂水源保护区	地表水	117°19′21″	27°31′56″
269	福建省	武夷山市	350782	石雄水厂水源保护区	地表水	118°0′20″	27°45′54″
270	福建省	武夷山市	350782	三菇水厂水源保护区	地表水	117°58′24″	27°39′28″
271	福建省	长汀县	350821	长汀县自来水股份有限公司正方水库取水口	地表水	116°19′60″	25°54′51″
272	福建省	上杭县	350823	上杭县横滩饮用水水源保护区	地表水	116°21′44″	25°14′42″
273	福建省	上杭县	350823	石禾仓水源保护区	地表水	116°27′31″	25°2′27″
274	福建省	武平县	350824	捷文水库	地表水	116°5′21″	25°18′8″
275	福建省	连城县	350825	连城县自来水公司竹光水厂	地下水	116°44′49″	25°44′27″
276	福建省	连城县	350825	连城县自来水公司波洋水厂	地下水	116°43′56″	25°44′18″
277	福建省	连城县	350825	连城县自来水公司罗坊鲜水塘水厂	地下水	116°41′52″	25°46′21″
278	福建省	屏南县	350923	屏南县第一自来水厂汤坑溪取水口	地表水	118°57′51″	26°55′35″
279	福建省	屏南县	350923	南峭取水口	地表水	118°57′34″	26°3′47″
280	福建省	寿宁县	350924	寿宁县六六溪水库取水口	地表水	119°29′30″	27°29′10″
281	福建省	周宁县	350925	周宁县深洋水厂李园水库取水口	地表水	119°21′20″	26°56′24″
282	福建省	柘荣县	350926	柘荣县自来水厂新荣溪水库取水口	地表水	119°55′20″	27°22′35″
283	江西省	浮梁县	360222	浮梁县水厂	地表水	117°13′13″	29°21′21″
284	江西省	莲花县	360321	莲花县水厂（白马河）	地表水	113°56′46″	27°7′29″

序号	省（市、区）名称	县（市、旗、区）名称	县（市、旗、区）代码	水源地名称	水源地类型	经度	纬度
285	江西省	芦溪县	360323	芦溪县竹山水厂（山口岩）	地表水	114°0′36″	27°35′9″
286	江西省	修水县	360424	修水县水厂（东津水库）	地表水	114°19′53″	28°59′2″
287	江西省	南康区	360703	南康区水厂（章惠渠）	地表水	114°43′39″	25°37′44″
288	江西省	赣县区	360704	赣县汶潭水厂（贡江）	地表水	115°3′6″	24°53′6″
289	江西省	信丰县	360722	信丰县第二水厂	地表水	115°10′2″	25°19′17″
290	江西省	大余县	360723	大余县水厂（章江）	地表水	114°18′24″	25°23′39″
291	江西省	上犹县	360724	上犹县水厂（上犹江）	地表水	114°30′3″	25°47′53″
292	江西省	崇义县	360725	崇义县水厂（长河坝水库）	地表水	114°15′51″	25°36′29″
293	江西省	安远县	360726	安远县水厂（艾坝水库）	地表水	115°27′11″	25°3′59″
294	江西省	龙南县	360727	龙南县石峡山水厂	地表水	114°50′47″	24°55′53″
295	江西省	龙南县	360727	龙南县水厂（桃江）	地表水	114°46′48″	24°53′55″
296	江西省	定南县	360728	定南县水厂（礼亨水库）	地表水	115°0′24″	24°47′46″
297	江西省	全南县	360729	全南县水厂（龙兴水库）	地表水	114°31′12″	24°41′42″
298	江西省	宁都县	360730	宁都县水厂（梅江）	地表水	116°1′47″	26°31′32″
299	江西省	于都县	360731	于都县水厂（贡江）	地表水	115°25′51″	25°57′48″
300	江西省	兴国县	360732	兴国县支水厂	地表水	115°23′11″	26°17′43″
301	江西省	会昌县	360733	会昌县水厂（石壁坑水库）	地表水	115°55′16″	25°30′8″
302	江西省	寻乌县	360734	寻乌县水厂（九曲湾水库）	地表水	115°35′33″	25°0′16″
303	江西省	石城县	360735	石城县水厂（琴江）	地表水	116°23′48″	26°23′28″
304	江西省	瑞金市	360781	瑞金市水厂（南华水库）	地表水	116°2′17″	25°51′5″
305	江西省	遂川县	360827	遂川县虎潭陂（右溪）	地表水	114°29′49″	26°20′6″
306	江西省	万安县	360828	万安县水厂（万安水库）	地表水	114°47′51″	26°26′44″
307	江西省	安福县	360829	安福县水厂（泸水）	地表水	114°24′5″	27°35′25″
308	江西省	永新县	360830	永新县水厂（禾水）	地表水	114°12′24″	26°57′9″
309	江西省	井冈山市	360881	井冈山水厂（三角塘水库）	地表水	114°8′9″	26°33′16″
310	江西省	井冈山市	360881	井冈山市主峰水厂（井冈冲水库）	地表水	114°8′4″	26°33′58″
311	江西省	井冈山市	360881	井冈山新城区水厂（足山水库）	地表水	114°15′47″	26°45′56″
312	江西省	靖安县	360925	靖安县水厂（北潦河）	地表水	115°20′17″	28°51′50″
313	江西省	铜鼓县	360926	铜鼓县水厂（槽口小溪）	地表水	114°21′6″	28°30′18″
314	江西省	铜鼓县	360926	铜鼓县水厂（定江河）	地表水	114°20′55″	28°30′48″
315	江西省	黎川县	361022	黎川县水厂	地表水	116°55′25″	27°17′18″
316	江西省	南丰县	361023	南丰县水厂（盱水河）	地表水	116°30′59″	27°12′27″
317	江西省	宜黄县	361026	宜黄县水厂（宜黄河）	地表水	116°12′54″	27°31′56″
318	江西省	资溪县	361028	资溪县水厂（泸溪河）	地表水	117°4′10″	27°44′9″
319	江西省	广昌县	361030	广昌县水厂（盱水河）	地表水	116°18′36″	26°49′37″

序号	省（市、区）名称	县（市、旗、区）名称	县（市、旗、区）代码	水源地名称	水源地类型	经度	纬度
320	江西省	婺源县	361130	婺源县紫阳镇水厂（乐安河）	地表水	117°51′22″	29°18′4″
321	山东省	博山区	370304	天津湾水源地	地下水	118°1′27″	36°25′28″
322	山东省	博山区	370304	源泉水源地	地下水	118°3′1″	36°25′22″
323	山东省	沂源县	370323	沂源二中水井	地下水	118°8′27″	36°10′36″
324	山东省	沂源县	370323	钓鱼台水源地	地下水	118°8′23″	36°12′32″
325	山东省	沂源县	370323	芝芳水源地	地下水	118°8′22″	36°13′0″
326	山东省	沂源县	370323	北刘庄水源地	地下水	118°9′11″	36°10′9″
327	山东省	台儿庄区	370405	张庄水源	地下水	117°43′33″	34°33′27″
328	山东省	山亭区	370406	东南庄水源	地下水	117°27′58″	35°4′19″
329	山东省	长岛县	370634	战山水库出口	地表水	120°50′54″	37°45′42″
330	山东省	临朐县	370724	冶源水库取水口	地表水	118°31′47″	36°24′14″
331	山东省	临朐县	370724	张家亭子取水口	地表水	118°31′48″	36°30′14″
332	山东省	曲阜市	370881	南泉水厂	地下水	116°59′14″	35°34′25″
333	山东省	泰山区	370902	黄前水库出口	地表水	117°14′15″	36°18′5″
334	山东省	五莲县	371121	石亩子水库取水点	地表水	119°9′6″	35°38′0″
335	山东省	五莲县	371121	冯家坪水库取水点	地表水	119°15′13″	35°43′11″
336	山东省	沂水县	371323	黄家安水厂	地表水	118°33′20″	35°51′28″
337	山东省	费县	371325	许家崖水库出口	地表水	117°52′21″	35°12′3″
338	山东省	平邑县	371326	平邑县自来水公司水厂取水口	地下水	117°37′20″	35°30′37″
339	山东省	蒙阴县	371328	东汶河南岸深水井	地下水	117°54′47″	35°42′59″
340	河南省	栾川县	410324	大南沟水源地	地表水	111°36′57″	33°45′56″
341	河南省	栾川县	410324	九鼎沟水源地	地表水	111°36′11″	33°52′27″
342	河南省	栾川县	410324	龙潭沟水源地	地表水	111°34′19″	33°46′30″
343	河南省	栾川县	410324	石笼沟水源地	地表水	111°29′59″	33°57′18″
344	河南省	卢氏县	411224	卢氏县集中式饮用水水源保护区	地下水	111°2′49″	34°2′22″
345	河南省	西峡县	411323	西峡县灌河自来水井群	地下水	111°27′49″	33°18′23″
346	河南省	内乡县	411325	凉泉	地下水	111°48′34″	33°1′15″
347	河南省	内乡县	411325	内乡县湍河水源地	地下水	111°50′46″	33°5′33″
348	河南省	淅川县	411326	马家石嘴井群	地下水	111°30′45″	33°8′41″
349	河南省	淅川县	411326	牛尾山井群	地下水	111°29′58″	33°6′34″
350	河南省	桐柏县	411330	桐柏淮河自来水厂饮用水水源地	地表水	113°22′56″	32°22′41″
351	河南省	邓州市	411381	柳林地下水井群	地下水	112°4′7″	32°41′18″
352	河南省	浉河区	411502	南湾水库	地表水	113°59′47″	32°6′55″
353	河南省	罗山县	411521	龙山水库	地表水	114°29′53″	32°10′43″
354	河南省	罗山县	411521	石山口水库	地表水	114°23′19″	32°1′37″
355	河南省	光山县	411522	泼（陂）河水库	地表水	114°54′17″	31°47′10″

序号	省（市、区）名称	县（市、旗、区）名称	县（市、旗、区）代码	水源地名称	水源地类型	经度	纬度
356	河南省	光山县	411522	五岳水库	地表水	114°39′7″	31°51′33″
357	河南省	新县	411523	香山水库	地表水	114°33′12″	31°28′46″
358	河南省	商城县	411524	鲇鱼山水库	地表水	115°21′38″	31°47′10″
359	湖北省	茅箭区	420302	马家河水库	地表水	110°47′23″	32°34′15″
360	湖北省	茅箭区	420302	余家湾水库	地表水	110°55′24″	32°33′33″
361	湖北省	茅箭区	420302	茅塔河水库	地表水	110°50′50″	32°33′47″
362	湖北省	张湾区	420303	黄龙水库	地表水	110°31′16″	32°40′17″
363	湖北省	张湾区	420303	头堰水库	地表水	110°42′16″	32°37′34″
364	湖北省	郧阳区	420304	郧县耿家垭子	地表水	110°48′41″	32°54′15″
365	湖北省	郧西县	420322	水石门水库	地表水	110°37′8″	33°10′30″
366	湖北省	竹山县	420323	郭家山	地表水	110°13′1″	32°14′12″
367	湖北省	竹溪县	420324	龙坝水库	地表水	109°39′20″	32°20′18″
368	湖北省	房县	420325	泉水湾	地表水	110°43′5″	32°4′2″
369	湖北省	丹江口市	420381	丹江口市一水厂	地表水	111°31′21″	32°34′16″
370	湖北省	丹江口市	420381	丹江口市二水厂	地表水	111°28′23″	32°33′52″
371	湖北省	夷陵区	420506	官庄水库	地表水	111°25′51″	30°48′6″
372	湖北省	兴山县	420526	古洞口水库	地表水	110°45′10″	31°22′3″
373	湖北省	秭归县	420527	三汇溪水源地	地表水	110°57′2″	30°49′17″
374	湖北省	秭归县	420527	凤凰山水源地	地表水	110°58′57″	30°50′5″
375	湖北省	长阳土家族自治县	420528	隔河岩水库	地表水	111°8′39″	30°28′54″
376	湖北省	长阳土家族自治县	420528	罗马溪水库	地表水	111°14′6″	30°31′51″
377	湖北省	五峰土家族自治县	420529	渔洋关镇芭蕉溪水源地	地表水	111°4′11″	30°9′39″
378	湖北省	南漳县	420624	南漳县三道河水库	地表水	111°48′32″	31°45′47″
379	湖北省	保康县	420626	金盘洞水库水源地	地表水	111°17′42″	31°48′12″
380	湖北省	孝昌县	420921	金盆水库	地表水	114°4′44″	31°19′38″
381	湖北省	孝昌县	420921	观音湖水库	地表水	114°7′41″	31°20′19″
382	湖北省	大悟县	420922	大悟县界牌水库	地表水	114°13′2″	31°50′4″
383	湖北省	红安县	421122	红安县金沙河水库	地表水	114°34′27″	31°18′43″
384	湖北省	罗田县	421123	巴河支流义水河段	地表水	115°24′2″	30°47′29″
385	湖北省	英山县	421124	英山县城区集中式饮用水水源地	地表水	115°40′1″	30°41′41″
386	湖北省	浠水县	421125	白莲河大水厂	地表水	115°15′56″	30°15′7″
387	湖北省	麻城市	421181	举水麻城城区段水源地	地表水	115°2′23″	31°10′18″
388	湖北省	麻城市	421181	麻城市浮桥河水库	地表水	114°48′37″	31°10′14″
389	湖北省	通城县	421222	神龙坪水库湖心	地表水	113°47′11″	29°9′55″
390	湖北省	通山县	421224	凤凰山水厂水源地沈家段	地表水	114°31′4″	29°33′39″
391	湖北省	通山县	421224	四斗朱水库取水点	地表水	114°28′29″	29°36′21″

序号	省（市、区）名称	县（市、旗、区）名称	县（市、旗、区）代码	水源地名称	水源地类型	经度	纬度
392	湖北省	利川市	422802	一水厂水源地	地表水	108°55′51″	30°17′53″
393	湖北省	建始县	422822	闸木水水库	地表水	109°38′6″	30°41′36″
394	湖北省	巴东县	422823	巴东县万福河	地表水	110°9′10″	30°33′41″
395	湖北省	宣恩县	422825	宣恩县龙洞库区饮用水水源地	地表水	109°27′23″	29°59′6″
396	湖北省	咸丰县	422826	咸丰县野猫河饮用水水源地	地表水	109°4′29″	29°36′46″
397	湖北省	来凤县	422827	河坝梁	地表水	109°25′51″	29°32′2″
398	湖北省	鹤峰县	422828	芭蕉河水库	地表水	109°59′51″	29°53′30″
399	湖北省	鹤峰县	422828	山崩水库	地表水	110°5′7″	29°53′44″
400	湖北省	鹤峰县	422828	红鱼溪水库	地表水	110°6′21″	29°55′2″
401	湖北省	神农架林区	429021	神柳观溪	地表水	110°34′30″	31°45′9″
402	湖南省	茶陵县	430224	茶陵县自来水厂	地表水	113°32′58″	26°47′11″
403	湖南省	炎陵县	430225	炎陵泵房	地表水	113°45′18″	26°29′2″
404	湖南省	南岳区	430412	兴隆水库	地表水	112°42′20″	27°14′10″
405	湖南省	新邵县	430522	新邵县枫树坑水库	地表水	111°37′54″	27°27′12″
406	湖南省	新邵县	430522	新邵县沈家水厂	地下水	111°29′6″	27°18′18″
407	湖南省	新邵县	430522	新邵县廻龙阁水厂	地下水	111°27′27″	27°20′40″
408	湖南省	新邵县	430522	新邵县黄家坝水厂	地下水	111°27′44″	27°20′8″
409	湖南省	隆回县	430524	隆回县水厂	地表水	111°1′55″	27°6′55″
410	湖南省	洞口县	430525	第二自来水厂	地表水	110°33′32″	27°3′34″
411	湖南省	绥宁县	430527	第二自来水厂	地表水	110°14′8″	26°57′2″
412	湖南省	新宁县	430528	金家坝	地表水	110°49′5″	26°23′41″
413	湖南省	城步苗族自治县	430529	白云湖	地表水	110°20′9″	26°19′23″
414	湖南省	君山区	430611	君山区长江取水口	地表水	112°58′29″	29°28′57″
415	湖南省	平江县	430626	尧塘水库	地表水	113°45′8″	28°42′23″
416	湖南省	桃源县	430725	黄潭州	地表水	111°28′26″	28°51′14″
417	湖南省	石门县	430726	樟木滩	地表水	111°16′51″	29°35′32″
418	湖南省	永定区	430802	永定澄潭	地表水	110°26′6″	29°7′32″
419	湖南省	武陵源区	430811	索溪水库	地表水	110°30′52″	29°21′30″
420	湖南省	慈利县	430821	慈利二水厂	地表水	111°5′48″	29°25′6″
421	湖南省	桑植县	430822	桑植八斗溪	地表水	110°9′29″	29°24′30″
422	湖南省	桃江县	430922	桃江县一水厂	地表水	112°9′47″	28°31′40″
423	湖南省	安化县	430923	安化县城北水厂	地表水	111°12′35″	28°22′36″
424	湖南省	安化县	430923	安化县城南水厂	地表水	111°12′17″	28°20′51″
425	湖南省	宜章县	431022	黄岑岭水库取水点	地表水	112°55′45″	25°27′34″
426	湖南省	嘉禾县	431024	盘江水库	地表水	112°17′37″	25°37′40″
427	湖南省	临武县	431025	长河水库	地表水	112°29′30″	25°18′24″
428	湖南省	汝城县	431026	龙虎洞水库	地表水	113°36′59″	25°24′33″
429	湖南省	桂东县	431027	松山饮用水水源地	地表水	113°56′30″	26°5′58″
430	湖南省	安仁县	431028	大源水库	地表水	113°20′14″	26°44′11″

序号	省（市、区）名称	县（市、旗、区）名称	县（市、旗、区）代码	水源地名称	水源地类型	经度	纬度
431	湖南省	资兴市	431081	小东江	地表水	113°15′45″	25°56′10″
432	湖南省	东安县	431122	东安县水厂（高岩水库）	地表水	111°8′50″	26°26′45″
433	湖南省	双牌县	431123	双牌县城镇饮用水水源取水口	地表水	111°40′22″	25°57′41″
434	湖南省	道县	431124	道县二水厂	地表水	111°35′50″	25°28′59″
435	湖南省	江永县	431125	大坪坳水库	地表水	111°12′59″	25°15′42″
436	湖南省	宁远县	431126	马草坪	地表水	111°56′57″	25°35′16″
437	湖南省	宁远县	431126	水市水库	地表水	111°53′54″	25°25′30″
438	湖南省	蓝山县	431127	蓝山县水厂（汇源源峰村）	地表水	112°9′16″	25°21′34″
439	湖南省	新田县	431128	金陵水库	地表水	112°15′49″	25°58′42″
440	湖南省	江华瑶族自治县	431129	鱼塘坡	地表水	111°35′20″	25°10′35″
441	湖南省	鹤城区	431202	怀化市二水厂	地表水	109°55′18″	27°31′45″
442	湖南省	中方县	431221	中方县水厂	地表水	109°55′51″	27°26′33″
443	湖南省	沅陵县	431222	溪子口	地表水	110°22′38″	28°27′40″
444	湖南省	辰溪县	431223	炮台	地表水	110°13′33″	27°59′46″
445	湖南省	溆浦县	431224	溆浦县自来水厂	地表水	110°36′25″	27°54′47″
446	湖南省	会同县	431225	会同县水厂	地表水	109°42′20″	26°51′47″
447	湖南省	麻阳苗族自治县	431226	麻阳县二水厂	地表水	109°48′58″	27°10′59″
448	湖南省	新晃侗族自治县	431227	姚文田大坝	地表水	109°14′24″	27°19′27″
449	湖南省	芷江侗族自治县	431228	芷江县自来水厂	地表水	109°40′9″	27°28′8″
450	湖南省	靖州苗族侗族自治县	431229	靖州县水厂	地表水	109°41′32″	26°33′10″
451	湖南省	通道侗族自治县	431230	通道县二水厂	地表水	109°46′24″	26°9′12″
452	湖南省	洪江市	431281	黔城二水厂	地表水	109°49′19″	27°13′24″
453	湖南省	洪江市	431281	洪江区水厂	地表水	109°59′34″	27°5′26″
454	湖南省	新化县	431322	新化县水厂	地表水	111°43′18″	27°43′18″
455	湖南省	吉首市	433101	吉首二水厂	地表水	109°41′50″	28°19′4″
456	湖南省	吉首市	433101	吉首三水厂	地表水	109°41′33″	28°14′33″
457	湖南省	泸溪县	433122	白沙自来水厂	地表水	110°12′29″	28°13′15″
458	湖南省	凤凰县	433123	北园水厂	地表水	109°34′24″	27°58′43″
459	湖南省	花垣县	433124	下寨河电站（佳民）	地表水	109°28′29″	28°33′24″
460	湖南省	保靖县	433125	格泽湖水库	地表水	109°38′25″	28°40′24″
461	湖南省	古丈县	433126	古丈县第一水厂	地表水	109°55′32″	28°35′41″
462	湖南省	古丈县	433126	古丈县水厂（白腊池）	地表水	109°56′12″	28°36′30″
463	湖南省	永顺县	433127	永顺县水厂	地表水	109°50′28″	29°0′33″
464	湖南省	龙山县	433130	卧龙水库	地表水	109°34′53″	29°34′54″
465	广东省	始兴县	440222	花山水库	地表水	113°57′15″	24°56′20″
466	广东省	仁化县	440224	赤石迳水库	地表水	113°40′9″	25°6′9″
467	广东省	翁源县	440229	园洞水	地表水	114°11′36″	24°17′47″
468	广东省	乳源瑶族自治县	440232	南水水库	地表水	113°13′6″	24°46′56″

序号	省（市、区）名称	县（市、旗、区）名称	县（市、旗、区）代码	水源地名称	水源地类型	经度	纬度
469	广东省	新丰县	440233	白水礤水库	地表水	114°12′11″	24°5′20″
470	广东省	乐昌市	440281	乐昌铁桥	地表水	113°19′38″	25°8′5″
471	广东省	南雄市	440282	瀑布水库	地表水	114°21′9″	25°2′17″
472	广东省	信宜市	440983	池洞食惯嘴	地表水	110°56′59″	22°24′58″
473	广东省	大埔县	441422	梅潭河（三黎）	地表水	116°42′18″	24°20′45″
474	广东省	丰顺县	441423	虎局水库	地表水	116°12′27″	23°49′27″
475	广东省	平远县	441426	黄田水库	地表水	115°52′23″	24°47′49″
476	广东省	蕉岭县	441427	黄竹坪水库	地表水	116°13′47″	24°43′35″
477	广东省	兴宁市	441481	合水水库	地表水	115°41′37″	24°15′20″
478	广东省	陆河县	441523	南告水库取水口	地表水	115°35′11″	23°20′36″
479	广东省	龙川县	441622	水坑河饮用水水源一级保护区	地表水	115°15′35″	24°5′24″
480	广东省	龙川县	441622	东江饮用水水源一级保护区	地表水	115°15′5″	24°7′38″
481	广东省	龙川县	441622	上板桥水库饮用水水源一级保护区	地表水	115°19′39″	24°4′26″
482	广东省	龙川县	441622	县城开发区东江饮用水水源一级保护区	地表水	115°12′5″	24°4′57″
483	广东省	连平县	441623	连平县鹤湖河饮用水水源保护区	地表水	114°26′44″	24°24′24″
484	广东省	连平县	441623	连平县密溪河饮用水水源保护区	地表水	114°26′10″	24°22′42″
485	广东省	和平县	441624	和平河樟树潭取水点	地表水	114°55′36″	24°28′33″
486	广东省	和平县	441624	黄峰斗水库	地表水	114°48′31″	24°29′25″
487	广东省	和平县	441624	和平县胜地坑水库	地表水	114°53′23″	24°28′5″
488	广东省	阳山县	441823	茶坑水库出水口	地表水	112°28′50″	24°27′30″
489	广东省	连山壮族瑶族自治县	441825	龙骨冲	地表水	112°6′44″	24°32′47″
490	广东省	连山壮族瑶族自治县	441825	鸡爪冲	地表水	112°6′33″	24°33′27″
491	广东省	连山壮族瑶族自治县	441825	西牛塘	地表水	112°4′4″	24°33′22″
492	广东省	连南瑶族自治县	441826	牛路水饮用水水源地	地表水	112°15′2″	24°41′58″
493	广东省	连州市	441882	龙潭寺	地表水	112°21′14″	24°47′26″
494	广西壮族自治区	马山县	450124	六朝水库	地表水	108°13′31″	23°34′21″
495	广西壮族自治区	上林县	450125	北仓河鲤鱼山取水口	地表水	108°34′17″	23°25′3″
496	广西壮族自治区	上林县	450125	清水河取水口（原上林县蚕种场段）	地表水	108°34′25″	23°25′36″
497	广西壮族自治区	融水苗族自治县	450225	融水县县城集中式饮用水水源保护区	地表水	109°15′59″	25°4′54″

序号	省（市、区）名称	县（市、旗、区）名称	县（市、旗、区）代码	水源地名称	水源地类型	经度	纬度
498	广西壮族自治区	三江侗族自治县	450226	三江县寻江河水源地	地表水	109°38′7″	25°47′13″
499	广西壮族自治区	阳朔县	450321	双滩饮用水水源地	地表水	110°30′22″	24°47′43″
500	广西壮族自治区	灌阳县	450327	灌阳县自来水公司取水口上游 100 m	地表水	111°8′4″	25°28′13″
501	广西壮族自治区	龙胜各族自治县	450328	桑江饮用水水源保护区	地表水	110°1′12″	25°48′39″
502	广西壮族自治区	龙胜各族自治县	450328	棉花坪饮用水水源保护区	地表水	110°1′11″	25°48′36″
503	广西壮族自治区	资源县	450329	城东水厂	地表水	110°41′32″	26°2′16″
504	广西壮族自治区	恭城瑶族自治县	450332	鲤鱼渡断面	地表水	110°50′20″	24°51′30″
505	广西壮族自治区	蒙山县	450423	茶山水库坝首	地表水	110°31′7″	24°13′41″
506	广西壮族自治区	德保县	451024	西读断面	地表水	106°34′22″	23°20′26″
507	广西壮族自治区	那坡县	451026	团结水库断面	地表水	105°52′33″	23°18′32″
508	广西壮族自治区	凌云县	451027	坡脚水库	地表水	106°32′30″	24°23′28″
509	广西壮族自治区	凌云县	451027	平林水库水源地	地表水	106°34′28″	24°25′5″
510	广西壮族自治区	乐业县	451028	大利水库水源地	地表水	106°33′42″	24°48′36″
511	广西壮族自治区	乐业县	451028	上岗水库水源地	地表水	106°33′6″	24°49′40″
512	广西壮族自治区	西林县	451030	龙英水库	地表水	105°3′36″	24°33′27″
513	广西壮族自治区	富川瑶族自治县	451123	涝溪河	地表水	111°12′37″	24°48′18″
514	广西壮族自治区	天峨县	451222	峨里湖水源地	地下水	107°10′35″	24°58′51″
515	广西壮族自治区	天峨县	451222	陇麻坡水源地	地表水	107°9′32″	24°59′56″
516	广西壮族自治区	凤山县	451223	拉辉水库取水点	地表水	107°0′6″	24°31′26″

序号	省（市、区）名称	县（市、旗、区）名称	县（市、旗、区）代码	水源地名称	水源地类型	经度	纬度
517	广西壮族自治区	东兰县	451224	漠海水源地	地下水	107°22′40″	24°30′50″
518	广西壮族自治区	罗城仫佬族自治县	451225	好峒水源地	地表水	108°49′24″	24°54′14″
519	广西壮族自治区	环江毛南族自治县	451226	环江良伞取水点	地表水	108°15′42″	24°51′6″
520	广西壮族自治区	巴马瑶族自治县	451227	盘阳河练乡村取水点	地表水	107°12′39″	24°10′59″
521	广西壮族自治区	都安瑶族自治县	451228	澄江水源地	地表水	107°59′3″	24°9′55″
522	广西壮族自治区	都安瑶族自治县	451228	自来水厂取水口	地表水	108°5′41″	23°57′40″
523	广西壮族自治区	大化瑶族自治县	451229	城区现用饮用水水源	地表水	107°58′15″	23°48′8″
524	广西壮族自治区	忻城县	451321	忻城县城关镇泮水村下才屯鸡叫地下河饮用水水源地	地下水	108°38′51″	24°4′38″
525	广西壮族自治区	金秀瑶族自治县	451324	金秀县金秀河水源地	地表水	110°11′58″	24°7′25″
526	广西壮族自治区	金秀瑶族自治县	451324	金秀县公安冲水源地	地表水	110°12′26″	27°8′24″
527	广西壮族自治区	天等县	451425	孔林地下水源地	地下水	107°8′57″	23°6′8″
528	广西壮族自治区	天等县	451425	念向水库水源地	地表水	107°0′10″	23°6′39″
529	广西壮族自治区	天等县	451425	伏曼水库水源地	地表水	107°2′44″	23°9′16″
530	广西壮族自治区	天等县	451425	朝阳地下水源地	地下水	107°7′52″	23°5′14″
531	海南省	秀英区	460105	永庄水库中心	地表水	110°15′8″	19°58′40″
532	海南省	琼山区	460107	龙塘	地表水	110°25′2″	19°53′2″
533	海南省	三亚市	460200	大隆水库饮用水水源地	地表水	109°18′7″	18°25′7″
534	海南省	三亚市	460200	赤田水库饮用水水源地	地表水	109°43′48″	18°25′12″
535	海南省	三亚市	460200	福万—水源池水库饮用水水源地	地表水	109°28′12″	18°21′0″
536	海南省	儋州市	460400	南茶水库饮用水水源保护区	地表水	109°34′48″	19°27′36″
537	海南省	五指山市	469001	太平水库饮用水水源地	地表水	109°31′48″	18°48′0″
538	海南省	琼海市	469002	红星取水口	地表水	110°25′39″	19°14′58″
539	海南省	文昌市	469005	深田水库出口	地表水	110°46′48″	19°31′48″
540	海南省	文昌市	469005	竹包水库出口	地表水	110°40′6″	19°36′30″

序号	省（市、区）名称	县（市、旗、区）名称	县(市、旗、区)代码	水源地名称	水源地类型	经度	纬度
541	海南省	万宁市	469006	牛路岭水库饮用水水源地	地表水	110°19′11″	18°54′51″
542	海南省	东方市	469007	昌化江玉雄饮用水水源保护区	地表水	108°48′0″	19°15′0″
543	海南省	定安县	469021	定城取水口	地表水	110°18′22″	19°41′51″
544	海南省	屯昌县	469022	取水口	地表水	110°2′55″	19°21′9″
545	海南省	澄迈县	469023	金江取水口	地表水	109°59′32″	19°43′40″
546	海南省	澄迈县	469023	福山水库取水口	地表水	109°57′9″	19°49′17″
547	海南省	临高县	469024	多莲取水口	地表水	109°41′10″	19°53′25″
548	海南省	白沙黎族自治县	469025	南溪河饮用水水源保护区	地表水	109°29′40″	19°10′41″
549	海南省	昌江黎族自治县	469026	石碌水库饮用水水源保护区	地表水	109°5′24″	19°15′0″
550	海南省	乐东黎族自治县	469027	抱由饮用水水源保护区	地表水	109°10′38″	18°45′6″
551	海南省	陵水黎族自治县	469028	樟香坝饮用水水源保护区	地表水	109°1′48″	18°36′36″
552	海南省	保亭黎族苗族自治县	469029	新政镇毛拉洞饮用水水源保护区	地表水	109°34′59″	18°32′40″
553	海南省	琼中黎族苗族自治县	469030	百花岭水库饮用水水源保护区	地表水	109°49′48″	19°1′15″
554	重庆市	武隆区	500156	中心庙水库	地表水	107°46′23″	29°27′50″
555	重庆市	城口县	500229	三合水库	地表水	108°41′30″	31°53′53″
556	重庆市	云阳县	500235	云阳县长江四方井自来水厂水源地	地表水	108°40′19″	30°56′35″
557	重庆市	云阳县	500235	云阳县梅峰水库水源地	地表水	108°57′23″	30°55′29″
558	重庆市	奉节县	500236	奉节县黄井水库王家坪水厂水源地	地表水	109°16′32″	31°2′29″
559	重庆市	奉节县	500236	奉节县青莲溪水库夔州水厂水源地	地表水	109°16′24″	31°2′20″
560	重庆市	巫山县	500237	红石梁	地表水	109°51′17″	31°3′39″
561	重庆市	巫溪县	500238	巫溪县大宁河重庆市渝宁公司自来水分公司水源地	地表水	109°37′43″	31°24′12″
562	重庆市	石柱土家族自治县	500240	石柱县龙河石柱县给排水公司双庆水厂水源地	地表水	108°5′15″	30°0′18″
563	重庆市	石柱土家族自治县	500240	石柱县龙池坝水库石柱县给排水公司双庆水厂水源地	地表水	108°18′1″	29°55′53″
564	重庆市	石柱土家族自治县	500240	石柱县河坝场河石柱县给排水公司双庆水厂水源地	地表水	108°11′47″	29°59′29″

序号	省（市、区）名称	县（市、旗、区）名称	县（市、旗、区）代码	水源地名称	水源地类型	经度	纬度
565	重庆市	秀山土家族苗族自治县	500241	秀山县梅江河老鹰岩水厂水源地	地表水	108°56′47″	28°16′23″
566	重庆市	秀山土家族苗族自治县	500241	秀山县钟灵水库徐家坳水厂水源地	地表水	108°59′54″	28°26′20″
567	重庆市	酉阳土家族苗族自治县	500242	酉阳县小坝二级水库酉阳县自来水公司水源地	地表水	108°43′28″	28°53′55″
568	重庆市	彭水苗族土家族自治县	500243	芦渡湖	地表水	108°13′16″	29°19′14″
569	重庆市	彭水苗族土家族自治县	500243	关口取水泵站	地表水	108°12′52″	29°10′48″
570	四川省	北川羌族自治县	510726	永昌镇	地下水	104°26′49″	31°37′37″
571	四川省	平武县	510727	平武县城集中式饮用水水源地	地表水	104°32′24″	32°28′46″
572	四川省	旺苍县	510821	东河饮用水水源地	地表水	106°16′46″	32°16′43″
573	四川省	青川县	510822	乔庄镇大沟村黑龙潭	地表水	105°13′9″	32°35′43″
574	四川省	沐川县	511129	芹菜坪河洗脚溪饮用水断面	地表水	103°30′58″	28°35′5″
575	四川省	峨边彝族自治县	511132	麻柳湾	地下水	103°15′30″	29°14′4″
576	四川省	马边彝族自治县	511133	黑耳秋	地表水	103°32′26″	28°49′47″
577	四川省	万源市	511781	偏岩子	地表水	108°4′17″	32°11′44″
578	四川省	石棉县	511824	大口井泵房取水点	地下水	102°21′29″	29°14′5″
579	四川省	石棉县	511824	大洪沟依水潭	地表水	102°23′21″	29°7′57″
580	四川省	天全县	511825	青石乡响水溪饮用水水源地	地下水	102°42′36″	30°5′21″
581	四川省	宝兴县	511827	教场沟	地表水	102°48′50″	30°22′11″
582	四川省	通江县	511921	沉渡潭	地表水	107°13′15″	31°55′31″
583	四川省	南江县	511922	养生潭	地表水	106°50′47″	32°21′55″
584	四川省	马尔康市	513201	磨子沟	地表水	102°15′14″	31°53′17″
585	四川省	马尔康市	513201	大郎足沟	地表水	102°16′15″	31°53′24″
586	四川省	汶川县	513221	岷江	地表水	103°34′40″	31°28′22″
587	四川省	理县	513222	理县县城饮用水水源地	地表水	103°15′7″	31°25′24″
588	四川省	茂县	513223	茂县县城集中式饮用水水源地	地表水	103°50′52″	31°41′24″
589	四川省	松潘县	513224	松潘县县城饮用水水源地	地表水	103°38′52″	32°50′19″
590	四川省	九寨沟县	513225	九寨沟县安乐乡上双河	地表水	104°13′35″	33°21′0″
591	四川省	金川县	513226	金川镇八步里喇嘛沟	地表水	102°1′30″	31°28′53″
592	四川省	金川县	513226	林乡大火烧坡杰土杰沟	地表水	102°9′56″	31°21′2″
593	四川省	小金县	513227	小金县美沃乡圆洞子饮用水水源地	地表水	102°22′20″	31°5′57″
594	四川省	小金县	513227	小金县崇德乡鸹鸹鸡饮用水水源地	地表水	102°25′1″	30°54′45″

序号	省（市、区）名称	县（市、旗、区）名称	县（市、旗、区）代码	水源地名称	水源地类型	经度	纬度
595	四川省	黑水县	513228	芦花镇德石窝村波洛沟	地表水	102°58′54″	32°2′52″
596	四川省	壤塘县	513230	竹青沟	地表水	100°58′26″	32°16′10″
597	四川省	阿坝县	513231	阿坝县自来水厂	地下水	101°42′31″	32°54′41″
598	四川省	若尔盖县	513232	阿坝州若尔盖集中式生活饮用水水源地	地表水	102°58′18″	33°35′9″
599	四川省	红原县	513233	阿拉基水源地	地表水	102°41′28″	32°33′57″
600	四川省	康定市	513301	任家沟水源地	地表水	102°36′5″	30°3′30″
601	四川省	泸定县	513322	羊圈沟饮用水水源地	地表水	102°14′14″	29°54′40″
602	四川省	泸定县	513322	木角沟饮用水水源地	地表水	102°12′16″	29°54′5″
603	四川省	丹巴县	513323	大马沟饮用水水源地	地表水	101°48′57″	30°36′54″
604	四川省	九龙县	513324	磨房沟	地表水	101°29′9″	29°1′24″
605	四川省	九龙县	513324	邓家沟	地表水	101°29′47″	29°0′30″
606	四川省	九龙县	513324	八家铺子	地表水	101°30′13″	28°59′58″
607	四川省	雅江县	513325	雅江县格西沟饮用水水源地	地表水	100°58′21″	30°2′37″
608	四川省	道孚县	513326	道孚沟	地表水	101°8′4″	30°59′55″
609	四川省	炉霍县	513327	厂龙沟	地表水	100°35′35″	31°22′30″
610	四川省	甘孜县	513328	甘孜县绒岔沟饮用水水源保护地	地表水	99°57′36″	31°38′24″
611	四川省	新龙县	513329	新龙县甲拉西乡甲拉西沟饮用水水源地	地表水	100°19′43″	30°56′17″
612	四川省	新龙县	513329	新龙县如龙镇日龙普沟饮用水水源地	地表水	100°17′22″	30°56′42″
613	四川省	德格县	513330	德格县更庆镇柳林子水源地	地表水	98°34′49″	31°48′44″
614	四川省	白玉县	513331	比柯沟	地表水	98°49′55″	31°10′51″
615	四川省	白玉县	513331	磨房沟	地表水	98°49′42″	31°12′57″
616	四川省	石渠县	513332	翁曲河	地表水	98°5′29″	32°57′47″
617	四川省	色达县	513333	色拉沟饮用水水源保护地	地表水	100°20′1″	32°18′17″
618	四川省	理塘县	513334	夺曲河	地表水	101°2′0″	29°41′0″
619	四川省	巴塘县	513335	巴塘县鹦哥嘴饮用水水源地	地表水	99°7′45″	29°59′7″
620	四川省	乡城县	513336	冷龙沟饮用水水源地	地表水	99°46′2″	28°6′11″
621	四川省	稻城县	513337	稻城县金珠镇贡巴沟饮用水水源地	地表水	100°19′44″	29°0′46″
622	四川省	得荣县	513338	得荣县格绒勇饮用水水源地	地表水	99°21′11″	28°50′40″
623	四川省	木里藏族自治县	513422	鲁珠沟水源地	地表水	101°15′28″	27°59′58″
624	四川省	盐源县	513423	盐源县城区水源地	地表水	101°0′36″	27°29′23″
625	四川省	宁南县	513427	水营盘	地下水	102°46′27″	27°3′60″
626	四川省	宁南县	513427	石洛沟	地下水	102°45′48″	27°6′28″
627	四川省	宁南县	513427	龙洞河	地表水	102°35′12″	27°13′2″

序号	省（市、区）名称	县（市、旗、区）名称	县（市、旗、区）代码	水源地名称	水源地类型	经度	纬度
628	四川省	普格县	513428	金洞子	地表水	102°30′16″	27°22′15″
629	四川省	布拖县	513429	木切勒黑山水源地	地下水	102°44′56″	27°42′15″
630	四川省	金阳县	513430	包谷山龙乡水源地	地下水	103°15′9″	27°44′27″
631	四川省	金阳县	513430	莱莱寨水源地	地下水	103°16′37″	27°45′47″
632	四川省	昭觉县	513431	城北乡瓦曲	地表水	102°50′26″	28°2′11″
633	四川省	昭觉县	513431	新城镇后山	地表水	102°49′48″	28°2′12″
634	四川省	喜德县	513432	贺波洛小桥	地表水	102°29′17″	28°21′8″
635	四川省	越西县	513434	东山大水沟	地下水	102°32′19″	28°37′49″
636	四川省	越西县	513434	中所水观音	地下水	102°29′10″	28°35′15″
637	四川省	甘洛县	513435	吉日坡水源地取水口	地下水	102°49′6″	28°52′7″
638	四川省	美姑县	513436	合姑洛乡本石来俄	地表水	103°10′31″	28°21′14″
639	四川省	雷波县	513437	雷波县锦城镇城北村	地下水	103°33′30″	28°16′54″
640	四川省	雷波县	513437	雷波县海湾乡麻柳村	地下水	103°34′53″	28°15′50″
641	贵州省	六枝特区	520203	中坝水库	地表水	105°14′0″	26°11′0″
642	贵州省	水城县	520221	原水取水口	地表水	104°46′43″	26°29′36″
643	贵州省	习水县	520330	渔溪坝水库堤坝	地表水	106°16′47″	28°17′58″
644	贵州省	赤水市	520381	甲子口	地表水	105°41′21″	28°34′24″
645	贵州省	镇宁布依族苗族自治县	520423	桂家湖水库	地表水	105°44′32″	26°8′25″
646	贵州省	关岭布依族苗族自治县	520424	高寨水库	地表水	105°32′56″	26°1′9″
647	贵州省	紫云苗族布依族自治县	520425	板母	地表水	105°8′9″	25°45′25″
648	贵州省	紫云苗族布依族自治县	520425	三岔河	地表水	106°5′4″	25°49′49″
649	贵州省	紫云苗族布依族自治县	520425	母猪笼	地表水	106°5′10″	25°42′48″
650	贵州省	七星关区	520502	倒天河水库	地表水	105°15′59″	27°19′17″
651	贵州省	七星关区	520502	利民水库	地表水	105°13′45″	27°23′45″
652	贵州省	大方县	520521	宋家沟水库取水点	地表水	105°38′39″	27°9′16″
653	贵州省	大方县	520521	小箐沟水库取水点	地表水	105°38′5″	27°8′6″
654	贵州省	大方县	520521	敞口龙潭取水点	地表水	105°42′47″	27°9′40″
655	贵州省	黔西县	520522	附廓水库	地表水	105°59′8″	27°6′34″
656	贵州省	金沙县	520523	南郊水厂	地表水	106°13′22″	27°27′1″
657	贵州省	金沙县	520523	小洋溪水库	地表水	106°16′19″	27°24′54″
658	贵州省	织金县	520524	金鱼池	地表水	105°44′23″	26°36′25″
659	贵州省	纳雍县	520525	吊水岩水库	地表水	105°15′37″	26°44′45″
660	贵州省	威宁彝族回族苗族自治县	520526	威宁县杨湾桥水库	地表水	104°9′4″	26°52′46″
661	贵州省	赫章县	520527	香椿树水库	地表水	104°44′51″	27°7′6″

序号	省（市、区）名称	县（市、旗、区）名称	县（市、旗、区）代码	水源地名称	水源地类型	经度	纬度
662	贵州省	赫章县	520527	公鸡寨	地表水	104°26′22″	27°4′9″
663	贵州省	赫章县	520527	羊洞小河	地表水	104°41′3″	27°2′13″
664	贵州省	江口县	520621	牛硐岩	地表水	108°46′58″	27°42′2″
665	贵州省	石阡县	520623	石阡县山坪饮用水水源地	地表水	108°15′5″	27°28′3″
666	贵州省	石阡县	520623	石阡县岩门口集中式饮用水水源地	地表水	108°12′25″	27°30′14″
667	贵州省	石阡县	520623	石阡县万安卡塘坳集中式饮用水水源地	地表水	108°12′59″	27°30′25″
668	贵州省	思南县	520624	河西水厂提水点	地表水	108°15′7″	27°55′49″
669	贵州省	思南县	520624	思林水电站提水点	地表水	108°10′58″	27°48′18″
670	贵州省	印江土家族苗族自治县	520625	慕龙饮用水工程水源保护区	地下水	108°33′37″	27°59′24″
671	贵州省	德江县	520626	潮水河取水口	地下水	108°4′7″	28°15′9″
672	贵州省	德江县	520626	朱家沟取水口	地表水	108°2′51″	28°11′30″
673	贵州省	德江县	520626	大龙阡取水口	地下水	108°7′9″	28°13′9″
674	贵州省	沿河土家族自治县	520627	沿河县淇滩镇沙陀水电站集中式饮用水水源保护区	地表水	108°24′0″	28°27′39″
675	贵州省	望谟县	522326	六洞河	地下水	106°7′30″	25°10′0″
676	贵州省	册亨县	522327	坝朝水库	地表水	105°45′8″	24°58′6″
677	贵州省	黄平县	522622	龙洞榜	地下水	107°53′19″	26°54′16″
678	贵州省	黄平县	522622	雷打岩	地下水	107°53′25″	26°54′48″
679	贵州省	黄平县	522622	响水桥	地下水	107°57′18″	26°56′21″
680	贵州省	施秉县	522623	平宁	地表水	108°6′18″	27°2′34″
681	贵州省	施秉县	522623	观音岩水库	地表水	108°3′47″	27°2′9″
682	贵州省	锦屏县	522628	天堂	地表水	109°9′35″	26°41′13″
683	贵州省	剑河县	522629	南脚溪取水点	地表水	108°20′35″	26°40′15″
684	贵州省	台江县	522630	打岩沟取水点	地表水	108°18′12″	26°38′58″
685	贵州省	榕江县	522632	归久溪取水口	地表水	108°30′31″	25°57′5″
686	贵州省	榕江县	522632	三角井取水口	地表水	108°30′21″	25°56′40″
687	贵州省	从江县	522633	宰章河	地表水	108°51′9″	25°44′36″
688	贵州省	从江县	522633	独洞水库	地表水	109°1′46″	25°55′54″
689	贵州省	雷山县	522634	鸡鸠	地表水	108°5′32″	26°20′50″
690	贵州省	丹寨县	522636	乌坝河水库取水口	地表水	107°47′33″	26°14′38″
691	贵州省	丹寨县	522636	泉山水库取水口	地表水	107°46′49″	26°11′13″
692	贵州省	丹寨县	522636	刘家桥水库取水口	地表水	107°46′41″	26°12′59″
693	贵州省	荔波县	522722	荔波县水厂	地表水	107°53′42″	25°26′36″
694	贵州省	平塘县	522727	龙洞	地下水	107°18′14″	25°51′19″
695	贵州省	罗甸县	522728	罗甸县城市集中式饮用水水源地	地表水	106°48′50″	25°28′10″
696	贵州省	三都水族自治县	522732	甲晒河水库	地表水	107°49′35″	25°56′19″

序号	省（市、区）名称	县（市、旗、区）名称	县（市、旗、区）代码	水源地名称	水源地类型	经度	纬度
697	贵州省	三都水族自治县	522732	三都县饮用水水源地	地表水	107°51′12″	25°59′9″
698	云南省	东川区	530113	大菜园	地表水	103°12′55″	26°6′37″
699	云南省	江川区	530403	大龙潭水源地	地下水	102°44′27″	24°16′44″
700	云南省	江川区	530403	廖家营水源地	地下水	102°44′35″	24°16′8″
701	云南省	澄江县	530422	西龙潭	地表水	102°53′3″	24°41′17″
702	云南省	通海县	530423	秀山沟水库	地表水	102°44′31″	24°5′56″
703	云南省	华宁县	530424	二龙戏珠	地表水	102°56′54″	24°13′19″
704	云南省	巧家县	530622	大龙潭	地表水	102°55′51″	26°54′14″
705	云南省	巧家县	530622	龚家沟	地表水	102°56′47″	26°55′13″
706	云南省	盐津县	530623	油坊沟水库	地表水	104°12′5″	28°4′48″
707	云南省	盐津县	530623	盐津豆芽沟	地表水	104°14′40″	28°2′9″
708	云南省	大关县	530624	大关出水洞	地下水	103°53′35″	27°38′17″
709	云南省	永善县	530625	云荞水库库内	地表水	103°35′21″	28°5′54″
710	云南省	绥江县	530626	铜厂河	地表水	103°55′4″	28°30′3″
711	云南省	玉龙纳西族自治县	530721	三束河	地表水	100°14′7″	27°1′45″
712	云南省	永胜县	530722	赵家山箐	地表水	100°47′33″	26°41′4″
713	云南省	永胜县	530722	老板箐	地表水	100°48′15″	26°41′41″
714	云南省	永胜县	530722	羊坪水库	地表水	100°48′1″	26°42′33″
715	云南省	宁蒗彝族自治县	530724	小龙洞	地下水	100°50′57″	27°21′30″
716	云南省	宁蒗彝族自治县	530724	白岩子龙洞	地下水	100°54′16″	27°15′34″
717	云南省	景东彝族自治县	530823	菊河	地表水	100°45′28″	24°24′49″
718	云南省	镇沅彝族哈尼族拉祜族自治县	530825	湾河水库取水口	地表水	100°58′24″	23°54′47″
719	云南省	孟连傣族拉祜族佤族自治县	530827	东密河	地表水	99°28′19″	22°18′43″
720	云南省	澜沧拉祜族自治县	530828	南丙河自来水厂取水口上游 100 m	地表水	100°3′8″	22°24′50″
721	云南省	西盟佤族自治县	530829	王莫小河水厂取水口	地表水	99°35′33″	22°36′44″
722	云南省	双柏县	532322	新华水库	地表水	101°39′32″	24°42′34″
723	云南省	大姚县	532326	大坝水库取水口附近 100 m	地表水	101°12′2″	25°43′3″
724	云南省	大姚县	532326	石洞水库取水口附近 100 m	地表水	101°21′3″	25°38′2″
725	云南省	大姚县	532326	大坡水库取水口附近 100 m	地表水	101°9′10″	25°42′44″
726	云南省	永仁县	532327	尼白租水库取水口	地表水	101°35′7″	26°5′24″
727	云南省	屏边苗族自治县	532523	红旗水库	地表水	103°41′60″	22°57′47″
728	云南省	石屏县	532525	高冲水库	地表水	102°26′42″	23°45′1″

序号	省（市、区）名称	县（市、旗、区）名称	县（市、旗、区）代码	水源地名称	水源地类型	经度	纬度
729	云南省	金平苗族瑶族傣族自治县	532530	金平县白马河饮用水水源地	地表水	103°15′42″	22°46′38″
730	云南省	文山市	532601	暮底河水库	地表水	104°8′48″	23°24′44″
731	云南省	西畴县	532623	西畴县小桥沟水库	地表水	104°41′40″	23°21′41″
732	云南省	麻栗坡县	532624	小河洞	地表水	104°53′43″	23°7′25″
733	云南省	马关县	532625	大丫口水库	地表水	104°17′8″	23°3′15″
734	云南省	广南县	532627	板宜水库	地表水	105°1′30″	24°25′30″
735	云南省	广南县	532627	东风水库	地表水	105°3′14″	24°5′24″
736	云南省	富宁县	532628	富宁县清华洞水库	地表水	105°33′56″	23°36′46″
737	云南省	景洪市	532801	澜沧江（州水文站）	地表水	100°47′17″	22°1′54″
738	云南省	勐海县	532822	那达勐水库	地表水	100°21′45″	21°46′40″
739	云南省	勐腊县	532823	南细河	地表水	101°33′20″	21°31′54″
740	云南省	漾濞彝族自治县	532922	雪山河饮用水水源地	地表水	100°1′36″	25°41′29″
741	云南省	南涧彝族自治县	532926	大龙潭水库	地表水	100°33′52″	24°54′9″
742	云南省	南涧彝族自治县	532926	母子垦水库	地表水	100°31′1″	24°56′57″
743	云南省	巍山彝族回族自治县	532927	黄栎嘴水库	地表水	100°19′58″	25°12′37″
744	云南省	巍山彝族回族自治县	532927	巍宝山水库	地表水	100°21′21″	25°11′13″
745	云南省	永平县	532928	龙潭箐	地表水	99°48′57″	25°23′16″
746	云南省	洱源县	532930	茈碧湖湖心	地表水	99°56′0″	26°9′0″
747	云南省	剑川县	532931	玉华玉龙潭	地表水	99°59′6″	26°24′40″
748	云南省	剑川县	532931	满贤林水库	地表水	99°52′45″	26°32′48″
749	云南省	泸水市	533301	玛布河水源地	地表水	98°49′14″	25°52′43″
750	云南省	福贡县	533323	上帕河饮用水水源地	地表水	98°52′48″	26°54′30″
751	云南省	贡山独龙族怒族自治县	533324	明里娃	地表水	98°39′47″	27°44′40″
752	云南省	兰坪白族普米族自治县	533325	兰坪县雪邦山龙潭水源地	地表水	99°28′35″	26°28′7″
753	云南省	香格里拉市	533401	桑那水库	地表水	99°44′32″	27°49′32″
754	云南省	香格里拉市	533401	龙谭河源头	地表水	99°43′7″	27°49′14″
755	云南省	德钦县	533422	水磨房河	地表水	98°55′51″	28°30′10″
756	云南省	维西傈僳族自治县	533423	纸厂河	地表水	99°22′4″	27°5′44″
757	西藏自治区	定日县	540223	协格尔镇水源地	地下水	87°7′15″	28°40′5″
758	西藏自治区	康马县	540230	康马县秀巴岗金水源地	地下水	89°43′43″	28°32′48″
759	西藏自治区	定结县	540231	郎卓普水源地	地表水	87°45′45″	28°22′6″
760	西藏自治区	仲巴县	540232	仲巴县集中式饮用水水源地	地下水	84°1′57″	29°46′24″
761	西藏自治区	亚东县	540233	亚东县唐嘎布水源地	地表水	88°53′57″	27°30′57″

序号	省（市、区）名称	县（市、旗、区）名称	县（市、旗、区）代码	水源地名称	水源地类型	经度	纬度
762	西藏自治区	亚东县	540233	亚东县唐嘎尔布水源地	地表水	88°55′44″	27°29′58″
763	西藏自治区	吉隆县	540234	江久河水源地	地表水	85°18′47″	28°53′11″
764	西藏自治区	聂拉木县	540235	聂拉木县充堆村一期水源地	地表水	85°58′25″	28°9′58″
765	西藏自治区	聂拉木县	540235	聂拉木县县城给水工程水源地	地下水	85°57′46″	28°10′16″
766	西藏自治区	聂拉木县	540235	聂拉木县樟木镇自来水厂水源地	地表水	85°59′13″	28°1′55″
767	西藏自治区	萨嘎县	540236	萨嘎县加加镇自来水厂	地下水	85°13′48″	29°20′19″
768	西藏自治区	岗巴县	540237	雪村水源地	地表水	88°31′20″	28°16′19″
769	西藏自治区	岗巴县	540237	增布沟水源地	地下水	88°31′40″	28°16′57″
770	西藏自治区	江达县	540321	江达县县城饮用水水源地取水口上游 100 m	地表水	98°13′37″	31°29′4″
771	西藏自治区	贡觉县	540322	贡觉县多曲河集中饮用水水源地	地表水	98°16′59″	30°50′57″
772	西藏自治区	类乌齐县	540323	龙帕沟水源地	地表水	96°35′18″	31°14′21″
773	西藏自治区	类乌齐县	540323	旺噶沟水源地	地表水	96°35′2″	31°14′21″
774	西藏自治区	丁青县	540324	仲佰	地表水	95°35′16″	31°26′52″
775	西藏自治区	丁青县	540324	格仁	地表水	95°32′10″	31°27′14″
776	西藏自治区	巴宜区	540402	八一镇一水厂	地表水	94°22′6″	29°38′6″
777	西藏自治区	巴宜区	540402	八一镇二水厂	地下水	94°22′2″	29°38′6″
778	西藏自治区	米林县	540422	米林县南伊河水源地	地表水	94°13′14″	29°6′27″
779	西藏自治区	墨脱县	540423	墨脱镇卓玛山下不溶河水源地	地表水	95°20′17″	29°6′27″
780	西藏自治区	波密县	540424	卓龙沟	地表水	95°45′34″	29°49′41″
781	西藏自治区	察隅县	540425	白冬曲沟	地表水	97°28′47″	28°39′48″
782	西藏自治区	察隅县	540425	巴拉沟	地表水	97°27′49″	28°40′13″
783	西藏自治区	察隅县	540425	吉太沟	地表水	97°29′27″	28°40′55″
784	西藏自治区	洛扎县	540527	洛扎县洛扎镇东嘎普集中式饮用水水源地	地表水	90°49′19″	28°22′3″
785	西藏自治区	隆子县	540529	隆子县供水站	地下水	92°27′25″	28°25′10″
786	西藏自治区	错那县	540530	错那镇亚玛荣河水源地	地表水	91°54′38″	27°58′17″
787	西藏自治区	错那县	540530	错那镇错龙沟水源地	地表水	91°58′27″	28°0′37″
788	西藏自治区	浪卡子县	540531	岗布沟	地表水	90°14′45″	28°55′46″
789	西藏自治区	安多县	540624	拉日嘎布	地下水	91°40′57″	32°16′23″
790	西藏自治区	班戈县	540627	普保支流河	地下水	90°0′19″	28°27′18″
791	西藏自治区	尼玛县	540629	波仓藏布水源地	地下水	87°14′19″	31°47′23″
792	西藏自治区	普兰县	542521	普兰镇孔雀河水源地	地下水	81°10′18″	30°18′6″
793	西藏自治区	札达县	542522	托林镇友让沟水源地	地下水	79°47′41″	31°28′32″
794	西藏自治区	札达县	542522	托林镇象泉河水源地	地下水	79°47′7″	31°29′4″

序号	省（市、区）名称	县（市、旗、区）名称	县（市、旗、区）代码	水源地名称	水源地类型	经度	纬度
795	西藏自治区	噶尔县	542523	狮泉河镇东郊水厂	地下水	80°6′43″	32°30′14″
796	西藏自治区	噶尔县	542523	狮泉河镇南区水厂	地下水	80°6′3″	32°29′28″
797	西藏自治区	噶尔县	542523	狮泉河镇老水厂	地下水	80°5′52″	32°30′11″
798	西藏自治区	日土县	542524	日土县日土镇新水源地	地下水	79°43′54″	33°23′3″
799	西藏自治区	革吉县	542525	革吉县饮用水水源地	地下水	81°8′25″	32°23′46″
800	西藏自治区	改则县	542526	改则县自来水厂	地下水	84°3′17″	32°18′6″
801	西藏自治区	措勤县	542527	措勤县县域亚革沟水源地	地表水	85°9′5″	31°1′12″
802	陕西省	周至县	610124	西安市黑河水水源地	地表水	108°12′15″	34°2′58″
803	陕西省	凤县	610330	凤县县城饮用水水源地	地表水	106°32′3″	33°55′14″
804	陕西省	太白县	610331	石沟水源地	地表水	107°18′7″	34°2′55″
805	陕西省	安塞区	610603	马家沟水源地	地表水	102°42′18″	32°24′23″
806	陕西省	子长县	610623	中山川水库	地表水	109°30′51″	37°0′18″
807	陕西省	志丹县	610625	志丹县自来水厂	地下水	108°44′27″	36°50′52″
808	陕西省	吴起县	610626	吴起县自来水公司	地下水	108°39′57″	37°36′33″
809	陕西省	宜川县	610630	刘庄水库	地表水	109°50′55″	36°6′58″
810	陕西省	黄龙县	610631	尧门河水库	地表水	35°33′41″	35°33′41″
811	陕西省	汉台区	610702	东郊水源地	地下水	107°3′46″	33°3′4″
812	陕西省	汉台区	610702	西郊水源地	地下水	107°0′26″	33°4′10″
813	陕西省	南郑区	610703	石拱饮用水水源地	地下水	106°59′57″	33°2′41″
814	陕西省	城固县	610722	城固县城地下水饮用水源地	地下水	107°19′40″	33°10′2″
815	陕西省	洋县	610723	洋县傥水河饮用水水源保护区	地下水	107°28′33″	33°12′37″
816	陕西省	洋县	610723	中核四〇五厂饮用水水源	地下水	107°26′8″	33°10′28″
817	陕西省	西乡县	610724	西乡县城市集中式饮用水水源地	地表水	107°44′37″	32°58′39″
818	陕西省	勉县	610725	城北水源地	地下水	106°39′11″	33°15′12″
819	陕西省	宁强县	610726	二郎坝水源地	地表水	106°23′47″	32°48′39″
820	陕西省	宁强县	610726	小河水源地	地表水	106°15′22″	32°50′1″
821	陕西省	略阳县	610727	金池院饮用水水源地	地表水	106°11′37″	33°25′57″
822	陕西省	镇巴县	610728	镇巴县泾洋河	地表水	107°32′38″	32°18′56″
823	陕西省	镇巴县	610728	镇巴县鹿子坝河	地表水	107°54′27″	32°31′37″
824	陕西省	镇巴县	610728	镇巴县飚水洞	地表水	107°56′40″	32°33′10″
825	陕西省	留坝县	610729	石峡子沟饮用水水源地	地表水	106°54′60″	33°37′10″
826	陕西省	佛坪县	610730	佛坪县椒溪河地表水饮用水水源地	地表水	107°59′13″	33°33′53″
827	陕西省	绥德县	610826	绥德县无定河四十铺水源地	地表水	110°13′24″	37°37′10″
828	陕西省	米脂县	610827	米脂县饮用水水源地	地表水	110°9′3″	37°46′56″
829	陕西省	佳县	610828	佳县桃湾饮用水水源地	地表水	110°30′0″	38°2′30″

序号	省（市、区）名称	县（市、旗、区）名称	县（市、旗、区）代码	水源地名称	水源地类型	经度	纬度
830	陕西省	吴堡县	610829	白地滩	地表水	110°44′51″	37°27′57″
831	陕西省	清涧县	610830	老柳卜	地下水	110°9′27″	37°1′39″
832	陕西省	清涧县	610830	牛家湾	地下水	110°5′10″	37°7′59″
833	陕西省	清涧县	610830	丁家沟	地下水	110°3′13″	37°7′48″
834	陕西省	子洲县	610831	子洲县张寨—清水沟饮用水水源地	地表水	110°0′31″	37°33′22″
835	陕西省	汉滨区	610902	马坡岭	地表水	108°59′59″	32°40′0″
836	陕西省	汉滨区	610902	红土岭	地表水	108°50′50″	32°40′38″
837	陕西省	汉滨区	610902	许家台	地表水	108°59′59″	32°40′0″
838	陕西省	汉阴县	610921	观音河饮用水水源地	地表水	108°30′42″	32°26′44″
839	陕西省	汉阴县	610921	大木坝饮用水水源地	地表水	108°31′10″	32°22′57″
840	陕西省	石泉县	610922	石泉水库	地表水	108°13′28″	33°47′41″
841	陕西省	宁陕县	610923	宁陕县渔洞河水源保护区	地表水	108°19′59″	33°19′47″
842	陕西省	紫阳县	610924	西门河饮用水水源地	地表水	108°32′27″	32°32′39″
843	陕西省	岚皋县	610925	堰溪沟两岔河水源地	地表水	108°54′11″	32°17′52″
844	陕西省	岚皋县	610925	四季河苍水饮用水水源地	地表水	108°53′9″	32°9′30″
845	陕西省	平利县	610926	平利县古仙洞水库水源地	地表水	109°21′2″	32°20′53″
846	陕西省	镇坪县	610927	镇坪县小石砦河水源地	地表水	109°32′22″	31°52′13″
847	陕西省	旬阳县	610928	旬阳县冷水河水源地	地表水	109°17′40″	32°56′50″
848	陕西省	白河县	610929	白河县红石河饮用水水源地	地表水	110°8′28″	32°43′18″
849	陕西省	商州区	611002	商洛市区地下饮用水水源地	地下水	109°55′37″	33°54′45″
850	陕西省	商州区	611002	商洛市二龙山水库备用饮用水水源地	地表水	109°54′55″	33°54′2″
851	陕西省	洛南县	611021	洛南县饮用水水源保护区	地表水	109°54′37″	34°10′41″
852	陕西省	丹凤县	611022	丹凤县龙潭水库	地表水	110°21′19″	33°41′45″
853	陕西省	商南县	611023	县河水库	地表水	110°52′40″	33°33′13″
854	陕西省	山阳县	611024	山阳县薛家沟饮用水水源地	地表水	109°56′42″	33°30′14″
855	陕西省	镇安县	611025	镇安县城供水水源地	地表水	109°0′26″	33°30′1″
856	陕西省	柞水县	611026	柞水县乾佑河饮用水水源地	地表水	109°0′7″	33°48′40″
857	甘肃省	永登县	620121	永登县城区水源	地下水	103°14′47″	36°44′54″
858	甘肃省	永昌县	620321	东大河渠首水源	地表水	101°57′14″	38°14′12″
859	甘肃省	会宁县	620422	鸡儿嘴水库	地表水	105°5′10″	35°43′7″
860	甘肃省	张家川回族自治县	620525	东峡水库	地表水	106°12′28″	34°59′44″
861	甘肃省	张家川回族自治县	620525	石峡水库水源	地表水	106°12′28″	34°59′44″
862	甘肃省	凉州区	620602	杂木河渠首	地表水	102°34′58″	37°42′19″
863	甘肃省	凉州区	620602	西营河渠首	地表水	102°19′14″	37°57′24″

序号	省（市、区）名称	县（市、旗、区）名称	县（市、旗、区）代码	水源地名称	水源地类型	经度	纬度
864	甘肃省	民勤县	620621	重兴乡饮用水水源地保护区	地下水	102°55′7″	38°21′16″
865	甘肃省	古浪县	620622	古浪县城区饮用水水源保护区	地下水	102°52′52″	37°27′16″
866	甘肃省	天祝藏族自治县	620623	天祝县供水公司	地下水	102°53′19″	37°8′32″
867	甘肃省	甘州区	620702	甘州区城区水源地（二水厂）	地下水	100°26′22″	38°54′14″
868	甘肃省	甘州区	620702	滨河水源地（三水厂）	地下水	100°16′4″	38°52′37″
869	甘肃省	肃南裕固族自治县	620721	肃南县城东柳沟水源地	地表水	99°36′50″	38°47′23″
870	甘肃省	民乐县	620722	双树寺水库	地表水	100°49′32″	38°20′50″
871	甘肃省	临泽县	620723	临泽县城区集中式饮用水水源地	地下水	100°9′16″	39°8′40″
872	甘肃省	高台县	620724	高台县城区集中式饮用水水源地	地下水	99°49′35″	39°15′46″
873	甘肃省	山丹县	620725	山丹县城市集中式饮用水水源地	地下水	101°5′42″	38°46′19″
874	甘肃省	庄浪县	620825	竹林寺水库	地表水	106°6′18″	35°12′34″
875	甘肃省	静宁县	620826	甘泉水源地	地下水	105°51′10″	35°26′22″
876	甘肃省	肃北蒙古族自治县	620923	肃北县城区水源地	地表水	94°52′57″	39°29′54″
877	甘肃省	阿克塞哈萨克族自治县	620924	阿克塞县城区水源地	地表水	94°52′26″	39°30′34″
878	甘肃省	庆城县	621021	马岭东沟水源地	地表水	107°38′55″	36°13′44″
879	甘肃省	环县	621022	庙儿沟水源地	地下水	107°12′46″	36°34′11″
880	甘肃省	华池县	621023	柔远东沟饮用水水源	地表水	107°52′28″	36°48′55″
881	甘肃省	华池县	621023	鸭儿洼水源	地表水	107°34′59″	36°44′28″
882	甘肃省	镇原县	621027	尤坪水源地	地下水	107°11′8″	35°41′5″
883	甘肃省	通渭县	621121	通渭县锦屏水库	地表水	105°5′30″	35°14′44″
884	甘肃省	渭源县	621123	峡口水库入境	地表水	104°5′38″	35°2′9″
885	甘肃省	渭源县	621123	漫坝河入境	地表水	104°0′56″	35°58′0″
886	甘肃省	漳县	621125	漳县城区水源地	地下水	104°26′19″	34°51′6″
887	甘肃省	岷县	621126	洮河右岸水源地	地下水	104°0′22″	34°26′14″
888	甘肃省	武都区	621202	钟楼滩水源地	地下水	104°54′37″	33°24′14″
889	甘肃省	文县	621222	文县自来水厂	地下水	104°39′55″	33°57′2″
890	甘肃省	宕昌县	621223	大竹河水源保护地	地表水	104°3′47″	34°23′27″
891	甘肃省	宕昌县	621223	缸沟水源地	地表水	104°32′22″	34°23′2″
892	甘肃省	康县	621224	碾坝乡安家坝村集中式饮用水水源地	地表水	105°32′55″	33°18′55″
893	甘肃省	康县	621224	城关镇孙家院村集中式饮用水水源地	地表水	105°34′24″	33°20′22″

序号	省（市、区）名称	县（市、旗、区）名称	县（市、旗、区）代码	水源地名称	水源地类型	经度	纬度
894	甘肃省	西和县	621225	黄江水库	地表水	105°14′36″	33°57′48″
895	甘肃省	西和县	621225	二郎坝	地下水	105°13′30″	33°56′30″
896	甘肃省	礼县	621226	礼县城区水源地	地下水	105°11′17″	34°11′25″
897	甘肃省	两当县	621228	两当河水源地	地下水	106°17′57″	33°56′6″
898	甘肃省	临夏县	622921	关滩水源地	地表水	102°52′4″	35°31′37″
899	甘肃省	康乐县	622922	石板沟饮用水水源地	地表水	103°36′26″	35°23′0″
900	甘肃省	永靖县	622923	自来水厂取水口	地表水	103°25′25″	35°55′59″
901	甘肃省	和政县	622925	和政县新营乡饮马泉饮用水水源地	地表水	103°15′15″	35°22′33″
902	甘肃省	和政县	622925	和政县买家集镇海眼泉饮用水水源地	地表水	103°11′32″	35°20′36″
903	甘肃省	东乡族自治县	622926	尕西塬泵站	地表水	103°15′53″	35°50′27″
904	甘肃省	积石山保安族东乡族撒拉族自治县	622927	县城中峡	地表水	102°46′25″	35°37′8″
905	甘肃省	合作市	623001	格河水源地	地下水	102°53′54″	34°53′31″
906	甘肃省	临潭县	623021	引洮入潭工程水源地	地表水	103°35′4″	34°47′32″
907	甘肃省	卓尼县	623022	木耳沟饮用水水源地	地下水	103°30′22″	34°33′39″
908	甘肃省	舟曲县	623023	舟曲县杜坝川水源保护区	地下水	103°54′50″	33°40′50″
909	甘肃省	迭部县	623024	迭部县哇坝沟饮用水水源地	地下水	103°12′30″	34°3′51″
910	甘肃省	玛曲县	623025	卓格尼玛泉水水源地	地下水	102°3′50″	34°1′33″
911	甘肃省	玛曲县	623025	东郊水源地	地下水	102°5′31″	34°0′0″
912	甘肃省	碌曲县	623026	玛艾水源地	地下水	102°28′25″	34°35′33″
913	甘肃省	夏河县	623027	夏河县洒哈尔饮用水水源地	地下水	102°31′16″	35°12′7″
914	青海省	大通回族土族自治县	630121	县自来水 6#井	地下水	101°39′44″	36°57′51″
915	青海省	大通回族土族自治县	630121	县自来水 7#井	地下水	101°39′29″	36°58′6″
916	青海省	湟中县	630122	青石坡水源地	地下水	101°25′7″	36°27′36″
917	青海省	湟源县	630123	大华水厂	地下水	101°11′11″	36°41′28″
918	青海省	乐都区	630202	引胜水源地	地下水	102°24′13″	36°28′31″
919	青海省	平安区	630203	饮用水（高位水池）取水井	地下水	102°5′44″	36°29′25″
920	青海省	民和回族土族自治县	630222	西沟水源地	地表水	102°36′18″	36°10′13″
921	青海省	互助土族自治县	630223	取水口	地下水	102°3′6″	36°52′5″
922	青海省	化隆回族自治县	630224	水库东面	地表水	102°14′5″	36°8′15″
923	青海省	循化撒拉族自治县	630225	水源地取水口断面	地表水	102°29′5″	35°51′17″

序号	省（市、区）名称	县（市、旗、区）名称	县（市、旗、区）代码	水源地名称	水源地类型	经度	纬度
924	青海省	门源回族自治县	632221	门源县县城集中式饮用水水源地	地下水	101°34′1″	37°26′48″
925	青海省	祁连县	632222	祁连县八宝镇集中式饮用水水源地	地下水	100°18′34″	38°6′48″
926	青海省	海晏县	632223	海晏县三角城镇水源地	地下水	100°59′0″	36°54′41″
927	青海省	刚察县	632224	沙柳河水源地	地表水	100°7′28″	37°19′42″
928	青海省	同仁县	632321	扎毛水库水源地	地表水	101°55′33″	35°20′23″
929	青海省	同仁县	632321	江龙	地表水	102°0′5″	35°25′54″
930	青海省	尖扎县	632322	麦什扎	地表水	102°1′54″	35°57′13″
931	青海省	泽库县	632323	夏德日水源地	地表水	101°25′13″	34°7′5″
932	青海省	河南蒙古族自治县	632324	大雪多	地下水	101°45′46″	34°35′55″
933	青海省	共和县	632521	共和县恰让水库水源地	地表水	100°21′24″	36°22′11″
934	青海省	同德县	632522	尕干曲	地表水	100°34′56″	35°6′24″
935	青海省	贵德县	632523	贵德县城岗拉水源地	地表水	101°25′17″	35°59′28″
936	青海省	兴海县	632524	兴海县龙曲沟水源地	地表水	99°59′8″	35°38′54″
937	青海省	贵南县	632525	卡加水库水源地	地表水	100°53′4″	35°35′46″
938	青海省	玛沁县	632621	野马滩水源地	地下水	100°26′22″	34°22′7″
939	青海省	班玛县	632622	班玛县赛来塘镇水源地	地表水	100°41′56″	32°56′37″
940	青海省	甘德县	632623	甘德县柯曲镇水源地	地下水	99°53′33″	33°53′22″
941	青海省	达日县	632624	跨热河	地下水	99°39′28″	33°42′32″
942	青海省	久治县	632625	久治县智青松多镇水源地	地下水	102°27′22″	36°33′12″
943	青海省	玛多县	632626	玛查理河水源地	地下水	98°12′57″	34°54′55″
944	青海省	玉树市	632701	扎西科水源地	地下水	96°55′32″	33°1′44″
945	青海省	杂多县	632722	清水沟水源地	地表水	95°17′0″	32°51′31″
946	青海省	杂多县	632722	吉乃沟水源地	地表水	95°14′12″	32°52′2″
947	青海省	称多县	632723	西曲河水源地	地表水	97°8′27″	33°21′32″
948	青海省	称多县	632723	查拉沟水源地	地表水	97°6′38″	33°26′1″
949	青海省	治多县	632724	聂恰曲水源地	地下水	95°35′18″	33°50′33″
950	青海省	囊谦县	632725	那容沟水源地	地表水	96°25′33″	32°10′5″
951	青海省	曲麻莱县	632726	龙那沟水源地	地下水	95°51′14″	34°11′37″
952	青海省	格尔木市	632801	格尔木河西水源地	地下水	94°50′3″	36°24′7″
953	青海省	德令哈市	632802	巴音河傍河水源地	地下水	97°25′55″	37°22′46″
954	青海省	都兰县	632822	饮用水水源地取水口	地表水	98°6′58″	36°13′47″
955	青海省	天峻县	632823	新源镇水源地	地下水	99°1′6″	37°17′56″
956	青海省	冷湖行政委员会	632824	饮用水水源地泵站	地下水	93°22′13″	38°52′58″
957	青海省	大柴旦行政委员会	632825	饮用水水源地	地下水	95°22′30″	37°51′27″
958	青海省	茫崖行政委员会	632826	取水口	地下水	90°47′37″	37°59′33″

序号	省（市、区）名称	县（市、旗、区）名称	县(市、旗、区)代码	水源地名称	水源地类型	经度	纬度
959	宁夏回族自治区	大武口区	640202	森林公园院内水源井	地下水	106°21′14″	39°16′31″
960	宁夏回族自治区	大武口区	640202	石嘴山市第二水厂院内水源井	地下水	106°23′37″	38°59′46″
961	宁夏回族自治区	红寺堡区	640303	沙泉水源地	地下水	106°12′48″	37°26′56″
962	宁夏回族自治区	盐池县	640323	刘家沟水库	地表水	106°13′40″	37°27′23″
963	宁夏回族自治区	盐池县	640323	骆驼井水源地	地下水	107°32′35″	37°52′7″
964	宁夏回族自治区	同心县	640324	小洪沟水源地	地下水	105°42′0″	37°12′48″
965	宁夏回族自治区	原州区	640402	贺家湾	地表水	106°15′20″	35°51′0″
966	宁夏回族自治区	西吉县	640422	贺家湾水库	地表水	106°15′20″	35°51′0″
967	宁夏回族自治区	隆德县	640423	直峡水库水源地	地表水	106°9′59″	35°37′37″
968	宁夏回族自治区	隆德县	640423	清凉水库水源地	地表水	106°10′36″	35°34′50″
969	宁夏回族自治区	泾源县	640424	香水河水源地	地表水	106°31′53″	35°30′37″
970	宁夏回族自治区	彭阳县	640425	彭阳县县城水源地	地下水	106°37′44″	35°50′58″
971	宁夏回族自治区	沙坡头区	640502	中卫市自来水厂汇水口	地下水	105°9′56″	37°30′43″
972	宁夏回族自治区	中宁县	640521	第一水厂	地下水	105°40′13″	37°29′37″
973	宁夏回族自治区	海原县	640522	闵家淌水源地	地下水	105°38′22″	36°33′2″
974	新疆维吾尔自治区	博乐市	652701	二水厂	地下水	82°3′20″	44°54′52″
975	新疆维吾尔自治区	温泉县	652723	温泉县自来水厂	地下水	81°1′37″	44°57′42″
976	新疆维吾尔自治区	温泉县	652723	哈日布呼镇水厂	地下水	81°36′13″	44°0′43″
977	新疆维吾尔自治区	若羌县	652824	若羌县饮用水水源地	地下水	88°9′51″	39°0′3″
978	新疆维吾尔自治区	且末县	652825	且末县城南饮用水水源地	地下水	85°33′43″	38°5′2″

序号	省（市、区）名称	县（市、旗、区）名称	县(市、旗、区)代码	水源地名称	水源地类型	经度	纬度
979	新疆维吾尔自治区	博湖县	652829	博湖县水源地	地下水	86°37′23″	41°59′10″
980	新疆维吾尔自治区	乌什县	652927	巴什阿克玛水源地	地下水	78°56′6″	41°4′26″
981	新疆维吾尔自治区	乌什县	652927	七女坟水源地	地下水	79°12′6″	41°12′41″
982	新疆维吾尔自治区	阿瓦提县	652928	阿瓦提县饮用水水源地	地下水	80°12′15″	40°52′48″
983	新疆维吾尔自治区	柯坪县	652929	阿克苏市水厂	地下水	80°12′48″	41°10′55″
984	新疆维吾尔自治区	柯坪县	652929	通古孜布隆水源地	地表水	79°6′2″	40°44′7″
985	新疆维吾尔自治区	阿克陶县	653022	阿克陶县饮用水水源地	地下水	75°56′28″	39°8′37″
986	新疆维吾尔自治区	阿合奇县	653023	阿合奇县自来水公司	地下水	78°25′59″	40°55′56″
987	新疆维吾尔自治区	乌恰县	653024	开普太希水库地表水水源地	地表水	75°14′42″	39°47′32″
988	新疆维吾尔自治区	疏附县	653121	疏附县供排水公司一水厂	地下水	75°51′26″	39°22′42″
989	新疆维吾尔自治区	疏附县	653121	疏附县供排水公司二水厂	地下水	75°50′57″	39°23′9″
990	新疆维吾尔自治区	疏勒县	653122	疏勒县供排水公司一水厂	地下水	76°1′53″	39°24′36″
991	新疆维吾尔自治区	疏勒县	653122	疏勒县供排水公司二水厂	地下水	76°4′23″	39°24′58″
992	新疆维吾尔自治区	泽普县	653124	泽普县农村饮用水安全工程（供水总厂）	地表水	76°57′8″	38°0′36″
993	新疆维吾尔自治区	莎车县	653125	莎车县城饮用水水源地	地下水	77°14′22″	38°23′43″
994	新疆维吾尔自治区	叶城县	653126	喀格勒克镇第一水厂水源地	地下水	77°39′59″	37°50′13″
995	新疆维吾尔自治区	麦盖提县	653127	麦盖提县供水水厂水源地	地下水	77°36′15″	38°53′40″
996	新疆维吾尔自治区	岳普湖县	653128	岳普湖县城市饮用水水源地	地下水	76°45′15″	39°13′39″
997	新疆维吾尔自治区	伽师县	653129	伽师县供排水公司	地下水	76°44′10″	39°30′48″
998	新疆维吾尔自治区	伽师县	653129	伽师县县城1#井地下水水源地	地下水	76°42′43″	39°36′57″

序号	省（市、区）名称	县（市、旗、区）名称	县（市、旗、区）代码	水源地名称	水源地类型	经度	纬度
999	新疆维吾尔自治区	巴楚县	653130	小海子水库	地表水	78°46′26″	39°47′39″
1000	新疆维吾尔自治区	塔什库尔干塔吉克自治县	653131	塔什库尔干县申关口集中式饮用水水源地	地表水	75°10′27″	37°46′9″
1001	新疆维吾尔自治区	和田县	653221	和田市一水厂	地下水	79°53′50″	37°2′30″
1002	新疆维吾尔自治区	墨玉县	653222	东片区水源地	地表水	79°42′20″	37°7′3″
1003	新疆维吾尔自治区	皮山县	653223	固玛镇三水厂水源地	地下水	78°17′8″	37°36′46″
1004	新疆维吾尔自治区	皮山县	653223	皮山县自来水厂水源地	地下水	78°12′48″	37°31′50″
1005	新疆维吾尔自治区	皮山县	653223	皮山县雅普泉联合水厂水源地	地下水	78°8′58″	37°26′23″
1006	新疆维吾尔自治区	洛浦县	653224	洛浦县二水厂	地下水	80°12′37″	37°2′38″
1007	新疆维吾尔自治区	洛浦县	653224	洛浦县一水厂	地下水	80°10′59″	37°3′36″
1008	新疆维吾尔自治区	策勒县	653225	平原区三乡一镇总水厂水源地	地表水	80°47′0″	36°55′0″
1009	新疆维吾尔自治区	于田县	653226	于田县水厂	地下水	81°39′6″	36°50′42″
1010	新疆维吾尔自治区	民丰县	653227	台州水厂	地下水	82°41′16″	37°2′36″
1011	新疆维吾尔自治区	民丰县	653227	尼雅总水厂	地表水	82°40′39″	37°0′1″
1012	新疆维吾尔自治区	伊宁县	654021	取水口	地表水	81°33′32″	44°4′35″
1013	新疆维吾尔自治区	察布查尔锡伯自治县	654022	察布查尔县烟草基地水源地	地下水	81°11′11″	43°44′3″
1014	新疆维吾尔自治区	霍城县	654023	集水井取样口	地下水	80°54′28″	44°6′14″
1015	新疆维吾尔自治区	霍城县	654023	水厂取样口	地下水	80°45′18″	44°16′13″
1016	新疆维吾尔自治区	巩留县	654024	山口水厂	地表水	82°26′40″	43°25′14″
1017	新疆维吾尔自治区	新源县	654025	新源县供水厂	地表水	83°14′14″	43°21′1″
1018	新疆维吾尔自治区	昭苏县	654026	赛克萨依沟	地表水	81°7′12″	43°13′55″

序号	省（市、区）名称	县（市、旗、区）名称	县（市、旗、区）代码	水源地名称	水源地类型	经度	纬度
1019	新疆维吾尔自治区	昭苏县	654026	五棵松	地表水	81°4′33″	43°11′41″
1020	新疆维吾尔自治区	昭苏县	654026	大红纳海河	地表水	81°4′16″	43°16′53″
1021	新疆维吾尔自治区	特克斯县	654027	水源水厂	地表水	81°38′6″	42°56′12″
1022	新疆维吾尔自治区	特克斯县	654027	水源水厂末捎水	地表水	81°19′0″	43°22′30″
1023	新疆维吾尔自治区	尼勒克县	654028	尼勒克县供热供排水公司	地下水	82°30′45″	43°47′58″
1024	新疆维吾尔自治区	塔城市	654201	三水厂	地下水	82°58′22″	46°45′41″
1025	新疆维吾尔自治区	塔城市	654201	喀拉墩水厂	地下水	82°59′48″	46°46′2″
1026	新疆维吾尔自治区	额敏县	654221	额敏县老水厂	地下水	83°38′33″	46°31′30″
1027	新疆维吾尔自治区	额敏县	654221	额敏县新水厂	地下水	83°39′16″	46°32′30″
1028	新疆维吾尔自治区	托里县	654224	二水厂	地下水	83°36′36″	45°55′6″
1029	新疆维吾尔自治区	托里县	654224	三水厂	地下水	83°36′1″	45°54′56″
1030	新疆维吾尔自治区	阿勒泰市	654301	阿勒泰市集中式生活饮用水水源地	地表水	88°6′18″	47°53′7″
1031	新疆维吾尔自治区	布尔津县	654321	城镇饮用水水源地	地表水	87°51′39″	47°42′46″
1032	新疆维吾尔自治区	富蕴县	654322	富蕴县城水源地	地表水	89°51′3″	47°1′21″
1033	新疆维吾尔自治区	福海县	654323	福海县团结水库饮用水水源地	地表水	87°50′10″	47°7′30″
1034	新疆维吾尔自治区	哈巴河县	654324	山口水库水源地	地表水	86°25′26″	48°10′33″
1035	新疆维吾尔自治区	青河县	654325	青河县青河镇饮用水水源地	地表水	90°20′0″	46°41′0″
1036	新疆维吾尔自治区	吉木乃县	654326	供水二期工程	地下水	85°49′31″	47°22′10″
1037	新疆生产建设兵团	图木舒克市	659003	小海子水库西海湾供排水有限公司取水口	地表水	78°47′53″	39°44′47″

污染源（企业）名单

序号	省（市、区）名称	县（市、旗、区）名称	县（市、旗、区）代码	污染源（企业）名称	污染源类型
1	北京市	密云区	110118	河南寨镇污水处理厂（北京力量科技发展有限公司）	污水处理厂
2	北京市	密云区	110118	北京自来水集团檀州污水处理有限责任公司	污水处理厂
3	北京市	密云区	110118	北京万家水务有限公司（溪翁庄污水处理厂）	污水处理厂
4	北京市	延庆区	110119	北京城市排水集团有限责任公司（康庄镇污水处理厂）	污水处理厂
5	北京市	延庆区	110119	北京市自来水集团夏都缙阳污水处理有限公司	污水处理厂
6	天津市	蓟州区	120119	天津市蓟县城区排水管理所	污水处理厂
7	天津市	蓟州区	120119	天津天沧水务建设有限公司	污水处理厂
8	天津市	蓟州区	120119	天津大唐国际盘山发电有限责任公司	废气
9	天津市	蓟州区	120119	天津国华盘山发电有限责任公司	废气
10	天津市	蓟州区	120119	天津星月酒精有限公司	废水
11	天津市	蓟州区	120119	天津渔阳酒业有限责任公司	废水
12	河北省	井陉县	130121	井陉县污水处理厂	污水处理厂
13	河北省	井陉县	130121	华能国际电力股份有限公司上安电厂	废气
14	河北省	正定县	130123	正定新区污水处理厂	污水处理厂
15	河北省	正定县	130123	石家庄诚峰热电有限公司	废气
16	河北省	正定县	130123	河北金源化工股份有限公司	废水
17	河北省	行唐县	130125	行唐县玉城污水处理厂	污水处理厂
18	河北省	行唐县	130125	石家庄玉晶玻璃有限公司	废气
19	河北省	灵寿县	130126	灵寿县污水处理厂	污水处理厂
20	河北省	灵寿县	130126	灵寿县冀东水泥有限公司	废气
21	河北省	灵寿县	130126	石家庄正元化肥有限公司	废水
22	河北省	灵寿县	130126	石家庄正元化肥有限公司	废气
23	河北省	赞皇县	130129	赞皇皇明污水处理厂	污水处理厂
24	河北省	赞皇县	130129	石家庄皓轩环保科技有限公司	废气
25	河北省	赞皇县	130129	赞皇金隅水泥有限公司	废气
26	河北省	平山县	130131	河北敬业钢铁有限公司	废气

序号	省（市、区）名称	县（市、旗、区）名称	县（市、旗、区）代码	污染源（企业）名称	污染源类型
27	河北省	平山县	130131	石家庄柏坡正元化肥有限公司	废气
28	河北省	平山县	130131	河北西柏坡发电有限责任公司	废气
29	河北省	平山县	130131	石家庄柏坡正元化肥有限公司	废水
30	河北省	平山县	130131	河北西柏坡第二发电有限责任公司	废气
31	河北省	北戴河区	130304	第二污水处理厂	污水处理厂
32	河北省	抚宁区	130306	秦皇岛市抚宁区中冶水务有限公司	污水处理厂
33	河北省	抚宁区	130306	秦皇岛骊骅淀粉股份有限公司	废水
34	河北省	抚宁区	130306	秦皇岛金茂源纸业有限公司	废水
35	河北省	抚宁区	130306	秦皇岛沅泰纸业有限公司	废水
36	河北省	抚宁区	130306	秦皇岛市前韩纸业有限公司	废水
37	河北省	抚宁区	130306	秦皇岛市抚宁县丰满板纸有限公司	废水
38	河北省	青龙满族自治县	130321	青龙满族自治县满源污水处理有限公司	污水处理厂
39	河北省	邢台县	130521	河北中煤旭阳焦化有限公司	废气
40	河北省	邢台县	130521	卡博特旭阳化工（邢台）有限公司	废气
41	河北省	邢台县	130521	河北春蕾实业集团有限公司	废气
42	河北省	邢台县	130521	德龙钢铁有限公司	废气
43	河北省	邢台县	130521	邢台春雨工贸有限公司	废水
44	河北省	邢台县	130521	河北金牛旭阳化工有限公司	废水
45	河北省	邢台县	130521	邢台县春蕾集中供热有限公司	废气
46	河北省	邢台县	130521	邢台建德水泥有限公司	废气
47	河北省	邢台县	130521	邢台旭阳化工有限公司	废气
48	河北省	邢台县	130521	邢台旭阳煤化工有限公司	废气
49	河北省	邢台县	130521	河北金牛旭阳化工有限公司	废气
50	河北省	阜平县	130624	阜平县恒和污水处理厂	污水处理厂
51	河北省	涞源县	130630	涞源县污水处理厂	污水处理厂
52	河北省	涞源县	130630	涞源县水泥厂	废气
53	河北省	涞源县	130630	河北神邦矿业有限公司恒昌球团厂	废气
54	河北省	涞源县	130630	涞源新昌热电有限责任公司	废气
55	河北省	安新县	130632	安新县三台镇污水处理厂	污水处理厂
56	河北省	安新县	130632	安新县硕兴有色金属熔炼有限公司	废气
57	河北省	安新县	130632	河北松赫再生资源股份有限公司	废气
58	河北省	安新县	130632	保定大利铜业有限公司	废气
59	河北省	安新县	130632	保定安建有色金属有限公司	废气

序号	省（市、区）名称	县（市、旗、区）名称	县（市、旗、区）代码	污染源（企业）名称	污染源类型
60	河北省	安新县	130632	安新县污水处理厂	废水
61	河北省	安新县	130632	河北大无缝铜业有限公司	废气
62	河北省	安新县	130632	安新县辰泰有色金属熔炼有限公司	废气
63	河北省	安新县	130632	河北金宇晟再生资源利用有限公司	废气
64	河北省	安新县	130632	河北港安环保科技有限公司	废气
65	河北省	安新县	130632	保定新鑫铅业有限公司	废气
66	河北省	易县	130633	易县钰泉城市建设开发有限公司	污水处理厂
67	河北省	易县	130633	保定太行和益水泥有限公司	废气
68	河北省	易县	130633	易县龙烁供热有限责任公司	废气
69	河北省	易县	130633	河北京兰水泥有限公司	废气
70	河北省	曲阳县	130634	曲阳县大通污水处理有限公司	污水处理厂
71	河北省	曲阳县	130634	曲阳金隅水泥有限公司	废气
72	河北省	曲阳县	130634	河北田原化工集团有限公司	废气
73	河北省	顺平县	130636	顺平县清源污水处理厂	污水处理厂
74	河北省	雄县	130638	雄县污水处理厂	污水处理厂
75	河北省	雄县	130638	雄县龙湾镇污水处理厂	污水处理厂
76	河北省	桥东区	130702	张家口市东源热力有限责任公司	废气
77	河北省	桥东区	130702	张家口卷烟厂有限责任公司	废气
78	河北省	桥东区	130702	河北盛华化工有限公司	废气
79	河北省	桥东区	130702	张家口市东环供热有限公司	废气
80	河北省	桥西区	130703	张家口市桥西区源通华盛有限公司	废气
81	河北省	宣化区	130705	葛洲坝水务（张家口）有限公司	污水处理厂
82	河北省	宣化区	130705	河北建投宣化热电有限责任公司	废气
83	河北省	宣化区	130705	宣化县洋河南镇污水处理厂	污水处理厂
84	河北省	宣化区	130705	张家口市金隅水泥有限公司	废气
85	河北省	宣化区	130705	冀中能源张矿集团宣东二号煤矿	废水
86	河北省	宣化区	130705	宣化钢铁集团有限责任公司	废水
87	河北省	宣化区	130705	宣化钢铁集团有限责任公司	废气
88	河北省	宣化区	130705	大唐国际发电股份有限公司张家口发电厂	废气
89	河北省	下花园区	130706	大唐国际下花园发电厂	废气
90	河北省	下花园区	130706	张家口市下花园园鸣污水处理有限责任公司	污水处理厂
91	河北省	万全区	130708	张家口市万全区污水净化研究中心	污水处理厂
92	河北省	万全区	130708	张家口保胜新能源科技有限公司	重金属
93	河北省	万全区	130708	河北万宇宏宇化工有限责任公司	废水

序号	省（市、区）名称	县（市、旗、区）名称	县（市、旗、区）代码	污染源（企业）名称	污染源类型
94	河北省	万全区	130708	河北万全力华化工有限责任公司	废水
95	河北省	万全区	130708	张家口长城液压油缸有限公司	重金属
96	河北省	万全区	130708	张家口万全区通源热力有限公司	废气
97	河北省	万全区	130708	张家口西山污水处理有限责任公司	污水处理厂
98	河北省	崇礼区	130709	崇礼县丰汇热力有限公司	废气
99	河北省	崇礼区	130709	崇礼紫金矿业有限责任公司	废水
100	河北省	崇礼区	130709	崇礼县龙泽排水有限公司	废水
101	河北省	张北县	130722	张北嘉诚水质净化有限公司	污水处理厂
102	河北省	张北县	130722	张北县星火供热有限公司	废气
103	河北省	张北县	130722	博天糖业股份有限公司张北分公司	废水
104	河北省	张北县	130722	河北马利食品有限公司	废水
105	河北省	康保县	130723	康保县污水及再生水处理厂	污水处理厂
106	河北省	沽源县	130724	沽源县清源污水处理有限责任公司	污水处理厂
107	河北省	沽源县	130724	沽源县昊成投资有限公司	废气
108	河北省	尚义县	130725	尚义县利通排水中心	污水处理厂
109	河北省	蔚县	130726	蔚县清润污水处理有限公司	污水处理厂
110	河北省	蔚县	130726	开滦集团蔚州矿业公司单侯矿	废水
111	河北省	阳原县	130727	张家口市环境工程有限公司阳原县污水处理厂	污水处理厂
112	河北省	阳原县	130727	张家口永盛毛皮硝染有限公司	重金属
113	河北省	怀安县	130728	怀安县清源污水处理有限责任公司	污水处理厂
114	河北省	怀安县	130728	国电怀安热电有限公司	废气
115	河北省	怀来县	130730	怀来京西洁源污水处理厂	废水
116	河北省	怀来县	130730	中国长城葡萄酒有限公司	废水
117	河北省	涿鹿县	130731	污水处理管理中心	污水处理厂
118	河北省	涿鹿县	130731	涿鹿金隅水泥有限公司	废气
119	河北省	涿鹿县	130731	涿鹿玉晶食品有限公司	废水
120	河北省	涿鹿县	130731	河北天宝化工股份有限公司	废水
121	河北省	赤城县	130732	赤城县深港环保技术有限公司	污水处理厂
122	河北省	双桥区	130802	承德市城市污水处理有限责任公司	污水处理厂
123	河北省	双桥区	130802	华北制药天星有限公司	废水
124	河北省	双桥区	130802	河北钢铁股份有限公司承德分公司钒制品厂	废水
125	河北省	双桥区	130802	承德环能热电有限责任公司	废气
126	河北省	双滦区	130803	承德清泉水务有限公司	污水处理厂

序号	省（市、区）名称	县（市、旗、区）名称	县（市、旗、区）代码	污染源（企业）名称	污染源类型
127	河北省	双滦区	130803	河北钢铁股份有限公司承德分公司	废气
128	河北省	双滦区	130803	中国国电集团公司滦河发电厂	废气
129	河北省	双滦区	130803	国电承德热电有限公司	废气
130	河北省	双滦区	130803	承德承钢双福矿业有限公司	废气
131	河北省	双滦区	130803	承德市创远矿业有限公司	废气
132	河北省	鹰手营子矿区	130804	承德市鹰手营子矿区柳源污水处理有限责任公司	污水处理厂
133	河北省	鹰手营子矿区	130804	承德东晟热力有限公司	废气
134	河北省	鹰手营子矿区	130804	承德市金隅水泥有限责任公司	废气
135	河北省	鹰手营子矿区	130804	承德怡达食品集团有限公司	废气
136	河北省	鹰手营子矿区	130804	承德建龙特殊钢有限公司	废气
137	河北省	承德县	130821	承德清承水务有限公司	污水处理厂
138	河北省	兴隆县	130822	兴隆县中冶水务有限公司	污水处理厂
139	河北省	兴隆县	130822	兴隆县鹏生热力有限公司	废气
140	河北省	兴隆县	130822	兴隆县兴隆热力有限责任公司	废气
141	河北省	滦平县	130824	滦平德龙污水处理有限责任公司	污水处理厂
142	河北省	滦平县	130824	承德信通首承矿业有限责任公司	废气
143	河北省	隆化县	130825	隆化县污水处理厂	污水处理厂
144	河北省	隆化县	130825	承德江源酒业有限公司	废水
145	河北省	丰宁满族自治县	130826	丰宁满族自治县清源污水处理有限公司	污水处理厂
146	河北省	丰宁满族自治县	130826	丰宁满族自治县京北热力工程有限公司	废气
147	河北省	丰宁满族自治县	130826	承德九龙实业股份有限公司	废水
148	河北省	宽城满族自治县	130827	宽城碧水源环保有限公司	污水处理厂
149	河北省	宽城满族自治县	130827	承德天宝水泥有限公司	废气
150	河北省	宽城满族自治县	130827	承德兆丰钢铁集团有限公司	废气
151	河北省	宽城满族自治县	130827	承德盛丰钢铁有限公司	废气
152	河北省	围场满族蒙古族自治县	130828	围场满族蒙古族自治县鑫汇污水净化处理中心	污水处理厂
153	河北省	围场满族蒙古族自治县	130828	围场满族蒙古族自治县斌发马铃薯淀粉有限公司	废水
154	河北省	围场满族蒙古族自治县	130828	围场满族蒙古族自治县长宏马铃薯淀粉有限公司	废水

序号	省（市、区）名称	县（市、旗、区）名称	县（市、旗、区）代码	污染源（企业）名称	污染源类型
155	河北省	围场满族蒙古族自治县	130828	承德市泓辉双合淀粉有限公司	废水
156	河北省	围场满族蒙古族自治县	130828	围场供热公司	废气
157	河北省	平泉市	130881	承德清泽水务有限公司	污水处理厂
158	河北省	平泉市	130881	平泉县金宝矿业有限公司	重金属
159	河北省	平泉市	130881	承德避暑山庄企业集团有限公司	废水
160	河北省	平泉市	130881	承德华晟铜业有限责任公司	重金属
161	河北省	桃城区	131102	衡水市污水处理厂	污水处理厂
162	河北省	桃城区	131102	河北美利达股份有限公司	废水
163	河北省	桃城区	131102	衡水睿韬环保技术有限公司	废气
164	河北省	桃城区	131102	河北美利达股份有限公司	废气
165	河北省	冀州区	131103	衡水市冀州区碧园污水处理厂	污水处理厂
166	河北省	冀州区	131103	冀州中科能源有限公司	废气
167	河北省	枣强县	131121	枣强县污水处理厂	污水处理厂
168	河北省	枣强县	131121	枣强县大营污水处理厂	污水处理厂
169	山西省	神池县	140927	神池县污水处理厂	污水处理厂
170	山西省	五寨县	140928	五寨县污水处理厂	污水处理厂
171	山西省	五寨县	140928	五寨县润泽粉业有限公司	废水
172	山西省	五寨县	140928	五寨县双喜鹏程淀粉有限公司	废水
173	山西省	岢岚县	140929	岢岚县城区污水处理厂	污水处理厂
174	山西省	岢岚县	140929	忻州市鑫宇煤炭气化有限公司	废气
175	山西省	河曲县	140930	河曲县污水处理厂	污水处理厂
176	山西省	河曲县	140930	山西鲁能河曲电煤开发有限公司	废水
177	山西省	河曲县	140930	山西鲁能河曲发电有限公司	废气
178	山西省	河曲县	140930	山西鲁能河曲电煤开发有限公司	废气
179	山西省	保德县	140931	保德县污水处理站	污水处理厂
180	山西省	保德县	140931	保德神东发电有限责任公司	废气
181	山西省	保德县	140931	中国神华能源股份有限公司保德煤矿	废气
182	山西省	保德县	140931	中国神华能源股份有限公司保德煤矿	废水
183	山西省	保德县	140931	保德县顺泰镁业有限责任公司	废气
184	山西省	偏关县	140932	偏关县晋电化工有限责任公司	废气
185	山西省	偏关县	140932	偏关县热力公司	废气
186	山西省	偏关县	140932	偏关县污水处理厂	污水处理厂
187	山西省	偏关县	140932	偏关县大乘电冶有限责任公司	废气
188	山西省	偏关县	140932	山西益生元生物科技有限责任公司	废水
189	山西省	偏关县	140932	山西益生元生物科技有限责任公	废气

序号	省（市、区）名称	县（市、旗、区）名称	县（市、旗、区）代码	污染源（企业）名称	污染源类型
				司	
190	山西省	吉县	141028	吉县污水处理厂	污水处理厂
191	山西省	吉县	141028	吉县壶口玉米开发有限责任公司	废水
192	山西省	乡宁县	141029	隆水实业集团有限公司	废水
193	山西省	乡宁县	141029	乡宁县城区污水处理厂	污水处理厂
194	山西省	乡宁县	141029	山西宏强煤焦有限公司	废气
195	山西省	乡宁县	141029	山西九成焦化有限责任公司	废气
196	山西省	乡宁县	141029	山西乡宁焦煤集团毛则渠煤炭有限公司	废气
197	山西省	乡宁县	141029	山西宏强煤焦集团有限公司	废水
198	山西省	乡宁县	141029	山西乡宁焦煤集团毛则渠煤炭有限公司	废水
199	山西省	乡宁县	141029	山西永昌源煤气焦化集团有限公司	废气
200	山西省	乡宁县	141029	山西乡宁焦煤集团申南凹焦煤有限公司	废水
201	山西省	乡宁县	141029	山西乡宁焦煤集团台头前湾煤业有限公司	废水
202	山西省	乡宁县	141029	山西乡宁焦煤集团申南凹焦煤有限公司	废气
203	山西省	乡宁县	141029	山西乡宁焦煤集团台头前湾煤业有限公司	废气
204	山西省	乡宁县	141029	隆水实业集团有限责任公司	废气
205	山西省	大宁县	141030	大宁县污水处理厂	污水处理厂
206	山西省	隰县	141031	隰县天天饮料有限公司	废气
207	山西省	隰县	141031	隰县污水处理厂	污水处理厂
208	山西省	隰县	141031	隰县天天饮料有限公司	废水
209	山西省	隰县	141031	山西午城酿酒有限公司	废水
210	山西省	永和县	141032	永和县污水处理厂	污水处理厂
211	山西省	蒲县	141033	蒲县城区污水处理厂	污水处理厂
212	山西省	蒲县	141033	山西蒲县蛤蟆沟煤业公司	废气
213	山西省	蒲县	141033	太原煤炭气化有限责任公司东河选煤厂	废气
214	山西省	蒲县	141033	蒲县长益晟发电有限公司	废气
215	山西省	汾西县	141034	汾西县污水处理厂	污水处理厂
216	山西省	兴县	141123	兴县县城污水处理厂	污水处理厂
217	山西省	兴县	141123	山西西山晋兴能源有限责任公司	废水
218	山西省	兴县	141123	吕梁金龙工贸有限公司水泥粉磨站	废气
219	山西省	兴县	141123	山西林兴水泥有限公司	废气

序号	省（市、区）名称	县（市、旗、区）名称	县（市、旗、区）代码	污染源（企业）名称	污染源类型
220	山西省	兴县	141123	山西西山晋兴能源有限责任公司	废气
221	山西省	临县	141124	临县生活污水处理厂	污水处理厂
222	山西省	临县	141124	临县新民焦电有限公司	废气
223	山西省	临县	141124	霍州煤电集团吕临能化有限公司	废水
224	山西省	临县	141124	霍州煤电集团吕临能化有限公司	废气
225	山西省	柳林县	141125	柳林县污水处理厂	污水处理厂
226	山西省	柳林县	141125	山西华润福龙有限公司	废气
227	山西省	柳林县	141125	山西宏光发电有限公司	废气
228	山西省	柳林县	141125	山西柳林寨崖底煤业有限公司	废气
229	山西省	柳林县	141125	山西华光发电有限责任公司	废气
230	山西省	柳林县	141125	柳林同德焦煤有限公司	废气
231	山西省	柳林县	141125	山西柳林电力有限公司	废气
232	山西省	柳林县	141125	山西柳林兴无煤矿有限责任公司	废气
233	山西省	石楼县	141126	石楼县污水处理厂	污水处理厂
234	山西省	中阳县	141129	中阳县玉洁污水处理有限公司	污水处理厂
235	山西省	中阳县	141129	山西中阳钢铁有限公司	废气
236	山西省	中阳县	141129	山西吕梁耀龙煤焦铁有限公司	废气
237	山西省	中阳县	141129	中阳县聚星铁业有限公司	废气
238	内蒙古自治区	清水河县	150124	清水河县城关镇污水处理厂	污水处理厂
239	内蒙古自治区	清水河县	150124	内蒙古天皓水泥有限公司	废气
240	内蒙古自治区	固阳县	150222	固阳县海明炉料有限责任公司	废气
241	内蒙古自治区	固阳县	150222	固阳县金山镇生活污水处理站	污水处理厂
242	内蒙古自治区	固阳县	150222	包钢集团固阳矿山有限公司	废气
243	内蒙古自治区	固阳县	150222	包头市泰恒贸易有限责任公司红崖湾制块厂	废气
244	内蒙古自治区	达尔罕茂明安联合旗	150223	包头市佳诚污水处理有限责任公司	污水处理厂
245	内蒙古自治区	达尔罕茂明安联合旗	150223	包头市达茂稀土有限责任公司	废水
246	内蒙古自治区	达尔罕茂明安联合旗	150223	包头市宝鑫特钢有限责任公司	废气
247	内蒙古自治区	达尔罕茂明安联合旗	150223	达茂旗富磊热力有限责任公司	废气
248	内蒙古自治区	阿鲁科尔沁旗	150421	阿鲁科尔沁旗山水水泥有限公司（原巴彦包特水泥）	废气

序号	省（市、区）名称	县（市、旗、区）名称	县（市、旗、区）代码	污染源（企业）名称	污染源类型
249	内蒙古自治区	阿鲁科尔沁旗	150421	阿旗鑫天山水泥有限公司	废气
250	内蒙古自治区	阿鲁科尔沁旗	150421	阿鲁科尔沁旗天山镇污水处理厂	污水处理厂
251	内蒙古自治区	阿鲁科尔沁旗	150421	赤峰市天山酒业有限责任公司	废水
252	内蒙古自治区	巴林右旗	150423	赤峰大板热电有限责任公司	废气
253	内蒙古自治区	巴林右旗	150423	赤峰套马杆酒业有限公司	废水
254	内蒙古自治区	巴林右旗	150423	内蒙古大板发电有限责任公司	废气
255	内蒙古自治区	巴林右旗	150423	巴林右旗大板镇昊泽污水处理厂	污水处理厂
256	内蒙古自治区	克什克腾旗	150425	克什克腾旗经棚镇污水处理厂	污水处理厂
257	内蒙古自治区	克什克腾旗	150425	克什克腾旗西北矿业有限责任公司	重金属
258	内蒙古自治区	克什克腾旗	150425	内蒙古银都矿业有限责任公司	重金属
259	内蒙古自治区	克什克腾旗	150425	内蒙古拜仁矿业有限公司	重金属
260	内蒙古自治区	克什克腾旗	150425	内蒙古黄岗矿业有限责任公司	重金属
261	内蒙古自治区	克什克腾旗	150425	克什克腾旗金星矿业有限责任公司	重金属
262	内蒙古自治区	克什克腾旗	150425	克什克腾旗阳光热力物业有限责任公司	废气
263	内蒙古自治区	克什克腾旗	150425	内蒙古大唐国际克什克腾煤制天然气有限责任公司	废气
264	内蒙古自治区	克什克腾旗	150425	克什克腾旗风驰矿业有限责任公司	重金属
265	内蒙古自治区	翁牛特旗	150426	翁牛特旗乌丹污水处理厂	污水处理厂
266	内蒙古自治区	翁牛特旗	150426	安琪酵母（赤峰）有限公司	废水
267	内蒙古自治区	科尔沁左翼中旗	150521	通辽环亚水务科技有限公司科左中旗宝龙山镇污水处理厂	污水处理厂
268	内蒙古自治区	科尔沁左翼中旗	150521	科左中旗保康污水处理厂	污水处理厂

序号	省（市、区）名称	县（市、旗、区）名称	县（市、旗、区）代码	污染源（企业）名称	污染源类型
269	内蒙古自治区	科尔沁左翼后旗	150522	科左后旗污水处理站	污水处理厂
270	内蒙古自治区	科尔沁左翼后旗	150522	科尔沁左翼后旗吉源热力有限责任公司	废气
271	内蒙古自治区	科尔沁左翼后旗	150522	康臣药业（内蒙古）有限责任公司	废水
272	内蒙古自治区	科尔沁左翼后旗	150522	内蒙古科尔沁肉类加工有限责任公司	废水
273	内蒙古自治区	科尔沁左翼后旗	150522	甘旗卡矽矿	重金属
274	内蒙古自治区	科尔沁左翼后旗	150522	辽源矿业集团有限责任公司金宝屯煤矿	废气
275	内蒙古自治区	开鲁县	150523	开鲁县污水管理站	污水处理厂
276	内蒙古自治区	开鲁县	150523	开鲁县昶辉生物技术有限责任公司	废水
277	内蒙古自治区	开鲁县	150523	内蒙古玉王生物科技有限责任公司	废水
278	内蒙古自治区	开鲁县	150523	内蒙古利牛生物化工有限责任公司	废水
279	内蒙古自治区	开鲁县	150523	内蒙古洪源糖业有限责任公司	废水
280	内蒙古自治区	开鲁县	150523	内蒙古百年酒业有限责任公司	废水
281	内蒙古自治区	库伦旗	150524	内蒙古通辽环亚水务科技有限公司库伦分公司	污水处理厂
282	内蒙古自治区	库伦旗	150524	金峰供热公司	废气
283	内蒙古自治区	库伦旗	150524	内蒙古东蒙水泥有限公司	废气
284	内蒙古自治区	奈曼旗	150525	奈曼旗污水处理厂	污水处理厂
285	内蒙古自治区	奈曼旗	150525	奈曼旗宏基水泥有限公司	废气
286	内蒙古自治区	奈曼旗	150525	通辽中联水泥有限公司	废气
287	内蒙古自治区	奈曼旗	150525	通辽市龙盛化工有限公司	废水
288	内蒙古自治区	奈曼旗	150525	奈曼旗华强供热有限公司	废气

序号	省（市、区）名称	县（市、旗、区）名称	县（市、旗、区）代码	污染源（企业）名称	污染源类型
289	内蒙古自治区	奈曼旗	150525	奈曼旗化工区污水处理中心	污水处理厂
290	内蒙古自治区	扎鲁特旗	150526	扎鲁特旗鲁北污水处理管理站	污水处理厂
291	内蒙古自治区	扎鲁特旗	150526	内蒙古威林酒业有限责任公司	废水
292	内蒙古自治区	扎鲁特旗	150526	内蒙古皓海化工有限责任公司	废水
293	内蒙古自治区	阿荣旗	150721	阿荣旗那吉镇污水处理厂	污水处理厂
294	内蒙古自治区	阿荣旗	150721	阿荣旗光明热力公司	废气
295	内蒙古自治区	阿荣旗	150721	阿荣旗蒙西水泥有限公司	废气
296	内蒙古自治区	莫力达瓦达斡尔族自治旗	150722	莫旗尼尔基镇污水处理厂	污水处理厂
297	内蒙古自治区	莫力达瓦达斡尔族自治旗	150722	华润雪花啤酒（呼伦贝尔）有限公司	废水
298	内蒙古自治区	鄂伦春自治旗	150723	阿里河镇污水处理厂	污水处理厂
299	内蒙古自治区	鄂伦春自治旗	150723	鄂伦春光明热电有限责任公司	废气
300	内蒙古自治区	新巴尔虎左旗	150726	阿木古郎镇污水处理厂	污水处理厂
301	内蒙古自治区	新巴尔虎右旗	150727	阿拉坦额莫勒镇污水处理厂	污水处理厂
302	内蒙古自治区	新巴尔虎右旗	150727	新巴尔虎右旗怡盛元矿业有限责任公司	重金属
303	内蒙古自治区	新巴尔虎右旗	150727	新巴尔虎右旗荣达矿业有限责任公司	重金属
304	内蒙古自治区	牙克石市	150782	牙克石益民污水处理厂	污水处理厂
305	内蒙古自治区	牙克石市	150782	呼伦贝尔北方药业有限公司	废气
306	内蒙古自治区	牙克石市	150782	呼伦贝尔安泰热电有限责任公司汇流河发电厂	废气
307	内蒙古自治区	牙克石市	150782	内蒙古牙克石五九煤炭（集团）有限责任电力公司	废气
308	内蒙古自治区	牙克石市	150782	呼伦贝尔北方药业有限公司	废水

序号	省（市、区）名称	县（市、旗、区）名称	县（市、旗、区）代码	污染源（企业）名称	污染源类型
309	内蒙古自治区	牙克石市	150782	牙克石蒙西水泥有限公司	废气
310	内蒙古自治区	牙克石市	150782	呼伦贝尔安泰热电有限责任公司牙克石热电厂	废气
311	内蒙古自治区	扎兰屯市	150783	扎兰屯市排水公司	污水处理厂
312	内蒙古自治区	扎兰屯市	150783	黑龙江北疆（集团）扎兰屯水泥有限公司	废气
313	内蒙古自治区	扎兰屯市	150783	玖龙兴安浆纸（内蒙古）有限公司	废气
314	内蒙古自治区	扎兰屯市	150783	呼伦贝尔安泰热电有限责任公司扎兰屯热电厂	废气
315	内蒙古自治区	扎兰屯市	150783	呼伦贝尔东北阜丰生物科技有限公司	废气
316	内蒙古自治区	扎兰屯市	150783	博天糖业股份有限公司扎兰屯分公司（河北天露糖业有限公司扎兰屯分公司）	废水
317	内蒙古自治区	扎兰屯市	150783	内蒙古百业成酒精制造有限责任公司	废水
318	内蒙古自治区	扎兰屯市	150783	呼伦贝尔东北阜丰生物科技有限公司	废水
319	内蒙古自治区	扎兰屯市	150783	扎兰屯市嵩天薯业有限公司	废水
320	内蒙古自治区	扎兰屯市	150783	玖龙兴安浆纸（内蒙古）有限公司	废水
321	内蒙古自治区	扎兰屯市	150783	内蒙古百业成酒精制造有限责任公司	废气
322	内蒙古自治区	额尔古纳市	150784	额尔古纳市清源污水处理有限公司	污水处理厂
323	内蒙古自治区	额尔古纳市	150784	兴通热力有限公司（拉布达林热电厂）	废气
324	内蒙古自治区	根河市	150785	根河市污水处理厂	污水处理厂
325	内蒙古自治区	根河市	150785	根河光明热电有限责任公司	废气
326	内蒙古自治区	乌拉特中旗	150824	乌拉特中旗洁源污水处理有限公司	污水处理厂
327	内蒙古自治区	乌拉特中旗	150824	乌拉特中旗大公热力有限责任公司	废气
328	内蒙古自治区	乌拉特中旗	150824	巴盟乌中旗甲胜盘铅锌硫铁矿业开发有限责任公司	重金属

序号	省（市、区）名称	县（市、旗、区）名称	县（市、旗、区）代码	污染源（企业）名称	污染源类型
329	内蒙古自治区	乌拉特中旗	150824	内蒙古乌中旗图古日格金矿	重金属
330	内蒙古自治区	乌拉特中旗	150824	内蒙古太平矿业有限公司	废气
331	内蒙古自治区	乌拉特后旗	150825	乌拉特后旗污水处理厂	污水处理厂
332	内蒙古自治区	乌拉特后旗	150825	乌拉特后旗紫金矿业有限公司	重金属
333	内蒙古自治区	乌拉特后旗	150825	内蒙古东升庙矿业有限责任公司	废水
334	内蒙古自治区	乌拉特后旗	150825	内蒙古双利矿业有限公司	废水
335	内蒙古自治区	乌拉特后旗	150825	乌拉特后旗额布图镍矿有限责任公司	废水
336	内蒙古自治区	乌拉特后旗	150825	万城商务东升庙有限责任公司	废水
337	内蒙古自治区	乌拉特后旗	150825	内蒙古齐华矿业有限责任公司选矿厂	废水
338	内蒙古自治区	乌拉特后旗	150825	巴彦淖尔西部铜业有限公司	废水
339	内蒙古自治区	乌拉特后旗	150825	乌拉特后旗欧布拉格铜矿有限责任公司	重金属
340	内蒙古自治区	乌拉特后旗	150825	巴彦淖尔市飞尚铜业有限公司	废气
341	内蒙古自治区	乌拉特后旗	150825	巴彦淖尔紫金有色金属有限公司	废气
342	内蒙古自治区	乌拉特后旗	150825	乌拉特后旗东源热力有限责任公司	废气
343	内蒙古自治区	化德县	150922	化德县兴德水资源综合利用有限责任公司（污水处理厂）	污水处理厂
344	内蒙古自治区	察哈尔右翼中旗	150927	察右中旗污水处理厂	污水处理厂
345	内蒙古自治区	察哈尔右翼中旗	150927	内蒙古科银淀粉制品有限公司	废水
346	内蒙古自治区	察哈尔右翼中旗	150927	察右中旗亿丰淀粉有限公司	废水
347	内蒙古自治区	察哈尔右翼后旗	150928	察右后旗城镇排污有限责任公司	污水处理厂
348	内蒙古自治区	察哈尔右翼后旗	150928	蒙维科技自备电厂	废气

序号	省（市、区）名称	县（市、旗、区）名称	县（市、旗、区）代码	污染源（企业）名称	污染源类型
349	内蒙古自治区	察哈尔右翼后旗	150928	内蒙古白雁湖化工股份有限公司	废气
350	内蒙古自治区	察哈尔右翼后旗	150928	乌兰察布中联水泥有限公司	废气
351	内蒙古自治区	察哈尔右翼后旗	150928	内蒙古乌盟华立发电有限责任公司	废气
352	内蒙古自治区	四子王旗	150929	四子王旗污水处理厂	污水处理厂
353	内蒙古自治区	四子王旗	150929	内蒙古力仁淀粉制品有限公司	废水
354	内蒙古自治区	科尔沁右翼中旗	152222	科右中旗南鼎乌苏污水处理中心	污水处理厂
355	内蒙古自治区	科尔沁右翼中旗	152222	兴安盟精诚矿业有限责任公司	重金属
356	内蒙古自治区	科尔沁右翼中旗	152222	内蒙古泰蒙矿业有限公司	重金属
357	内蒙古自治区	科尔沁右翼中旗	152222	内蒙古京科发电有限公司	废气
358	内蒙古自治区	科尔沁右翼中旗	152222	科右中旗通冶矿业有限责任公司	重金属
359	内蒙古自治区	阿巴嘎旗	152522	阿巴嘎旗别力古台镇污水处理厂	污水处理厂
360	内蒙古自治区	阿巴嘎旗	152522	冀东水泥阿巴嘎旗有限责任公司	废气
361	内蒙古自治区	苏尼特左旗	152523	苏尼特左旗满都拉图镇污水处理厂	污水处理厂
362	内蒙古自治区	苏尼特左旗	152523	内蒙古苏尼特左旗慧源矿业有限责任公司	废气
363	内蒙古自治区	苏尼特右旗	152524	苏尼特右旗赛罕塔拉镇污水处理厂	污水处理厂
364	内蒙古自治区	苏尼特右旗	152524	锡林郭勒苏尼特碱业有限公司	废气
365	内蒙古自治区	苏尼特右旗	152524	苏尼特右旗朱日和铜业有限责任公司	废水
366	内蒙古自治区	苏尼特右旗	152524	苏尼特右旗宏达绒毛有限责任公司	废水
367	内蒙古自治区	东乌珠穆沁旗	152525	东乌珠穆沁旗广厦热电有限责任公司	废气
368	内蒙古自治区	东乌珠穆沁旗	152525	东乌珠穆沁旗乌里雅斯太镇污水处理厂	废水

序号	省（市、区）名称	县（市、旗、区）名称	县（市、旗、区）代码	污染源（企业）名称	污染源类型
369	内蒙古自治区	东乌珠穆沁旗	152525	锡林郭勒盟山金阿尔哈达矿业有限公司	重金属
370	内蒙古自治区	西乌珠穆沁旗	152526	西乌珠穆沁旗供水排水公司污水净化厂	污水处理厂
371	内蒙古自治区	西乌珠穆沁旗	152526	内蒙古兴安铜锌冶炼有限公司	重金属
372	内蒙古自治区	西乌珠穆沁旗	152526	锡林郭勒盟银鑫矿业有限责任公司	重金属
373	内蒙古自治区	西乌珠穆沁旗	152526	内蒙古玉龙矿业股份有限公司	重金属
374	内蒙古自治区	西乌珠穆沁旗	152526	白音华金山发电有限公司	废气
375	内蒙古自治区	西乌珠穆沁旗	152526	内蒙古兴安铜锌冶炼有限公司	废气
376	内蒙古自治区	西乌珠穆沁旗	152526	西乌金山发电有限公司	废气
377	内蒙古自治区	太仆寺旗	152527	太旗宝昌镇污水处理厂工程	污水处理厂
378	内蒙古自治区	太仆寺旗	152527	锡林郭勒盟宝源酒业有限责任公司	废水
379	内蒙古自治区	太仆寺旗	152527	内蒙古太仆寺旗草原酿酒有限责任公司	废水
380	内蒙古自治区	正镶白旗	152529	明安图镇污水处理厂	污水处理厂
381	内蒙古自治区	正蓝旗	152530	正蓝旗上都镇污水处理厂	污水处理厂
382	内蒙古自治区	正蓝旗	152530	内蒙古上都发电有限责任公司	废气
383	内蒙古自治区	多伦县	152531	多伦县诺尔镇污水处理厂	污水处理厂
384	内蒙古自治区	多伦县	152531	多伦县永白淀粉厂	废水
385	内蒙古自治区	多伦县	152531	内蒙古滦源酒业有限责任公司	废水
386	内蒙古自治区	多伦县	152531	大唐内蒙古多伦煤化工有限责任公司	废气
387	内蒙古自治区	阿拉善左旗	152921	阿拉善左旗城市给排水公司	污水处理厂
388	内蒙古自治区	阿拉善左旗	152921	内蒙古松塔水泥有限责任公司	废气

序号	省（市、区）名称	县（市、旗、区）名称	县（市、旗、区）代码	污染源（企业）名称	污染源类型
389	内蒙古自治区	阿拉善左旗	152921	中盐吉兰泰氯碱化工有限公司	废气
390	内蒙古自治区	阿拉善左旗	152921	内蒙古晨宏力化工集团有限责任公司	重金属
391	内蒙古自治区	阿拉善左旗	152921	中盐吉兰泰氯碱化工有限公司	重金属
392	内蒙古自治区	阿拉善左旗	152921	内蒙古兰太实业股份有限公司氯酸钠厂	重金属
393	内蒙古自治区	阿拉善左旗	152921	中盐吉兰泰盐化集团有限公司制碱事业部	废气
394	内蒙古自治区	阿拉善左旗	152921	内蒙古太西煤集团兴泰煤化有限责任公司	废气
395	内蒙古自治区	阿拉善左旗	152921	内蒙古庆华集团庆华煤化有限责任公司	废气
396	内蒙古自治区	阿拉善左旗	152921	阿拉善经济开发区污水处理有限责任公司	污水处理厂
397	内蒙古自治区	阿拉善左旗	152921	内蒙古哈伦能源有限责任公司	废气
398	内蒙古自治区	阿拉善左旗	152921	内蒙古兰太实业股份有限公司热动力分厂	废气
399	内蒙古自治区	阿拉善右旗	152922	巴丹吉林镇污水处理厂	污水处理厂
400	内蒙古自治区	额济纳旗	152923	额济纳旗达来呼布镇污水处理厂	污水处理厂
401	内蒙古自治区	额济纳旗	152923	额济纳旗达来呼布镇集中供热有限责任公司	废气
402	辽宁省	新宾满族自治县	210422	新宾镇污水处理厂	污水处理厂
403	辽宁省	本溪满族自治县	210521	本溪满族自治县北控有限公司污水处理厂	污水处理厂
404	辽宁省	本溪满族自治县	210521	本溪满族自治县供热公司	废气
405	辽宁省	本溪满族自治县	210521	辽宁铁刹山酒业（集团）有限责任公司	废水
406	辽宁省	桓仁满族自治县	210522	桓仁满族自治县自来水污水处理厂	污水处理厂
407	辽宁省	桓仁满族自治县	210522	桓仁金山热电有限公司	废气
408	辽宁省	宽甸满族自治县	210624	北控（宽甸）水务有限公司	废水

序号	省（市、区）名称	县（市、旗、区）名称	县（市、旗、区）代码	污染源（企业）名称	污染源类型
409	吉林省	东昌区	220502	吉林省通化市洁源污水处理有限责任公司司	污水处理厂
410	吉林省	东昌区	220502	通化恒泰热力有限公司	废气
411	吉林省	东昌区	220502	通化万通药业股份有限公司	废水
412	吉林省	东昌区	220502	修正药业集团股份有限公司	废水
413	吉林省	东昌区	220502	吉林紫鑫禹拙药业有限公司	废水
414	吉林省	集安市	220582	集安市天源污水处理有限责任公司	污水处理厂
415	吉林省	集安市	220582	吉林省集安益盛药业股份有限公司	废气
416	吉林省	集安市	220582	集安市宏宇供热有限公司	废气
417	吉林省	集安市	220582	集安嘉元生物科技有限公司	废气
418	吉林省	集安市	220582	通化爱心药业有限责任公司	废气
419	吉林省	集安市	220582	吉林省集安益盛药业股份有限公司	废水
420	吉林省	集安市	220582	集安市财源兴达选矿有限公司	废水
421	吉林省	集安市	220582	通化爱心药业有限责任公司	废水
422	吉林省	集安市	220582	康美新开河（吉林）药业有限公司	废水
423	吉林省	集安市	220582	集安嘉元生物科技有限公司	废水
424	吉林省	集安市	220582	集安市财源兴达选矿有限公司	废气
425	吉林省	集安市	220582	康美新开河（吉林）药业有限公司	废气
426	吉林省	浑江区	220602	白山市虹桥污水处理有限公司	污水处理厂
427	吉林省	浑江区	220602	金刚（集团）白山水泥有限公司	废气
428	吉林省	浑江区	220602	吉林板庙子矿业有限公司	废水
429	吉林省	浑江区	220602	华能白山煤矸石发电有限公司	废气
430	吉林省	浑江区	220602	吉林东圣焦化有限公司	废气
431	吉林省	浑江区	220602	白山市虹桥热力有限公司	废气
432	吉林省	浑江区	220602	白山热电有限责任公司	废气
433	吉林省	浑江区	220602	吉林电力股份有限公司浑江发电公司	废气
434	吉林省	江源区	220605	白山市江源区绿水园净化有限公司	污水处理厂
435	吉林省	江源区	220605	白山市江源区申元热力有限公司	废气
436	吉林省	江源区	220605	吉林金林木业有限公司	废气
437	吉林省	江源区	220605	华能白山煤矸石发电有限公司	废气
438	吉林省	江源区	220605	吉林森工金桥地板集团有限公司惠林分公司	废气
439	吉林省	江源区	220605	吉林森工三岔子刨花板有限责任公司	废气
440	吉林省	江源区	220605	白山市江源区嵩海供热有限责任公司	废气
441	吉林省	江源区	220605	白山市江源区三岔子供热有限责任公司	废气

序号	省（市、区）名称	县（市、旗、区）名称	县（市、旗、区）代码	污染源（企业）名称	污染源类型
442	吉林省	抚松县	220621	抚松县松江河恒润净化有限公司	污水处理厂
443	吉林省	抚松县	220621	抚松县峰堰热力有限公司	废气
444	吉林省	抚松县	220621	抚松县泉阳立公热力有限公司	废气
445	吉林省	抚松县	220621	吉林省抚松制药股份有限公司	废水
446	吉林省	抚松县	220621	吉林省宏久和善堂人参有限公司	废气
447	吉林省	抚松县	220621	抚松县天合热力有限公司	废气
448	吉林省	抚松县	220621	抚松县松江河同鑫热力有限公司	废气
449	吉林省	抚松县	220621	抚松县露水河恒大供热有限公司	废气
450	吉林省	抚松县	220621	抚松县北新区供热站	废气
451	吉林省	靖宇县	220622	靖宇县污水处理厂	污水处理厂
452	吉林省	靖宇县	220622	农夫山泉吉林白山有限公司	废气
453	吉林省	靖宇县	220622	靖宇县宏业供热有限公司	废气
454	吉林省	靖宇县	220622	白山娃哈哈靖宇有限公司	废气
455	吉林省	长白朝鲜族自治县	220623	长白县清源污水处理厂	污水处理厂
456	吉林省	长白朝鲜族自治县	220623	长白硅藻土有限公司	废气
457	吉林省	长白朝鲜族自治县	220623	长白县同鑫热力有限公司	废气
458	吉林省	长白朝鲜族自治县	220623	长白双星药业有限公司	废水
459	吉林省	长白朝鲜族自治县	220623	长白天力泰药业有限公司	废水
460	吉林省	临江市	220681	临江市污水处理厂	污水处理厂
461	吉林省	临江市	220681	临江市利民供热公司	废气
462	吉林省	临江市	220681	通化钢铁集团大栗子矿业有限责任公司	废气
463	吉林省	通榆县	220822	通榆县三达水务有限公司	污水处理厂
464	吉林省	通榆县	220822	通榆县黄栀花药业有限公司	废水
465	吉林省	通榆县	220822	吉林十誉药业有限公司	废水
466	吉林省	通榆县	220822	通榆县益发合大豆制品有限责任公司	废水
467	吉林省	通榆县	220822	通榆县明业浆纸制品有限责任公司	废水
468	吉林省	通榆县	220822	通榆县宏宇供热有限公司	废气
469	吉林省	通榆县	220822	通榆县鹏宇供热有限公司	废气
470	吉林省	敦化市	222403	敖东工业园污水处理站	废水
471	吉林省	敦化市	222403	敦化市商贸城物业管理有限责任公司	废气
472	吉林省	敦化市	222403	敦化市全新供热有限公司	废气

序号	省（市、区）名称	县（市、旗、区）名称	县（市、旗、区）代码	污染源（企业）名称	污染源类型
473	吉林省	敦化市	222403	敦化市聚发物业有限责任公司	废气
474	吉林省	敦化市	222403	敦化市污水处理厂	污水处理厂
475	吉林省	敦化市	222403	敦化市振发热力有限责任公司	废气
476	吉林省	敦化市	222403	吉林延边林业集团敦化林业有限公司热电厂	废气
477	吉林省	敦化市	222403	吉林海资生物工程技术有限公司	废水
478	吉林省	敦化市	222403	吉林省东北亚药业股份有限公司	废水
479	吉林省	敦化市	222403	吉林三三〇五机械厂	废水
480	吉林省	敦化市	222403	吉林华康药业股份有限公司	废水
481	吉林省	敦化市	222403	长白山森工集团敦化林业有限公司中心医院	废水
482	吉林省	敦化市	222403	吉林敖东延边药业股份有限公司	废水
483	吉林省	敦化市	222403	吉林瑞隆药业有限责任公司	废水
484	吉林省	敦化市	222403	吉林丰正大豆食品有限公司	废气
485	吉林省	敦化市	222403	敦化市中兴物业有限公司	废气
486	吉林省	敦化市	222403	敦化北方水泥有限公司	废气
487	吉林省	和龙市	222406	和龙桑德水务有限公司	污水处理厂
488	吉林省	和龙市	222406	和龙北方水泥有限公司	废气
489	吉林省	和龙市	222406	吉林省龙鑫药业有限公司	废气
490	吉林省	和龙市	222406	长白山森工集团和龙人造板有限公司	废气
491	吉林省	和龙市	222406	八家子林发供热有限公司	废气
492	吉林省	和龙市	222406	吉林天池球团有限公司	废气
493	吉林省	和龙市	222406	吉林天池矿业有限公司南坪选矿厂	废气
494	吉林省	和龙市	222406	吉林省龙鑫药业有限公司	废水
495	吉林省	和龙市	222406	和龙市龙发食品实业有限公司	废水
496	吉林省	和龙市	222406	国电龙华和龙热力有限责任公司	废气
497	吉林省	和龙市	222406	吉林天池矿业有限公司官地选矿厂	废气
498	吉林省	汪清县	222424	汪清县滨河污水处理有限公司	污水处理厂
499	吉林省	汪清县	222424	汪清县龙腾能源开发有限公司	废气
500	吉林省	汪清县	222424	汪清北方水泥有限公司	废气
501	吉林省	汪清县	222424	汪清县东光电子材料有限公司	废水
502	吉林省	汪清县	222424	汪清县华鑫矿业有限公司	废水
503	吉林省	汪清县	222424	汪清县华鑫矿业有限公司	废气
504	吉林省	安图县	222426	安图县污水处理厂	污水处理厂
505	吉林省	安图县	222426	吉林海沟黄金矿业有限责任公司	废水
506	吉林省	安图县	222426	吉林海沟黄金矿业有限责任公司	重金属
507	吉林省	安图县	222426	吉林敖东金海发药业股份有限公司	废水

序号	省（市、区）名称	县（市、旗、区）名称	县（市、旗、区）代码	污染源（企业）名称	污染源类型
508	黑龙江省	方正县	230124	方正县宏宇热力有限公司	废气
509	黑龙江省	木兰县	230127	木兰县污水处理厂	污水处理厂
510	黑龙江省	木兰县	230127	黑龙江省鑫玛热电集团木兰有限公司	废气
511	黑龙江省	木兰县	230127	黑龙江海外民爆木兰分公司	废气
512	黑龙江省	通河县	230128	通河县污水处理厂	污水处理厂
513	黑龙江省	通河县	230128	通河恒泰热电有限公司	废气
514	黑龙江省	延寿县	230129	延寿县工业园区污水处理厂	污水处理厂
515	黑龙江省	延寿县	230129	捷能热力电站有限公司延寿分公司	废气
516	黑龙江省	延寿县	230129	延寿县城镇污水处理厂	污水处理厂
517	黑龙江省	尚志市	230183	尚志龙江环保水务有限公司（尚志市污水处理厂）	污水处理厂
518	黑龙江省	尚志市	230183	哈尔滨帽儿山暖气片有限责任公司	废气
519	黑龙江省	尚志市	230183	蒙牛乳业（尚志）有限责任公司	废水
520	黑龙江省	尚志市	230183	华润雪花啤酒（哈尔滨）有限公司	废水
521	黑龙江省	五常市	230184	五常市污水处理厂	污水处理厂
522	黑龙江省	五常市	230184	五常市天宝热力公司	废气
523	黑龙江省	五常市	230184	黑龙江葵花药业股份有限公司	废水
524	黑龙江省	甘南县	230225	甘南县清源污水处理有限公司	污水处理厂
525	黑龙江省	甘南县	230225	飞鹤（甘南）乳品有限公司	废水
526	黑龙江省	甘南县	230225	黑龙江鹤城酒业有限公司	废水
527	黑龙江省	虎林市	230381	虎林市自来水公司	污水处理厂
528	黑龙江省	虎林市	230381	黑龙江清河泉生物质能源热电有限公司电厂分公司	废气
529	黑龙江省	密山市	230382	环城污水处理厂	污水处理厂
530	黑龙江省	密山市	230382	青啤密山有限公司	废气
531	黑龙江省	密山市	230382	密山市朝阳热电有限公司	废气
532	黑龙江省	绥滨县	230422	绥滨县盛蕴热电有限责任公司	废气
533	黑龙江省	绥滨县	230422	绥滨县新北国啤酒有限公司	废水
534	黑龙江省	饶河县	230524	饶河县镇北污水处理厂	污水处理厂
535	黑龙江省	饶河县	230524	饶河县晨光热电有限责任公司	废气
536	黑龙江省	伊春区	230702	伊春市百斯特环保有限公司	污水处理厂
537	黑龙江省	伊春区	230702	伊春市林都热电厂	废气
538	黑龙江省	南岔区	230703	伊春市南岔区污水处理厂	污水处理厂
539	黑龙江省	南岔区	230703	格润药业	废水
540	黑龙江省	南岔区	230703	伊春市南岔热电厂	废气
541	黑龙江省	友好区	230704	伊春市嘉兴热电厂	废气
542	黑龙江省	友好区	230704	友好纤维板厂	废水

序号	省（市、区）名称	县（市、旗、区）名称	县（市、旗、区）代码	污染源（企业）名称	污染源类型
543	黑龙江省	西林区	230705	西林钢铁集团有限公司	废气
544	黑龙江省	西林区	230705	西林钢铁集团有限公司	废水
545	黑龙江省	西林区	230705	伊春金林矿业有限公司	废气
546	黑龙江省	翠峦区	230706	伊春万福酒业有限公司	废水
547	黑龙江省	翠峦区	230706	伊春药业有限公司	废水
548	黑龙江省	新青区	230707	伊春市新青热电厂	废气
549	黑龙江省	美溪区	230708	美溪区供热公司	废气
550	黑龙江省	金山屯区	230709	伊春市金山屯区金龙热力有限公司	废气
551	黑龙江省	金山屯区	230709	伊春市伊春永丰纸业有限公司	废水
552	黑龙江省	五营区	230710	伊春市长瑞纸业有限责任公司	废水
553	黑龙江省	乌马河区	230711	黑龙江省伊春林业发电厂	废气
554	黑龙江省	带岭区	230713	翔达热电有限责任公司	废气
555	黑龙江省	带岭区	230713	带岭林业实验局林业热电厂	废气
556	黑龙江省	嘉荫县	230722	嘉荫县污水处理中心	污水处理厂
557	黑龙江省	嘉荫县	230722	乌拉嘎金矿	废水
558	黑龙江省	嘉荫县	230722	嘉荫县华银供热有限责任公司	废气
559	黑龙江省	铁力市	230781	铁力市依吉污水处理有限公司	污水处理厂
560	黑龙江省	铁力市	230781	葵花药业（伊春）有限公司	废水
561	黑龙江省	铁力市	230781	铁力宇祥热电有限责任公司	废气
562	黑龙江省	同江市	230881	同江市洁源污水处理厂	污水处理厂
563	黑龙江省	同江市	230881	同江市长恒热电有限公司	废气
564	黑龙江省	富锦市	230882	富锦龙江环保水务有限公司	污水处理厂
565	黑龙江省	富锦市	230882	金正油脂有限公司	废水
566	黑龙江省	富锦市	230882	富锦东方热电有限公司	废气
567	黑龙江省	抚远市	230883	抚远市龙江环保治水有限公司	污水处理厂
568	黑龙江省	抚远市	230883	抚远市新世纪热电有限责任公司	废气
569	黑龙江省	林口县	231025	林口县技新污水处理有限责任公司	污水处理厂
570	黑龙江省	林口县	231025	林口东林供热有限公司	废气
571	黑龙江省	林口县	231025	牡丹江北方远东水泥有限公司	废气
572	黑龙江省	林口县	231025	林口县信源硅线石矿业公司	废水
573	黑龙江省	海林市	231083	海林市隆诚污水处理有限公司	污水处理厂
574	黑龙江省	海林市	231083	哈尔滨卷烟厂海林分厂	废水
575	黑龙江省	宁安市	231084	宁安龙江环保治水有限公司	污水处理厂
576	黑龙江省	宁安市	231084	黑龙江省镜泊湖农业开发股份有限公司	废水
577	黑龙江省	穆棱市	231085	穆棱市深港污水处理厂	污水处理厂
578	黑龙江省	穆棱市	231085	穆棱市亿阳热电经营有限公司	废气
579	黑龙江省	东宁市	231086	东宁市污水处理厂	污水处理厂

序号	省（市、区）名称	县（市、旗、区）名称	县（市、旗、区）代码	污染源（企业）名称	污染源类型
580	黑龙江省	东宁市	231086	东宁滨河热电有限公司	废气
581	黑龙江省	东宁市	231086	东宁水泥有限公司	废气
582	黑龙江省	爱辉区	231102	黑河龙江环保治水有限公司	污水处理厂
583	黑龙江省	爱辉区	231102	黑河市热电厂	废气
584	黑龙江省	嫩江县	231121	嫩江县污水处理厂	污水处理厂
585	黑龙江省	嫩江县	231121	嫩江盛烨热电有限责任公司	废气
586	黑龙江省	嫩江县	231121	黑河关鸟河水泥有限责任公司	废气
587	黑龙江省	嫩江县	231121	嫩江县金星能源开发有限责任公司	废气
588	黑龙江省	逊克县	231123	逊克县蓝天热电有限责任公司	废气
589	黑龙江省	逊克县	231123	逊克县污水处理厂	污水处理厂
590	黑龙江省	孙吴县	231124	孙吴县利民污水处理厂	污水处理厂
591	黑龙江省	孙吴县	231124	哈药集团三精儿童大药厂	废水
592	黑龙江省	孙吴县	231124	孙吴县海峰热电有限责任公司	废气
593	黑龙江省	北安市	231181	北安市向前污水处理厂	污水处理厂
594	黑龙江省	北安市	231181	北安市完达山乳品有限公司	废水
595	黑龙江省	北安市	231181	国电北安热电有限公司	废气
596	黑龙江省	五大连池市	231182	五大连池风景区东区污水处理厂	污水处理厂
597	黑龙江省	五大连池市	231182	五大连池市污水处理厂	污水处理厂
598	黑龙江省	庆安县	231224	庆安县污水处理厂	污水处理厂
599	黑龙江省	庆安县	231224	黑龙江科伦制药股份有限公司	废水
600	黑龙江省	庆安县	231224	黑龙江省庆翔生物质能源开发有限公司	废气
601	黑龙江省	绥棱县	231226	碧清源污水处理厂	污水处理厂
602	黑龙江省	绥棱县	231226	黑龙江嵩天薯业集团有限公司	废水
603	黑龙江省	加格达奇区	232701	大兴安岭加格达奇区玉浙污水处理有限公司	污水处理厂
604	黑龙江省	加格达奇区	232701	大兴安岭地区电力工业局加格达奇热电厂	废气
605	黑龙江省	加格达奇区	232701	大兴安岭丽雪精淀粉公司	废水
606	黑龙江省	呼中区	232704	呼中区房产与供暖公司	废气
607	黑龙江省	呼玛县	232721	呼玛县鑫玛热电厂	废气
608	黑龙江省	呼玛县	232721	大兴安岭丽雪精淀粉公司呼玛分公司	废水
609	黑龙江省	塔河县	232722	塔河县环发污水处理有限公司	污水处理厂
610	黑龙江省	塔河县	232722	大兴安岭超越野生浆果开发有限责任公司	废水

序号	省（市、区）名称	县（市、旗、区）名称	县（市、旗、区）代码	污染源（企业）名称	污染源类型
611	黑龙江省	塔河县	232722	大兴安岭电力工业局塔河热电厂	废气
612	黑龙江省	漠河县	232723	大兴安岭地区电力工业局漠河热电厂	废气
613	黑龙江省	漠河县	232723	漠河华鹏供热有限公司	废气
614	黑龙江省	漠河县	232723	大兴安岭古莲河露天煤矿	废水
615	浙江省	淳安县	330127	淳安县水务有限公司（南山污水处理厂）	污水处理厂
616	浙江省	淳安县	330127	淳安县汾口污水处理厂	污水处理厂
617	浙江省	淳安县	330127	淳安县水务有限公司（城西污水处理厂）	污水处理厂
618	浙江省	淳安县	330127	淳安县水务有限公司（坪山污水处理厂）	污水处理厂
619	浙江省	淳安县	330127	杭州商辂丝绸有限公司	废水
620	浙江省	淳安县	330127	浙江康盛股份有限公司	废水
621	浙江省	淳安县	330127	杭州千岛湖啤酒有限公司	废水
622	浙江省	文成县	330328	文成县城东污水处理有限公司	污水处理厂
623	浙江省	泰顺县	330329	泰顺飞云水务有限公司	污水处理厂
624	浙江省	磐安县	330727	磐安县城市污水处理有限公司	污水处理厂
625	浙江省	磐安县	330727	磐安县尖山污水处理厂	污水处理厂
626	浙江省	常山县	330822	常山富春紫光污水处理有限公司	污水处理厂
627	浙江省	常山县	330822	常山南方水泥有限公司	废气
628	浙江省	常山县	330822	常山江山虎水泥有限公司	废气
629	浙江省	常山县	330822	浙江常林纸业有限公司	废水
630	浙江省	常山县	330822	浙江天子股份有限公司	废水
631	浙江省	开化县	330824	开化富春紫光水务有限公司	污水处理厂
632	浙江省	开化县	330824	浙江华康药业股份有限公司	废水
633	浙江省	开化县	330824	浙江开化合成材料有限公司	废气
634	浙江省	开化县	330824	浙江华康药业股份有限公司	废气
635	浙江省	遂昌县	331123	遂昌县污水处理厂	污水处理厂
636	浙江省	遂昌县	331123	浙江凯恩特种材料股份有限公司	废气
637	浙江省	遂昌县	331123	浙江新元焊材有限公司	废水
638	浙江省	遂昌县	331123	浙江凯恩特种材料股份有限公司	废水
639	浙江省	云和县	331125	云和县博华水务有限公司（云和县污水处理厂）	污水处理厂
640	浙江省	云和县	331125	汇源（云和）饮料食品有限公司	废水
641	浙江省	庆元县	331126	庆元县排水有限公司（庆元县污水处理厂）	污水处理厂
642	浙江省	庆元县	331126	浙江昌达实业有限公司	废水
643	浙江省	景宁畲族自治县	331127	景宁畲族自治县供排水有限公司污水处理分公司	污水处理厂

序号	省（市、区）名称	县（市、旗、区）名称	县（市、旗、区）代码	污染源（企业）名称	污染源类型
644	浙江省	龙泉市	331181	龙泉海元水处理有限公司（龙泉市溪北污水处理厂）	污水处理厂
645	浙江省	龙泉市	331181	浙江浙能龙泉生物质发电有限公司	废气
646	浙江省	龙泉市	331181	龙泉市硼矿有限责任公司	废水
647	浙江省	龙泉市	331181	浙江国镜药业有限公司	废水
648	安徽省	潜山县	340824	潜山县污水处理厂	污水处理厂
649	安徽省	潜山县	340824	安徽美妮纸业有限公司	废水
650	安徽省	潜山县	340824	安徽华业化工有限公司	废水
651	安徽省	太湖县	340825	太湖县污水处理厂	污水处理厂
652	安徽省	太湖县	340825	安徽福润禽业有限公司	废水
653	安徽省	岳西县	340828	岳西县污水处理厂	污水处理厂
654	安徽省	岳西县	340828	安庆乘风制药有限公司	废水
655	安徽省	黄山区	341003	黄山市黄山区伊凡特污水处理有限公司	污水处理厂
656	安徽省	歙县	341021	黄山市中昌水务有限公司	污水处理厂
657	安徽省	休宁县	341022	黄山休宁富大污水处理有限公司	污水处理厂
658	安徽省	黟县	341023	黟县污水处理厂	污水处理厂
659	安徽省	祁门县	341024	黄山市五洋污水处理有限公司	污水处理厂
660	安徽省	金寨县	341524	金寨县污水处理厂	污水处理厂
661	安徽省	金寨县	341524	宏宝集团金寨丝绸有限公司	废水
662	安徽省	金寨县	341524	安徽大别山科技开发有限公司	废水
663	安徽省	霍山县	341525	霍山县污水处理厂	污水处理厂
664	安徽省	霍山县	341525	安徽霍山县晨风纸业有限公司	废水
665	安徽省	霍山县	341525	安徽世林照明有限公司	废水
666	安徽省	霍山县	341525	安徽迎驾贡酒股份有限公司曲酒分公司	废水
667	安徽省	石台县	341722	石台县污水处理厂	污水处理厂
668	安徽省	青阳县	341723	蓉城供排水公司污水处理厂	污水处理厂
669	安徽省	青阳县	341723	安徽超威电源有限公司	废水
670	安徽省	泾县	341823	泾县象山污水处理有限公司	污水处理厂
671	安徽省	绩溪县	341824	绩溪县城建污水处理有限公司	污水处理厂
672	安徽省	旌德县	341825	城市污水处理厂	污水处理厂
673	福建省	永泰县	350125	福建永泰海峡环保有限公司	污水处理厂
674	福建省	明溪县	350421	福建明溪汇能环保科技有限公司	污水处理厂
675	福建省	明溪县	350421	三明市海斯福化工有限责任公司	废水
676	福建省	明溪县	350421	福建明狮水泥有限公司	废气
677	福建省	清流县	350423	三明鑫福水务有限公司	污水处理厂
678	福建省	清流县	350423	清流县氨盛化工有限公司	废气
679	福建省	清流县	350423	福建高宝矿业有限公司	废气

序号	省（市、区）名称	县（市、旗、区）名称	县（市、旗、区）代码	污染源（企业）名称	污染源类型
680	福建省	清流县	350423	清流县氨盛化工有限公司	废水
681	福建省	清流县	350423	福建红火水泥有限公司	废气
682	福建省	宁化县	350424	西部水务（福建）有限公司	污水处理厂
683	福建省	将乐县	350428	福建溢升环境科技发展有限公司将乐分公司	污水处理厂
684	福建省	将乐县	350428	将乐金牛水泥有限公司	废气
685	福建省	将乐县	350428	福建金牛水泥有限公司	废气
686	福建省	将乐县	350428	福建腾荣达制浆有限公司	废水
687	福建省	泰宁县	350429	福建省北美净水务有限公司	污水处理厂
688	福建省	泰宁县	350429	泰宁县绿山大有纸业有限公司	废水
689	福建省	建宁县	350430	建宁县鸿泰泽净水有限公司	污水处理厂
690	福建省	建宁县	350430	福建铙山纸业集团有限公司	废水
691	福建省	永春县	350525	芳源环保（永春）有限公司	污水处理厂
692	福建省	华安县	350629	华安城关污水处理厂	污水处理厂
693	福建省	华安县	350629	福建科能工贸有限公司	废气
694	福建省	华安县	350629	华安县三达水务有限公司	污水处理厂
695	福建省	华安县	350629	龙翔实业有限公司	废气
696	福建省	华安县	350629	龙翔实业有限公司	废水
697	福建省	华安县	350629	漳州欧硕化工有限公司	废水
698	福建省	华安县	350629	漳州盈晟纸业有限公司	废水
699	福建省	华安县	350629	漳州立兴罐头食品有限公司	废水
700	福建省	华安县	350629	漳州盈晟纸业有限公司	废气
701	福建省	浦城县	350722	浦城县华东水务污水处理有限公司	污水处理厂
702	福建省	浦城县	350722	福建省浦城县绿园环保工程有限公司	废水
703	福建省	浦城县	350722	绿康生化股份有限公司	废水
704	福建省	浦城县	350722	浦城正大生化有限公司	废水
705	福建省	光泽县	350723	福建省光泽县污水处理有限公司	污水处理厂
706	福建省	光泽县	350723	福建圣农发展股份有限公司肉鸡加工三、四厂	废水
707	福建省	光泽县	350723	福建省光泽县佳和纸业有限公司	废水
708	福建省	光泽县	350723	福建中联纸业有限公司	废水
709	福建省	光泽县	350723	福建圣农发展股份有限公司肉鸡加工一、二厂	废水
710	福建省	光泽县	350723	福建圣农发展股份有限公司肉鸡加工一、二厂	废气
711	福建省	光泽县	350723	福建省凯圣生物质发电有限公司	废气
712	福建省	武夷山市	350782	福建武夷山水务有限公司中洲污水处理厂	污水处理厂

序号	省（市、区）名称	县（市、旗、区）名称	县（市、旗、区）代码	污染源（企业）名称	污染源类型
713	福建省	武夷山市	350782	武夷山旅游（集团）有限公司星村污水处理净化厂	污水处理厂
714	福建省	武夷山市	350782	福建武夷山水务有限公司江源污水处理厂	污水处理厂
715	福建省	长汀县	350821	福建省长汀县嘉波污水处理有限公司	污水处理厂
716	福建省	长汀县	350821	福建省长汀金龙稀土有限公司	废水
717	福建省	上杭县	350823	福建省上杭县佳波污水处理有限公司	污水处理厂
718	福建省	上杭县	350823	福建金山黄金冶炼有限公司	废气
719	福建省	上杭县	350823	福建省上杭县九洲硅业有限公司	废气
720	福建省	上杭县	350823	紫金矿业集团股份有限公司黄金冶炼厂	废气
721	福建省	上杭县	350823	福建上杭瑞翔纸业有限公司	废水
722	福建省	上杭县	350823	上杭县东兴工贸有限公司	废水
723	福建省	上杭县	350823	紫金矿业集团股份有限公司紫金山金铜矿	废水
724	福建省	上杭县	350823	福建省上杭润华纸业有限公司	废水
725	福建省	上杭县	350823	紫金铜业有限公司	废气
726	福建省	上杭县	350823	瓮福紫金化工股份有限公司	废气
727	福建省	武平县	350824	武平县三达水务有限公司	污水处理厂
728	福建省	武平县	350824	福建德晟环保技术有限公司	废气
729	福建省	武平县	350824	武平县欣兴竹木制品发展有限公司	废水
730	福建省	武平县	350824	福建德晟环保技术有限公司	废水
731	福建省	武平县	350824	武平县三卓纸业有限公司	废水
732	福建省	武平县	350824	塔牌水泥有限公司	废气
733	福建省	连城县	350825	连城恒发水务有限公司	污水处理厂
734	福建省	连城县	350825	连城县东方经济开发有限公司	废水
735	福建省	连城县	350825	连城鸿泰化工有限公司	废水
736	福建省	屏南县	350923	屏南县中闽水务有限责任公司	污水处理厂
737	福建省	屏南县	350923	福建省（屏南）榕屏化工有限公司	废水
738	福建省	屏南县	350923	福建省（屏南）榕屏化工有限公司	废气
739	福建省	寿宁县	350924	寿宁县生活污水垃圾处理运营管理中心	污水处理厂
740	福建省	寿宁县	350924	寿宁县强盛纸业有限公司	废水
741	福建省	周宁县	350925	周宁县中闽环保有限责任公司	污水处理厂
742	福建省	柘荣县	350926	柘荣县污水处理厂	污水处理厂
743	福建省	柘荣县	350926	荣兴（福建）特种钢业有限公司	废气
744	江西省	浮梁县	360222	江西洪城水业环保有限公司浮梁	污水处理厂

序号	省（市、区）名称	县（市、旗、区）名称	县（市、旗、区）代码	污染源（企业）名称	污染源类型
				县分公司	
745	江西省	浮梁县	360222	江西景圣环保有限公司	废水
746	江西省	浮梁县	360222	江西景圣环保有限公司	废气
747	江西省	浮梁县	360222	景德镇市欧神诺陶瓷有限公司	废气
748	江西省	莲花县	360321	江西洪城水业环保有限公司莲花县分公司	污水处理厂
749	江西省	莲花县	360321	萍乡市昌盛水泥厂有限公司	废气
750	江西省	芦溪县	360323	江西洪城水业环保有限公司芦溪县分公司	污水处理厂
751	江西省	芦溪县	360323	江西芦溪南方水泥有限公司	废气
752	江西省	芦溪县	360323	华能安源发电有限责任公司	废气
753	江西省	修水县	360424	江西省修水县污水处理厂	污水处理厂
754	江西省	修水县	360424	江西省修水香炉山钨业有限责任公司	重金属
755	江西省	修水县	360424	江西省修水县赣北钨业有限公司	重金属
756	江西省	修水县	360424	江西省修水香炉山钨业有限责任公司	废水
757	江西省	修水县	360424	修水湘赣有色金属有限公司	废水
758	江西省	修水县	360424	江西省修水县赣北钨业有限公司	废水
759	江西省	南康区	360703	江西洪城水业环保有限公司南康分公司	污水处理厂
760	江西省	南康区	360703	江西新南山科技有限公司	废气
761	江西省	南康区	360703	赣州市开源矿业有限公司	废气
762	江西省	南康区	360703	南康市汇丰矿业有限公司	废水
763	江西省	南康区	360703	南康市新源有色金属有限公司	重金属
764	江西省	南康区	360703	赣州市开源矿业有限公司	废水
765	江西省	赣县区	360704	江西洪城水业环保有限公司赣县分公司	污水处理厂
766	江西省	赣县区	360704	赣州菊隆高科技实业有限公司	废水
767	江西省	赣县区	360704	赣州力赛科新技术有限公司	废水
768	江西省	赣县区	360704	赣州世瑞钨业股份有限公司	废水
769	江西省	赣县区	360704	赣州永源稀土有限公司	废水
770	江西省	赣县区	360704	谱赛科（江西）生物技术有限公司	废水
771	江西省	赣县区	360704	赣县金鹰稀土实业有限公司	废水
772	江西省	赣县区	360704	赣州市海龙钨钼有限公司	重金属
773	江西省	赣县区	360704	华能瑞金发电有限责任公司	废气
774	江西省	信丰县	360722	江西洪城水业环保有限公司信丰分公司	污水处理厂
775	江西省	信丰县	360722	赣州海螺水泥有限责任公司	废气
776	江西省	信丰县	360722	江西创合崇生环境科技有限公司	废气

序号	省（市、区）名称	县（市、旗、区）名称	县（市、旗、区）代码	污染源（企业）名称	污染源类型
777	江西省	大余县	360723	大余县洞脑矿业有限公司	重金属
778	江西省	大余县	360723	大余县华锐钨业有限公司	重金属
779	江西省	大余县	360723	大余县金城钨业有限公司	废水
780	江西省	大余县	360723	大余隆鑫泰钨业有限公司	废水
781	江西省	大余县	360723	江西西华山钨业有限公司	废水
782	江西省	大余县	360723	江西下垄钨业有限公司	重金属
783	江西省	大余县	360723	大余县宏业矿产品有限公司	重金属
784	江西省	大余县	360723	江西漂塘钨业有限公司	重金属
785	江西省	大余县	360723	大余县牛斋钨矿	重金属
786	江西省	大余县	360723	大余县伟良钨业有限公司	重金属
787	江西省	大余县	360723	大余县牛孜石矿业有限公司	重金属
788	江西省	大余县	360723	大余县闽鑫钨业有限公司	重金属
789	江西省	大余县	360723	大余县隆盛矿业有限公司	重金属
790	江西省	大余县	360723	大余县华鑫钨业有限公司	重金属
791	江西省	大余县	360723	大余县宏达矿业有限责任公司	重金属
792	江西省	大余县	360723	江西荡坪钨业有限公司	重金属
793	江西省	大余县	360723	大余龙威钨业有限公司	重金属
794	江西省	大余县	360723	江西洪城水业环保有限公司大余分公司	污水处理厂
795	江西省	大余县	360723	崇义章源钨业股份有限公司大余石雷钨矿	废水
796	江西省	上犹县	360724	江西奥沃森新能源有限公司	重金属
797	江西省	上犹县	360724	江西洪城水业环保有限公司上犹县分公司	污水处理厂
798	江西省	上犹县	360724	江西省营前矿业有限公司	重金属
799	江西省	上犹县	360724	江西奥沃森新能源有限公司	废气
800	江西省	上犹县	360724	赣州市海鑫矿业有限公司	废水
801	江西省	崇义县	360725	江西洪城水业环保有限公司崇义分公司	污水处理厂
802	江西省	崇义县	360725	崇义章源钨业股份有限公司淘锡坑钨矿	重金属
803	江西省	崇义县	360725	江西耀升钨业股份有限公司	重金属
804	江西省	崇义县	360725	江西耀升钨业股份有限公司锡坑钨锡矿	重金属
805	江西省	崇义县	360725	崇义章源钨业股份有限公司	重金属
806	江西省	崇义县	360725	崇义县恒昌矿业有限责任公司长龙坑铜锌矿	重金属
807	江西省	崇义县	360725	崇义县威恒矿业有限公司	重金属
808	江西省	崇义县	360725	崇义县华昌矿业有限公司铜锣钱铜锌矿	重金属

序号	省（市、区）名称	县（市、旗、区）名称	县（市、旗、区）代码	污染源（企业）名称	污染源类型
809	江西省	安远县	360726	江西大盛照明有限公司	废水
810	江西省	安远县	360726	江西洪城水业环保有限公司安远县分公司	污水处理厂
811	江西省	安远县	360726	安远县正邦农牧有限公司	废水
812	江西省	安远县	360726	安远双胞胎畜牧有限公司	废水
813	江西省	安远县	360726	安远县养生堂基地果业有限公司	废水
814	江西省	安远县	360726	江西明达功能材料有限责任公司	废水
815	江西省	龙南县	360727	江西洪城水业环保有限公司龙南分公司	污水处理厂
816	江西省	龙南县	360727	赣州稀土龙南冶炼分离有限公司	废水
817	江西省	龙南县	360727	龙南县京利有色金属有限公司	废水
818	江西省	龙南县	360727	龙南县富利有色金属有限公司	废水
819	江西省	龙南县	360727	江西华科稀土新材料有限公司	废水
820	江西省	龙南县	360727	龙南龙钇重稀土科技股份有限公司	废水
821	江西省	龙南县	360727	龙南县和利稀土冶炼有限公司	废水
822	江西省	龙南县	360727	龙南县龙纪庆达矿产品有限公司蒲罗合铜矿	废水
823	江西省	龙南县	360727	龙南骏亚电子科技有限公司	废水
824	江西省	龙南县	360727	龙南县合成米面制品有限公司	废水
825	江西省	定南县	360728	江西洪城水业环保有限公司定南分公司	污水处理厂
826	江西省	定南县	360728	江西省岿美山钨业有限公司	废水
827	江西省	定南县	360728	赣州齐飞新材料有限公司	废水
828	江西省	定南县	360728	定南大华新材料资源有限公司	废水
829	江西省	定南县	360728	江西省鑫盛钨业有限公司	废水
830	江西省	全南县	360729	江西洪城水业环保有限公司全南县分公司	污水处理厂
831	江西省	全南县	360729	全南包钢晶环稀土有限公司	废水
832	江西省	全南县	360729	江西大吉山钨业有限公司	废水
833	江西省	全南县	360729	全南县新资源稀土有限责任公司	废水
834	江西省	宁都县	360730	江西洪城水业环保有限公司宁都县分公司	污水处理厂
835	江西省	宁都县	360730	江西鸿源皮革有限公司	重金属
836	江西省	于都县	360731	江西洪城水业环保有限公司于都分公司	污水处理厂
837	江西省	于都县	360731	江西赣州南方万年青水泥有限公司	废气
838	江西省	于都县	360731	于都县安盛钨业有限公司	废水
839	江西省	于都县	360731	江西盘古山钨业有限公司	废水
840	江西省	于都县	360731	江西铁山垅钨业有限公司	废水

序号	省（市、区）名称	县（市、旗、区）名称	县（市、旗、区）代码	污染源（企业）名称	污染源类型
841	江西省	于都县	360731	于都县安盛钨业有限公司	重金属
842	江西省	兴国县	360732	江西洪城水业环保有限公司兴国县分公司	污水处理厂
843	江西省	兴国县	360732	江西兴国南方水泥有限公司	废气
844	江西省	兴国县	360732	兴国县华伦纸业有限公司	废水
845	江西省	会昌县	360733	江西洪城水业环保有限公司会昌县分公司	污水处理厂
846	江西省	会昌县	360733	江西红山铜业有限公司	重金属
847	江西省	会昌县	360733	江西五丰食品有限公司	废水
848	江西省	会昌县	360733	江西省会昌金龙锡业有限公司	废水
849	江西省	会昌县	360733	会昌县白鹅慧敏矿业有限责任公司	重金属
850	江西省	寻乌县	360734	赣州市恒源科技股份有限公司	废水
851	江西省	寻乌县	360734	赣州市恒源科技股份有限公司	废气
852	江西省	寻乌县	360734	江西省石湾环球陶瓷有限公司	废气
853	江西省	寻乌县	360734	江西洪城水业环保有限公司寻乌分公司	污水处理厂
854	江西省	石城县	360735	江西省洪城水业环保有限公司石城县分公司	污水处理厂
855	江西省	石城县	360735	石城县山下原种猪场有限公司	废水
856	江西省	瑞金市	360781	江西洪城水业环保有限公司瑞金分公司	污水处理厂
857	江西省	瑞金市	360781	江西瑞金万年青水泥有限公司	废气
858	江西省	瑞金市	360781	佳华电池（瑞金）有限公司	重金属
859	江西省	遂川县	360827	江西洪城水业环保有限公司遂川分公司	污水处理厂
860	江西省	遂川县	360827	江西燕京啤酒有限责任公司遂川分公司	废水
861	江西省	万安县	360828	江西洪城水业环保有限公司万安分公司	污水处理厂
862	江西省	万安县	360828	江西立峰纸业有限责任公司	废水
863	江西省	安福县	360829	江西洪城水业环保有限公司安福县分公司	污水处理厂
864	江西省	安福县	360829	江西安福南方水泥有限公司	废气
865	江西省	永新县	360830	永新县温洲皮革实业有限公司	废水
866	江西省	永新县	360830	江西洪城水业环保有限公司永新分公司	污水处理厂
867	江西省	井冈山市	360881	井冈山市污水处理厂	污水处理厂
868	江西省	井冈山市	360881	井冈山风景名胜区管理局刘家坪污水处理厂	污水处理厂

序号	省（市、区）名称	县（市、旗、区）名称	县（市、旗、区）代码	污染源（企业）名称	污染源类型
869	江西省	靖安县	360925	江西洪城水业环保有限公司靖安县分公司	污水处理厂
870	江西省	靖安县	360925	靖安县工业园污水处理厂	污水处理厂
871	江西省	铜鼓县	360926	江西洪城水业环保有限公司铜鼓县分公司	污水处理厂
872	江西省	铜鼓县	360926	铜鼓县经济新区污水处理有限公司	污水处理厂
873	江西省	黎川县	361022	黎川县工业污水处理厂	污水处理厂
874	江西省	黎川县	361022	江西洪城水业环保有限公司黎川分公司	污水处理厂
875	江西省	南丰县	361023	江西洪城水业环保有限公司南丰分公司	污水处理厂
876	江西省	南丰县	361023	南丰县工业污水处理厂	污水处理厂
877	江西省	宜黄县	361026	江西洪城水业环保有限公司宜黄县分公司	污水处理厂
878	江西省	宜黄县	361026	江西富旺有色金属冶炼有限公司	重金属
879	江西省	宜黄县	361026	宜黄县星泰纸业有限公司（新厂）	废水
880	江西省	宜黄县	361026	抚州三和医药化工有限公司	废水
881	江西省	宜黄县	361026	江西华南纸业有限公司	废水
882	江西省	宜黄县	361026	宜黄县星泰纸业有限公司（新厂）	废气
883	江西省	资溪县	361028	江西洪城水业环保有限公司资溪分公司	污水处理厂
884	江西省	资溪县	361028	江西岚洁梦地毯家饰有限公司	废水
885	江西省	广昌县	361030	江西洪城水业环保有限公司广昌县分公司	污水处理厂
886	江西省	广昌县	361030	江西省广德环保科技股份有限公司	废气
887	江西省	婺源县	361130	婺源县污水处理有限公司	污水处理厂
888	江西省	婺源县	361130	江西佑美制药有限公司	废水
889	山东省	博山区	370304	淄博市博山区环科污水处理有限公司	污水处理厂
890	山东省	博山区	370304	山东金虹钛白化工有限公司	废水
891	山东省	博山区	370304	山东东佳集团股份有限公司	废水
892	山东省	博山区	370304	山东万杰高科股份有限公司博山热电厂	废气
893	山东省	博山区	370304	华能白杨河发电有限公司	废气
894	山东省	沂源县	370323	沂源县污水处理厂（沂源水务发展有限公司）	污水处理厂
895	山东省	沂源县	370323	山东联合化肥股份有限公司（合力泰科技股份有限公司）	废水

序号	省（市、区）名称	县（市、旗、区）名称	县（市、旗、区）代码	污染源（企业）名称	污染源类型
896	山东省	沂源县	370323	山东华狮啤酒有限公司(山东绿兰莎啤酒有限公司)	废水
897	山东省	沂源县	370323	瑞阳制药有限公司	废水
898	山东省	沂源县	370323	山东沃源新型面料股份有限公司	废水
899	山东省	沂源县	370323	沂源县源能热电有限公司	废气
900	山东省	台儿庄区	370405	枣庄市同安水务有限公司	污水处理厂
901	山东省	台儿庄区	370405	山东丰元化学股份有限公司	废水
902	山东省	台儿庄区	370405	山东万通纸业总公司	废水
903	山东省	山亭区	370406	上实环境（枣庄山亭）污水处理有限公司	污水处理厂
904	山东省	山亭区	370406	枣庄华润纸业有限公司（自备电厂）	废气
905	山东省	山亭区	370406	枣庄华润纸业有限公司	废水
906	山东省	山亭区	370406	华沃（枣庄）水泥有限公司	废气
907	山东省	临朐县	370724	临朐荣怀污水处理有限公司	污水处理厂
908	山东省	临朐县	370724	山东临朐清源污水处理有限公司	污水处理厂
909	山东省	临朐县	370724	临朐山水水泥有限公司	废气
910	山东省	曲阜市	370881	山东公用集团曲阜水务有限公司曲阜第一污水处理厂	污水处理厂
911	山东省	曲阜市	370881	山东鲁城水泥有限公司	废气
912	山东省	曲阜市	370881	华能曲阜热电有限公司	废气
913	山东省	曲阜市	370881	曲阜嘉诚水质净化有限公司	污水处理厂
914	山东省	曲阜市	370881	山东公用集团曲阜水务有限公司第三污水处理厂	污水处理厂
915	山东省	泰山区	370902	泰安嘉诚水质净化有限公司	污水处理厂
916	山东省	泰山区	370902	山东岱银纺织集团股份有限公司	废水
917	山东省	五莲县	371121	五莲北控水务有限公司	污水处理厂
918	山东省	五莲县	371121	五莲斯比凯可（山东）生物制品有限公司	废水
919	山东省	五莲县	371121	山东凯翔阳光集团有限公司	废气
920	山东省	沂水县	371323	临沂润达水务有限公司	污水处理厂
921	山东省	沂水县	371323	山东泓达生物科技有限公司	废水
922	山东省	沂水县	371323	沂水热电有限责任公司	废气
923	山东省	沂水县	371323	临沂润泽水务有限公司	污水处理厂
924	山东省	费县	371325	费县富翔污水处理有限公司	污水处理厂
925	山东省	费县	371325	费县探沂污水处理厂	污水处理厂
926	山东省	费县	371325	费县沂州水泥有限公司	废气
927	山东省	费县	371325	山东光华纸业集团有限公司	废水
928	山东省	费县	371325	山东新时代药业有限公司	废水
929	山东省	费县	371325	国电费县发电有限公司	废气

序号	省（市、区）名称	县（市、旗、区）名称	县（市、旗、区）代码	污染源（企业）名称	污染源类型
930	山东省	平邑县	371326	平邑县东城污水处理厂	污水处理厂
931	山东省	平邑县	371326	平邑县第二污水处理厂	污水处理厂
932	山东省	平邑县	371326	平邑中联水泥有限公司	废气
933	山东省	平邑县	371326	临沂市康发食品饮料有限公司	废水
934	山东省	蒙阴县	371328	蒙阴盛科污水处理有限公司	污水处理厂
935	山东省	蒙阴县	371328	山东新银麦啤酒有限公司	废水
936	山东省	蒙阴县	371328	蒙阴德信鑫源热电有限公司	废气
937	山东省	蒙阴县	371328	山东新银麦啤酒有限公司	废气
938	河南省	栾川县	410324	栾川县自来水公司污水处理厂	污水处理厂
939	河南省	栾川县	410324	栾川县瑞达矿业有限公司	重金属
940	河南省	栾川县	410324	栾川县潭头金矿有限公司	重金属
941	河南省	栾川县	410324	洛阳栾川钼业集团股份有限公司选矿一公司	重金属
942	河南省	栾川县	410324	洛阳栾川钼业集团股份有限公司选矿二公司	重金属
943	河南省	栾川县	410324	洛阳栾川钼业集团冶炼有限责任公司	重金属
944	河南省	栾川县	410324	洛阳栾川钼业集团股份有限公司选矿三公司	重金属
945	河南省	栾川县	410324	洛阳大川钼钨科技有限责任公司	重金属
946	河南省	栾川县	410324	栾川县三强钼钨有限公司	重金属
947	河南省	栾川县	410324	栾川县大东坡钨钼矿业有限公司	重金属
948	河南省	栾川县	410324	栾川县九扬矿业有限公司	重金属
949	河南省	卢氏县	411224	卢氏县豫源清污水处理有限公司	污水处理厂
950	河南省	西峡县	411323	河南省宛西制药股份有限公司	废水
951	河南省	西峡县	411323	西峡县污水处理厂	污水处理厂
952	河南省	西峡县	411323	南阳汉冶特钢有限公司	废气
953	河南省	西峡县	411323	西峡龙成特种材料有限公司	重金属
954	河南省	西峡县	411323	西峡县春风实业有限责任公司	废水
955	河南省	内乡县	411325	河南省华中环保研究有限公司内乡县污水处理厂	污水处理厂
956	河南省	内乡县	411325	河南仙鹤特种浆纸有限公司	废水
957	河南省	淅川县	411326	淅川县城市污水处理中心	污水处理厂
958	河南省	淅川县	411326	河南福森药业有限公司	废水
959	河南省	淅川县	411326	南阳淅减汽车减震器有限公司淅川汽车减振器厂	重金属
960	河南省	桐柏县	411330	桐柏县城区水务管理公司污水处理净化中心	污水处理厂
961	河南省	桐柏县	411330	桐柏海晶碱业有限责任公司（旭日分厂）	废气

序号	省（市、区）名称	县（市、旗、区）名称	县（市、旗、区）代码	污染源（企业）名称	污染源类型
962	河南省	桐柏县	411330	桐柏银洞坡金矿有限责任公司	废水
963	河南省	桐柏县	411330	桐柏银矿有限责任公司	废水
964	河南省	桐柏县	411330	桐柏兴源矿业有限公司	废水
965	河南省	桐柏县	411330	桐柏海晶碱业有限责任公司（海晶分厂）	废气
966	河南省	桐柏县	411330	河南中源化学股份有限公司	废气
967	河南省	邓州市	411381	邓州市三达水务有限公司	污水处理厂
968	河南省	邓州市	411381	邓州市华鑫纸业有限公司	废水
969	河南省	邓州市	411381	邓州市一鑫实业有限公司	废水
970	河南省	邓州市	411381	河南北方星光机电有限责任公司	废水
971	河南省	邓州市	411381	邓州中联水泥有限公司	废气
972	河南省	浉河区	411502	华新水泥（河南信阳）有限公司	废气
973	河南省	罗山县	411521	罗山县城污水处理有限公司	污水处理厂
974	河南省	光山县	411522	光山污水处理厂	污水处理厂
975	河南省	光山县	411522	天瑞集团光山水泥有限公司	废气
976	河南省	新县	411523	新县污水处理厂	污水处理厂
977	河南省	新县	411523	河南羚锐制药厂	废水
978	河南省	商城县	411524	商城县开源污水处理厂	污水处理厂
979	湖北省	茅箭区	420302	十堰市水务有限公司泗河污水处理厂	污水处理厂
980	湖北省	茅箭区	420302	东风专用汽车有限公司	废水
981	湖北省	茅箭区	420302	东风汽车传动轴有限公司十堰分公司	废水
982	湖北省	茅箭区	420302	十堰正和车身有限公司	废水
983	湖北省	茅箭区	420302	东风德纳车桥有限公司十堰工厂	废水
984	湖北省	茅箭区	420302	东风锻造有限公司	废水
985	湖北省	茅箭区	420302	东风小康汽车有限公司（渝安）	废水
986	湖北省	茅箭区	420302	湖北天圣清大制药有限公司	废水
987	湖北省	茅箭区	420302	十堰市阳森石煤热电有限责任公司	废气
988	湖北省	茅箭区	420302	东风汽车有限公司商用车铸造二厂	废水
989	湖北省	张湾区	420303	首创东风（十堰）水务有限公司污水处理厂	污水处理厂
990	湖北省	张湾区	420303	双星东风轮胎有限公司	废气
991	湖北省	张湾区	420303	东风汽车泵业有限公司	废水
992	湖北省	张湾区	420303	东风商用车有限公司发动机厂	废水
993	湖北省	张湾区	420303	双星东风轮胎有限公司	废水
994	湖北省	张湾区	420303	东风商用车有限公司车架厂	废水
995	湖北省	张湾区	420303	东风汽车车轮有限公司	废水

序号	省（市、区）名称	县（市、旗、区）名称	县（市、旗、区）代码	污染源（企业）名称	污染源类型
996	湖北省	张湾区	420303	东风商用车有限公司变速箱厂	废水
997	湖北省	张湾区	420303	东风汽车悬架弹簧有限公司	废水
998	湖北省	张湾区	420303	东风商用车有限公司总装配厂	废水
999	湖北省	张湾区	420303	东风汽车紧固件有限公司	废水
1000	湖北省	张湾区	420303	东风商用车有限公司铸造一厂	废水
1001	湖北省	张湾区	420303	东风商用车有限公司车身厂	废水
1002	湖北省	张湾区	420303	东风汽车公司热电厂	废气
1003	湖北省	张湾区	420303	十堰市京水环境科技有限公司神定河污水处理厂	污水处理厂
1004	湖北省	张湾区	420303	十堰北排水环境发展有限公司西部污水处理厂	污水处理厂
1005	湖北省	郧阳区	420304	郧县水务有限公司（城关污水处理厂）	污水处理厂
1006	湖北省	郧阳区	420304	湖北神河汽车改装（集团）有限公司	重金属
1007	湖北省	郧阳区	420304	湖北佳恒科技有限公司	重金属
1008	湖北省	郧阳区	420304	华新金龙水泥（郧县）有限公司	废气
1009	湖北省	郧西县	420322	郧西县城关镇污水处理厂	污水处理厂
1010	湖北省	郧西县	420322	湖北武当水泥有限公司	废气
1011	湖北省	竹山县	420323	湖北济楚水务有限公司	污水处理厂
1012	湖北省	竹山县	420323	竹山县鑫源皂素有限公司	废水
1013	湖北省	竹山县	420323	竹山县天新医药化工有限责任公司	废水
1014	湖北省	竹山县	420323	湖北鑫荣矿业有限公司	重金属
1015	湖北省	竹溪县	420324	竹溪清源污水处理有限公司	污水处理厂
1016	湖北省	竹溪县	420324	竹溪瑞城水泥有限公司	废气
1017	湖北省	竹溪县	420324	竹溪创艺皂素有限公司	废水
1018	湖北省	竹溪县	420324	十堰市华康化工有限责任公司	重金属
1019	湖北省	房县	420325	湖北房县科亮环保科技有限公司	污水处理厂
1020	湖北省	房县	420325	湖北武当动物药业有限责任公司	废水
1021	湖北省	房县	420325	房县华新水泥有限责任公司	废气
1022	湖北省	丹江口市	420381	丹江口市中和水质净化有限公司	污水处理厂
1023	湖北省	丹江口市	420381	湖北东圣丹江化工有限公司	废水
1024	湖北省	丹江口市	420381	农夫山泉湖北丹江口有限公司	废水
1025	湖北省	丹江口市	420381	湖北丹江口丹澳医药化工有限公司	废水
1026	湖北省	丹江口市	420381	湖北东圣丹江化工有限公司	废气
1027	湖北省	丹江口市	420381	丹江口颐源水务有限公司	污水处理厂
1028	湖北省	丹江口市	420381	汉江丹江口铝业有限责任公司	废气

序号	省（市、区）名称	县（市、旗、区）名称	县（市、旗、区）代码	污染源（企业）名称	污染源类型
1029	湖北省	夷陵区	420506	宜昌市夷陵区丁家坝污水处理厂	污水处理厂
1030	湖北省	夷陵区	420506	三峡开发总公司污水处理厂	污水处理厂
1031	湖北省	夷陵区	420506	宜昌书林纸业有限公司	废水
1032	湖北省	夷陵区	420506	宜昌嘉源食品有限公司	废水
1033	湖北省	夷陵区	420506	湖北稻花香酒业股份有限公司	废水
1034	湖北省	夷陵区	420506	湖北宜昌翔陵纸制品有限公司	废水
1035	湖北省	夷陵区	420506	中船重工海声科技公司	重金属
1036	湖北省	夷陵区	420506	宜昌市夷陵区太平溪污水处理厂	污水处理厂
1037	湖北省	夷陵区	420506	宜昌市夷陵区污水处理厂	污水处理厂
1038	湖北省	兴山县	420526	兴山县新城污水处理厂	污水处理厂
1039	湖北省	兴山县	420526	湖北兴发化工集团股份有限公司（白沙河分厂三号排污口）	废水
1040	湖北省	兴山县	420526	湖北兴发化工集团股份有限公司（白沙河分厂）	废气
1041	湖北省	兴山县	420526	葛洲坝兴山水泥有限公司	废气
1042	湖北省	秭归县	420527	秭归县县城污水处理厂	污水处理厂
1043	湖北省	秭归县	420527	湖北吉盛纺织科技股份有限公司	废水
1044	湖北省	秭归县	420527	秭归帝元食品罐头有限责任公司	废水
1045	湖北省	秭归县	420527	华新水泥（秭归）有限公司	废气
1046	湖北省	长阳土家族自治县	420528	中信长阳生态水处理有限公司（长阳县城区污水处理厂）	污水处理厂
1047	湖北省	长阳土家族自治县	420528	长阳铠榕电解锰有限公司	重金属
1048	湖北省	长阳土家族自治县	420528	湖北一致魔芋生物科技有限公司	废水
1049	湖北省	长阳土家族自治县	420528	长阳宏发纸业有限公司	废水
1050	湖北省	长阳土家族自治县	420528	长阳蒙特锰业有限责任公司	重金属
1051	湖北省	长阳土家族自治县	420528	华新水泥（长阳）有限公司	废气
1052	湖北省	长阳土家族自治县	420528	长阳福利锰业有限责任公司	重金属
1053	湖北省	五峰土家族自治县	420529	五峰丰城水务有限公司	污水处理厂
1054	湖北省	五峰土家族自治县	420529	宜昌亚泰化工有限公司	废水
1055	湖北省	南漳县	420624	南漳县银泰达水务有限公司	污水处理厂
1056	湖北省	南漳县	420624	华新水泥（襄樊）有限公司	废气
1057	湖北省	南漳县	420624	湖北华海纤维科技股份有限公司	废水

序号	省（市、区）名称	县（市、旗、区）名称	县（市、旗、区）代码	污染源（企业）名称	污染源类型
1058	湖北省	保康县	420626	保康县污水处理厂	污水处理厂
1059	湖北省	保康县	420626	襄樊富襄现代农业开发有限公司	废水
1060	湖北省	保康县	420626	保康楚烽化工有限责任公司	废水
1061	湖北省	保康县	420626	湖北尧治河化工股份有限公司	废水
1062	湖北省	孝昌县	420921	孝昌县菲力污水处理有限公司	污水处理厂
1063	湖北省	孝昌县	420921	湖北诺克特药业有限公司	废水
1064	湖北省	孝昌县	420921	湖北鸿翔农业发展有限公司	废水
1065	湖北省	大悟县	420922	大悟县城区污水处理厂	污水处理厂
1066	湖北省	大悟县	420922	湖北省黄麦岭磷化工有限责任公司	废水
1067	湖北省	大悟县	420922	湖北省黄麦岭磷化工有限责任公司	重金属
1068	湖北省	红安县	421122	红安银泰达水务有限公司	污水处理厂
1069	湖北省	红安县	421122	红安娃哈哈食品有限公司	废水
1070	湖北省	红安县	421122	红安娃哈哈饮料有限公司	废水
1071	湖北省	红安县	421122	湖北中烟工业有限责任公司红安卷烟厂	废水
1072	湖北省	罗田县	421123	罗田新天污水处理有限公司	污水处理厂
1073	湖北省	罗田县	421123	湖北省宏源药业科技股份有限公司（经济开发区新厂）	废水
1074	湖北省	罗田县	421123	罗田县长源污水处理有限公司	污水处理厂
1075	湖北省	英山县	421124	英山县汉德污水净化有限公司	污水处理厂
1076	湖北省	英山县	421124	英山雄峰畜牧有限公司	废水
1077	湖北省	浠水县	421125	湖北浠水鸿盛水务有限公司	污水处理厂
1078	湖北省	浠水县	421125	浠水县福瑞德化工有限责任公司	废水
1079	湖北省	麻城市	421181	麻城市龙泉水处理科技发展有限公司	污水处理厂
1080	湖北省	麻城市	421181	湖北凤凰白云山药业有限公司	废水
1081	湖北省	麻城市	421181	黄冈大别山发电有限责任公司	废气
1082	湖北省	通城县	421222	通城县城市污水处理厂	污水处理厂
1083	湖北省	通城县	421222	湖北平安电工材料有限公司	废水
1084	湖北省	通城县	421222	湖北亚细亚陶瓷有限公司	废气
1085	湖北省	通城县	421222	湖北玉立砂带集团股份有限公司	废水
1086	湖北省	通城县	421222	湖北杭瑞陶瓷有限责任公司	废气
1087	湖北省	通山县	421224	通山县通羊污水处理有限公司	污水处理厂
1088	湖北省	利川市	422802	利川正源环保工程有限公司	污水处理厂
1089	湖北省	利川市	422802	利川市恒丰食品有限责任公司	废水
1090	湖北省	利川市	422802	湖北香连药业有限公司	废水
1091	湖北省	利川市	422802	湖北天佛食品有限公司	废水
1092	湖北省	利川市	422802	恩施州石坝煤业有限责任公司	废水

序号	省（市、区）名称	县（市、旗、区）名称	县（市、旗、区）代码	污染源（企业）名称	污染源类型
1093	湖北省	利川市	422802	中国石化江汉油田分公司采气厂	废气
1094	湖北省	利川市	422802	利川市马鹿池煤业有限责任公司	废水
1095	湖北省	建始县	422822	建始县污水处理厂	污水处理厂
1096	湖北省	建始县	422822	建始县下坝污水处理厂	污水处理厂
1097	湖北省	建始县	422822	建始县泰丰水泥有限责任公司	废气
1098	湖北省	巴东县	422823	巴东天禄环保科技有限公司	污水处理厂
1099	湖北省	巴东县	422823	溪丘湾污水处理厂	污水处理厂
1100	湖北省	巴东县	422823	沿渡河污水处理厂	污水处理厂
1101	湖北省	巴东县	422823	巴东县野三关污水处理厂	污水处理厂
1102	湖北省	宣恩县	422825	宣恩县丽城清污有限公司（宣恩县污水处理厂）	污水处理厂
1103	湖北省	宣恩县	422825	恩施州亚麦食品有限责任公司	废水
1104	湖北省	宣恩县	422825	湖北西部现代农业有限公司	废气
1105	湖北省	宣恩县	422825	湖北大派食品有限责任公司	废气
1106	湖北省	咸丰县	422826	咸丰县污水处理厂	污水处理厂
1107	湖北省	咸丰县	422826	湖北建塬石材有限责任公司	废气
1108	湖北省	咸丰县	422826	湖北磊源石业有限公司	废气
1109	湖北省	咸丰县	422826	湖北省发夏食品有限公司	废水
1110	湖北省	咸丰县	422826	咸丰县佳德木业有限责任公司	废气
1111	湖北省	来凤县	422827	来凤县污水处理厂	污水处理厂
1112	湖北省	来凤县	422827	来凤安普罗食品开发有限责任公司	废气
1113	湖北省	来凤县	422827	来凤县金凤建材工业有限责任公司	废气
1114	湖北省	来凤县	422827	湖北来凤腾升香料化工有限责任公司	废气
1115	湖北省	鹤峰县	422828	鹤峰县桑德德瑞水务有限公司	污水处理厂
1116	湖北省	鹤峰县	422828	湖北省八峰药化股份有限公司	废水
1117	湖北省	鹤峰县	422828	华新水泥（鹤峰）民族建材有限公司	废气
1118	湖北省	神农架林区	429021	神农架林区木鱼镇污水处理厂	污水处理厂
1119	湖北省	神农架林区	429021	神农架武山矿业有限责任公司（武山矿区）	废水
1120	湖北省	神农架林区	429021	神农架兴华矿业有限责任公司（矿区）	废水
1121	湖北省	神农架林区	429021	神农架磷业科技有限责任公司（莲花-简城矿区）	废水
1122	湖北省	神农架林区	429021	神农架林区武山矿业有限责任公司（武山湖矿区）	废水
1123	湖北省	神农架林区	429021	神农架恒信矿业有限责任公司（马鹿场矿区）	废水

序号	省（市、区）名称	县（市、旗、区）名称	县（市、旗、区）代码	污染源（企业）名称	污染源类型
1124	湖北省	神农架林区	429021	神农架林区松柏镇污水处理厂	污水处理厂
1125	湖北省	神农架林区	429021	神农架磷业科技有限责任公司（寨湾矿区）	废水
1126	湖南省	茶陵县	430224	茶陵首创水务有限责任公司	污水处理厂
1127	湖南省	茶陵县	430224	湖南宝海生物科技有限公司	废气
1128	湖南省	茶陵县	430224	湖南尚竹家居用品有限公司	废气
1129	湖南省	茶陵县	430224	茶陵县生活垃圾卫生填埋场	废水
1130	湖南省	茶陵县	430224	株洲康圣堂药业有限公司	废水
1131	湖南省	炎陵县	430225	长沙南方航宇环境工程有限公司炎陵县污水处理厂	污水处理厂
1132	湖南省	炎陵县	430225	株洲金瑞锌材有限责任公司	废水
1133	湖南省	炎陵县	430225	炎陵县船形化工厂	废水
1134	湖南省	炎陵县	430225	炎陵县回龙仙生活垃圾无害化处理场	废水
1135	湖南省	炎陵县	430225	株洲万昌纺织有限公司	废气
1136	湖南省	南岳区	430412	南岳区污水处理厂	污水处理厂
1137	湖南省	新邵县	430522	新邵县大坪污水处理有限公司	污水处理厂
1138	湖南省	新邵县	430522	湖南省新龙矿业有限责任公司	废水
1139	湖南省	新邵县	430522	新邵县云翔矿业有限公司	废水
1140	湖南省	隆回县	430524	隆回华茂污水处理有限公司	污水处理厂
1141	湖南省	隆回县	430524	湖南湘丰特种纸业有限公司	废水
1142	湖南省	隆回县	430524	湖南隆回南方水泥有限公司	废气
1143	湖南省	洞口县	430525	洞口县污水处理厂	污水处理厂
1144	湖南省	洞口县	430525	洞口县丰晟纸厂	废水
1145	湖南省	绥宁县	430527	绥宁县污水处理厂	污水处理厂
1146	湖南省	绥宁县	430527	绥宁县天成造纸有限公司	废水
1147	湖南省	绥宁县	430527	绥宁县吉升工业纸板有限责任公司	废水
1148	湖南省	绥宁县	430527	湖南省绥宁县胜德造纸有限责任公司	废水
1149	湖南省	绥宁县	430527	绥宁县宝庆联纸有限公司	废气
1150	湖南省	绥宁县	430527	绥宁县宝庆联纸有限公司	废水
1151	湖南省	新宁县	430528	新宁县观瀑污水处理有限责任公司	污水处理厂
1152	湖南省	城步苗族自治县	430529	城步县城南污水处理有限公司	污水处理厂
1153	湖南省	君山区	430611	岳阳市君山区城区污水净化中心	污水处理厂
1154	湖南省	平江县	430626	平江县江东矿业有限公司	废水
1155	湖南省	平江县	430626	东莞市天泉环保机电工程有限公司平江分公司	污水处理厂

序号	省（市、区）名称	县（市、旗、区）名称	县（市、旗、区）代码	污染源（企业）名称	污染源类型
1156	湖南省	平江县	430626	平江县格林莱环保实业有限公司	污水处理厂
1157	湖南省	平江县	430626	湖南中南黄金冶炼有限公司	废水
1158	湖南省	平江县	430626	湖南岳阳万鑫黄金公司	废水
1159	湖南省	平江县	430626	湖南凯鑫黄金投资有限公司	废水
1160	湖南省	平江县	430626	湖南黄金洞矿业有限责任公司	废水
1161	湖南省	平江县	430626	平江县鑫欣矿业开发有限公司（停产）	废水
1162	湖南省	平江县	430626	平江县盛发矿业有限公司（停产）	废水
1163	湖南省	平江县	430626	平江县连云矿业有限责任公司（停产）	废水
1164	湖南省	平江县	430626	平江县黄金开发总公司大洞工区李屋矿点（停产）	废水
1165	湖南省	平江县	430626	平江县宝海再生资源科技有限公司（停产）	废水
1166	湖南省	平江县	430626	平江县黄金开发总公司南尧工区垂拱洞矿点	废水
1167	湖南省	平江县	430626	平江县宏基矿业有限公司（停产）	废水
1168	湖南省	平江县	430626	平江县光华矿业有限公司栗山选厂（停产）	废水
1169	湖南省	平江县	430626	湖南荣宏钼业材料股份有限公司（停产）	废水
1170	湖南省	桃源县	430725	桃源县深港环保工程技术有限公司	污水处理厂
1171	湖南省	桃源县	430725	湖南创元铝业有限公司	废气
1172	湖南省	桃源县	430725	湖南创元发电有限公司	废气
1173	湖南省	桃源县	430725	湖南省桃源杰新纺织印染有限公司	废水
1174	湖南省	桃源县	430725	湖南创元铝业有限公司	废水
1175	湖南省	石门县	430726	石门县城市污水处理有限公司	污水处理厂
1176	湖南省	石门县	430726	湖南大唐石门发电有限公司	废气
1177	湖南省	石门县	430726	长安石门发电有限公司	废气
1178	湖南省	石门县	430726	葛洲坝石门特种水泥有限公司	废气
1179	湖南省	石门县	430726	石门海螺水泥有限责任公司	废气
1180	湖南省	石门县	430726	葛洲坝易普力湖南二化民爆有限公司	废气
1181	湖南省	石门县	430726	湖南大唐石门发电有限公司	废水
1182	湖南省	石门县	430726	长安石门发电有限公司	废水
1183	湖南省	石门县	430726	葛洲坝易普力湖南二化民爆有限公司	废水
1184	湖南省	永定区	430802	张家界首创水务有限责任公司	污水处理厂
1185	湖南省	永定区	430802	张家界阳湖坪水处理有限公司	污水处理厂

序号	省（市、区）名称	县（市、旗、区）名称	县（市、旗、区）代码	污染源（企业）名称	污染源类型
1186	湖南省	永定区	430802	湖南张家界南方水泥有限公司	废气
1187	湖南省	永定区	430802	张家界久瑞生物科技有限公司	废水
1188	湖南省	武陵源区	430811	张家界碧水源水务科技有限公司	污水处理厂
1189	湖南省	武陵源区	430811	张家界国家森林公园锣鼓塔污水处理厂	污水处理厂
1190	湖南省	慈利县	430821	慈利县百斯特环保水务有限公司	污水处理厂
1191	湖南省	慈利县	430821	张家界万福药业有限公司	废水
1192	湖南省	桑植县	430822	湖南桑植鑫源水处理有限公司	污水处理厂
1193	湖南省	桑植县	430822	张家界市桑梓综合利用发电厂有限责任公司	废气
1194	湖南省	桑植县	430822	华新水泥（桑植）有限公司	废气
1195	湖南省	桃江县	430922	上实环境（桃江）污水处理有限公司	污水处理厂
1196	湖南省	桃江县	430922	益阳市东方水泥有限公司	废气
1197	湖南省	桃江县	430922	湖南桃江南方水泥有限公司	废气
1198	湖南省	桃江县	430922	桃江久通锑业有限责任公司	废气
1199	湖南省	桃江县	430922	桃江久通锑业有限责任公司	废水
1200	湖南省	安化县	430923	安化县海川达水务有限公司	污水处理厂
1201	湖南省	安化县	430923	湖南安化渣滓溪矿业有限公司	重金属
1202	湖南省	安化县	430923	湖南安化湘安钨业有限责任公司	重金属
1203	湖南省	安化县	430923	安化县安仁粉末冶金有限公司	重金属
1204	湖南省	安化县	430923	湖南省安化县司徒钨矿	重金属
1205	湖南省	安化县	430923	湖南省安化县金鑫新材料有限责任公司	重金属
1206	湖南省	安化县	430923	湖南金源新材料股份有限公司	重金属
1207	湖南省	安化县	430923	安化县光明粉末冶金厂	重金属
1208	湖南省	安化县	430923	安化县众旺钨业有限公司	重金属
1209	湖南省	安化县	430923	安化县永兴钨业有限责任公司	重金属
1210	湖南省	安化县	430923	安化县三旺钨业有限责任公司	重金属
1211	湖南省	安化县	430923	安化县同心锑业有限责任公司	重金属
1212	湖南省	安化县	430923	湖南安化鑫丰矿业有限公司	重金属
1213	湖南省	宜章县	431022	宜章恩孚恒发水处理工程有限公司	污水处理厂
1214	湖南省	宜章县	431022	湖南瑶岗仙矿业有限责任公司	重金属
1215	湖南省	宜章县	431022	郴州恒维电子有限公司	废水
1216	湖南省	宜章县	431022	湖南天沅化工有限责任公司	废水
1217	湖南省	宜章县	431022	湖南鑫源矿业有限公司	废水
1218	湖南省	宜章县	431022	宜章怡鑫银矿有限公司	废水
1219	湖南省	嘉禾县	431024	嘉禾县城市污水处理厂	污水处理厂
1220	湖南省	嘉禾县	431024	湖南省煤业集团嘉禾矿业有限公司	废水

序号	省（市、区）名称	县（市、旗、区）名称	县（市、旗、区）代码	污染源（企业）名称	污染源类型
1221	湖南省	临武县	431025	临武县污水处理厂	污水处理厂
1222	湖南省	临武县	431025	香花岭锡业有限责任公司	重金属
1223	湖南省	临武县	431025	临武县泡金山铅锌矿有限公司	重金属
1224	湖南省	临武县	431025	南方矿业有限责任公司	重金属
1225	湖南省	临武县	431025	临武县三江水矿业有限公司	重金属
1226	湖南省	临武县	431025	临武县嘉宇矿业有限责任公司	重金属
1227	湖南省	临武县	431025	临武县舜发矿业综合加工厂	重金属
1228	湖南省	临武县	431025	临武县环鑫有色金属加工开发有限公司	重金属
1229	湖南省	临武县	431025	临武舜华鸭业发展有限责任公司	废水
1230	湖南省	汝城县	431026	汝城县南风环保工程技术有限公司	污水处理厂
1231	湖南省	汝城县	431026	汝城县福海矿业有限公司	废水
1232	湖南省	汝城县	431026	汝城县巨源矿业有限公司	废水
1233	湖南省	汝城县	431026	汝城县荣兴矿业有限公司	废水
1234	湖南省	汝城县	431026	汝城县鑫源矿业有限公司	废水
1235	湖南省	汝城县	431026	汝城县淮川化学品有限公司	废水
1236	湖南省	桂东县	431027	桂东县污水处理中心	污水处理厂
1237	湖南省	安仁县	431028	安仁县污水处理中心	污水处理厂
1238	湖南省	安仁县	431028	安仁县永昌永乐贵金属有限公司	废气
1239	湖南省	安仁县	431028	湖南隆海环保科技有限公司	废气
1240	湖南省	安仁县	431028	安仁县湘达有色金属责任有限公司	废气
1241	湖南省	安仁县	431028	湖南安仁南方水泥有限公司	废气
1242	湖南省	安仁县	431028	安仁县福安净水材料有限公司	废气
1243	湖南省	安仁县	431028	安仁县永盛铋业有限公司	废气
1244	湖南省	资兴市	431081	资兴市污水处理中心	污水处理厂
1245	湖南省	资兴市	431081	资兴市固体废弃物处理中心	废水
1246	湖南省	资兴市	431081	郴州丰越环保科技股份有限公司	废水
1247	湖南省	资兴市	431081	湖南华信稀贵科技有限公司	废水
1248	湖南省	资兴市	431081	华润电力鲤鱼江有限公司	废气
1249	湖南省	资兴市	431081	资兴煤矸石发电有限责任公司	废气
1250	湖南省	资兴市	431081	湖南金磊南方水泥有限公司	废气
1251	湖南省	资兴市	431081	湖南省资兴焦电股份有限公司	废气
1252	湖南省	资兴市	431081	青岛啤酒（郴州）有限公司	废水
1253	湖南省	资兴市	431081	湖南展泰有色金属有限公司	废水
1254	湖南省	东安县	431122	东安县舜皇环保技术有限公司（东安县污水处理厂）	污水处理厂
1255	湖南省	东安县	431122	东安县宏兴锌业有限责任公司	废水

序号	省（市、区）名称	县（市、旗、区）名称	县（市、旗、区）代码	污染源（企业）名称	污染源类型
1256	湖南省	东安县	431122	湖南东港锑品有限公司	废水
1257	湖南省	东安县	431122	湖南东安新龙矿业有限责任公司	废水
1258	湖南省	东安县	431122	湖南东港锑品有限公司	废气
1259	湖南省	双牌县	431123	双牌县城镇污水处理厂	污水处理厂
1260	湖南省	双牌县	431123	湖南南岭民用爆破器材有限公司双牌分公司	废气
1261	湖南省	双牌县	431123	湖南南岭民用爆破器材有限公司双牌分公司	废水
1262	湖南省	双牌县	431123	湖南省南岭化工集团有限责任公司	废水
1263	湖南省	双牌县	431123	湖南省南岭化工集团有限责任公司	废气
1264	湖南省	道县	431124	永州市北控污水净化有限公司（道县污水处理厂）	污水处理厂
1265	湖南省	道县	431124	湖南省化讯应用材料有限公司	废水
1266	湖南省	道县	431124	华新水泥（道县）有限公司	废气
1267	湖南省	道县	431124	湖南科茂林化有限公司	废水
1268	湖南省	道县	431124	湖南科茂林化有限公司	废气
1269	湖南省	江永县	431125	江永县污水处理厂	污水处理厂
1270	湖南省	江永县	431125	湖南省江永县银铅锌矿	废水
1271	湖南省	江永县	431125	湖南省江永县大泊水铅锌矿	废水
1272	湖南省	宁远县	431126	宁远县德丰污水处理有限责任公司	污水处理厂
1273	湖南省	宁远县	431126	宁远县新美雅陶瓷有限公司	废气
1274	湖南省	宁远县	431126	宁远县榕达钢铁厂	废气
1275	湖南省	宁远县	431126	永州市莲花水泥有限公司	废气
1276	湖南省	宁远县	431126	福嘉综环科技有限公司	废气
1277	湖南省	宁远县	431126	海螺水泥宁远粉磨站	废气
1278	湖南省	蓝山县	431127	永州市蓝山县建宏环保有限公司	污水处理厂
1279	湖南省	蓝山县	431127	蓝山县承阳毛织有限公司	废水
1280	湖南省	蓝山县	431127	蓝山县生活垃圾填埋场	废水
1281	湖南省	蓝山县	431127	蓝山县承阳毛织有限公司	废气
1282	湖南省	蓝山县	431127	永州湘威运动用品有限公司	废水
1283	湖南省	新田县	431128	新田县城镇生活垃圾处理场	废水
1284	湖南省	新田县	431128	永州市北控污水净化有限公司新田县污水处理厂	污水处理厂
1285	湖南省	新田县	431128	新田县人民医院	废水
1286	湖南省	江华瑶族自治县	431129	江华县清翠山污水处理厂	污水处理厂
1287	湖南省	江华瑶族自治县	431129	江华坤昊实业有限公司	废气
1288	湖南省	江华瑶族自治县	431129	江华县废弃物处置中心	废水

序号	省（市、区）名称	县（市、旗、区）名称	县（市、旗、区）代码	污染源（企业）名称	污染源类型
1289	湖南省	江华瑶族自治县	431129	湖南锦艺矿业有限公司	废水
1290	湖南省	江华瑶族自治县	431129	江华温氏畜牧有限公司	废水
1291	湖南省	江华瑶族自治县	431129	五矿稀土有限公司（原兴华稀土）	废水
1292	湖南省	江华瑶族自治县	431129	江华县海螺水泥有限责任公司	废气
1293	湖南省	江华瑶族自治县	431129	江华温氏畜牧有限公司	废气
1294	湖南省	鹤城区	431202	怀化市全城污水处理有限公司	污水处理厂
1295	湖南省	鹤城区	431202	怀化市第二污水处理厂	污水处理厂
1296	湖南省	中方县	431221	怀化市天源污水处理投资有限公司	污水处理厂
1297	湖南省	中方县	431221	湖南骏泰新材料科技有限责任公司	废水
1298	湖南省	中方县	431221	怀化大康九鼎饲料有限公司	废气
1299	湖南省	中方县	431221	湖南骏泰新材料科技有限责任公司	废气
1300	湖南省	中方县	431221	怀化市天源环保科技有限公司	废气
1301	湖南省	中方县	431221	台泥（怀化）水泥有限公司	废气
1302	湖南省	沅陵县	431222	沅陵县污水处理有限责任公司	污水处理厂
1303	湖南省	沅陵县	431222	沅陵县长青化工有限责任公司	重金属
1304	湖南省	沅陵县	431222	沅陵县长青鑫发钒业有限责任公司	重金属
1305	湖南省	沅陵县	431222	湖南辰州矿业股份有限公司	重金属
1306	湖南省	沅陵县	431222	中国黄金集团湖南鑫瑞矿业有限公司	重金属
1307	湖南省	沅陵县	431222	沅陵县长青矿业有限责任公司	重金属
1308	湖南省	沅陵县	431222	怀化福瑞德矿业有限公司	重金属
1309	湖南省	沅陵县	431222	沅陵县菩恩矿业有限责任公司	重金属
1310	湖南省	沅陵县	431222	湖南金石矿业（集团）有限公司沅陵矿产分公司董家河矿区	重金属
1311	湖南省	沅陵县	431222	湖南金石矿业（集团）有限公司沅陵矿产分公司用坪矿区	重金属
1312	湖南省	沅陵县	431222	沅陵县永兴锌业开发有限责任公司	重金属
1313	湖南省	沅陵县	431222	沅陵县鑫玖矿业有限公司	重金属
1314	湖南省	沅陵县	431222	湖南西澳矿业有限公司	重金属
1315	湖南省	沅陵县	431222	沅陵县长青鑫发钒业有限责任公司株木山分公司	重金属

序号	省（市、区）名称	县（市、旗、区）名称	县（市、旗、区）代码	污染源（企业）名称	污染源类型
1316	湖南省	沅陵县	431222	沅陵县友诚实丰矿业有限公司	重金属
1317	湖南省	沅陵县	431222	湖南辰州矿业股份有限公司	废气
1318	湖南省	沅陵县	431222	湖南金石锌业有限责任公司	重金属
1319	湖南省	辰溪县	431223	湖南合源水务环境科技股份有限公司辰溪县分公司	污水处理厂
1320	湖南省	辰溪县	431223	湖南华荣硅业有限公司	废气
1321	湖南省	辰溪县	431223	湖南华中水泥有限公司一分厂	废气
1322	湖南省	辰溪县	431223	湖南新宏大钒业有限公司	废气
1323	湖南省	辰溪县	431223	湖南云箭集团有限公司	重金属
1324	湖南省	辰溪县	431223	湖南华中水泥有限公司二分厂	废水
1325	湖南省	辰溪县	431223	辰溪县城镇生活垃圾无害化处理场	废水
1326	湖南省	辰溪县	431223	辰溪县船溪乡万发钒业有限责任公司	重金属
1327	湖南省	辰溪县	431223	湖南新宏大钒业有限公司	重金属
1328	湖南省	辰溪县	431223	湖南蓝伯化工有限责任公司	废气
1329	湖南省	辰溪县	431223	湖南华中水泥有限公司二分厂	废气
1330	湖南省	辰溪县	431223	辰溪县中盐株化顺达有限公司	废气
1331	湖南省	辰溪县	431223	湖南云箭集团有限公司	废气
1332	湖南省	辰溪县	431223	辰溪县船溪乡万发钒业有限责任公司	废气
1333	湖南省	溆浦县	431224	怀化市水务环境发展有限公司溆浦县分公司	污水处理厂
1334	湖南省	溆浦县	431224	湖南省湘维有限公司	废水
1335	湖南省	溆浦县	431224	溆浦江龙锰业有限责任公司	废水
1336	湖南省	溆浦县	431224	溆浦县青山实业有限公司	废水
1337	湖南省	溆浦县	431224	溆浦县浩峰矿业有限责任公司	废水
1338	湖南省	溆浦县	431224	溆浦东新矿业有限公司	废水
1339	湖南省	溆浦县	431224	溆浦辰州矿业有限责任公司	废水
1340	湖南省	溆浦县	431224	溆浦金正锰业有限公司	废水
1341	湖南省	溆浦县	431224	湖南省湘维有限公司	废气
1342	湖南省	溆浦县	431224	溆浦东新矿业有限公司	废气
1343	湖南省	会同县	431225	湖南合源水务环境科技股份有限公司会同县分公司	污水处理厂
1344	湖南省	会同县	431225	会同县生活垃圾处理场	废水
1345	湖南省	会同县	431225	湖南博嘉魔力农业科技有限公司	废水
1346	湖南省	会同县	431225	会同县宝庆恒达纸业有限公司	废水
1347	湖南省	会同县	431225	湖南大康牧业股份有限公司	废水
1348	湖南省	麻阳苗族自治县	431226	怀化市水务环境发展有限公司麻阳县分公司	污水处理厂

序号	省（市、区）名称	县（市、旗、区）名称	县（市、旗、区）代码	污染源（企业）名称	污染源类型
1349	湖南省	麻阳苗族自治县	431226	麻阳金湘钢铁有限公司	废水
1350	湖南省	麻阳苗族自治县	431226	湖南华洋铜业有限公司	废水
1351	湖南省	新晃侗族自治县	431227	新晃县污水处理有限责任公司	污水处理厂
1352	湖南省	新晃侗族自治县	431227	湖南安圣电池有限责任公司	废气
1353	湖南省	新晃侗族自治县	431227	红星（新晃）精细化学有限责任公司	废气
1354	湖南省	新晃侗族自治县	431227	湖南安圣电池有限责任公司	废水
1355	湖南省	新晃侗族自治县	431227	新晃县新中化工有限责任公司	废水
1356	湖南省	新晃侗族自治县	431227	红星（新晃）精细化学有限责任公司	废水
1357	湖南省	新晃侗族自治县	431227	新晃县鲁湘钡业有限责任公司	废水
1358	湖南省	新晃侗族自治县	431227	新晃侗族自治县城镇生活垃圾无害化处理有限责任公司	废水
1359	湖南省	新晃侗族自治县	431227	新晃县浙浦水泥有限责任公司	废气
1360	湖南省	新晃侗族自治县	431227	新晃县鲁湘钡业有限责任公司	废气
1361	湖南省	新晃侗族自治县	431227	新晃县老蔡食品有限公司	废气
1362	湖南省	新晃侗族自治县	431227	新晃嘉信食品有限公司	废气
1363	湖南省	新晃侗族自治县	431227	新晃县小肥牛食品有限公司	废气
1364	湖南省	芷江侗族自治县	431228	湖南合源水务环境科技股份有限公司芷江县分公司	污水处理厂
1365	湖南省	芷江侗族自治县	431228	芷江兴洋化工有限公司	废气
1366	湖南省	芷江侗族自治县	431228	芷江县化肥工业有限公司	废水
1367	湖南省	芷江侗族自治县	431228	芷江县恒兴纸制品厂	废水
1368	湖南省	芷江侗族自治县	431228	怀化南岭民用爆破服务有限公司	废水

序号	省（市、区）名称	县（市、旗、区）名称	县（市、旗、区）代码	污染源（企业）名称	污染源类型
1369	湖南省	芷江侗族自治县	431228	芷江县荣森生态纸制品厂	废水
1370	湖南省	芷江侗族自治县	431228	唐人神怀化骆驼饲料有限公司	废气
1371	湖南省	芷江侗族自治县	431228	芷江宏宇水泥有限责任公司	废气
1372	湖南省	靖州苗族侗族自治县	431229	湖南合源水务环境科技股份有限公司靖州县分公司	污水处理厂
1373	湖南省	靖州苗族侗族自治县	431229	靖州新光耐火材料有限公司	废气
1374	湖南省	靖州苗族侗族自治县	431229	靖州华荣活性炭厂	废水
1375	湖南省	靖州苗族侗族自治县	431229	靖州华鑫莫来石有限责任公司	废气
1376	湖南省	靖州苗族侗族自治县	431229	靖州台泥水泥有限公司	废气
1377	湖南省	通道侗族自治县	431230	湖南合源水务环境科技股份有限公司通道分公司	污水处理厂
1378	湖南省	通道侗族自治县	431230	通道县通郦水泥有限责任公司	废气
1379	湖南省	通道侗族自治县	431230	通道神华林化有限公司	废水
1380	湖南省	通道侗族自治县	431230	通道侗族自治县隆城水泥有限责任公司	废气
1381	湖南省	洪江市	431281	湖南合源水务环境科技股份有限公司洪江市分公司	污水处理厂
1382	湖南省	洪江市	431281	洪江市辰州矿产开发有限责任公司	废水
1383	湖南省	洪江市	431281	洪江市海得利纸业有限公司	废水
1384	湖南省	洪江市	431281	湖南汉华化工有限公司	废水
1385	湖南省	洪江市	431281	恒光科技股份有限公司	废水
1386	湖南省	洪江市	431281	湖南合源水务环境科技股份有限公司洪江区分公司	污水处理厂
1387	湖南省	洪江市	431281	湖南汉华化工有限公司	废气
1388	湖南省	新化县	431322	湖南海螺水泥有限公司	废水
1389	湖南省	新化县	431322	湖南省映鸿科技有限公司	废气
1390	湖南省	新化县	431322	湖南海螺水泥有限公司	废气
1391	湖南省	新化县	431322	新化县县城污水处理厂	污水处理厂
1392	湖南省	新化县	431322	湘渝化工厂	废水
1393	湖南省	新化县	431322	新化县玉坤锑业有限公司	废水

序号	省（市、区）名称	县（市、旗、区）名称	县（市、旗、区）代码	污染源（企业）名称	污染源类型
1394	湖南省	新化县	431322	新化县人民医院	废水
1395	湖南省	新化县	431322	新化县固体废物无害化处理中心	废水
1396	湖南省	新化县	431322	新化县鑫星电子陶瓷有限责任公司	废水
1397	湖南省	新化县	431322	新华蓄电池器材厂	废水
1398	湖南省	吉首市	433101	湘西自治州首创水务有限责任公司（乾州污水处理厂）	污水处理厂
1399	湖南省	吉首市	433101	湘西自治州天源建材有限公司	废气
1400	湖南省	吉首市	433101	吉首市立希纸业有限公司	废水
1401	湖南省	吉首市	433101	吉首山城再生纸品厂	废水
1402	湖南省	吉首市	433101	酒鬼酒股份有限公司	废水
1403	湖南省	吉首市	433101	吉首鸿达纸业有限责任公司	废水
1404	湖南省	吉首市	433101	湘西自治州首创水务有限责任公司（吉首污水处理厂）	污水处理厂
1405	湖南省	泸溪县	433122	泸溪县城市污水处理有限公司	污水处理厂
1406	湖南省	泸溪县	433122	泸溪县兴业冶化有限公司	废水
1407	湖南省	泸溪县	433122	泸溪蓝天冶化有限责任公司	废水
1408	湖南省	泸溪县	433122	泸溪县鑫兴冶化有限公司	重金属
1409	湖南省	泸溪县	433122	泸溪县众力锰业有限公司	重金属
1410	湖南省	泸溪县	433122	泸溪县金瑞冶化有限责任公司	废水
1411	湖南省	泸溪县	433122	湖南鑫海锌品有限公司	重金属
1412	湖南省	泸溪县	433122	泸溪县华峰锌业有限公司	重金属
1413	湖南省	凤凰县	433123	凤凰县污水处理厂	污水处理厂
1414	湖南省	花垣县	433124	花垣县城市生活污水处理有限责任公司	污水处理厂
1415	湖南省	花垣县	433124	花垣县华东锰业有限公司	重金属
1416	湖南省	花垣县	433124	花垣县太丰冶炼有限责任公司	重金属
1417	湖南省	花垣县	433124	花垣县新巍锰业有限责任公司	重金属
1418	湖南省	花垣县	433124	湖南三立集团股份有限公司	重金属
1419	湖南省	花垣县	433124	花垣县西部锰业制品有限责任公司	重金属
1420	湖南省	花垣县	433124	花垣县衡民锰业有限公司	重金属
1421	湖南省	花垣县	433124	花垣县太丰冶炼有限责任公司	废气
1422	湖南省	花垣县	433124	湖南振兴化工股份有限公司	重金属
1423	湖南省	花垣县	433124	花垣县浩宇化工有限公司	重金属
1424	湖南省	花垣县	433124	花垣县同力尾砂回收选矿厂	重金属
1425	湖南省	花垣县	433124	湖南东方矿业有限责任公司	重金属
1426	湖南省	花垣县	433124	花垣县兴银锰业有限责任公司	重金属
1427	湖南省	花垣县	433124	花垣县中发锰业有限责任公司	重金属

序号	省（市、区）名称	县（市、旗、区）名称	县（市、旗、区）代码	污染源（企业）名称	污染源类型
1428	湖南省	花垣县	433124	湖南三立集团股份有限公司	废气
1429	湖南省	保靖县	433125	保靖县城市生活污水处理站	污水处理厂
1430	湖南省	保靖县	433125	湖南轩华锌业有限公司	废气
1431	湖南省	保靖县	433125	湖南轩华锌业有限公司	重金属
1432	湖南省	保靖县	433125	保靖县锌业开发有限责任公司	重金属
1433	湖南省	保靖县	433125	保靖县锌业开发有限责任公司	废气
1434	湖南省	古丈县	433126	湖南湘牛环保实业有限公司（古丈县污水处理厂）	污水处理厂
1435	湖南省	古丈县	433126	古丈南方水泥厂	废气
1436	湖南省	古丈县	433126	古丈县城市生活垃圾卫生填埋场	废水
1437	湖南省	永顺县	433127	永顺开源水务有限公司	污水处理厂
1438	湖南省	永顺县	433127	永顺县洪飞纸厂	废水
1439	湖南省	永顺县	433127	永顺县通达纸厂	废水
1440	湖南省	永顺县	433127	永顺县鸿升纸业有限责任公司	废水
1441	湖南省	永顺县	433127	永顺万源水泥有限公司	废气
1442	湖南省	龙山县	433130	龙山科亮污水处理有限公司	污水处理厂
1443	湖南省	龙山县	433130	龙山县秦川污水处理有限公司	污水处理厂
1444	湖南省	龙山县	433130	湘西州成美建材有限公司	废气
1445	湖南省	龙山县	433130	龙山县垃圾处理场	废水
1446	湖南省	龙山县	433130	龙山县兴隆造纸厂	废水
1447	湖南省	龙山县	433130	龙山县龙凤造纸厂	废水
1448	广东省	始兴县	440222	始兴县污水处理厂	污水处理厂
1449	广东省	始兴县	440222	韶关石人嶂矿业有限责任公司	重金属
1450	广东省	始兴县	440222	始兴县联兴造纸实业有限公司	废水
1451	广东省	始兴县	440222	韶关梅子窝矿业有限责任公司	重金属
1452	广东省	仁化县	440224	仁化县生活污水处理厂有限公司	污水处理厂
1453	广东省	仁化县	440224	深圳市中金岭南有色金属股份有限公司丹霞冶炼厂	重金属
1454	广东省	仁化县	440224	仁化县华粤煤矸石电力有限公司	废气
1455	广东省	仁化县	440224	仁化县兴达有色冶化有限公司	重金属
1456	广东省	仁化县	440224	深圳市中金岭南有色金属股份有限公司凡口铅锌矿	废水
1457	广东省	仁化县	440224	广东银海有色金属渣业集团有限公司	重金属
1458	广东省	翁源县	440229	翁源县清源污水处理厂	污水处理厂
1459	广东省	翁源县	440229	翁源红岭矿业有限责任公司	废水
1460	广东省	翁源县	440229	广东省大宝山矿业有限公司（李屋拦泥库外排水处理厂（二期））	废水
1461	广东省	翁源县	440229	广东省大宝山矿业有限公司（李屋拦泥库外排水处理厂（一期））	废水

序号	省（市、区）名称	县（市、旗、区）名称	县（市、旗、区）代码	污染源（企业）名称	污染源类型
1462	广东省	翁源县	440229	翁源县志诚五金电镀有限公司	废水
1463	广东省	翁源县	440229	翁源县志诚五金电镀有限公司	废气
1464	广东省	翁源县	440229	广东省翁源县茂源糖业有限公司	废水
1465	广东省	翁源县	440229	翁源红岭矿业有限责任公司	废气
1466	广东省	乳源瑶族自治县	440232	乳源瑶族自治县污水处理厂	污水处理厂
1467	广东省	乳源瑶族自治县	440232	乳源东阳光化成箔有限公司	重金属
1468	广东省	乳源瑶族自治县	440232	乳源瑶族自治县东阳光实业发展有限公司	废水
1469	广东省	新丰县	440233	新丰县生活污水处理厂	污水处理厂
1470	广东省	乐昌市	440281	乐昌市龙辉环保科技有限公司	污水处理厂
1471	广东省	乐昌市	440281	乐昌市雅鲁污水处理有限公司	污水处理厂
1472	广东省	乐昌市	440281	乐昌市中建材水泥有限公司	废气
1473	广东省	乐昌市	440281	韶关市坪石发电厂有限公司（B厂－水）	废水
1474	广东省	乐昌市	440281	乐昌市铅锌矿业有限责任公司	废水
1475	广东省	乐昌市	440281	韶关市坪石发电厂有限公司（B厂－气）	废气
1476	广东省	南雄市	440282	南雄市珠江污水处理有限公司	污水处理厂
1477	广东省	南雄市	440282	韶能集团广东绿洲生态科技有限公司韶能本色分公司	废水
1478	广东省	信宜市	440983	信宜市广业环保有限公司	污水处理厂
1479	广东省	信宜市	440983	信宜产业转移工业园污水处理厂	污水处理厂
1480	广东省	大埔县	441422	大埔县县城污水处理厂	污水处理厂
1481	广东省	大埔县	441422	广东粤电大埔发电有限公司	废气
1482	广东省	丰顺县	441423	丰顺县污水处理厂	污水处理厂
1483	广东省	平远县	441426	平远环发环保工程有限公司	污水处理厂
1484	广东省	平远县	441426	梅州宁江水泥厂	废气
1485	广东省	平远县	441426	广东富远稀土新材料股份有限公司	废水
1486	广东省	蕉岭县	441427	蕉岭县蕉城污水处理厂	污水处理厂
1487	广东省	蕉岭县	441427	梅州市塔牌集团蕉岭鑫达旋窑水泥有限公司	废气
1488	广东省	蕉岭县	441427	蕉岭鑫盛能源发展有限公司	废气
1489	广东省	蕉岭县	441427	广东油坑建材有限公司	废气
1490	广东省	蕉岭县	441427	蕉岭县龙腾旋窑水泥有限公司	废气
1491	广东省	兴宁市	441481	兴宁市污水处理厂	污水处理厂
1492	广东省	兴宁市	441481	叶塘污水处理厂	污水处理厂
1493	广东省	陆河县	441523	陆河县城大坪水质净化厂	污水处理厂

序号	省（市、区）名称	县（市、旗、区）名称	县（市、旗、区）代码	污染源（企业）名称	污染源类型
1494	广东省	陆河县	441523	陆河县祥盛针织有限公司	废水
1495	广东省	陆河县	441523	比亚迪汽车工业有限公司陆河分公司	废气
1496	广东省	陆河县	441523	比亚迪汽车工业有限公司陆河分公司	废水
1497	广东省	龙川县	441622	龙川县城生活污水处理厂	污水处理厂
1498	广东省	龙川县	441622	景旺电子科技（龙川）有限公司	废水
1499	广东省	龙川县	441622	龙川兴莱鞋业有限公司	废水
1500	广东省	龙川县	441622	龙川南发织造有限公司	废水
1501	广东省	连平县	441623	连平县生活污水处理厂	污水处理厂
1502	广东省	连平县	441623	河源恒昌农牧实业有限公司	废水
1503	广东省	连平县	441623	连平县泥竹塘铁矿	重金属
1504	广东省	和平县	441624	河源市广业环保有限公司和平县城污水处理厂	污水处理厂
1505	广东省	和平县	441624	广东聪明人集团有限公司	废水
1506	广东省	阳山县	441823	阳山县广业环保有限公司	污水处理厂
1507	广东省	连山壮族瑶族自治县	441825	连山壮族瑶族自治县广业环保有限公司	污水处理厂
1508	广东省	连南瑶族自治县	441826	连南瑶族自治县广业环保有限公司	污水处理厂
1509	广东省	连州市	441882	连州市广一污水处理有限公司	污水处理厂
1510	广东省	连州市	441882	建滔（连州）铜箔有限公司	废水
1511	广东省	连州市	441882	建滔（连州）铜箔有限公司	废气
1512	广西壮族自治区	马山县	450124	广西绿城水务股份有限公司马山县污水处理分公司	污水处理厂
1513	广西壮族自治区	上林县	450125	广西绿城股份有限公司上林县污水处理分公司	污水处理厂
1514	广西壮族自治区	上林县	450125	上林南华糖业有限责任公司	废水
1515	广西壮族自治区	上林县	450125	上林南华糖业有限责任公司	废气
1516	广西壮族自治区	融水苗族自治县	450225	柳州市污水治理有限责任公司融水县分公司	污水处理厂
1517	广西壮族自治区	融水苗族自治县	450225	广西凤糖融水和睦制糖有限责任公司	废气
1518	广西壮族自治区	融水苗族自治县	450225	广西壮族自治区矿业建设公司九谋锡矿	重金属
1519	广西壮族自治区	融水苗族自治县	450225	广西凤糖融水和睦制糖有限责任公司	废水
1520	广西壮族自治区	融水苗族自治县	450225	安陲乡万龙选厂	重金属

序号	省（市、区）名称	县（市、旗、区）名称	县（市、旗、区）代码	污染源（企业）名称	污染源类型
1521	广西壮族自治区	三江侗族自治县	450226	广西三江县神州硅业有限公司	废气
1522	广西壮族自治区	三江侗族自治县	450226	柳州市污水治理有限责任公司三江县分公司	污水处理厂
1523	广西壮族自治区	三江侗族自治县	450226	广西三江县森雷硅业有限公司	废气
1524	广西壮族自治区	三江侗族自治县	450226	广西三江县信达铁合金有限公司	废气
1525	广西壮族自治区	阳朔县	450321	阳朔县田家河水源净化厂（二期）	污水处理厂
1526	广西壮族自治区	阳朔县	450321	阳朔县田家河水源净化厂（三期）	污水处理厂
1527	广西壮族自治区	灌阳县	450327	灌阳县贵达有色金属冶炼厂	废气
1528	广西壮族自治区	灌阳县	450327	桂林市碧水投资有限公司	污水处理厂
1529	广西壮族自治区	龙胜各族自治县	450328	龙胜各族自治县环卫保洁有限公司	污水处理厂
1530	广西壮族自治区	资源县	450329	资源县老山泉中心污水处理分厂	污水处理厂
1531	广西壮族自治区	资源县	450329	资源县合浦大桥污水处理厂	污水处理厂
1532	广西壮族自治区	恭城瑶族自治县	450332	桂林市海容环保有限公司恭城分公司	污水处理厂
1533	广西壮族自治区	恭城瑶族自治县	450332	恭城岛坪铅锌矿有限公司	废水
1534	广西壮族自治区	恭城瑶族自治县	450332	恭城瑶族自治县矿产公司（峻山浮选厂）	废水
1535	广西壮族自治区	恭城瑶族自治县	450332	桂林恭城龙星矿业有限责任公司	废水
1536	广西壮族自治区	恭城瑶族自治县	450332	桂林南方水泥有限公司	废气
1537	广西壮族自治区	蒙山县	450423	蒙山县碧清源水资源有限责任公司（县生活污水处理厂）	污水处理厂
1538	广西壮族自治区	蒙山县	450423	蒙山县鑫进五金工艺制品厂	废水
1539	广西壮族自治区	蒙山县	450423	广西梧州市明阳生化科技有限公司	废水
1540	广西壮族自治区	蒙山县	450423	蒙山县耀华矿业有限责任公司	废水

序号	省（市、区）名称	县（市、旗、区）名称	县（市、旗、区）代码	污染源（企业）名称	污染源类型
1541	广西壮族自治区	德保县	451024	德保县污水处理厂	污水处理厂
1542	广西壮族自治区	德保县	451024	德保银丰工贸有限公司	废水
1543	广西壮族自治区	德保县	451024	广西华银铝业有限公司	废气
1544	广西壮族自治区	德保县	451024	广西德保铜矿有限责任公司	废水
1545	广西壮族自治区	那坡县	451026	那坡县恒安污水处理有限责任公司	污水处理厂
1546	广西壮族自治区	那坡县	451026	那坡县金源淀粉有限公司	废水
1547	广西壮族自治区	那坡县	451026	那坡县河山淀粉有限公司	废水
1548	广西壮族自治区	凌云县	451027	凌云县污水处理厂	污水处理厂
1549	广西壮族自治区	凌云县	451027	广西凌云县制药厂	废水
1550	广西壮族自治区	凌云县	451027	凌云县垃圾填埋场	废水
1551	广西壮族自治区	凌云县	451027	凌云县羽腾制丝有限公司	废水
1552	广西壮族自治区	凌云县	451027	凌云县羽腾制丝有限公司	废气
1553	广西壮族自治区	凌云县	451027	广西凌云县制药厂	废气
1554	广西壮族自治区	乐业县	451028	乐业县生活垃圾卫生填埋场	废水
1555	广西壮族自治区	乐业县	451028	乐业县污水处理厂	污水处理厂
1556	广西壮族自治区	西林县	451030	西林县污水处理厂	污水处理厂
1557	广西壮族自治区	富川瑶族自治县	451123	华润电力（贺州）有限公司	废气
1558	广西壮族自治区	富川瑶族自治县	451123	富川县安洁污水净化有限公司（富川污水处理厂）	废水
1559	广西壮族自治区	天峨县	451222	天峨县污水处理厂	污水处理厂
1560	广西壮族自治区	凤山县	451223	凤山县污水处理厂	污水处理厂

序号	省（市、区）名称	县（市、旗、区）名称	县（市、旗、区）代码	污染源（企业）名称	污染源类型
1561	广西壮族自治区	凤山县	451223	广西凤山县天承黄金矿业有限责任公司	废水
1562	广西壮族自治区	凤山县	451223	凤山县宏益矿业有限责任公司	废水
1563	广西壮族自治区	东兰县	451224	东兰县污水处理有限责任公司	污水处理厂
1564	广西壮族自治区	东兰县	451224	东兰花神丝绸有限公司	废水
1565	广西壮族自治区	罗城仫佬族自治县	451225	罗城县城区生活污水处理厂	污水处理厂
1566	广西壮族自治区	罗城仫佬族自治县	451225	广西天龙泉酒业有限公司	废水
1567	广西壮族自治区	罗城仫佬族自治县	451225	广西凤糖罗城制糖有限责任公司	废水
1568	广西壮族自治区	罗城仫佬族自治县	451225	广西吉圣源矿业有限责任公司	重金属
1569	广西壮族自治区	罗城仫佬族自治县	451225	罗城仫佬族自治县华纳矿业有限责任公司	重金属
1570	广西壮族自治区	罗城仫佬族自治县	451225	罗城仫佬族自治县宝坛乡孟公山铜锡矿	重金属
1571	广西壮族自治区	罗城仫佬族自治县	451225	广西罗城仫佬自治县金源有色金属工业总公司四堡锡矿	重金属
1572	广西壮族自治区	罗城仫佬族自治县	451225	罗城仫佬族自治县一洞锡矿	重金属
1573	广西壮族自治区	环江毛南族自治县	451226	环江毛南族自治县城镇生活污水处理厂	污水处理厂
1574	广西壮族自治区	环江毛南族自治县	451226	广西环江洛阳淀粉有限责任公司	废水
1575	广西壮族自治区	环江毛南族自治县	451226	广西环江金泰矿业有限责任公司都川冶炼厂	废水
1576	广西壮族自治区	环江毛南族自治县	451226	环江金泰矿业有限责任公司上朝铅锌矿	废水
1577	广西壮族自治区	环江毛南族自治县	451226	广西环江茂晨矿冶有限责任公司	废水
1578	广西壮族自治区	环江毛南族自治县	451226	环江锌源矿业有限责任公司	废水
1579	广西壮族自治区	环江毛南族自治县	451226	广西北山矿业发展有限责任公司	废水
1580	广西壮族自治区	环江毛南族自治县	451226	广西环江银河有限责任公司选矿厂	废水

序号	省（市、区）名称	县（市、旗、区）名称	县（市、旗、区）代码	污染源（企业）名称	污染源类型
1581	广西壮族自治区	环江毛南族自治县	451226	环江县新发矿业有限责任公司	废水
1582	广西壮族自治区	环江毛南族自治县	451226	广西环江远丰糖业有限责任公司	废水
1583	广西壮族自治区	环江毛南族自治县	451226	广西环江银河有限责任公司下巴矿	废水
1584	广西壮族自治区	巴马瑶族自治县	451227	巴马瑶族自治县污水处理有限公司	污水处理厂
1585	广西壮族自治区	都安瑶族自治县	451228	都安瑶族自治县污水处理厂	污水处理厂
1586	广西壮族自治区	都安瑶族自治县	451228	都安红河淀粉有限公司	废水
1587	广西壮族自治区	大化瑶族自治县	451229	广西大化绿德环境科技有限公司	污水处理厂
1588	广西壮族自治区	大化瑶族自治县	451229	广西农垦糖业集团达华制糖有限公司	废水
1589	广西壮族自治区	大化瑶族自治县	451229	广西济民制药厂	废气
1590	广西壮族自治区	大化瑶族自治县	451229	大化县杨光食品有限公司	废水
1591	广西壮族自治区	忻城县	451321	忻城县污水处理厂	污水处理厂
1592	广西壮族自治区	忻城县	451321	忻城南华糖业有限责任公司忻城糖厂	废水
1593	广西壮族自治区	忻城县	451321	忻城南华糖业有限责任公司忻城糖厂	废气
1594	广西壮族自治区	忻城县	451321	广西忻城县中远矿业有限责任公司	重金属
1595	广西壮族自治区	忻城县	451321	广西忻城中远矿业有限责任公司	重金属
1596	广西壮族自治区	忻城县	451321	广西金嗓子药业股份有限公司	废水
1597	广西壮族自治区	忻城县	451321	广西忻城县宏图锰业有限责任公司	重金属
1598	广西壮族自治区	忻城县	451321	忻城南华糖业有限责任公司忻城第二糖厂	废气
1599	广西壮族自治区	金秀瑶族自治县	451324	金秀瑶族自治县新艺污水处理厂	污水处理厂
1600	广西壮族自治区	金秀瑶族自治县	451324	金秀县鑫瑞木业有限公司	废水

序号	省（市、区）名称	县（市、旗、区）名称	县（市、旗、区）代码	污染源（企业）名称	污染源类型
1601	广西壮族自治区	金秀瑶族自治县	451324	广西金秀东达制糖有限责任公司	废水
1602	广西壮族自治区	金秀瑶族自治县	451324	广西金秀松源林产有限公司	废气
1603	广西壮族自治区	金秀瑶族自治县	451324	金秀县鑫瑞木业有限公司	废气
1604	广西壮族自治区	金秀瑶族自治县	451324	金秀县江盟铁合金有限公司	废气
1605	广西壮族自治区	金秀瑶族自治县	451324	广西金秀利兴强矿产冶炼有限公司	废气
1606	广西壮族自治区	金秀瑶族自治县	451324	广西柳州威奇化工有限责任公司金秀分公司	废气
1607	广西壮族自治区	金秀瑶族自治县	451324	广西金秀东达制糖有限责任公司	废气
1608	广西壮族自治区	天等县	451425	天等县污水处理厂	污水处理厂
1609	广西壮族自治区	天等县	451425	崇左东糖俊杰糖业有限责任公司	废水
1610	广西壮族自治区	天等县	451425	崇左东糖俊杰糖业有限责任公司	废气
1611	海南省	秀英区	460105	北控水务集团(海南)有限公司(长流污水处理厂)	污水处理厂
1612	海南省	秀英区	460105	海口长丰水务投资有限公司[狮子岭污水处理厂（一期）]	污水处理厂
1613	海南省	秀英区	460105	海口长丰水务投资有限公司[狮子岭污水处理厂（二期）]	污水处理厂
1614	海南省	秀英区	460105	海南英利新能源有限公司	废水
1615	海南省	秀英区	460105	海南金亿新材料股份有限公司	废水
1616	海南省	龙华区	460106	海南海宇锡板工业有限公司	废水
1617	海南省	龙华区	460106	喜力酿酒（海南）有限公司	废水
1618	海南省	美兰区	460108	北控水务集团(海南)有限公司(白沙门污水处理厂)	污水处理厂
1619	海南省	美兰区	460108	海口威立雅水务有限公司(白沙门污水处理厂)	污水处理厂
1620	海南省	美兰区	460108	海口长丰水务投资有限公司(桂林洋污水处理厂)	污水处理厂
1621	海南省	三亚市	460200	三亚市污水处理公司红沙污水处理厂	污水处理厂
1622	海南省	三亚市	460200	三亚市污水处理公司（荔枝沟水质净化厂）	污水处理厂

序号	省（市、区）名称	县（市、旗、区）名称	县（市、旗、区）代码	污染源（企业）名称	污染源类型
1623	海南省	三亚市	460200	华能海南发电股份有限公司南山电厂	废气
1624	海南省	三亚市	460200	海胶集团股份有限公司金才加工分公司（立才胶厂）	废水
1625	海南省	三亚市	460200	三亚亚龙湾开发股份有限公司（亚龙湾污水处理厂）	污水处理厂
1626	海南省	三亚市	460200	三亚市污水处理公司鹿回头污水处理厂	污水处理厂
1627	海南省	儋州市	460400	海南桑德水务有限公司儋州市那大污水处理一厂	污水处理厂
1628	海南省	儋州市	460400	海胶集团有限公司金联加工厂	废水
1629	海南省	儋州市	460400	海胶集团有限公司金星加工厂	废水
1630	海南省	儋州市	460400	海南桑德水务有限公司儋州市那大污水处理二厂	污水处理厂
1631	海南省	五指山市	469001	海南北控水务有限公司五指山市污水处理厂	污水处理厂
1632	海南省	五指山市	469001	海南五指山华丰淀粉有限公司	废水
1633	海南省	琼海市	469002	海南水务投资有限公司（琼海市污水处理厂）	污水处理厂
1634	海南省	文昌市	469005	海南水务投资有限公司（文昌市污水处理厂）	污水处理厂
1635	海南省	万宁市	469006	万宁市兴隆华侨旅游经济区污水处理站	污水处理厂
1636	海南省	万宁市	469006	海南水务投资有限公司（万宁市污水处理厂）	污水处理厂
1637	海南省	万宁市	469006	中信泰富万宁（联合）开发有限公司（神州半岛污水处理厂）	污水处理厂
1638	海南省	万宁市	469006	海南石梅湾旅游度假区管理服务有限公司（石梅湾污水处理厂）	污水处理厂
1639	海南省	东方市	469007	东方市污水处理厂（东方市水务有限公司）	污水处理厂
1640	海南省	东方市	469007	海南武华矿业有限责任公司	重金属
1641	海南省	东方市	469007	中海石油化学股份有限公司	废水
1642	海南省	东方市	469007	海南东方糖业有限公司	废水
1643	海南省	东方市	469007	海南东方招金矿业有限公司	重金属
1644	海南省	东方市	469007	华能海南发电股份有限公司东方电厂	废气
1645	海南省	定安县	469021	海南水务投资有限公司（定安县污水处理厂）	污水处理厂
1646	海南省	定安县	469021	海南新台胜实业有限公司	废水

序号	省（市、区）名称	县（市、旗、区）名称	县（市、旗、区）代码	污染源（企业）名称	污染源类型
1647	海南省	屯昌县	469022	海南水务投资有限公司（屯昌县污水处理厂）	污水处理厂
1648	海南省	澄迈县	469023	澄迈水务有限公司（金江污水处理厂）	污水处理厂
1649	海南省	澄迈县	469023	华能海南发电股份有限公司海口电厂	废气
1650	海南省	澄迈县	469023	中电国际新能源海南有限公司老城区海口环保发电厂	废气
1651	海南省	澄迈县	469023	海南盈涛水务有限责任公司（老城污水处理厂）	污水处理厂
1652	海南省	澄迈县	469023	海南中航特玻材料有限公司	废气
1653	海南省	临高县	469024	临高县水务有限公司（临高县污水处理厂）	污水处理厂
1654	海南省	临高县	469024	临高红华糖业有限公司	废水
1655	海南省	临高县	469024	海南临高龙津糖业有限公司	废水
1656	海南省	临高县	469024	临高县思远食品有限公司	废水
1657	海南省	临高县	469024	临高龙力糖业有限公司	废水
1658	海南省	白沙黎族自治县	469025	白沙黎族自治县水务有限公司白沙县污水处理厂	污水处理厂
1659	海南省	白沙黎族自治县	469025	白沙木棉南华糖业有限公司	废水
1660	海南省	白沙黎族自治县	469025	白沙合水糖业有限公司	废水
1661	海南省	白沙黎族自治县	469025	海胶集团股份有限公司金隆加工分公司	废水
1662	海南省	白沙黎族自治县	469025	七坊高地淀粉厂	废水
1663	海南省	昌江黎族自治县	469026	昌江县水务有限公司昌江县污水处理厂	污水处理厂
1664	海南省	昌江黎族自治县	469026	昌江海红糖业有限公司	废水
1665	海南省	昌江黎族自治县	469026	海南天然橡胶产业集团股份有限公司橡胶加工分公司金林加工厂	废水
1666	海南省	昌江黎族自治县	469026	昌江糖业有限责任公司	废水
1667	海南省	昌江黎族自治县	469026	海南矿业股份有限公司	废水
1668	海南省	昌江黎族自治县	469026	华润水泥（昌江）有限公司	废气
1669	海南省	昌江黎族自治县	469026	昌江华盛天涯水泥有限公司	废气

序号	省（市、区）名称	县（市、旗、区）名称	县（市、旗、区）代码	污染源（企业）名称	污染源类型
1670	海南省	乐东黎族自治县	469027	海南桑德水务有限公司乐东县污水处理厂	污水处理厂
1671	海南省	乐东黎族自治县	469027	海南山金矿业有限公司	重金属
1672	海南省	陵水黎族自治县	469028	海南北控水务有限公司陵水县县城污水处理厂	污水处理厂
1673	海南省	陵水黎族自治县	469028	琼胶股份公司金水加工分公司南平制胶厂	废水
1674	海南省	保亭黎族苗族自治县	469029	海南水务投资有限公司保亭分公司	污水处理厂
1675	海南省	琼中黎族苗族自治县	469030	海南水务投资有限公司（琼中县污水处理厂）	污水处理厂
1676	海南省	琼中黎族苗族自治县	469030	海南昌明食品有限公司松涛淀粉厂	废水
1677	海南省	琼中黎族苗族自治县	469030	海南天然橡胶产业集团股份有限公司金石加工分公司	废水
1678	重庆市	武隆区	500156	重庆市三峡水务武隆排水有限责任公司	污水处理厂
1679	重庆市	武隆区	500156	武隆县方坪屠宰场	废水
1680	重庆市	武隆区	500156	重庆玉堂号豆制品有限公司	废水
1681	重庆市	武隆区	500156	白马镇污水处理厂	污水处理厂
1682	重庆市	武隆区	500156	重庆久味凤食品（集团）有限公司	废气
1683	重庆市	武隆区	500156	重庆灵烽纸业有限公司	废水
1684	重庆市	武隆区	500156	重庆久味凤食品（集团）有限公司	废水
1685	重庆市	武隆区	500156	武隆县仙女山镇污水处理厂	污水处理厂
1686	重庆市	城口县	500229	重庆渝东水务有限公司城口分公司	污水处理厂
1687	重庆市	云阳县	500235	重庆市三峡水务云阳排水有限责任公司	污水处理厂
1688	重庆市	云阳县	500235	重庆博大农牧产品进出口有限公司	废水
1689	重庆市	云阳县	500235	重庆市云阳曲轴有限责任公司	废水
1690	重庆市	云阳县	500235	云阳盐化有限公司	废气
1691	重庆市	云阳县	500235	三峡云海药业有限公司	废水
1692	重庆市	奉节县	500236	奉节公平污水处理厂	污水处理厂
1693	重庆市	奉节县	500236	重庆市奉节县排水有限公司谭家沟厂	污水处理厂
1694	重庆市	奉节县	500236	奉节县吐祥镇污水处理厂	污水处理厂
1695	重庆市	奉节县	500236	奉节县重名水泥有限公司	废气
1696	重庆市	奉节县	500236	重庆市汀来绿色食品开发有限公司	废水

序号	省（市、区）名称	县（市、旗、区）名称	县（市、旗、区）代码	污染源（企业）名称	污染源类型
1697	重庆市	奉节县	500236	重庆奉节西南水泥有限公司	废气
1698	重庆市	奉节县	500236	重庆市奉节县排水有限公司口前厂	污水处理厂
1699	重庆市	巫山县	500237	重庆市巫山排水有限公司巫山污水处理厂	污水处理厂
1700	重庆市	巫山县	500237	大昌镇污水处理厂	污水处理厂
1701	重庆市	巫山县	500237	安徽省永年集团重庆矿业开发有限公司	废气
1702	重庆市	巫山县	500237	重庆市巫山县煤电有限公司（田家煤矿）	废水
1703	重庆市	巫溪县	500238	重庆市巫溪排水有限责任公司	污水处理厂
1704	重庆市	巫溪县	500238	重庆市渝溪产业（集团）有限公司	废气
1705	重庆市	石柱土家族自治县	500240	西沱污水处理厂	污水处理厂
1706	重庆市	石柱土家族自治县	500240	重庆石柱西南水泥有限公司	废气
1707	重庆市	石柱土家族自治县	500240	黄水镇第一污水处理厂	污水处理厂
1708	重庆市	石柱土家族自治县	500240	重庆市三峡水务石柱排水有限责任公司	污水处理厂
1709	重庆市	石柱土家族自治县	500240	重庆大唐国际石柱发电有限责任公司	废气
1710	重庆市	石柱土家族自治县	500240	重庆嘉酿啤酒有限公司石柱分公司	废水
1711	重庆市	秀山土家族苗族自治县	500241	重庆长兴水利水电有限公司	污水处理厂
1712	重庆市	秀山土家族苗族自治县	500241	秀山县友鑫环境治理有限公司	废水
1713	重庆市	秀山土家族苗族自治县	500241	重庆武陵锰业有限公司	废水
1714	重庆市	秀山土家族苗族自治县	500241	秀山恒丰锰业有限公司	废水
1715	重庆市	秀山土家族苗族自治县	500241	秀山县嘉源矿业有限责任公司	废水
1716	重庆市	秀山土家族苗族自治县	500241	秀山县天雄锰业有限公司	废水
1717	重庆市	秀山土家族苗族自治县	500241	秀山新峰锰业有限责任公司	废水
1718	重庆市	秀山土家族苗族自治县	500241	重庆市秀山三润矿业有限公司	废水

序号	省（市、区）名称	县（市、旗、区）名称	县（市、旗、区）代码	污染源（企业）名称	污染源类型
1719	重庆市	秀山土家族苗族自治县	500241	秀山益立贸易有限公司	废水
1720	重庆市	秀山土家族苗族自治县	500241	重庆国耀硅业有限公司	废气
1721	重庆市	秀山土家族苗族自治县	500241	重庆秀山西南水泥有限公司	废气
1722	重庆市	酉阳土家族苗族自治县	500242	酉阳污水处理厂	污水处理厂
1723	重庆市	酉阳土家族苗族自治县	500242	昆药集团重庆武陵山制药有限公司	废气
1724	重庆市	酉阳土家族苗族自治县	500242	重庆九鑫水泥（集团）有限公司	废气
1725	重庆市	酉阳土家族苗族自治县	500242	重庆天雄锰业有限公司	废气
1726	重庆市	酉阳土家族苗族自治县	500242	昆药集团重庆武陵山制药有限公司	废水
1727	重庆市	酉阳土家族苗族自治县	500242	重庆天雄锰业有限公司	废水
1728	重庆市	酉阳土家族苗族自治县	500242	重庆武陵光伏材料有限公司	废水
1729	重庆市	酉阳土家族苗族自治县	500242	重庆武陵光伏材料有限公司	废气
1730	重庆市	彭水苗族土家族自治县	500243	彭水县污水处理厂	污水处理厂
1731	重庆市	彭水苗族土家族自治县	500243	彭水工业园区恒泰环境治理有限责任公司（园区污水处理厂）	污水处理厂
1732	重庆市	彭水苗族土家族自治县	500243	彭水县茂田能源开发有限公司	废气
1733	重庆市	彭水苗族土家族自治县	500243	重庆金益烟草有限责任公司	废气
1734	四川省	北川羌族自治县	510726	北川水务环境资源有限责任公司	污水处理厂
1735	四川省	北川羌族自治县	510726	北川四星水泥有限公司	废气
1736	四川省	北川羌族自治县	510726	北川中联水泥有限公司	废气
1737	四川省	北川羌族自治县	510726	北川羌族自治县建诚木业有限公司	废气
1738	四川省	平武县	510727	平武县环保工程有限公司（平武县污水处理厂）	污水处理厂
1739	四川省	旺苍县	510821	旺苍县城市污水处理厂	污水处理厂

序号	省（市、区）名称	县（市、旗、区）名称	县（市、旗、区）代码	污染源（企业）名称	污染源类型
1740	四川省	旺苍县	510821	旺苍县泰丰川北酒业有限责任公司	废水
1741	四川省	旺苍县	510821	旺苍县宏达矿业有限公司	废水
1742	四川省	旺苍县	510821	四川广旺能源发展集团有限责任公司赵家坝煤矿	废水
1743	四川省	旺苍县	510821	四川旺苍西南水泥有限公司	废气
1744	四川省	旺苍县	510821	旺苍攀成钢焦化有限公司	废气
1745	四川省	旺苍县	510821	四川匡山水泥有限公司	废气
1746	四川省	旺苍县	510821	四川北部电力开发股份有限公司代池发电厂	废气
1747	四川省	旺苍县	510821	四川广旺能源发展（集团）有限责任公司电力分公司	废气
1748	四川省	旺苍县	510821	旺苍县川北焦化有限公司	废气
1749	四川省	旺苍县	510821	旺苍县鼓城乡生活污水处理站	污水处理厂
1750	四川省	青川县	510822	青川县污水处理厂	污水处理厂
1751	四川省	青川县	510822	青川县天运金属开发有限公司	废气
1752	四川省	青川县	510822	青川县鑫发矿业有限公司	废水
1753	四川省	青川县	510822	四川中哲新材料科技有限公司	重金属
1754	四川省	青川县	510822	四川青博木业有限公司	废气
1755	四川省	青川县	510822	青川县恺峰水泥有限责任公司	废气
1756	四川省	青川县	510822	青川青云上锰业有限公司	废气
1757	四川省	沐川县	511129	沐川派普城市污水处理有限公司	污水处理厂
1758	四川省	沐川县	511129	四川永丰纸业股份有限公司	废气
1759	四川省	沐川县	511129	四川永丰浆纸股份有限公司	废水
1760	四川省	沐川县	511129	四川永丰纸业股份有限公司	废水
1761	四川省	沐川县	511129	四川永丰浆纸股份有限公司	废气
1762	四川省	峨边彝族自治县	511132	峨边彝族自治县城区生活污水处理厂	污水处理厂
1763	四川省	峨边彝族自治县	511132	四川峨边西南水泥有限公司	废气
1764	四川省	马边彝族自治县	511133	四川新开元环保工程有限公司马边污水处理分公司	污水处理厂
1765	四川省	万源市	511781	华新水泥（万源）有限公司	废气
1766	四川省	万源市	511781	四川省达州市立信铁合金有限责任公司	废气
1767	四川省	万源市	511781	四川磊鑫实业有限责任公司	废气
1768	四川省	石棉县	511824	石棉县污水处理厂	污水处理厂
1769	四川省	石棉县	511824	石棉县宏盛电化有限公司	废气
1770	四川省	石棉县	511824	四川万里锌业有限公司	废气
1771	四川省	石棉县	511824	四环锌锗科技股份有限公司	废气

序号	省（市、区）名称	县（市、旗、区）名称	县（市、旗、区）代码	污染源（企业）名称	污染源类型
1772	四川省	石棉县	511824	石棉县东顺锌业有限责任公司	废气
1773	四川省	石棉县	511824	石棉县宏欣特种合金有限责任公司	废气
1774	四川省	石棉县	511824	四川锌锗科技股份有限公司	废气
1775	四川省	天全县	511825	天全县城市生活污水处理厂	污水处理厂
1776	四川省	天全县	511825	雅安文盛精细锗有限公司	废气
1777	四川省	宝兴县	511827	宝兴县城污水处理厂	污水处理厂
1778	四川省	通江县	511921	通江县城市污水处理厂	污水处理厂
1779	四川省	通江县	511921	通江县鸿盛食品有限公司	废水
1780	四川省	通江县	511921	通江县恒业食品有限公司	废水
1781	四川省	通江县	511921	四川天仙食品有限公司	废水
1782	四川省	南江县	511922	南江县雾源污水处理有限公司	污水处理厂
1783	四川省	南江县	511922	南江县铁山矿业有限公司红山铁矿	废水
1784	四川省	南江县	511922	南江县五铜包铁矿	废水
1785	四川省	南江县	511922	南江县黄猫寨铁矿	废水
1786	四川省	南江县	511922	南江煤电有限责任公司	废气
1787	四川省	南江县	511922	南江县正通食品有限公司	废水
1788	四川省	南江县	511922	四川南江矿业集团有限公司竹坝铁矿	废水
1789	四川省	南江县	511922	南江县安庆矿业有限公司	废水
1790	四川省	南江县	511922	四川南威水泥有限公司	废气
1791	四川省	马尔康市	513201	马尔康污水处理厂	污水处理厂
1792	四川省	汶川县	513221	汶川县羌维水务投资有限责任公司	污水处理厂
1793	四川省	汶川县	513221	重庆博赛集团公司阿坝铝厂	废气
1794	四川省	理县	513222	理县西蜀冶金工贸有限公司	废水
1795	四川省	茂县	513223	茂县污水处理厂	污水处理厂
1796	四川省	茂县	513223	阿坝州天和硅业集团有限公司	废气
1797	四川省	松潘县	513224	松潘县川主寺污水处理厂	污水处理厂
1798	四川省	松潘县	513224	四川岷江电解锰厂	废水
1799	四川省	松潘县	513224	黄龙国家级风景名胜区管理局（污水处理厂）	污水处理厂
1800	四川省	九寨沟县	513225	九寨沟县甘海子污水处理厂	污水处理厂
1801	四川省	九寨沟县	513225	九寨沟县县城污水处理厂	污水处理厂
1802	四川省	九寨沟县	513225	九寨沟县漳扎污水处理厂	污水处理厂
1803	四川省	金川县	513226	安泰矿业有限责任公司	废水
1804	四川省	小金县	513227	小金县嘉镕硅业有限公司	废气
1805	四川省	康定市	513301	康定城市生活污水处理厂	污水处理厂
1806	四川省	泸定县	513322	泸定桥水泥有限公司年产 60 万 t 复合水泥粉磨站	废气

序号	省（市、区）名称	县（市、旗、区）名称	县（市、旗、区）代码	污染源（企业）名称	污染源类型
1807	四川省	泸定县	513322	四川泸定山盛水泥有限公司日产2 000 t熟料新型干法水泥项目	废气
1808	四川省	九龙县	513324	四川里伍铜业股份有限公司选矿厂	废水
1809	四川省	九龙县	513324	四川省九龙县山盛矿业有限公司	废水
1810	四川省	白玉县	513331	四川鑫源矿业有限责任公司	废水
1811	四川省	理塘县	513334	理塘县垃圾卫生填埋场	废水
1812	四川省	盐源县	513423	四川省盐源县金铁矿业集团有限责任公司	废水
1813	四川省	宁南县	513427	宁南县城市生活污水处理厂	污水处理厂
1814	四川省	喜德县	513432	喜德县必喜食品有限责任公司	废水
1815	四川省	甘洛县	513435	四川新锐电源有限公司	废水
1816	四川省	甘洛县	513435	四川省甘洛县外贸浮选厂	废水
1817	四川省	甘洛县	513435	四川省甘洛县铁厂	废水
1818	四川省	甘洛县	513435	甘洛县中发矿业有限责任公司	废水
1819	四川省	甘洛县	513435	甘洛县银峰洗选有限公司	废水
1820	四川省	甘洛县	513435	甘洛县银都铅锌洗选有限公司	废水
1821	四川省	雷波县	513437	雷波县西川矿业有限公司	废水
1822	贵州省	六枝特区	520203	六枝特区自来水公司污水处理厂	污水处理厂
1823	贵州省	六枝特区	520203	贵州六矿瑞安水泥有限公司	废气
1824	贵州省	水城县	520221	水城县双水供水有限公司污水处理厂	污水处理厂
1825	贵州省	水城县	520221	大唐贵州发耳发电有限公司	废气
1826	贵州省	习水县	520330	习水县供水公司污水处理厂	污水处理厂
1827	贵州省	习水县	520330	中电投贵州金元集团股份有限公司习水发电厂	废气
1828	贵州省	习水县	520330	贵州茅台酒厂（集团）习酒有限责任公司	废水
1829	贵州省	习水县	520330	贵州茅台酒股份有限公司201厂	废水
1830	贵州省	赤水市	520381	赤水市污水处理厂	污水处理厂
1831	贵州省	赤水市	520381	赤天化纸业有限公司	废水
1832	贵州省	赤水市	520381	赤天化股份有限公司	废水
1833	贵州省	镇宁布依族苗族自治县	520423	镇宁布依族苗族自治县污水处理厂	污水处理厂
1834	贵州省	镇宁布依族苗族自治县	520423	贵州红星发展股份有限公司	废气
1835	贵州省	关岭布依族苗族自治县	520424	关岭县污水处理厂	污水处理厂
1836	贵州省	关岭布依族苗族自治县	520424	贵州港安水泥有限公司	废气

序号	省（市、区）名称	县（市、旗、区）名称	县（市、旗、区）代码	污染源（企业）名称	污染源类型
1837	贵州省	关岭布依族苗族自治县	520424	贵州永诚铁合金冶炼有限公司新桥厂	废气
1838	贵州省	紫云苗族布依族自治县	520425	紫云自治县县城污水处理厂	污水处理厂
1839	贵州省	紫云苗族布依族自治县	520425	贵州宏泰化工有限责任公司	废气
1840	贵州省	七星关区	520502	毕节市城市污水综合治理有限公司	污水处理厂
1841	贵州省	七星关区	520502	七星关区海子街镇污水处理厂	污水处理厂
1842	贵州省	七星关区	520502	毕节赛德水泥有限公司	废气
1843	贵州省	七星关区	520502	毕节明钧玻璃股份有限公司	废气
1844	贵州省	七星关区	520502	贵州华电毕节热电有限公司	废气
1845	贵州省	七星关区	520502	七星关区污水处理厂二期	污水处理厂
1846	贵州省	七星关区	520502	贵州省毕节市水泥厂	废气
1847	贵州省	大方县	520521	大方县污水处理厂	污水处理厂
1848	贵州省	大方县	520521	贵州大方发电有限公司	废气
1849	贵州省	大方县	520521	大方县仁达硫铁矿洗选厂	废水
1850	贵州省	大方县	520521	永贵五凤煤业有限公司五凤煤矿	废水
1851	贵州省	黔西县	520522	黔西县污水处理厂	污水处理厂
1852	贵州省	黔西县	520522	黔西县中水发电有限公司	废气
1853	贵州省	金沙县	520523	金沙县一期污水处理厂	污水处理厂
1854	贵州省	金沙县	520523	金沙县二期污水处理厂	污水处理厂
1855	贵州省	金沙县	520523	贵州金沙窖酒酒业有限公司	废水
1856	贵州省	金沙县	520523	贵州西电电力股份有限公司黔北电厂	废气
1857	贵州省	织金县	520524	织金县污水处理厂	污水处理厂
1858	贵州省	织金县	520524	国电织金发电有限公司	废气
1859	贵州省	织金县	520524	贵州织金西南水泥有限公司	废气
1860	贵州省	纳雍县	520525	国家电投集团贵州金元股份有限公司纳雍发电总厂	废气
1861	贵州省	纳雍县	520525	贵州中岭矿业开发有限公司	废水
1862	贵州省	威宁彝族回族苗族自治县	520526	威宁县污水处理厂	污水处理厂
1863	贵州省	威宁彝族回族苗族自治县	520526	威宁县福威焦化有限公司	废气
1864	贵州省	威宁彝族回族苗族自治县	520526	威宁县二塘福利铁业有限公司	废气
1865	贵州省	赫章县	520527	赫章县污水处理厂	污水处理厂
1866	贵州省	赫章县	520527	赫章县中建锌业有限公司	重金属
1867	贵州省	赫章县	520527	赫章县华丰锌业有限公司	重金属

序号	省（市、区）名称	县（市、旗、区）名称	县（市、旗、区）代码	污染源（企业）名称	污染源类型
1868	贵州省	赫章县	520527	赫章县滇黔诚信有限公司	重金属
1869	贵州省	江口县	520621	江口县县城污水处理厂	污水处理厂
1870	贵州省	石阡县	520623	石阡县县城污水处理厂	污水处理厂
1871	贵州省	思南县	520624	思南县污水处理厂	污水处理厂
1872	贵州省	思南县	520624	贵州思南西南水泥有限公司	废气
1873	贵州省	印江土家族苗族自治县	520625	印江自治县污水处理厂	污水处理厂
1874	贵州省	印江土家族苗族自治县	520625	贵州梵净山金顶水泥有限公司	废气
1875	贵州省	德江县	520626	德江县污水处理厂	污水处理厂
1876	贵州省	德江县	520626	贵州资兆建材水泥有限公司	废气
1877	贵州省	沿河土家族自治县	520627	沿河县县城污水处理厂	污水处理厂
1878	贵州省	望谟县	522326	望谟县县城污水处理厂	污水处理厂
1879	贵州省	册亨县	522327	册亨县污水处理厂	污水处理厂
1880	贵州省	册亨县	522327	册亨南华糖业有限公司	废水
1881	贵州省	黄平县	522622	黄平县污水处理厂	污水处理厂
1882	贵州省	施秉县	522623	施秉县污水处理厂	污水处理厂
1883	贵州省	锦屏县	522628	锦屏县污水处理厂	污水处理厂
1884	贵州省	剑河县	522629	剑河县污水处理厂	污水处理厂
1885	贵州省	台江县	522630	贵州鑫凯达金属电源有限公司	重金属
1886	贵州省	榕江县	522632	榕江县污水处理厂	污水处理厂
1887	贵州省	从江县	522633	贵州从江明达水泥有限公司	废气
1888	贵州省	雷山县	522634	雷山县污水处理厂	污水处理厂
1889	贵州省	丹寨县	522636	县城污水处理厂	污水处理厂
1890	贵州省	荔波县	522722	贵州同壹水务有限公司荔波县污水处理厂	污水处理厂
1891	贵州省	平塘县	522727	贵州同壹水务有限公司平塘县污水处理厂	污水处理厂
1892	贵州省	罗甸县	522728	罗甸县污水处理厂	污水处理厂
1893	贵州省	罗甸县	522728	贵州信邦制药股份有限公司	废气
1894	贵州省	罗甸县	522728	罗甸县市政公用事业管理中心	污水处理厂
1895	贵州省	罗甸县	522728	贵州明盛矿业有限责任公司	废气
1896	贵州省	三都水族自治县	522732	贵州同壹环保投资管理有限公司三都县污水处理厂	污水处理厂
1897	贵州省	三都水族自治县	522732	贵州省三都水族自治县润基水泥有限公司	废气
1898	云南省	东川区	530113	东川鹏博选矿厂（东川桃树沟选矿厂）	废水
1899	云南省	东川区	530113	昆明升新矿业有限公司	废水

序号	省（市、区）名称	县（市、旗、区）名称	县（市、旗、区）代码	污染源（企业）名称	污染源类型
1900	云南省	东川区	530113	昆明山通工贸有限公司	废水
1901	云南省	东川区	530113	昆明瑞能矿业有限公司	废水
1902	云南省	东川区	530113	昆明全利矿业有限公司	废水
1903	云南省	东川区	530113	昆明龙腾矿业有限公司	废水
1904	云南省	东川区	530113	昆明利南矿业有限公司	废水
1905	云南省	东川区	530113	昆明老来红矿业有限公司	废水
1906	云南省	东川区	530113	昆明锦鸿涛矿业有限责任公司	废水
1907	云南省	东川区	530113	昆明合美达工贸有限公司	废水
1908	云南省	东川区	530113	昆明市新泰有限责任公司（铜选厂）	废水
1909	云南省	东川区	530113	昆明市东川通宇选矿厂	废水
1910	云南省	东川区	530113	昆明市东川区雪岭铜选厂	废水
1911	云南省	东川区	530113	昆明市东川区福金工贸有限公司三选厂	废水
1912	云南省	东川区	530113	昆明市东川科华铜选厂	废水
1913	云南省	东川区	530113	昆明市东川金水矿业有限责任公司二厂	废水
1914	云南省	东川区	530113	昆明市东川金水矿业有限责任公司一分厂	废水
1915	云南省	东川区	530113	昆明市东川将军水金矿业有限公司	废水
1916	云南省	东川区	530113	昆明市东川宝雁山矿业有限公司	废水
1917	云南省	东川区	530113	昆明因民冶金有限责任公司	废水
1918	云南省	东川区	530113	昆明梓豪矿业有限公司	废水
1919	云南省	东川区	530113	昆明强瑞矿业有限公司(原昆明市东川东川区哲博淦铜业有限责任公司)	废水
1920	云南省	东川区	530113	云南金沙矿业股份有限公司因民公司	废水
1921	云南省	东川区	530113	云南金沙矿业股份有限公司汤丹公司	废水
1922	云南省	东川区	530113	云南金沙矿业股份有限公司滥泥坪公司	废水
1923	云南省	东川区	530113	昆明兆鑫矿业有限公司	废水
1924	云南省	东川区	530113	昆明长丰源冶金有限公司	废水
1925	云南省	东川区	530113	昆明银潞矿业有限公司	废水
1926	云南省	东川区	530113	云南铜业凯通有色金属有限公司	废气
1927	云南省	东川区	530113	云南东昌金属加工有限公司	废气
1928	云南省	东川区	530113	昆明奥宇锌业有限公司	废气
1929	云南省	东川区	530113	昆明星陨有色金属冶炼有限公司	废气

序号	省（市、区）名称	县（市、旗、区）名称	县（市、旗、区）代码	污染源（企业）名称	污染源类型
1930	云南省	东川区	530113	昆明金水铜冶炼有限公司	废气
1931	云南省	东川区	530113	昆明华联铟业有限公司	废气
1932	云南省	东川区	530113	昆明红川有色金属冶炼有限公司	废气
1933	云南省	东川区	530113	昆明东川众智铜业有限公司	废气
1934	云南省	东川区	530113	昆明新内都矿业有限公司（原昆明德伟矿业有限公司）	废气
1935	云南省	东川区	530113	昆明唱响工贸有限公司	废气
1936	云南省	东川区	530113	昆明市东川区国祯污水处理有限公司	污水处理厂
1937	云南省	东川区	530113	昆明市东川区宏明珠宝有限责任公司	废水
1938	云南省	东川区	530113	昆明志欣诚矿业有限公司（原东川碧龙矿产有限公司（选厂）	废水
1939	云南省	东川区	530113	昆明云铜稀贵钴业有限公司	废气
1940	云南省	东川区	530113	昆明东荣金属材料有限公司	废气
1941	云南省	东川区	530113	昆明金湖冶金有限公司	废气
1942	云南省	东川区	530113	昆明龙凤锌业开发有限公司	废气
1943	云南省	东川区	530113	昆明铜鑫矿业有限公司	废水
1944	云南省	东川区	530113	昆明同心矿业有限责任公司一分厂	废水
1945	云南省	东川区	530113	昆明同心矿业有限责任公司	废水
1946	云南省	东川区	530113	昆明汤丹冶金有限责任公司（一分厂）	废水
1947	云南省	东川区	530113	昆明顺祥矿业有限公司	废水
1948	云南省	东川区	530113	昆明市石将军矿业有限责任公司	废水
1949	云南省	东川区	530113	昆明市生乾矿业有限责任公司	废水
1950	云南省	东川区	530113	昆明市东川众誉矿业有限责任公司	废水
1951	云南省	东川区	530113	东川昱成民政福利有限责任公司	废水
1952	云南省	东川区	530113	昆明东川金水矿业有限公司选厂	废水
1953	云南省	东川区	530113	昆明东海矿业有限公司	废水
1954	云南省	东川区	530113	昆明东靖工贸有限公司	废水
1955	云南省	东川区	530113	昆明东瑾矿业有限公司	废水
1956	云南省	东川区	530113	东川文兴选矿厂	废水
1957	云南省	东川区	530113	东川区老村湿法冶炼厂	废水
1958	云南省	江川区	530403	玉溪桑德星源水务有限公司——南片区污水处理厂	污水处理厂
1959	云南省	江川区	530403	云南江川翠峰纸业有限公司	废水
1960	云南省	澄江县	530422	云南澄江华荣水泥有限责任公司	废气
1961	云南省	澄江县	530422	澄江县污水处理厂	污水处理厂

序号	省（市、区）名称	县（市、旗、区）名称	县（市、旗、区）代码	污染源（企业）名称	污染源类型
1962	云南省	通海县	530423	通海北控环保水务有限公司	污水处理厂
1963	云南省	通海县	530423	云南省通海秀山水泥有限公司	废气
1964	云南省	华宁县	530424	玉溪捷运环保水务有限公司华宁县污水处理厂	污水处理厂
1965	云南省	华宁县	530424	华宁玉珠水泥有限公司	废气
1966	云南省	巧家县	530622	巧家县第一污水处理厂	污水处理厂
1967	云南省	巧家县	530622	云南昊龙实业集团巧家白鹤滩建材有限公司	废气
1968	云南省	盐津县	530623	盐津县污水处理厂	污水处理厂
1969	云南省	盐津县	530623	盐津云宏化工有限责任公司	废气
1970	云南省	大关县	530624	大关县水务产业投资有限公司（大关县城污水处理厂出口）	污水处理厂
1971	云南省	大关县	530624	昭通昆钢嘉华水泥建材有限公司	废气
1972	云南省	永善县	530625	永善县水务产业投资有限公司	污水处理厂
1973	云南省	绥江县	530626	绥江县污水处理厂出水口	污水处理厂
1974	云南省	绥江县	530626	绥江县永固水泥有限责任公司	废气
1975	云南省	永胜县	530722	云南永保特种水泥有限公司窑尾	废气
1976	云南省	永胜县	530722	永胜县供排水有限公司	污水处理厂
1977	云南省	宁蒗彝族自治县	530724	宁蒗县供排水有限责任公司县污水处理厂	污水处理厂
1978	云南省	宁蒗彝族自治县	530724	宁蒗县再生木业有限公司	废气
1979	云南省	景东彝族自治县	530823	景东县污水处理厂	污水处理厂
1980	云南省	景东彝族自治县	530823	景东立华腾矿业有限公司	废水
1981	云南省	镇沅彝族哈尼族拉祜族自治县	530825	镇沅县污水处理厂	污水处理厂
1982	云南省	孟连傣族拉祜族佤族自治县	530827	孟连水务产业投资有限公司	污水处理厂
1983	云南省	孟连傣族拉祜族佤族自治县	530827	孟连昌裕糖业有限责任公司	废水
1984	云南省	澜沧拉祜族自治县	530828	澜沧水务产业投资有限公司	污水处理厂
1985	云南省	澜沧拉祜族自治县	530828	澜沧县双马铅锌采选厂	废水
1986	云南省	西盟佤族自治县	530829	西盟县污水处理厂	污水处理厂

序号	省（市、区）名称	县（市、旗、区）名称	县（市、旗、区）代码	污染源（企业）名称	污染源类型
1987	云南省	西盟佤族自治县	530829	西盟昌裕糖业有限责任公司	废水
1988	云南省	西盟佤族自治县	530829	云南天然橡胶产业集团西盟有限公司	废水
1989	云南省	双柏县	532322	双柏县污水处理厂污水排放口	污水处理厂
1990	云南省	双柏县	532322	双柏华兴人造板有限公司锅炉烟囱排口	废气
1991	云南省	大姚县	532326	大姚县水务产业投资有限公司出水口	污水处理厂
1992	云南省	大姚县	532326	云南金碧制药有限公司废水排放口	废水
1993	云南省	大姚县	532326	云南金碧制药有限公司锅炉排放口	废气
1994	云南省	永仁县	532327	永仁县污水处理厂出水口	污水处理厂
1995	云南省	永仁县	532327	永仁县赛丽茧丝绸有限责任公司污水排放口	废水
1996	云南省	屏边苗族自治县	532523	屏边县污水处理厂	污水处理厂
1997	云南省	屏边苗族自治县	532523	屏边县黄磷厂有限责任公司	废气
1998	云南省	石屏县	532525	石屏县污水处理厂（二期）	污水处理厂
1999	云南省	石屏县	532525	石屏金池商品混凝土有限公司	废气
2000	云南省	金平苗族瑶族傣族自治县	532530	金平县城市污水处理厂	污水处理厂
2001	云南省	金平苗族瑶族傣族自治县	532530	金平县同心矿业有限责任公司	重金属
2002	云南省	金平苗族瑶族傣族自治县	532530	金平长鑫众达矿业有限公司	重金属
2003	云南省	金平苗族瑶族傣族自治县	532530	金平锌业有限责任公司	重金属
2004	云南省	金平苗族瑶族傣族自治县	532530	云南金平县红河矿业有限公司	重金属
2005	云南省	金平苗族瑶族傣族自治县	532530	金平县老集寨湾塘铅锌矿有限公司	重金属
2006	云南省	金平苗族瑶族傣族自治县	532530	金平东为矿业有限责任公司	重金属
2007	云南省	金平苗族瑶族傣族自治县	532530	金平金水河镇信义铜选厂	重金属
2008	云南省	金平苗族瑶族傣族自治县	532530	金平长安矿业有限公司	重金属

序号	省（市、区）名称	县（市、旗、区）名称	县（市、旗、区）代码	污染源（企业）名称	污染源类型
2009	云南省	金平苗族瑶族傣族自治县	532530	红河恒昊矿业股份有限公司金平分公司选厂	重金属
2010	云南省	金平苗族瑶族傣族自治县	532530	红河恒昊矿业股份有限公司金平分公司冶炼厂	废气
2011	云南省	文山市	532601	文山市污水处理厂	污水处理厂
2012	云南省	文山市	532601	文山市金仪铟业科技有限责任公司	重金属
2013	云南省	文山市	532601	文山天龙锌业有限责任公司	重金属
2014	云南省	文山市	532601	云南壮山实业股份有限公司	废气
2015	云南省	文山市	532601	云南文冶有色金属有限公司	重金属
2016	云南省	西畴县	532623	西畴县污水处理厂	污水处理厂
2017	云南省	西畴县	532623	西畴县衡昌矿业有限公司	废水
2018	云南省	麻栗坡县	532624	麻栗坡县污水处理厂排放口	污水处理厂
2019	云南省	麻栗坡县	532624	污水处理厂	废水
2020	云南省	马关县	532625	马关县水务产业投资有限公司	污水处理厂
2021	云南省	马关县	532625	马关华晟矿业有限公司	重金属
2022	云南省	马关县	532625	马关鹏程矿业有限公司	重金属
2023	云南省	马关县	532625	马关县福丰选厂	重金属
2024	云南省	马关县	532625	马关县汇源矿业有限责任公司	重金属
2025	云南省	马关县	532625	云南中金共和资源开发有限公司马关分公司五口洞选厂	重金属
2026	云南省	马关县	532625	文山市兴发矿业有限责任公司马关马尾冲选矿分公司	重金属
2027	云南省	马关县	532625	云南华联锌铟股份有限公司	废水
2028	云南省	马关县	532625	云南省马关县兴源矿业有限责任公司	重金属
2029	云南省	马关县	532625	云南云铜马关有色金属有限责任公司	重金属
2030	云南省	马关县	532625	马关玉兔矿业有限公司	重金属
2031	云南省	马关县	532625	马关县南捞宏杨选矿厂	重金属
2032	云南省	马关县	532625	马关县国能矿业有限公司	重金属
2033	云南省	马关县	532625	马关文良矿业有限公司	重金属
2034	云南省	马关县	532625	马关林志选矿厂	重金属
2035	云南省	马关县	532625	马关贵达矿业有限公司	重金属
2036	云南省	马关县	532625	马关云融资源开发有限公司	重金属
2037	云南省	广南县	532627	广南云水环保产业投资有限公司	污水处理厂
2038	云南省	广南县	532627	广南东糖糖业有限公司	废水
2039	云南省	广南县	532627	云南壮乡水泥股份有限公司	废气
2040	云南省	广南县	532627	广南县那榔酒业有限公司	废水
2041	云南省	富宁县	532628	富宁县污水处理厂	污水处理厂

序号	省（市、区）名称	县（市、旗、区）名称	县（市、旗、区）代码	污染源（企业）名称	污染源类型
2042	云南省	富宁县	532628	富宁永鑫糖业有限责任公司	废水
2043	云南省	景洪市	532801	景洪市给排水有限责任公司总排口	污水处理厂
2044	云南省	景洪市	532801	景洪市给排水有限责任公司	废水
2045	云南省	景洪市	532801	西双版纳金星啤酒有限公司	废水
2046	云南省	勐海县	532822	云南省黎明农工商联合公司糖厂	废水
2047	云南省	勐海县	532822	西双版纳景阳橡胶有限责任公司黎明第一制胶厂	废水
2048	云南省	勐海县	532822	云南西双版纳英茂糖业有限公司勐阿糖厂	废水
2049	云南省	勐海县	532822	云南西双版纳英茂糖业有限公司景真糖厂	废水
2050	云南省	勐海县	532822	打洛胶厂	废水
2051	云南省	勐海县	532822	勐海县华冠酒精有限责任公司	废水
2052	云南省	勐海县	532822	汉麻产业投资控股有限公司	废水
2053	云南省	勐腊县	532823	勐腊县污水处理厂（勐腊县给排水有限责任公司）	污水处理厂
2054	云南省	勐腊县	532823	勐腊县关累制胶厂	废水
2055	云南省	勐腊县	532823	勐腊田房制胶有限责任公司	废水
2056	云南省	勐腊县	532823	勐腊县曼庄橡胶有限公司	废水
2057	云南省	勐腊县	532823	勐腊县热源制胶有限公司	废水
2058	云南省	勐腊县	532823	西双版纳宏大胶业有限公司	废水
2059	云南省	勐腊县	532823	云南中云勐腊糖业有限公司	废水
2060	云南省	勐腊县	532823	勐腊县勐捧糖业有限责任公司	废水
2061	云南省	勐腊县	532823	西双版纳景阳橡胶有限责任公司勐捧第二制胶厂	废水
2062	云南省	勐腊县	532823	西双版纳景阳橡胶有限责任公司勐醒第三制胶厂	废水
2063	云南省	勐腊县	532823	西双版纳景阳橡胶有限责任公司勐醒第二制胶厂	废水
2064	云南省	勐腊县	532823	西双版纳景阳橡胶有限责任公司勐腊制胶厂	废水
2065	云南省	勐腊县	532823	西双版纳景阳橡胶有限责任公司勐满第三制胶厂	废水
2066	云南省	勐腊县	532823	西双版纳景阳橡胶有限责任公司勐满第二制胶厂	废水
2067	云南省	勐腊县	532823	西双版纳景阳橡胶有限责任公司勐捧第一制胶厂	废水
2068	云南省	勐腊县	532823	西双版纳景阳橡胶有限责任公司勐醒第一制胶厂	废水

序号	省（市、区）名称	县（市、旗、区）名称	县（市、旗、区）代码	污染源（企业）名称	污染源类型
2069	云南省	勐腊县	532823	西双版纳景阳橡胶有限责任公司勐满第一制胶厂	废水
2070	云南省	勐腊县	532823	西双版纳景阳橡胶有限责任公司勐捧第三制胶厂	废水
2071	云南省	勐腊县	532823	达维天然橡胶（云南）有限公司	废水
2072	云南省	勐腊县	532823	西双版纳中化橡胶有限公司勐润分公司	废水
2073	云南省	勐腊县	532823	勐腊县天邦制胶有限责任公司	废水
2074	云南省	勐腊县	532823	勐腊县勐远制胶厂	废水
2075	云南省	漾濞彝族自治县	532922	漾濞县污水处理厂排水口	污水处理厂
2076	云南省	漾濞彝族自治县	532922	大理大钢钢铁有限公司废气排放口	废气
2077	云南省	漾濞彝族自治县	532922	漾濞县跃进化工有限责任公司废气排放口	废气
2078	云南省	南涧彝族自治县	532926	南涧县污水处理厂	污水处理厂
2079	云南省	巍山彝族回族自治县	532927	巍山县生活污水处理厂出水口	污水处理厂
2080	云南省	巍山彝族回族自治县	532927	巍山永生玻璃制品有限公司 3#烟囱排放口	废气
2081	云南省	巍山彝族回族自治县	532927	巍山永生玻璃制品有限公司 1#烟囱排放口	废气
2082	云南省	巍山彝族回族自治县	532927	巍山永生玻璃制品有限公司 2#烟囱排放口	废气
2083	云南省	永平县	532928	永平县污水处理厂	污水处理厂
2084	云南省	永平县	532928	云南省永平矿业有限责任公司	废水
2085	云南省	永平县	532928	永平无量山水泥有限责任公司	废气
2086	云南省	洱源县	532930	洱源县污水处理站	污水处理厂
2087	云南省	洱源县	532930	新希望邓川蝶泉乳业有限公司新厂	废气
2088	云南省	剑川县	532931	大理银河乳业有限责任公司	废气
2089	云南省	剑川县	532931	华新水泥（剑川）有限公司	废气
2090	云南省	剑川县	532931	剑川益云有色金属有限公司	废气
2091	云南省	剑川县	532931	剑川有色金属冶炼厂	废气
2092	云南省	泸水市	533301	怒江江钨浩源矿业有限公司	废水
2093	云南省	兰坪白族普米族自治县	533325	云南金鼎锌业有限公司	废水
2094	云南省	兰坪白族普米族自治县	533325	兰坪勇胜矿业有限公司	重金属

序号	省（市、区）名称	县（市、旗、区）名称	县（市、旗、区）代码	污染源（企业）名称	污染源类型
2095	云南省	兰坪白族普米族自治县	533325	兰坪益云有色金属有限公司	重金属
2096	云南省	兰坪白族普米族自治县	533325	兰坪县远鑫铅锌选矿厂	重金属
2097	云南省	兰坪白族普米族自治县	533325	兰坪县益云有色金属有限公司金甸选厂	重金属
2098	云南省	兰坪白族普米族自治县	533325	兰坪县民通矿业有限责任公司	重金属
2099	云南省	兰坪白族普米族自治县	533325	云南金鼎锌业有限公司硫酸厂	重金属
2100	云南省	兰坪白族普米族自治县	533325	兰坪县矿产"三废"回收厂	重金属
2101	云南省	兰坪白族普米族自治县	533325	兰坪县康华电解锌厂（电解车间）	重金属
2102	云南省	兰坪白族普米族自治县	533325	兰坪县金湘有色金属选冶厂	重金属
2103	云南省	兰坪白族普米族自治县	533325	云南金鼎锌业有限公司二冶炼厂	重金属
2104	云南省	兰坪白族普米族自治县	533325	云南金鼎锌业有限公司一冶炼厂	重金属
2105	云南省	兰坪白族普米族自治县	533325	兰坪正盛有色金属选厂	重金属
2106	云南省	兰坪白族普米族自治县	533325	兰坪康德有色金属冶炼有限公司	重金属
2107	云南省	兰坪白族普米族自治县	533325	兰坪民生矿业有限公司	重金属
2108	云南省	兰坪白族普米族自治县	533325	兰坪县春佳有色金属浮选厂	重金属
2109	云南省	兰坪白族普米族自治县	533325	兰坪县恒源矿业有限公司	重金属
2110	云南省	兰坪白族普米族自治县	533325	兰坪县恒信矿山有限公司	重金属
2111	云南省	兰坪白族普米族自治县	533325	兰坪金利达矿业有限责任公司	重金属
2112	云南省	兰坪白族普米族自治县	533325	云南金鼎锌业有限公司二冶炼厂	废气
2113	云南省	香格里拉市	533401	香格里拉县供排水公司	污水处理厂
2114	云南省	香格里拉市	533401	香格里拉县雪鸡坪铜矿	废水
2115	云南省	香格里拉市	533401	香格里拉县神川矿业开发有限责任公司	废水
2116	云南省	香格里拉市	533401	香格里拉县洪鑫矿业有限公司	废水

序号	省（市、区）名称	县（市、旗、区）名称	县（市、旗、区）代码	污染源（企业）名称	污染源类型
2117	云南省	德钦县	533422	云南迪庆矿业开发有限责任公司	重金属
2118	云南省	德钦县	533422	德钦三明鑫疆矿业有限公司	废水
2119	云南省	维西傈僳族自治县	533423	维西县污水处理厂	污水处理厂
2120	西藏自治区	巴宜区	540402	西藏奇正藏药股份有限公司	废水
2121	西藏自治区	巴宜区	540402	西藏林芝富民农产品加工有限公司	废水
2122	西藏自治区	米林县	540422	西藏南迦巴瓦食品有限公司	废水
2123	西藏自治区	隆子县	540529	西藏华钰矿业山南分公司	污水处理厂
2124	西藏自治区	噶尔县	542523	阿里地区狮泉河镇火电厂	废气
2125	西藏自治区	噶尔县	542523	狮泉河镇综合屠宰场	废水
2126	西藏自治区	噶尔县	542523	西藏阿里高争水泥有限公司	废水
2127	陕西省	周至县	610124	周至县污水处理厂	污水处理厂
2128	陕西省	周至县	610124	陕西马鞍桥生态矿业有限公司	废水
2129	陕西省	周至县	610124	西安市西亚医药用布有限公司	废水
2130	陕西省	凤县	610330	凤县金凤矿业有限责任公司	重金属
2131	陕西省	凤县	610330	凤县红光矿产品有限责任公司	重金属
2132	陕西省	凤县	610330	凤县安河铅锌矿厂	重金属
2133	陕西省	凤县	610330	陕西金都矿业开发有限公司	重金属
2134	陕西省	凤县	610330	凤县天盛矿业有限责任公司	重金属
2135	陕西省	凤县	610330	东岭锌业股份有限公司	废气
2136	陕西省	凤县	610330	凤县污水处理厂	污水处理厂
2137	陕西省	凤县	610330	宝鸡八方山铅锌矿业有限责任公司	废水
2138	陕西省	凤县	610330	陕西银母寺矿业有限公司	废水
2139	陕西省	凤县	610330	陕西震奥鼎盛矿业有限公司	废水
2140	陕西省	凤县	610330	西北有色地质二里河铅锌矿	废水
2141	陕西省	太白县	610331	太白县城城生活污水处理厂	污水处理厂
2142	陕西省	安塞区	610603	安塞县污水处理厂	污水处理厂
2143	陕西省	子长县	610623	子长县城市污水处理厂	污水处理厂
2144	陕西省	志丹县	610625	志丹县污水处理厂	污水处理厂
2145	陕西省	吴起县	610626	吴起县污水处理厂	污水处理厂
2146	陕西省	吴起县	610626	中国石油长庆油田分公司第三采油厂吴起采油作业区	废水
2147	陕西省	吴起县	610626	延长油田吴起采油厂	废水
2148	陕西省	吴起县	610626	长庆油田公司第三采油服务处	废水
2149	陕西省	吴起县	610626	长庆采油八厂吴定采油作业区	废水
2150	陕西省	宜川县	610630	宜川县污水处理厂	污水处理厂
2151	陕西省	黄龙县	610631	黄龙县污水处理厂	污水处理厂
2152	陕西省	汉台区	610702	汉中市污水处理厂	污水处理厂

序号	省（市、区）名称	县（市、旗、区）名称	县（市、旗、区）代码	污染源（企业）名称	污染源类型
2153	陕西省	汉台区	610702	中材汉江水泥股份有限公司	废气
2154	陕西省	汉台区	610702	中航电测仪器股份有限公司	废水
2155	陕西省	汉台区	610702	青岛啤酒汉中有限责任公司	废水
2156	陕西省	汉台区	610702	陕西理想化工有限责任公司	废水
2157	陕西省	汉台区	610702	陕西汉江药业集团股份有限公司	废水
2158	陕西省	南郑区	610703	陕西中烟工业公司汉中卷烟厂	废气
2159	陕西省	南郑区	610703	汉中 101 航空电子设备有限公司	废水
2160	陕西省	南郑区	610703	陕西华燕航空仪表有限公司	废水
2161	陕西省	南郑区	610703	陕西中烟工业公司汉中卷烟厂	废水
2162	陕西省	南郑区	610703	国营长空精密机械制造公司	废水
2163	陕西省	城固县	610722	陕西飞机工业有限公司污水处理站	污水处理厂
2164	陕西省	城固县	610722	陕西城化股份有限公司	废气
2165	陕西省	城固县	610722	陕西城化股份有限公司	废水
2166	陕西省	城固县	610722	城固县兴汉化工厂	废水
2167	陕西省	城固县	610722	城固县惠利化工厂	废水
2168	陕西省	城固县	610722	城固县聚兴化工厂	废水
2169	陕西省	城固县	610722	城固县振华生物科技有限公司	废水
2170	陕西省	城固县	610722	陕西飞机工业（集团）有限公司	废水
2171	陕西省	城固县	610722	陕西省城固县秦南植物化工厂	废水
2172	陕西省	城固县	610722	城固县城市污水处理厂	污水处理厂
2173	陕西省	洋县	610723	桑德汉中洋县水务有限公司	污水处理厂
2174	陕西省	洋县	610723	中核陕西铀浓缩有限公司	废气
2175	陕西省	洋县	610723	陕西天汉生物科技有限公司（陕西唐正科技发展有限公司）	废水
2176	陕西省	洋县	610723	陕西秦洋长生酒业有限公司	废水
2177	陕西省	洋县	610723	洋县玉虎化工有限责任公司	废水
2178	陕西省	洋县	610723	洋县玉虎化工有限责任公司	废气
2179	陕西省	洋县	610723	汉中尧柏水泥有限公司	废气
2180	陕西省	洋县	610723	陕西盛华冶化有限公司	废气
2181	陕西省	西乡县	610724	西乡县城市污水处理厂	污水处理厂
2182	陕西省	西乡县	610724	陕西省西乡县长林肉类食品有限公司	废水
2183	陕西省	西乡县	610724	汉中西乡尧柏水泥有限公司	废气
2184	陕西省	西乡县	610724	西乡长江动物药品有限责任公司	废水
2185	陕西省	勉县	610725	勉县城市江北污水处理厂	污水处理厂
2186	陕西省	勉县	610725	汉中勉县尧柏水泥有限公司	废气
2187	陕西省	勉县	610725	汉中锌业有限责任公司	废气
2188	陕西省	勉县	610725	汉中锌业有限责任公司	重金属
2189	陕西省	勉县	610725	汉中群峰机械制造有限公司	重金属

序号	省（市、区）名称	县（市、旗、区）名称	县（市、旗、区）代码	污染源（企业）名称	污染源类型
2190	陕西省	勉县	610725	陕西汉中钢铁集团有限公司	废气
2191	陕西省	宁强县	610726	宁强思圣水务有限公司	污水处理厂
2192	陕西省	宁强县	610726	宁强县山坪矿业有限责任公司	重金属
2193	陕西省	宁强县	610726	宁强县鑫润矿冶有限责任公司	重金属
2194	陕西省	宁强县	610726	汉中锌业铜矿有限责任公司	废水
2195	陕西省	宁强县	610726	汉中长江有色金属有限责任公司	废水
2196	陕西省	略阳县	610727	略阳县嘉源污水处理厂	污水处理厂
2197	陕西省	略阳县	610727	略阳县金远矿业横现河分公司	废气
2198	陕西省	略阳县	610727	略阳县金远矿业有限责任公司	重金属
2199	陕西省	略阳县	610727	略阳县千河坝金矿有限责任公司	重金属
2200	陕西省	略阳县	610727	陕西略阳钢铁有限责任公司	废水
2201	陕西省	略阳县	610727	陕西略阳铧厂沟金矿	废水
2202	陕西省	略阳县	610727	陕西华澳矿业有限公司	废水
2203	陕西省	略阳县	610727	略阳县金远矿业东沟坝分公司	废水
2204	陕西省	略阳县	610727	略阳唐枫化工有限责任公司	废水
2205	陕西省	略阳县	610727	略阳县千河坝金矿有限责任公司	废水
2206	陕西省	略阳县	610727	陕西邦田化工有限公司	重金属
2207	陕西省	略阳县	610727	略阳县象山水泥有限公司	废气
2208	陕西省	略阳县	610727	大唐略阳发电有限责任公司	废气
2209	陕西省	略阳县	610727	陕西略阳钢铁有限责任公司	废气
2210	陕西省	镇巴县	610728	镇巴县污水处理厂	污水处理厂
2211	陕西省	留坝县	610729	留坝县污水处理厂	污水处理厂
2212	陕西省	佛坪县	610730	佛坪县污水处理厂	污水处理厂
2213	陕西省	绥德县	610826	绥德县污水处理有限公司	污水处理厂
2214	陕西省	米脂县	610827	米脂县银河水务有限责任公司	污水处理厂
2215	陕西省	米脂县	610827	陕西金泰氯碱化工有限公司	废气
2216	陕西省	佳县	610828	佳县污水处理厂	污水处理厂
2217	陕西省	吴堡县	610829	吴堡县污水处理厂	污水处理厂
2218	陕西省	吴堡县	610829	吴堡冀东特种水泥有限公司	废气
2219	陕西省	清涧县	610830	清涧县污水处理厂	污水处理厂
2220	陕西省	子洲县	610831	子州县污水处理厂	污水处理厂
2221	陕西省	汉滨区	610902	安康市汉滨区江南城市污水处理厂	污水处理厂
2222	陕西省	汉滨区	610902	安康市民荣实业集团食品有限公司	废水
2223	陕西省	汉滨区	610902	安康市恒翔生物化工有限公司	废水
2224	陕西省	汉滨区	610902	安康市江北污水处理厂	污水处理厂
2225	陕西省	汉阴县	610921	汉阴县污水处理厂	污水处理厂
2226	陕西省	石泉县	610922	石泉县污水处理厂	污水处理厂
2227	陕西省	宁陕县	610923	宁陕县生活污水处理厂	污水处理厂

序号	省（市、区）名称	县（市、旗、区）名称	县（市、旗、区）代码	污染源（企业）名称	污染源类型
2228	陕西省	紫阳县	610924	紫阳县城污水处理厂	污水处理厂
2229	陕西省	岚皋县	610925	陕西省安康市岚皋县污水处理厂	污水处理厂
2230	陕西省	平利县	610926	平利县城市污水处理厂	污水处理厂
2231	陕西省	镇坪县	610927	镇坪县污水处理厂	污水处理厂
2232	陕西省	旬阳县	610928	旬阳县污水处理厂	污水处理厂
2233	陕西省	旬阳县	610928	安康市尧柏水泥有限公司	废气
2234	陕西省	白河县	610929	陕西省安康市白河县污水处理厂	污水处理厂
2235	陕西省	商州区	611002	商洛污水处理有限公司	污水处理厂
2236	陕西省	商州区	611002	陕西锌业有限公司商洛炼锌厂	废水
2237	陕西省	商州区	611002	陕西锌业有限公司商洛炼锌厂	废气
2238	陕西省	洛南县	611021	洛南县污水处理厂	污水处理厂
2239	陕西省	洛南县	611021	洛南县九龙矿业有限公司	重金属
2240	陕西省	洛南县	611021	洛南县荣森矿业有限责任公司	重金属
2241	陕西省	丹凤县	611022	丹凤县污水处理厂	污水处理厂
2242	陕西省	丹凤县	611022	商洛尧柏龙桥水泥有限公司二线	废气
2243	陕西省	丹凤县	611022	商洛尧柏龙桥水泥有限公司	废气
2244	陕西省	商南县	611023	北京桑德环境工程有限公司商南分公司	污水处理厂
2245	陕西省	商南县	611023	陕西省商南县东正化工有限责任公司	重金属
2246	陕西省	山阳县	611024	山阳县污水处理厂	污水处理厂
2247	陕西省	山阳县	611024	山阳县银花矿业有限公司	废水
2248	陕西省	山阳县	611024	山阳县宏昌钒业有限责任公司	废水
2249	陕西省	镇安县	611025	镇安县污水处理厂	污水处理厂
2250	陕西省	镇安县	611025	陕西久盛矿业投资管理有限公司	废水
2251	陕西省	镇安县	611025	镇安县金正矿业有限责任公司	重金属
2252	陕西省	镇安县	611025	镇安县双龙黄金矿业有限责任公司	重金属
2253	陕西省	镇安县	611025	镇安县恒欣矿业有限公司	重金属
2254	陕西省	镇安县	611025	镇安县大乾矿业发展有限公司	重金属
2255	陕西省	镇安县	611025	镇安县月西矿业有限公司	重金属
2256	陕西省	镇安县	611025	商洛尧柏秀山水泥有限公司	废气
2257	陕西省	柞水县	611026	柞水县污水处理厂	污水处理厂
2258	陕西省	柞水县	611026	陕西金鑫矿业发展有限公司	废水
2259	陕西省	柞水县	611026	陕西大西沟矿业有限公司	废水
2260	陕西省	柞水县	611026	陕西大西沟矿业有限公司	废气
2261	甘肃省	永登县	620121	永登县污水处理厂	污水处理厂
2262	甘肃省	永登县	620121	甘肃大唐国际连城发电有限责任公司	废气
2263	甘肃省	永登县	620121	蓝星硅材料有限公司	废气

序号	省（市、区）名称	县（市、旗、区）名称	县（市、旗、区）代码	污染源（企业）名称	污染源类型
2264	甘肃省	永登县	620121	腾达西北铁合金有限责任公司	废气
2265	甘肃省	永登县	620121	中国铝业股份有限公司连城分公司	废气
2266	甘肃省	永登县	620121	甘肃永固特种水泥有限公司	废气
2267	甘肃省	永登县	620121	兰州红狮水泥有限公司	废气
2268	甘肃省	永登县	620121	永登祁连山水泥有限公司	废气
2269	甘肃省	永昌县	620321	永昌永顺泰啤酒原料有限公司	废水
2270	甘肃省	永昌县	620321	甘肃电投金昌发电有限责任公司	废气
2271	甘肃省	永昌县	620321	甘肃春天化工有限公司	废气
2272	甘肃省	永昌县	620321	金昌水泥（集团）公司干法厂	废气
2273	甘肃省	永昌县	620321	永昌县供热公司	废气
2274	甘肃省	永昌县	620321	兰州黄河（金昌）麦芽	废水
2275	甘肃省	永昌县	620321	甘肃三洋啤酒原料股份有限公司	废水
2276	甘肃省	永昌县	620321	金昌奔马农用化工股份有限公司	废水
2277	甘肃省	永昌县	620321	甘肃莫高实业发展股份有限公司金昌麦芽厂	废水
2278	甘肃省	永昌县	620321	永昌县清河麦芽有限责任公司	废水
2279	甘肃省	永昌县	620321	永昌县金穗麦芽有限公司	废水
2280	甘肃省	永昌县	620321	永昌三强农产品加工有限公司	废水
2281	甘肃省	永昌县	620321	金昌铁业（集团）有限责任公司	废气
2282	甘肃省	永昌县	620321	金昌奔马农用化工股份有限公司	废气
2283	甘肃省	永昌县	620321	甘肃瓮福化工有限责任公司	废气
2284	甘肃省	永昌县	620321	永昌县污水处理工程	污水处理厂
2285	甘肃省	会宁县	620422	会宁县污水处理厂	污水处理厂
2286	甘肃省	会宁县	620422	甘肃金智淀粉食品有限责任公司	废水
2287	甘肃省	会宁县	620422	甘肃祁连雪淀粉工贸有限公司	废水
2288	甘肃省	张家川回族自治县	620525	张家川回族自治县城区污水处理工程	污水处理厂
2289	甘肃省	凉州区	620602	武威工业园区污水处理厂	污水处理厂
2290	甘肃省	凉州区	620602	甘肃达利食品有限公司	废水
2291	甘肃省	凉州区	620602	甘肃赫原生物制品有限公司	废水
2292	甘肃省	凉州区	620602	甘肃汇能生物工程有限公司	废水
2293	甘肃省	凉州区	620602	青岛啤酒武威有限责任公司	废水
2294	甘肃省	凉州区	620602	武威市城北集中供热有限责任公司	废气
2295	甘肃省	凉州区	620602	武威市城南集中供热有限责任公司	废气
2296	甘肃省	凉州区	620602	武威市供排水集团公司	污水处理厂
2297	甘肃省	凉州区	620602	武威天祥肉类加工有限公司	废水

序号	省（市、区）名称	县（市、旗、区）名称	县（市、旗、区）代码	污染源（企业）名称	污染源类型
2298	甘肃省	民勤县	620621	民勤县北控水务有限公司	污水处理厂
2299	甘肃省	民勤县	620621	民勤陇原中天生物工程有限公司	废水
2300	甘肃省	古浪县	620622	古浪县污水管网工程	污水处理厂
2301	甘肃省	古浪县	620622	古浪西泰电冶有限责任公司	废气
2302	甘肃省	古浪县	620622	古浪祁连山水泥有限公司	废气
2303	甘肃省	古浪县	620622	甘肃古浪惠思洁纸业有限公司	废水
2304	甘肃省	天祝藏族自治县	620623	天祝藏族自治县污水处理厂	污水处理厂
2305	甘肃省	天祝藏族自治县	620623	窑街煤电集团天祝煤业有限责任公司	废水
2306	甘肃省	天祝藏族自治县	620623	天祝藏族自治县千马龙煤炭开发有限责任公司	废水
2307	甘肃省	天祝藏族自治县	620623	甘肃正阳集团公司	废水
2308	甘肃省	天祝藏族自治县	620623	天祝玉通兴合新能源科技开发有限公司	废气
2309	甘肃省	天祝藏族自治县	620623	窑街煤电集团天祝煤业有限责任公司	废气
2310	甘肃省	天祝藏族自治县	620623	天祝藏族自治县供热公司	废气
2311	甘肃省	甘州区	620702	张掖市污水处理厂	污水处理厂
2312	甘肃省	甘州区	620702	张掖市云鹏工贸有限责任公司	废水
2313	甘肃省	甘州区	620702	甘肃电投张掖发电有限责任公司	废气
2314	甘肃省	甘州区	620702	甘肃张掖巨龙建材有限公司	废气
2315	甘肃省	肃南裕固族自治县	620721	肃南县红湾供排水有限责任公司城镇生活污水处理厂	污水处理厂
2316	甘肃省	肃南裕固族自治县	620721	甘肃新洲矿业有限公司	重金属
2317	甘肃省	民乐县	620722	民乐县生活污水处理厂	污水处理厂
2318	甘肃省	民乐县	620722	甘肃锦世化工有限责任公司	废气
2319	甘肃省	民乐县	620722	甘肃银河食品集团有限公司	废水
2320	甘肃省	民乐县	620722	甘肃爱味客马铃薯加工有限公司	废水
2321	甘肃省	民乐县	620722	民乐县亨汇麦芽有限责任公司	废水
2322	甘肃省	临泽县	620723	临泽县中川水利开发有限公司	污水处理厂
2323	甘肃省	临泽县	620723	甘肃雪润生化有限公司	废水
2324	甘肃省	临泽县	620723	临泽县圣洁纸品厂	废水
2325	甘肃省	临泽县	620723	临泽宏鑫矿产实业有限公司	废气
2326	甘肃省	高台县	620724	高台县污水处理厂	污水处理厂
2327	甘肃省	山丹县	620725	山丹县城区生活污水处理厂	污水处理厂
2328	甘肃省	山丹县	620725	山丹县芋兴粉业有限公司	废水

序号	省（市、区）名称	县（市、旗、区）名称	县（市、旗、区）代码	污染源（企业）名称	污染源类型
2329	甘肃省	山丹县	620725	山丹县瑞源啤酒原料有限责任公司	废水
2330	甘肃省	山丹县	620725	甘肃金山啤酒原料有限责任公司	废水
2331	甘肃省	山丹县	620725	张掖市山丹铁骑水泥有限公司	废气
2332	甘肃省	庄浪县	620825	庄浪县城区生活污水处理厂	污水处理厂
2333	甘肃省	庄浪县	620825	庄浪县鑫喜淀粉加工有限公司	废水
2334	甘肃省	庄浪县	620825	庄浪县金龙矿业有限责任公司	重金属
2335	甘肃省	庄浪县	620825	庄浪县南湖成林三豪淀粉有限公司	废水
2336	甘肃省	庄浪县	620825	庄浪县宏达淀粉加工有限责任公司	废水
2337	甘肃省	静宁县	620826	静宁县城区生活污水处理站	污水处理厂
2338	甘肃省	静宁县	620826	静宁县红光淀粉有限责任公司	废水
2339	甘肃省	静宁县	620826	静宁县铅锌矿	重金属
2340	甘肃省	静宁县	620826	静宁通达果汁有限公司	废水
2341	甘肃省	静宁县	620826	静宁县恒达有限责任公司原料分公司	废水
2342	甘肃省	肃北蒙古族自治县	620923	肃北县污水处理厂	污水处理厂
2343	甘肃省	肃北蒙古族自治县	620923	甘肃省肃北县金鹰黄金有限责任公司	重金属
2344	甘肃省	肃北蒙古族自治县	620923	甘肃省中盛矿业有限责任公司	重金属
2345	甘肃省	肃北蒙古族自治县	620923	肃北县金马黄金有限责任公司	重金属
2346	甘肃省	肃北蒙古族自治县	620923	肃北县蒙古蔟自治县富兴矿业有限责任公司	重金属
2347	甘肃省	肃北蒙古族自治县	620923	甘肃省地质矿产勘查开发局第四地质矿产勘查院（金沟金矿）	重金属
2348	甘肃省	肃北蒙古族自治县	620923	肃北县久翔矿业有限责任公司	重金属
2349	甘肃省	肃北蒙古族自治县	620923	肃北县德源矿业开发有限责任公司	重金属
2350	甘肃省	阿克塞哈萨克族自治县	620924	阿克塞县城市生活污水处理厂	污水处理厂
2351	甘肃省	阿克塞哈萨克族自治县	620924	酒钢集团兴安民爆阿克塞分公司	废气
2352	甘肃省	阿克塞哈萨克族自治县	620924	甘肃恒亚水泥有限公司	废气

序号	省（市、区）名称	县（市、旗、区）名称	县（市、旗、区）代码	污染源（企业）名称	污染源类型
2353	甘肃省	庆城县	621021	庆城县污水处理厂	污水处理厂
2354	甘肃省	环县	621022	环县污水处理厂	污水处理厂
2355	甘肃省	环县	621022	刘园子煤矿	废水
2356	甘肃省	华池县	621023	华池县污水处理厂	污水处理厂
2357	甘肃省	镇原县	621027	镇原县城区生活污水处理厂	污水处理厂
2358	甘肃省	通渭县	621121	通渭县洁源污水处理有限责任公司	污水处理厂
2359	甘肃省	通渭县	621121	通渭县百源成民政福利粮油有限责任公司	废水
2360	甘肃省	渭源县	621123	渭源县污水处理厂	污水处理厂
2361	甘肃省	漳县	621125	漳县污水处理厂	污水处理厂
2362	甘肃省	漳县	621125	漳县祁连山水泥有限责任公司	废气
2363	甘肃省	岷县	621126	岷县通洁污水处理有限公司	污水处理厂
2364	甘肃省	武都区	621202	武都区污水处理厂	污水处理厂
2365	甘肃省	武都区	621202	陇南祁连山水泥有限公司	废气
2366	甘肃省	文县	621222	文县城区污水处理厂	污水处理厂
2367	甘肃省	文县	621222	文县祁连山水泥有限公司	废气
2368	甘肃省	文县	621222	文县万利铁合金有限责任公司	废水
2369	甘肃省	文县	621222	文县新关金矿	废水
2370	甘肃省	宕昌县	621223	宕昌县污水处理厂	污水处理厂
2371	甘肃省	康县	621224	康县污水处理厂	污水处理厂
2372	甘肃省	康县	621224	甘肃阳坝铜业有限责任公司（阳坝选厂）	废水
2373	甘肃省	康县	621224	甘肃阳坝铜业有限责任公司（杜坝选厂）	废水
2374	甘肃省	西和县	621225	西和县城区生活污水处理工程	污水处理厂
2375	甘肃省	西和县	621225	西和县尖崖沟铅锌矿	废水
2376	甘肃省	西和县	621225	西和县恒安工矿贸易有限公司	废水
2377	甘肃省	西和县	621225	西和县青羊矿业有限公司	废水
2378	甘肃省	西和县	621225	甘肃陇星锑业有限责任公司	废水
2379	甘肃省	西和县	621225	西和县孙家沟铅锌氧化矿浮选厂	废水
2380	甘肃省	西和县	621225	西和县华辰商贸有限公司	废水
2381	甘肃省	西和县	621225	西和县创新矿业有限公司	废水
2382	甘肃省	西和县	621225	西和县浩儒氧化锌浮选厂	废水
2383	甘肃省	西和县	621225	西和县六巷铅锌矿	废水
2384	甘肃省	西和县	621225	西和县宏伟矿业有限公司	废水
2385	甘肃省	西和县	621225	西和县中泰工矿有限责任公司	废水
2386	甘肃省	礼县	621226	礼县城区污水处理厂	污水处理厂
2387	甘肃省	两当县	621228	两当污水处理厂	污水处理厂
2388	甘肃省	两当县	621228	两当县会成矿业开发有限责任公司	废水

序号	省（市、区）名称	县（市、旗、区）名称	县（市、旗、区）代码	污染源（企业）名称	污染源类型
2389	甘肃省	两当县	621228	两当县招金矿业有限责任公司	废水
2390	甘肃省	临夏县	622921	临夏县生活污水处理厂	污水处理厂
2391	甘肃省	康乐县	622922	康乐县污水处理厂	污水处理厂
2392	甘肃省	康乐县	622922	甘肃康美牛业有限公司	废水
2393	甘肃省	永靖县	622923	永靖县大河水务有限公司	污水处理厂
2394	甘肃省	永靖县	622923	甘肃刘化（集团）有限责任公司	废气
2395	甘肃省	永靖县	622923	甘肃刘化（集团）有限责任公司	污水处理厂
2396	甘肃省	和政县	622925	和政县污水处理厂	污水处理厂
2397	甘肃省	和政县	622925	临夏海螺水泥有限责任公司（一分厂）	废气
2398	甘肃省	和政县	622925	和政华龙乳制品有限公司	废水
2399	甘肃省	和政县	622925	临夏海螺水泥有限责任公司（二分厂）	废气
2400	甘肃省	东乡族自治县	622926	东乡县污水处理厂	污水处理厂
2401	甘肃省	积石山保安族东乡族撒拉族自治县	622927	积石山县污水处理厂	污水处理厂
2402	甘肃省	合作市	623001	合作市污水处理厂	污水处理厂
2403	甘肃省	合作市	623001	甘肃辰州矿业开发有限责任公司	重金属
2404	甘肃省	临潭县	623021	临潭县城区污水处理工程	污水处理厂
2405	甘肃省	卓尼县	623022	卓尼县城污水处理厂	污水处理厂
2406	甘肃省	舟曲县	623023	舟曲县城区污水处理厂	污水处理厂
2407	甘肃省	舟曲县	623023	舟曲县峰迭新区污水处理厂	污水处理厂
2408	甘肃省	迭部县	623024	迭部县污水处理厂	污水处理厂
2409	甘肃省	玛曲县	623025	玛曲县污水处理厂	污水处理厂
2410	甘肃省	碌曲县	623026	碌曲县污水处理厂	污水处理厂
2411	甘肃省	夏河县	623027	夏河县城区污水处理工程	污水处理厂
2412	甘肃省	夏河县	623027	夏河祁连山安多水泥有限公司	废气
2413	青海省	大通回族土族自治县	630121	北京鹏鹞环保科技有限公司	污水处理厂
2414	青海省	大通回族土族自治县	630121	中国铝业青海分公司	废气
2415	青海省	大通回族土族自治县	630121	青海桥头铝电有限公司	废气
2416	青海省	大通回族土族自治县	630121	青海东隆碳化硅有限公司	废气
2417	青海省	大通回族土族自治县	630121	青海黎明化工有限责任公司	废水
2418	青海省	大通回族土族自治县	630121	青海宜化化工有限公司	废水

序号	省（市、区）名称	县（市、旗、区）名称	县（市、旗、区）代码	污染源（企业）名称	污染源类型
2419	青海省	大通回族土族自治县	630121	青海新型建材工贸有限责任公司	废气
2420	青海省	大通回族土族自治县	630121	青海水泥有限责任公司	废气
2421	青海省	大通回族土族自治县	630121	青海华电大通发电有限公司	废气
2422	青海省	大通回族土族自治县	630121	青海宜化化工有限公司	废气
2423	青海省	大通回族土族自治县	630121	青海宁北发电有限责任公司	废气
2424	青海省	湟中县	630122	湟中县江源给排水有限公司	污水处理厂
2425	青海省	湟中县	630122	青海祁连山水泥有限公司	废气
2426	青海省	湟源县	630123	湟源县污水处理厂	污水处理厂
2427	青海省	乐都区	630202	青海清源环保开发有限公司（乐都污水处理厂）	污水处理厂
2428	青海省	乐都区	630202	青海泰宁水泥有限公司	废气
2429	青海省	乐都区	630202	海东市乐都区污水处理厂	污水处理厂
2430	青海省	乐都区	630202	青海金鼎水泥有限公司	废气
2431	青海省	乐都区	630202	青海乐都华夏水泥有限公司	废气
2432	青海省	平安区	630203	平安县污水处理厂	污水处理厂
2433	青海省	民和回族土族自治县	630222	民和县清湟污水处理有限公司	污水处理厂
2434	青海省	民和回族土族自治县	630222	民和文宏科技磨料有限公司	废气
2435	青海省	民和回族土族自治县	630222	青海民和威思顿精淀粉有限责任公司	废水
2436	青海省	民和回族土族自治县	630222	民和祁连山水泥有限公司	废气
2437	青海省	民和回族土族自治县	630222	民和天利硅业有限责任公司	废气
2438	青海省	民和回族土族自治县	630222	青海西部水电有限公司	废气
2439	青海省	民和回族族自治县	630222	青海恒利达碳化硅有限公司	废气
2440	青海省	互助土族自治县	630223	青海互助金圆水泥有限公司（熟料分公司）	废气
2441	青海省	互助土族自治县	630223	青海丹峰磨料磨具有限公司	废气
2442	青海省	互助土族自治县	630223	青海互助威思顿精淀粉有限责任公司	废水

序号	省（市、区）名称	县（市、旗、区）名称	县（市、旗、区）代码	污染源（企业）名称	污染源类型
2443	青海省	互助土族自治县	630223	青海清源环保开发有限公司	污水处理厂
2444	青海省	互助土族自治县	630223	青海互助青稞酒股份有限公司	废水
2445	青海省	循化撒拉族自治县	630225	循化县污水处理厂	污水处理厂
2446	青海省	门源回族自治县	632221	门源县污水处理厂	污水处理厂
2447	青海省	海晏县	632223	青海宁北发电有限公司唐湖电力分公司	废气
2448	青海省	海晏县	632223	海晏县天盛光伏线切材料有限公司	废气
2449	青海省	共和县	632521	首创爱华（天津）市政环境工程有限公司青海分公司	污水处理厂
2450	青海省	共和县	632521	共和县金河水泥有限责任公司	废气
2451	青海省	共和县	632521	共和县绿源生猪屠宰场	废水
2452	青海省	共和县	632521	青海省青海湖清真肉业有限责任公司	废水
2453	青海省	贵德县	632523	贵德县污水处理厂	污水处理厂
2454	青海省	兴海县	632524	青海赛什塘铜业有限责任公司	重金属
2455	青海省	兴海县	632524	青海省兴盛肉食品有限公司	废水
2456	青海省	兴海县	632524	兴海什多龙鑫源矿业有限公司	废水
2457	青海省	玛沁县	632621	玛沁县污水处理厂	污水处理厂
2458	青海省	班玛县	632622	班玛县污水处理厂	污水处理厂
2459	青海省	久治县	632625	久治县污水处理厂	污水处理厂
2460	青海省	格尔木市	632801	格尔木市污水处理厂	污水处理厂
2461	青海省	格尔木市	632801	青海中浩天然气化工有限公司	废水
2462	青海省	格尔木市	632801	中国石油青海油田格尔木炼油厂	废水
2463	青海省	格尔木市	632801	青海华信环保科技有限公司	重金属
2464	青海省	格尔木市	632801	青海宏扬水泥有限责任公司	废气
2465	青海省	格尔木市	632801	中国石油天然气股份有限公司青海油田分公司天然气电力公司	废气
2466	青海省	格尔木市	632801	格尔木西豫有色金属有限公司	废气
2467	青海省	格尔木市	632801	青海青海盐湖工业股份有限公司化工分公司	废气
2468	青海省	格尔木市	632801	青海中信国安锂业发展有限公司	废气
2469	青海省	格尔木市	632801	格尔木豫源有限责任公司	废气
2470	青海省	德令哈市	632802	德令哈市污水处理厂	污水处理厂
2471	青海省	德令哈市	632802	中盐青海昆仑碱业有限公司	废气
2472	青海省	德令哈市	632802	青海发投碱业有限公司	废气
2473	青海省	德令哈市	632802	海西化工建材股份有限公司	废气

序号	省（市、区）名称	县（市、旗、区）名称	县（市、旗、区）代码	污染源（企业）名称	污染源类型
2474	青海省	都兰县	632822	都兰县多金属矿业有限责任公司	废水
2475	青海省	都兰县	632822	青海山金矿业有限公司	废水
2476	青海省	大柴旦行政委员会	632825	青海五彩碱业有限公司	废气
2477	青海省	大柴旦行政委员会	632825	大柴旦矿业有限公司	废水
2478	青海省	大柴旦行政委员会	632825	西部矿业锡铁山分公司	废水
2479	青海省	大柴旦行政委员会	632825	青海五彩碱业有限公司	废水
2480	宁夏回族自治区	大武口区	640202	石嘴山第一污水处理厂	污水处理厂
2481	宁夏回族自治区	大武口区	640202	国电大武口热电有限公司	废气
2482	宁夏回族自治区	大武口区	640202	宁夏东方钽业股份有限公司	废水
2483	宁夏回族自治区	大武口区	640202	宁夏东方钽业股份有限公司南兴研磨材料分公司	废水
2484	宁夏回族自治区	大武口区	640202	宁夏盈氟金和科技有限公司	废水
2485	宁夏回族自治区	大武口区	640202	宁夏中节能新材料有限公司	废气
2486	宁夏回族自治区	大武口区	640202	神华宁夏煤业集团公司太西炭基工业有限公司热动力厂	废气
2487	宁夏回族自治区	大武口区	640202	宁夏贺兰山冶金有限公司	废气
2488	宁夏回族自治区	红寺堡区	640303	红寺堡区第二污水处理厂	污水处理厂
2489	宁夏回族自治区	盐池县	640323	盐池县污水处理厂	污水处理厂
2490	宁夏回族自治区	盐池县	640323	宁夏明峰萌成建材有限公司	废气
2491	宁夏回族自治区	盐池县	640323	宁夏宁鲁石化有限公司	废水
2492	宁夏回族自治区	同心县	640324	同心县污水处理厂	污水处理厂
2493	宁夏回族自治区	原州区	640402	中铝宁夏能源集团有限公司六盘山热电厂中水分场	污水处理厂
2494	宁夏回族自治区	原州区	640402	中铝宁夏能源集团有限公司六盘山热电厂	废气

序号	省（市、区）名称	县（市、旗、区）名称	县（市、旗、区）代码	污染源（企业）名称	污染源类型
2495	宁夏回族自治区	西吉县	640422	西吉县污水处理厂	污水处理厂
2496	宁夏回族自治区	西吉县	640422	西吉县万里淀粉有限公司	废水
2497	宁夏回族自治区	西吉县	640422	宁夏固原福宁广业有限责任公司西吉袁河淀粉分公司	废水
2498	宁夏回族自治区	西吉县	640422	固原雪冠淀粉有限责任公司	废水
2499	宁夏回族自治区	西吉县	640422	宁夏佳立生物科技有限公司将台淀粉公司	废水
2500	宁夏回族自治区	西吉县	640422	宁夏佳立生物科技有限公司新营淀粉公司	废水
2501	宁夏回族自治区	西吉县	640422	西吉县兴祥淀粉有限责任公司	废水
2502	宁夏回族自治区	隆德县	640423	隆德县污水处理厂	污水处理厂
2503	宁夏回族自治区	泾源县	640424	泾源县污水处理厂	污水处理厂
2504	宁夏回族自治区	彭阳县	640425	彭阳县自来水公司污水处理厂	污水处理厂
2505	宁夏回族自治区	彭阳县	640425	固原红峰淀粉有限公司	废水
2506	宁夏回族自治区	彭阳县	640425	彭阳县云峰淀粉有限公司	废水
2507	宁夏回族自治区	彭阳县	640425	宁夏佳利源薯业有限公司	废水
2508	宁夏回族自治区	沙坡头区	640502	宁夏华御化工有限公司	废气
2509	宁夏回族自治区	沙坡头区	640502	宁夏新华实业集团钢铁有限公司	废气
2510	宁夏回族自治区	沙坡头区	640502	宁夏瑞泰科技股份有限公司	废气
2511	宁夏回族自治区	沙坡头区	640502	中卫市合发冶炼有限公司	废气
2512	宁夏回族自治区	沙坡头区	640502	宁夏中大化工有限责任公司	废气
2513	宁夏回族自治区	沙坡头区	640502	宁夏中卫市大有冶炼有限公司	废气
2514	宁夏回族自治区	沙坡头区	640502	宁夏三元中泰冶金有限公司	废气

序号	省（市、区）名称	县（市、旗、区）名称	县（市、旗、区）代码	污染源（企业）名称	污染源类型
2515	宁夏回族自治区	沙坡头区	640502	宁夏大正伟业冶金有限责任公司	废气
2516	宁夏回族自治区	沙坡头区	640502	宁夏钢铁（集团）有限责任公司	废气
2517	宁夏回族自治区	沙坡头区	640502	宁夏新华实业集团有限公司	废气
2518	宁夏回族自治区	沙坡头区	640502	中卫市泰和热力有限公司	废气
2519	宁夏回族自治区	沙坡头区	640502	宁夏胜金水泥有限公司	废气
2520	宁夏回族自治区	沙坡头区	640502	宁夏中卫市银河冶炼有限公司	废气
2521	宁夏回族自治区	沙坡头区	640502	中冶美利纸业股份有限公司	废气
2522	宁夏回族自治区	沙坡头区	640502	中卫市美利源水务有限公司	污水处理厂
2523	宁夏回族自治区	沙坡头区	640502	中卫市清源供排水有限公司	污水处理厂
2524	宁夏回族自治区	沙坡头区	640502	宁夏夏华肉食品有限公司	废水
2525	宁夏回族自治区	沙坡头区	640502	宁夏三雅精细化工有限公司	废水
2526	宁夏回族自治区	沙坡头区	640502	宁夏润夏能源化工有限公司	废气
2527	宁夏回族自治区	沙坡头区	640502	宁夏润夏能源化工有限公司	废水
2528	宁夏回族自治区	沙坡头区	640502	宁夏明盛染化有限公司	废水
2529	宁夏回族自治区	沙坡头区	640502	宁夏蓝丰精细化工有限公司	废水
2530	宁夏回族自治区	沙坡头区	640502	宁夏红枸杞产业集团有限公司	废水
2531	宁夏回族自治区	沙坡头区	640502	宁夏华御化工有限公司	废水
2532	宁夏回族自治区	沙坡头区	640502	宁夏渝丰化工股份有限公司	废水
2533	宁夏回族自治区	沙坡头区	640502	利安隆（中卫）新材料有限公司	废水
2534	宁夏回族自治区	沙坡头区	640502	中卫市鑫三元化工有限公司	废水

序号	省（市、区）名称	县（市、旗、区）名称	县（市、旗、区）代码	污染源（企业）名称	污染源类型
2535	宁夏回族自治区	沙坡头区	640502	中卫市茂烨冶金有限责任公司	废气
2536	宁夏回族自治区	沙坡头区	640502	中卫市跃鑫钢铁有限责任公司	废气
2537	宁夏回族自治区	沙坡头区	640502	宁夏金象医药化工有限公司	废水
2538	宁夏回族自治区	沙坡头区	640502	宁夏大漠药业有限公司	废水
2539	宁夏回族自治区	沙坡头区	640502	宁夏奥斯化工有限公司	废气
2540	宁夏回族自治区	沙坡头区	640502	中卫市银阳新能源有限公司	废水
2541	宁夏回族自治区	沙坡头区	640502	中电投宁夏能源铝业中卫热电有限公司	废气
2542	宁夏回族自治区	沙坡头区	640502	宁夏紫光川庆化工有限公司	废水
2543	宁夏回族自治区	沙坡头区	640502	宁夏中卫市俱进化工有限责任公司	废气
2544	宁夏回族自治区	沙坡头区	640502	宁夏亚东化工有限公司	废水
2545	宁夏回族自治区	沙坡头区	640502	宁夏协鑫晶体科技发展有限公司	废水
2546	宁夏回族自治区	沙坡头区	640502	宁夏瑞泰科技股份有限公司	废水
2547	宁夏回族自治区	沙坡头区	640502	中冶美利纸业股份有限公司	废水
2548	宁夏回族自治区	沙坡头区	640502	宁夏紫光天化蛋氨酸有限责任公司	废水
2549	宁夏回族自治区	沙坡头区	640502	宁夏瑞泰科技股份有限公司	废水
2550	宁夏回族自治区	沙坡头区	640502	宁夏明盛染化有限公司	废气
2551	宁夏回族自治区	沙坡头区	640502	宁夏蓝丰精细化工有限公司	废气
2552	宁夏回族自治区	中宁县	640521	中宁县污水处理厂	污水处理厂
2553	宁夏回族自治区	中宁县	640521	宁夏中宁发电集团有限责任公司	废气
2554	宁夏回族自治区	中宁县	640521	宁夏天元发电有限公司	废气

序号	省（市、区）名称	县（市、旗、区）名称	县（市、旗、区）代码	污染源（企业）名称	污染源类型
2555	宁夏回族自治区	中宁县	640521	中宁县锦宁铝镁新材料有限公司	废气
2556	宁夏回族自治区	中宁县	640521	宁夏瀛海天祥建材有限公司	废气
2557	宁夏回族自治区	中宁县	640521	宁夏兴尔泰化工集团有限公司	废水
2558	宁夏回族自治区	中宁县	640521	宁夏华夏环保资源综合利用有限公司	废水
2559	宁夏回族自治区	中宁县	640521	宁夏天元锰业有限公司	废水
2560	宁夏回族自治区	中宁县	640521	宁夏中宁赛马水泥有限公司	废气
2561	宁夏回族自治区	中宁县	640521	宁夏天元建材有限公司	废气
2562	宁夏回族自治区	中宁县	640521	宁夏天元锰业有限公司	废气
2563	宁夏回族自治区	海原县	640522	海原县第二污水处理厂	污水处理厂
2564	宁夏回族自治区	海原县	640522	海原县润丰马铃薯制品有限公司	废水
2565	宁夏回族自治区	海原县	640522	宁夏亨源薯制品有限公司	废水
2566	宁夏回族自治区	海原县	640522	宁夏鸿宇马铃薯淀粉有限公司	废水
2567	新疆维吾尔自治区	博乐市	652701	博乐市自来水公司	污水处理厂
2568	新疆维吾尔自治区	博乐市	652701	中粮屯河博州糖业有限责任公司	废水
2569	新疆维吾尔自治区	博乐市	652701	博乐市田园番茄制品有限责任公司	废水
2570	新疆维吾尔自治区	博乐市	652701	新疆康源番茄制品有限公司	废水
2571	新疆维吾尔自治区	博乐市	652701	新疆博圣酒业酿造有限责任公司	废水
2572	新疆维吾尔自治区	博乐市	652701	博尔塔拉蒙古自治州西部矿业有限公司	废气
2573	新疆维吾尔自治区	博乐市	652701	新疆腾博热力有限公司	废气
2574	新疆维吾尔自治区	博乐市	652701	博乐市中博水泥有限公司	废气

序号	省（市、区）名称	县（市、旗、区）名称	县（市、旗、区）代码	污染源（企业）名称	污染源类型
2575	新疆维吾尔自治区	温泉县	652723	温泉县新恒温热力有限责任公司	废气
2576	新疆维吾尔自治区	温泉县	652723	温泉县红日供热中心	废气
2577	新疆维吾尔自治区	温泉县	652723	温泉县供排水有限责任公司	废水
2578	新疆维吾尔自治区	若羌县	652824	若羌县生活污水处理厂（氧化塘）	污水处理厂
2579	新疆维吾尔自治区	若羌县	652824	国投新疆罗布泊钾盐有限责任公司	废气
2580	新疆维吾尔自治区	若羌县	652824	若羌县亿隆热力有限责任公司	废气
2581	新疆维吾尔自治区	且末县	652825	且末县生活污水处理厂（氧化塘）	污水处理厂
2582	新疆维吾尔自治区	博湖县	652829	博湖县正通供排水有限公司	污水处理厂
2583	新疆维吾尔自治区	博湖县	652829	中粮屯河博湖番茄制品有限公司	废气
2584	新疆维吾尔自治区	博湖县	652829	中粮屯河博湖番茄制品有限公司	废水
2585	新疆维吾尔自治区	乌什县	652927	乌什县污水处理厂（氧化塘）	污水处理厂
2586	新疆维吾尔自治区	乌什县	652927	中粮屯河乌什果蔬制品有限公司	废水
2587	新疆维吾尔自治区	乌什县	652927	中粮屯河乌什果蔬制品有限公司	废气
2588	新疆维吾尔自治区	乌什县	652927	新疆雄达投资有限责任公司热力分公司	废气
2589	新疆维吾尔自治区	阿瓦提县	652928	阿瓦提县建新供排水有限责任公司	污水处理厂
2590	新疆维吾尔自治区	阿瓦提县	652928	阿瓦提县阳光热力有限公司	废气
2591	新疆维吾尔自治区	阿瓦提县	652928	国能阿瓦提县生物发电有限公司	废气
2592	新疆维吾尔自治区	柯坪县	652929	柯坪县污水处理厂	污水处理厂
2593	新疆维吾尔自治区	柯坪县	652929	新疆现代石油化工股份有限公司阿克苏石化分公司	废气
2594	新疆维吾尔自治区	柯坪县	652929	柯坪县金城热力公司	废气

序号	省（市、区）名称	县（市、旗、区）名称	县（市、旗、区）代码	污染源（企业）名称	污染源类型
2595	新疆维吾尔自治区	阿克陶县	653022	阿克陶县污水处理厂（氧化塘）	污水处理厂
2596	新疆维吾尔自治区	阿克陶县	653022	阿克陶县鑫山矿业有限责任公司	重金属
2597	新疆维吾尔自治区	阿克陶县	653022	阿克陶县中鑫矿业开发有限责任公司	重金属
2598	新疆维吾尔自治区	阿克陶县	653022	阿克陶巨磊矿业有限公司	废水
2599	新疆维吾尔自治区	阿克陶县	653022	克州葱岭实业有限公司	废水
2600	新疆维吾尔自治区	阿克陶县	653022	阿克陶新能矿业有限责任公司	重金属
2601	新疆维吾尔自治区	阿克陶县	653022	阿克陶县腾宇矿业有限公司	重金属
2602	新疆维吾尔自治区	阿克陶县	653022	阿克陶县恒通供热公司	废气
2603	新疆维吾尔自治区	阿克陶县	653022	阿克陶县人民政府供热公司	废气
2604	新疆维吾尔自治区	阿克陶县	653022	阿克陶县桂新矿业开发有限责任公司	重金属
2605	新疆维吾尔自治区	乌恰县	653024	乌恰县污水处理厂（氧化塘）	污水处理厂
2606	新疆维吾尔自治区	乌恰县	653024	阿克苏天山多浪水泥有限公司帕米尔分公司	废气
2607	新疆维吾尔自治区	乌恰县	653024	乌恰县嘉鑫铸铁铸件有限责任公司	废气
2608	新疆维吾尔自治区	乌恰县	653024	乌恰县宏鑫铸铁铸件有限责任公司	废气
2609	新疆维吾尔自治区	疏附县	653121	喀什华兴供热有限责任公司疏附县分公司	废气
2610	新疆维吾尔自治区	疏附县	653121	疏附县天和包装有限公司	废水
2611	新疆维吾尔自治区	疏勒县	653122	疏勒县城东污水处理厂	污水处理厂
2612	新疆维吾尔自治区	疏勒县	653122	山钢集团莱芜钢铁新疆有限公司	废气
2613	新疆维吾尔自治区	疏勒县	653122	喀什金岭球团有限公司	废气
2614	新疆维吾尔自治区	疏勒县	653122	喀什昆仑维吾尔药业股份有限责任公司	废水

序号	省（市、区）名称	县（市、旗、区）名称	县（市、旗、区）代码	污染源（企业）名称	污染源类型
2615	新疆维吾尔自治区	英吉沙县	653123	英吉沙县供排水公司（氧化塘）	污水处理厂
2616	新疆维吾尔自治区	英吉沙县	653123	英吉沙县雅森水泥有限责任公司	废气
2617	新疆维吾尔自治区	英吉沙县	653123	英吉沙县浙兰水泥有限责任公司	废气
2618	新疆维吾尔自治区	英吉沙县	653123	英吉沙山水水泥有限公司	废气
2619	新疆维吾尔自治区	英吉沙县	653123	英吉沙县新能热力公司	废气
2620	新疆维吾尔自治区	泽普县	653124	金胡杨热力公司	废气
2621	新疆维吾尔自治区	泽普县	653124	泽普县雪鹰水泥有限责任公司	废气
2622	新疆维吾尔自治区	泽普县	653124	塔西南勘探开发公司塔西南化肥厂	废水
2623	新疆维吾尔自治区	泽普县	653124	喀什佰佳肉业有限公司	废水
2624	新疆维吾尔自治区	泽普县	653124	塔西南勘探开发公司泽普石油化工厂	废水
2625	新疆维吾尔自治区	莎车县	653125	莎车县供排水公司污水处理厂	污水处理厂
2626	新疆维吾尔自治区	莎车县	653125	莎车上建材隆基水泥有限责任公司	废气
2627	新疆维吾尔自治区	莎车县	653125	莎车县鑫昌矿产选练有限公司	重金属
2628	新疆维吾尔自治区	莎车县	653125	新疆新能矿业有限责任公司莎车县分公司	重金属
2629	新疆维吾尔自治区	莎车县	653125	莎车县恒昌冶炼有限公司	废气
2630	新疆维吾尔自治区	莎车县	653125	莎车县隆基水泥有限责任公司	废气
2631	新疆维吾尔自治区	叶城县	653126	兴祚矿业有限责任公司	废气
2632	新疆维吾尔自治区	叶城县	653126	叶城天山水泥有限责任公司	废气
2633	新疆维吾尔自治区	叶城县	653126	叶城县兴祚矿业开发有限责任公司	废气
2634	新疆维吾尔自治区	麦盖提县	653127	麦盖提县供排水公司污水处理厂（氧化塘）	污水处理厂

序号	省（市、区）名称	县（市、旗、区）名称	县（市、旗、区）代码	污染源（企业）名称	污染源类型
2635	新疆维吾尔自治区	麦盖提县	653127	新疆喀什大漠坊酒业有限公司	废水
2636	新疆维吾尔自治区	麦盖提县	653127	麦盖提天海波斯坦生物科技有限责任公司	废气
2637	新疆维吾尔自治区	麦盖提县	653127	麦盖提白云热力有限责任公司	废气
2638	新疆维吾尔自治区	麦盖提县	653127	麦盖提华鹰热能有限责任公司	废气
2639	新疆维吾尔自治区	岳普湖县	653128	岳普湖县金阳公用服务有限公司	废气
2640	新疆维吾尔自治区	岳普湖县	653128	岳普湖县益华纸业包装有限公司	废水
2641	新疆维吾尔自治区	伽师县	653129	庆源实业集团热力有限公司伽师县分公司	废气
2642	新疆维吾尔自治区	伽师县	653129	伽师县铜辉矿业有限责任公司	废水
2643	新疆维吾尔自治区	伽师县	653129	新疆鑫慧铜业有限公司	废气
2644	新疆维吾尔自治区	巴楚县	653130	国能巴楚生物发电有限公司	废气
2645	新疆维吾尔自治区	巴楚县	653130	巴楚县天山天然植物制品有限公司	废水
2646	新疆维吾尔自治区	巴楚县	653130	新疆天山制药工业有限公司巴楚分厂	废水
2647	新疆维吾尔自治区	塔什库尔干塔吉克自治县	653131	塔什库尔干县铅锌矿有限责任公司	废水
2648	新疆维吾尔自治区	和田县	653221	和田鲁新建材有限公司	废气
2649	新疆维吾尔自治区	皮山县	653223	杜瓦玉山水泥有限责任公司	废气
2650	新疆维吾尔自治区	洛浦县	653224	洛浦县供暖公司	废气
2651	新疆维吾尔自治区	洛浦县	653224	洛浦县墓士塔格水泥有限责任公司	废气
2652	新疆维吾尔自治区	策勒县	653225	策勒县利民供热公司	废气
2653	新疆维吾尔自治区	策勒县	653225	策勒县万源热力有限责任公司	废气
2654	新疆维吾尔自治区	于田县	653226	和田尧柏水泥有限公司	废气

序号	省（市、区）名称	县（市、旗、区）名称	县（市、旗、区）代码	污染源（企业）名称	污染源类型
2655	新疆维吾尔自治区	民丰县	653227	民丰县台州集中供热公司	废气
2656	新疆维吾尔自治区	伊宁县	654021	伊宁县生活污水处理厂	污水处理厂
2657	新疆维吾尔自治区	伊宁县	654021	中粮屯河伊犁新宁糖业有限公司	废气
2658	新疆维吾尔自治区	伊宁县	654021	西部黄金伊犁有限责任公司	废水
2659	新疆维吾尔自治区	伊宁县	654021	中粮屯河伊犁新宁糖业有限公司	废水
2660	新疆维吾尔自治区	伊宁县	654021	新疆庆华能源集团有限公司	废气
2661	新疆维吾尔自治区	察布查尔锡伯自治县	654022	新疆金龙水泥有限公司	废气
2662	新疆维吾尔自治区	察布查尔锡伯自治县	654022	伊犁天山水泥有限责任公司	废气
2663	新疆维吾尔自治区	察布查尔锡伯自治县	654022	察布查尔县金威铅锌矿业有限公司	重金属
2664	新疆维吾尔自治区	霍城县	654023	霍城县污水处理厂	污水处理厂
2665	新疆维吾尔自治区	霍城县	654023	新疆马利食品有限公司	废气
2666	新疆维吾尔自治区	霍城县	654023	新疆四方实业股份有限公司	废气
2667	新疆维吾尔自治区	霍城县	654023	新疆四方实业股份有限公司	废水
2668	新疆维吾尔自治区	霍城县	654023	新疆马利食品有限公司	废水
2669	新疆维吾尔自治区	巩留县	654024	巩留县污水处理厂	污水处理厂
2670	新疆维吾尔自治区	巩留县	654024	巩留县金鹰亚麻制品有限公司	废水
2671	新疆维吾尔自治区	新源县	654025	新源县污水处理厂	污水处理厂
2672	新疆维吾尔自治区	新源县	654025	伊犁钢铁有限责任公司	废水
2673	新疆维吾尔自治区	新源县	654025	首钢伊犁有限责任公司	废水
2674	新疆维吾尔自治区	新源县	654025	中粮屯河新源糖业有限公司	废水

序号	省（市、区）名称	县（市、旗、区）名称	县（市、旗、区）代码	污染源（企业）名称	污染源类型
2675	新疆维吾尔自治区	新源县	654025	伊犁钢铁有限责任公司	废气
2676	新疆维吾尔自治区	新源县	654025	首钢伊犁有限责任公司	废气
2677	新疆维吾尔自治区	昭苏县	654026	昭苏县污水处理厂	污水处理厂
2678	新疆维吾尔自治区	特克斯县	654027	特克斯县城镇污水处理厂	污水处理厂
2679	新疆维吾尔自治区	特克斯县	654027	特克斯县鑫疆水泥有限公司	废气
2680	新疆维吾尔自治区	尼勒克县	654028	尼勒克县瑞祥焦化有限责任公司	废气
2681	新疆维吾尔自治区	塔城市	654201	塔城市排水管理处	污水处理厂
2682	新疆维吾尔自治区	塔城市	654201	塔城市鸿瑞热力有限公司	废气
2683	新疆维吾尔自治区	额敏县	654221	额敏县城北污水处理厂	污水处理厂
2684	新疆维吾尔自治区	额敏县	654221	中粮屯河股份有限公司额敏糖业分公司	废水
2685	新疆维吾尔自治区	额敏县	654221	中粮屯河股份有限公司额敏番茄制品分公司	废水
2686	新疆维吾尔自治区	额敏县	654221	中粮屯河股份有限公司额敏糖业分公司	废气
2687	新疆维吾尔自治区	额敏县	654221	额敏县众禾热力公司	废气
2688	新疆维吾尔自治区	额敏县	654221	额敏县城南污水处理厂	污水处理厂
2689	新疆维吾尔自治区	托里县	654224	托里县排水管理处	污水处理厂
2690	新疆维吾尔自治区	托里县	654224	新疆天盾特种水泥有限公司	废气
2691	新疆维吾尔自治区	托里县	654224	新疆星塔矿业有限公司	废气
2692	新疆维吾尔自治区	托里县	654224	托里县招金北疆矿业有限公司	废水
2693	新疆维吾尔自治区	托里县	654224	西部黄金克拉玛依哈图金矿有限责任公司	废水
2694	新疆维吾尔自治区	托里县	654224	新疆欧太铬业有限责任公司	废气

序号	省（市、区）名称	县（市、旗、区）名称	县（市、旗、区）代码	污染源（企业）名称	污染源类型
2695	新疆维吾尔自治区	阿勒泰市	654301	阿勒泰市污水处理厂	污水处理厂
2696	新疆维吾尔自治区	阿勒泰市	654301	阿勒泰市招金昆合矿业有限公司	废水
2697	新疆维吾尔自治区	阿勒泰市	654301	阿勒泰市阿尔曼乳品有限责任公司	废水
2698	新疆维吾尔自治区	阿勒泰市	654301	阿勒泰市哈纳斯乳业有限公司	废水
2699	新疆维吾尔自治区	阿勒泰市	654301	阿勒泰市光明乳业有限公司	废水
2700	新疆维吾尔自治区	阿勒泰市	654301	阿勒泰市阿巴宫矿业有限责任公司	废水
2701	新疆维吾尔自治区	阿勒泰市	654301	阿勒泰市垃圾场（渗滤液）	废水
2702	新疆维吾尔自治区	阿勒泰市	654301	阿勒泰市兴业集中供热有限公司	废气
2703	新疆维吾尔自治区	阿勒泰市	654301	阿勒泰市金鑫铅锌矿业有限责任公司	废水
2704	新疆维吾尔自治区	布尔津县	654321	布尔津县津城热力有限公司	废气
2705	新疆维吾尔自治区	布尔津县	654321	布尔津天山水泥有限责任公司	废气
2706	新疆维吾尔自治区	布尔津县	654321	布尔津县星振矿业有限责任公司	废水
2707	新疆维吾尔自治区	布尔津县	654321	布尔津县哈纳斯酒业有限公司	废水
2708	新疆维吾尔自治区	富蕴县	654322	富蕴县富宏供排水有限责任公司	污水处理厂
2709	新疆维吾尔自治区	富蕴县	654322	富蕴蒙库铁矿有限责任公司	废气
2710	新疆维吾尔自治区	富蕴县	654322	富蕴天山水泥有限责任公司	废气
2711	新疆维吾尔自治区	富蕴县	654322	新疆喀拉通克铜镍矿业责任有限公司	废水
2712	新疆维吾尔自治区	富蕴县	654322	富蕴恒盛铍业有限责任公司	废水
2713	新疆维吾尔自治区	富蕴县	654322	新疆有色金属工业集团稀有金属有限责任公司（矿业）	废水
2714	新疆维吾尔自治区	富蕴县	654322	富蕴千鑫矿业有限责任公司	废水

序号	省（市、区）名称	县（市、旗、区）名称	县（市、旗、区）代码	污染源（企业）名称	污染源类型
2715	新疆维吾尔自治区	富蕴县	654322	富蕴县美华矿业有限公司	废水
2716	新疆维吾尔自治区	富蕴县	654322	富蕴县乔夏哈拉金铜矿业有限责任公司	废水
2717	新疆维吾尔自治区	富蕴县	654322	富蕴县富阳矿业开发有限公司	废水
2718	新疆维吾尔自治区	富蕴县	654322	新疆榕辉矿冶有限公司	废水
2719	新疆维吾尔自治区	富蕴县	654322	富蕴蒙库铁矿有限责任公司	废水
2720	新疆维吾尔自治区	富蕴县	654322	新疆富蕴县白银矿业开发有限责任公司	废水
2721	新疆维吾尔自治区	富蕴县	654322	新疆金宝矿业有限责任公司	废水
2722	新疆维吾尔自治区	富蕴县	654322	富蕴恒盛铍业有限责任公司	废气
2723	新疆维吾尔自治区	富蕴县	654322	新疆喀拉通克铜镍矿业有限责任公司	废气
2724	新疆维吾尔自治区	富蕴县	654322	富蕴县蕴盛供热中心	废气
2725	新疆维吾尔自治区	富蕴县	654322	富蕴蒙库铁矿有限责任公司	废气
2726	新疆维吾尔自治区	富蕴县	654322	富蕴县宏泰铁冶有限责任公司	废气
2727	新疆维吾尔自治区	富蕴县	654322	富蕴县可可托海博鑫非金属新材料有限公司	废气
2728	新疆维吾尔自治区	福海县	654323	福海县众升供热有限责任公司	废气
2729	新疆维吾尔自治区	福海县	654323	福海县新疆旺源驼奶有限公司	废水
2730	新疆维吾尔自治区	哈巴河县	654324	哈巴河县阿山水泥有限责任公司	废气
2731	新疆维吾尔自治区	哈巴河县	654324	哈巴河县城北热力有限责任公司	废气
2732	新疆维吾尔自治区	哈巴河县	654324	哈巴河县城南热力有限责任公司	废气
2733	新疆维吾尔自治区	哈巴河县	654324	哈巴河县阿山酒业有限责任公司	废水
2734	新疆维吾尔自治区	哈巴河县	654324	新疆阿舍勒铜业股份有限公司	废水

序号	省（市、区）名称	县（市、旗、区）名称	县（市、旗、区）代码	污染源（企业）名称	污染源类型
2735	新疆维吾尔自治区	哈巴河县	654324	哈巴河县华泰黄金有限责任公司	废水
2736	新疆维吾尔自治区	哈巴河县	654324	哈巴河县新疆鑫旺矿业公司	废水
2737	新疆维吾尔自治区	哈巴河县	654324	哈巴河县正元国际矿业有限责任公司	废水
2738	新疆维吾尔自治区	青河县	654325	青河县安康热力有限责任公司	废气
2739	新疆维吾尔自治区	青河县	654325	青河县惠华酒业有限公司	废水
2740	新疆维吾尔自治区	青河县	654325	青河县惠源矿业有限责任公司	废水
2741	新疆维吾尔自治区	青河县	654325	青河县通德酒业有限公司	废水
2742	新疆维吾尔自治区	吉木乃县	654326	吉木乃县水暖热力有限责任公司	废气
2743	新疆维吾尔自治区	吉木乃县	654326	吉木乃县冰峰酿酒厂	废水
2744	新疆生产建设兵团	图木舒克市	659003	图木舒克市供排水有限公司	污水处理厂
2745	新疆生产建设兵团	图木舒克市	659003	新疆生产建设兵团第三师电力有限责任公司热电分公司	废气